現代数学への入門　新装版

行列と行列式

現代数学への入門　新装版

行列と行列式

砂田利一

岩波書店

まえがき

本書の目標は，現代数学の標準的教科になっている線形構造の理論，すなわち「線形代数」の世界へ読者を誘うことである．内容については，入門シリーズの１つであることに鑑み，高校で扱われる教材のレベルから始めて，最終的には大学初年ないしは２年次の線形構造についての教科内容に到達することを目指した．とくに，２行２列の行列と行列式の説明に相当ページ数を割き，高校の教科書の副読本としても利用できるように配慮したつもりである．

線形代数は，現代数学のすべての分野(代数学，幾何学，解析学)の基礎となるばかりでなく，物理学，化学，工学，経済学などの諸科学に数学的基盤を与える．さらに最近の計算機の発展に伴い，線形代数の数値計算的側面も重要なものになっている．したがって，理論の展開を重視する一方，読者には具体的な計算技術(アルゴリズム)にも習熟させることが求められる．この要求に合わせることは，決して容易なことではないが，本書では例題や問，演習問題の数を豊富にすることによって，線形代数固有の技術を獲得できるようにした．しかし，このような立場で書かれた線形代数の優れたテキストは，実は数え切れないほど出版されている．もし本書の個性は何かと問われれば，線形構造に関連する諸概念の導入に可能な限り初等的動機づけを与えることに腐心したことにある．すなわち，理論的側面で読者に過大な負担をかけることを避け，多くの例をもとにして抽象的概念を徐々に積み上げていく方式をとった．

大きく分けて本書は２つの部分からなる．第１章～第４章では，線形代数の具体的な材料として，連立１次方程式の解法を背景に据えた行列と行列式の理論を扱う．第５章～第８章では，抽象的な線形構造を担う対象である線形空間と線形写像の理論を扱う．

なお，* の印のついた節や例は，内容が読者の学習段階を越えているか，あるいは主題から少し外れるものなので，後回しにすることもできる.「問」では，理解を深めるための計算問題や，比較的容易に解ける理論的問題を掲げた.「例題」では，本書を通じて利用される重要な事項を取り上げたが，読者には，解答を見ずに，できるだけ自力で解くことが求められる.

本書はもともと岩波講座『現代数学への入門』の「行列と行列式 1, 2」として刊行されたものである．その際，岩波書店の編集部は，ともすれば執筆の遅れがちな状態に精神的に挫けそうな著者を叱咤激励して，本書の出版を可能にしてくださった．心から感謝したい．また，恩師の志賀浩二先生には，本書の構想の段階から直接あるいは間接的に助けていただいた．数学の面白さと楽しさを，学生時代から今日まで，さまざまな機会を通じて教えていただいており，本書の執筆の最中にも有益な示唆を得たことに謝意を表したい．

2003 年 9 月

砂 田 利 一

学習の手引き

本論に入る前に，線形代数にまつわる歴史的背景を述べよう．

連立 1 次方程式から行列へ

具体的な数値が与えられた文章題の解を求めるのに，未知数を記号(例えば x, y)で表し，代数記号 $+, -, \div$ などを使った形式的計算で解を求めることを我々は今では当たり前のように行う．しかし，数学の歴史の中でこのようなことが行われるようになったのは，ヴィエト(F. Viète，1540–1603)とデカルト(R. Descartes，1596–1650)が数学記号を使い始めた以後のことであって，それまでは言葉の表現にたよったきわめて晦渋な方法で解いていたのである．日本でも，江戸時代の和算は中国の伝統的な数学様式を受け継ぎ，相当高い水準まで達していたのであるが，残念ながら表現形式上の欠点から，明治時代に洋算が移入されて以後完全に廃れてしまったのはよく知られている．

代数学ばかりではなく，解析学でも概念の記号化は，重要な役割を果たしている．ニュートン(I. Newton，1642–1727)の流率法の発見と時を同じくして微分積分学の創始者の 1 人となったライプニッツ(G. W. Leibniz，1646–1716)は，現在使われている微分と積分の記号を導入したが，その自然さと便利さを背景にして，ヨーロッパ大陸では解析学が著しく発展した．皮肉なことに，英国ではニュートンの不便な記号に固執し，解析学の発展では大陸に一歩遅れをとったのである．

このように数学の記号化は，たとえ技術的なことから始まったとはいえ，零と負数，複素数の導入と相俟って数学の発展に重要な寄与をした．さらに数理科学の広い分野の発展に，決定的とも言える影響を与えたといえる．

記号を未知数だけに限定せず，与えられた数値も文字で表すことにより，「一般的解法」が求められる．たとえば 2 次方程式 $ax^2+bx+c=0$ では，a, b, c が与えられた数値を表す文字であり，x が未知数であるが，解の公式

$$x=\frac{-b\pm\sqrt{b^2-4ac}}{2a}$$

により，a, b, c に数値を代入しさえすれば，いちいち個々の方程式を解く必要はなくなる.

本書で扱う問題は，簡単に言ってしまえば1次方程式

$$ax=u$$

を解くことである．と言うと，読者は直ちに「答えは $a\neq 0$ のとき，$x=a^{-1}u$ である」と答えて，これ以上本書を読み進むことを拒絶してしまうかもしれない．しかし，あわてないでほしい．誤解を解くため，もっと正確に言おう．a, x, u は数字を表す文字とは限らない．たとえば，a は2行2列の数字の「表」$\begin{pmatrix}3 & 2\\ 2 & 4\end{pmatrix}$，$u$ は2行1列の「表」$\begin{pmatrix}3\\ 2\end{pmatrix}$，$x$ も2つの未知数 x, y の「表」$\begin{pmatrix}x\\ y\end{pmatrix}$ を表すような場合を考えるのである．このような表を**行列**という(表 $\begin{pmatrix}x\\ y\end{pmatrix}$ は**ベクトル**ともよばれる)．今の例では $ax=u$ は方程式

$$\begin{pmatrix}3 & 2\\ 2 & 4\end{pmatrix}\begin{pmatrix}x\\ y\end{pmatrix}=\begin{pmatrix}3\\ 2\end{pmatrix}$$

を表している．そして，この表現の真の意味は

$$\begin{aligned}3x+2y&=3\\ 2x+4y&=2\end{aligned}$$

という連立方程式なのである．換言すれば，連立方程式を書き表す方法を，行列を使うことにより $ax=u$ の形に簡易化したのである．しかしこの簡易化が表現形式以上の効力を持つには，通常の場合に $ax=u$ を解くのに当たり前のように使う演算

$$ax=u\longrightarrow a^{-1}(ax)=a^{-1}u\longrightarrow (a^{-1}a)x=a^{-1}u$$
$$\longrightarrow 1x=a^{-1}u\longrightarrow x=a^{-1}u$$

が行列の場合も正当化できることが必要である．すなわち，数の積に当たる行列の「積」と，逆数に当たる「逆行列」を定義し，それらの演算規則を確立しなければならない．本書の前半では，2行2列および3行3列の行列についてこの問題を考えながら，一般の連立方程式の解の公式および解を求め

るアルゴリズムを構成することをもくろむ．一言で言えば，数値の記号化から一歩踏み出して，上のような数値の表(行列)をも記号化し，それらの形式的な計算の法則を見つけて連立方程式を解こうと考えるのである．そして，逆行列が存在するための条件を書き表すため，行列式の導入が図られる．

読者は，既に文字式の計算には慣れていると思う．行列やベクトルを含む式の計算も，本質的には同じように行われる．しかし，普通の数値を記号化した文字式と異なる側面にも注意したい．それは行列の演算における**可換性の喪失**である．すなわち，普通の文字式では，交換律 $ab=ba$ が成り立つが，行列の演算では一般にはこれが成立しないのである．さらに，数における性質「$ab=0 \Rightarrow a=0$ または $b=0$」も，行列では一般には成立しない．しかし，この 2 つの点を除けば，行列の演算は普通の数の演算と同じように行われる．読者には，多くの例を用いて，行列の計算技術を身につけるようにしてほしい．

線形構造

しかし，もし我々の目標を行列の演算と連立方程式の解法に限定するなら，ただの技術的な話で終わってしまう．実はその先があるのであって，それが行列の演算の背景にある**線形構造**の理論である．

1 次関数 $y=ax$ を考えよう．$f(x)=ax$ とおくと，関数 f は次の性質を満たすことは簡単にわかる．

$$f(x+z)=f(x)+f(z), \quad f(kx)=kf(x).$$

この当たり前とも言うべき性質の中に，線形構造の原型が含まれている．実際，a を行列，x を数ベクトルに一般化しても，類似の性質を満足する．そして，この性質から，例えば斉次連立 1 次方程式の解が 1 つとは限らないとき，解全体に著しい構造があることがわかる．この構造こそ線形構造というものである．そして，一般に線形構造をもつ集合を，**線形空間**という．

線形構造が，数学的概念として，抽象的に捉えられたのはそう古いことではない．すでに，ジョルダン(C. Jordan，1838–1922)による代数方程式のガロア理論の整理の中に，線形構造の認識の萌芽が見られるし，ハミルトン(W. R. Hamilton，1805–1865)やグラスマン(H. G. Grassmann，1809–1877)

の仕事も，この抽象化への強い意志が見られる．行列の概念は，シルヴェスタ(J. J. Sylvester，1814–1897)によって発見され，ケイリー(A. Cayley，1821–1895)がその計算法を発展させた．しかし，線形構造が現在ある形に整理されたのは，ペアノ(G. Peano，1858–1932)による線形空間の公理化と，一般の数学的構造の立場から線形構造を見直した数学集団ブルバキによる「数学原論」においてであろう．「数学原論」の出版は，ヴェイユ(A. Weil，1906–)，カルタン(H. Cartan，1904–)たちフランスの若手数学者が**数学的構造主義**の立場から数学の一元化を目指した雄大な計画であった．このユニークな数学運動の中で，線形構造，位相構造，代数構造などの概念が整理され，20 世紀後半の数学の発展に基礎的考え方を提供したという意味で，その意義は大きい．

幾何学的空間と線形構造

線形構造の把握の背景には，我々のまわりに広がる空間を数学的対象として磨き上げてきた，2500 年以上におよぶ人間の精神活動の歴史がある．古代ギリシャの数学者は，空間や平面における図形の性質を，いくつかの公理の論理的帰結として導いた．そして，この空間を規定する公理として，「平行線の公理」を 1 つの要請として取り上げたのである(この公理にまつわる歴史については本シリーズ『幾何入門』を参照していただきたい)．「直線 l とその上にはない点 A が与えられたとき，A を通り l に平行な直線はただ 1 つしか存在しない」ことを要請するこの公理は，線形構造の萌芽を本質的に含んでいる．実際，平行線の公理により，線分の「方向」に意味が生じ，大きさとこの方向で決まる「量」として**幾何ベクトル**が定義される．そして，幾何ベクトルには，行列や数ベクトルと類似の演算が存在するのである．このようにして，我々の住む空間を(平行線の公理の下で)，線形空間と見なすことができる．

さて，この我々の前に広がる空間は，縦・横・高さの「独立」な 3 つの方向をもつ．同様に，平面は，縦・横の 2 つの「独立」な方向をもつ．このようなことから，空間は 3 次元，平面は 2 次元であると言う．実は，この**次元**の概念を，線形空間の理論の中で厳密に定義することができる．そこで重要な役割を果たすのが，**線形独立性**の考え方である．そして，一般の次元を持つ線形空間の理論が展開される．

次元の概念を確立したとき，我々は何故3次元の(線形)空間に存在して，他の次元ではないのか，読者は不思議に思うようになるであろう．残念ながら，本書はこの問いに答えることはできない(それは，宇宙論の話題である)．しかし，数学の自由な立場は，高次元の空間に人間の精神が飛翔していくことを許す．例えば24次元や169次元の空間に何があるのか，さらに無限次元の空間はどのようなものなのか．線形代数の理論の先には，大いにロマンをかきたてる世界が広がるのである．

目　　次

数学記号

$\mathbb{N}$	自然数の全体
$\mathbb{Z}$	整数の全体
$\mathbb{Q}$	有理数の全体
$\mathbb{R}$	実数の全体
$\mathbb{C}$	複素数の全体

ギリシャ文字

大文字	小文字	読み方
A	α	アルファ
B	β	ベータ （ビータ）
Γ	γ	ガンマ
Δ	δ	デルタ
E	ϵ, ε	エプシロン （イプシロン）
Z	ζ	ゼータ　ジータ
H	η	エータ　イータ
Θ	θ, ϑ	テータ　シータ
I	ι	イオタ
K	κ	カッパ
Λ	λ	ラムダ
M	μ	ミュー
N	ν	ニュー
Ξ	ξ	クシー　グザイ
O	o	オミクロン
Π	π, ϖ	（ピー）　パイ
P	ρ, ϱ	ロー
Σ	σ, ς	シグマ
T	τ	タウ　（トー）
Υ	υ	ユプシロン
Φ	ϕ, φ	（フィー）　ファイ
X	χ	（キー）　カイ
Ψ	ψ	プシー　プサイ
Ω	ω	オメガ

1

2次の行列と行列式

この章では，未知数の数が2つ，方程式の数も2つの連立1次方程式を，2行2列の行列(2次の行列)を用いて研究する．方程式を解くこと自体何の問題もないが，行列の考え方を用いることにより，もっと一般の連立方程式を取り扱うときの基本的アイディアを供給するのが目的なのである．

§1.1では，連立方程式から行列へ向かう道筋を説明し，行列の記号と演算が自然なものであることを理解する．§1.2において，2次の行列式の定義とその性質を述べ，行列式による連立方程式の解の表示を与える．§1.3では有理数や複素数を成分とする行列について簡単に触れ，有理数，実数，複素数など，加減乗除で閉じている数の体系に応じて，それを成分とする行列の演算も閉じていることに注意する．§1.4で行列の特性根，固有値の概念とジョルダン標準形を扱う．最後の§1.5で，定数係数の2階差分方程式の解を，行列のジョルダン標準形を用いて求める．

この章で扱う内容のほとんどは，後の章でもっと一般の行列に拡張される．

§1.1　2次の行列

(a)　2元連立1次方程式

これから学ぶ行列と行列式の雛形は，例えば次のような**鶴亀算**の中にすでにある．

例 1.1　鶴と亀が合わせて8匹，鶴の足と亀の足を合わせて22本であるとき，鶴と亀はそれぞれ何匹か．

中学校ではこれを解くのに，鶴をx匹，亀をy匹とおいて

$$x+y=8 \qquad (\text{鶴と亀の数の合計}) \quad ①$$
$$2x+4y=22 \qquad (\text{鶴と亀の足の合計}) \quad ②$$

という連立方程式を立てて，消去法(代入法)または掃き出し法で解を求めた．例えば，①から，$y=8-x$となり，これを②のyに代入して$2x+4(8-x)=22$，すなわち，$-2x+32=22$．これを解いて$x=5$．この値を①のxに代入して，yについて解けば，$y=3$を得る．よって，鶴は5匹，亀は3匹である．　□

例 1.2

$$7x-5y=9 \qquad ①$$
$$3x+4y=10 \qquad ②$$

を掃き出し法で解いてみよう．①$\times 3-$②$\times 7$を考えると，$-43y=-43$を得るから，$y=1$．これを①に代入すると$7x-5=9$となり，$x=2$である(掃き出し法は未知数の数が多いときに有効であり，第4章においてその詳細を述べる)．　□

具体的数値を係数として持つこのような連立1次方程式を解くことは容易なことである．しかし，学習の手引きでも述べたように，もし一般の文字を係数とする連立方程式の解の公式があれば，いちいち消去や代入の手間を省けて便利であろう．

2つの未知数x,yをもつ一般の**連立1次方程式**(linear equation)

$$\begin{aligned} ax+by&=u \qquad ① \\ cx+dy&=v \qquad ② \end{aligned} \tag{1.1}$$

を考えよう．ただし，x,yが未知数であり，a,b,c,d,u,vが与えられた数とする．①$\times d-$②$\times b$および②$\times a-$①$\times c$を考えると

$$\begin{aligned} (ad-bc)x&=du-bv \qquad ③ \\ (ad-bc)y&=-cu+av \qquad ④ \end{aligned} \tag{1.2}$$

となる．$ad-bc\neq 0$ の場合は，(1.1)の解が存在してしかもただ1つであり，それは

$$x=\frac{1}{ad-bc}(du-bv),\quad y=\frac{1}{ad-bc}(-cu+av) \tag{1.3}$$

により与えられる．これが解の公式である．

$ad-bc=0$ のときには，解が存在したりしなかったりする．

例 1.3　方程式

$$-x+2y=1$$
$$3x-6y=2$$

は解を持たない．　□

(b)　2次の行列

2つの未知数をもつ連立方程式の新しい表記法を与えよう．そして，その表記法により，あたかも1個の未知数をもつ方程式 $ax=u$ と同じように扱おうと思うのである．方程式(1.1)に対して次のような2行2列の表

$$A=\begin{pmatrix} a & b \\ c & d \end{pmatrix}$$

を考える．すなわち，表 A は方程式(1.1)の x,y に掛かる係数のデータを与える．そして A のことを，2行2列の**行列**(matrix)あるいは**2次の行列**とよぶことにしよう．さらに，u,v と x,y についても

$$\begin{pmatrix} x \\ y \end{pmatrix},\quad \begin{pmatrix} u \\ v \end{pmatrix}$$

と，縦に並べて書くことにする．このような形の表を**列ベクトル**あるいは単に**ベクトル**(vector)という．行列やベクトルを構成する数をその行列やベクトルの**成分**という．

例 1.4　連立方程式

$$\begin{aligned} -x+3y&=-2 \\ 2x-5y&=4 \end{aligned}\quad ①\qquad\qquad \begin{aligned} 5x-3y&=1 \\ -2x+4y&=-3 \end{aligned}\quad ②$$

に対応する行列は

$$\begin{pmatrix} -1 & 3 \\ 2 & -5 \end{pmatrix} \qquad ① \qquad\qquad \begin{pmatrix} 5 & -3 \\ -2 & 4 \end{pmatrix} \qquad ②$$

である. □

2つの行列

$$A=\begin{pmatrix} a & b \\ c & d \end{pmatrix}, \quad B=\begin{pmatrix} e & f \\ g & h \end{pmatrix}$$

は，対応する成分が等しいとき，すなわち $a=e$, $b=f$, $c=g$, $d=h$ であるとき，**等しい**といい，$A=B$ と書く．ベクトルについても同様である．

以下，連立方程式のことはしばらくおいて，行列とベクトルの基本的演算を考える．

行列 $\begin{pmatrix} a & b \\ c & d \end{pmatrix}$ と列ベクトル $\begin{pmatrix} x \\ y \end{pmatrix}$ が与えられたとき，新しい列ベクトル $\begin{pmatrix} u \\ v \end{pmatrix}$ の成分 u, v を，

$$u = ax+by$$
$$v = cx+dy$$

とおいて定義し，次のように書く．

$$\begin{pmatrix} u \\ v \end{pmatrix}=\begin{pmatrix} a & b \\ c & d \end{pmatrix}\begin{pmatrix} x \\ y \end{pmatrix}$$

計算の仕方は図示すれば次のようになっている．

$$u:\begin{pmatrix} \longrightarrow \\ \end{pmatrix}\begin{pmatrix} \Big\downarrow \end{pmatrix}, \quad v:\begin{pmatrix} \\ \longrightarrow \end{pmatrix}\begin{pmatrix} \Big\downarrow \end{pmatrix}$$

すなわち，行列と列ベクトルから新しく得られる列ベクトルの上から i 番目 $(i=1,2)$ の成分は，行列 A の上から i 番目の行を左からかぞえ，列ベクトルの列を上からかぞえ，対応する成分を掛けてそれらを足し合わせたものである．

問1 $\begin{pmatrix} 1 & -1 \\ 2 & 3 \end{pmatrix}\begin{pmatrix} 4 \\ 2 \end{pmatrix}$, $\begin{pmatrix} 2 & 1 \\ -1 & 2 \end{pmatrix}\begin{pmatrix} -1 \\ 2 \end{pmatrix}$, $\begin{pmatrix} 0 & a \\ -a & 0 \end{pmatrix}\begin{pmatrix} -b \\ b \end{pmatrix}$ を求めよ．

文字の節約のため，添え字つきの文字を成分とする行列や列ベクトルを使うことにしよう．さらに，列ベクトルは $\boldsymbol{x}, \boldsymbol{u}$ などで表す．たとえば

$$A=\begin{pmatrix} a_{11} & a_{12} \\ a_{21} & a_{22} \end{pmatrix}, \quad \boldsymbol{x}=\begin{pmatrix} x_1 \\ x_2 \end{pmatrix}, \quad A\boldsymbol{x}=\begin{pmatrix} a_{11} & a_{12} \\ a_{21} & a_{22} \end{pmatrix}\begin{pmatrix} x_1 \\ x_2 \end{pmatrix}$$

のように書く．行列の添え字の付け方には規則があって，a_{ij} の i は上から i 行目，j は左から j 列目を表している．定義から

$$A\boldsymbol{x}=\begin{pmatrix} a_{11}x_1+a_{12}x_2 \\ a_{21}x_1+a_{22}x_2 \end{pmatrix}$$

である．$A\boldsymbol{x}$ は1次式 ax の類似物と考えられる．

補題 1.5　すべてのベクトル $\boldsymbol{x}$ について $A\boldsymbol{x}=B\boldsymbol{x}$ であるとき $A=B$ である．

［証明］ $A=\begin{pmatrix} a_{11} & a_{12} \\ a_{21} & a_{22} \end{pmatrix}$，$B=\begin{pmatrix} b_{11} & b_{12} \\ b_{21} & b_{22} \end{pmatrix}$ としよう．ベクトル $\boldsymbol{x}$ としてとくに

$$\boldsymbol{e}_1=\begin{pmatrix} 1 \\ 0 \end{pmatrix}, \quad \boldsymbol{e}_2=\begin{pmatrix} 0 \\ 1 \end{pmatrix}$$

を考えれば，$A\boldsymbol{e}_1=\begin{pmatrix} a_{11} \\ a_{21} \end{pmatrix}$，$A\boldsymbol{e}_2=\begin{pmatrix} a_{12} \\ a_{22} \end{pmatrix}$，$B\boldsymbol{e}_1=\begin{pmatrix} b_{11} \\ b_{21} \end{pmatrix}$，$B\boldsymbol{e}_2=\begin{pmatrix} b_{12} \\ b_{22} \end{pmatrix}$ であるから，$\begin{pmatrix} a_{11} \\ a_{21} \end{pmatrix}=\begin{pmatrix} b_{11} \\ b_{21} \end{pmatrix}$，$\begin{pmatrix} a_{12} \\ a_{22} \end{pmatrix}=\begin{pmatrix} b_{12} \\ b_{22} \end{pmatrix}$．したがって，$a_{11}=b_{11}$，$a_{12}=b_{12}$，$a_{21}=b_{21}$，$a_{22}=b_{22}$ となって，$A=B$ となる．■

上の補題で使われたベクトル $\boldsymbol{e}_1, \boldsymbol{e}_2$ を**基本ベクトル**(fundamental vector)という．

さて，行列とベクトルを使うと，連立方程式は次のただ1つの式で表される：

$$A\boldsymbol{x}=\boldsymbol{u} \tag{1.4}$$

例 1.6　連立方程式

$$\begin{aligned} 3x-2y&=1 \\ 2x+y&=-2 \end{aligned} \quad ① \qquad \begin{aligned} -2x+5y&=3 \\ 4x-3y&=-2 \end{aligned} \quad ②$$

を $A\boldsymbol{x}=\boldsymbol{u}$ の形に書くと

$$\begin{pmatrix} 3 & -2 \\ 2 & 1 \end{pmatrix}\begin{pmatrix} x \\ y \end{pmatrix}=\begin{pmatrix} 1 \\ -2 \end{pmatrix} \quad ① \qquad \begin{pmatrix} -2 & 5 \\ 4 & -3 \end{pmatrix}\begin{pmatrix} x \\ y \end{pmatrix}=\begin{pmatrix} 3 \\ -2 \end{pmatrix} \quad ②$$

となる. □

問2 $\begin{pmatrix} -3 & 2 \\ 5 & 3 \end{pmatrix}\begin{pmatrix} x \\ y \end{pmatrix}=\begin{pmatrix} -1 \\ 2 \end{pmatrix}$ を普通の連立方程式の形に書け.

(1.4)は見かけ上，1未知数の方程式

$$ax = u$$

と同じである．そして，$ax=u$ の解が $a\neq 0$ のときは $x=a^{-1}u$ と書けることを考えると，行列 A についても，ある条件の下で逆数に当たる A^{-1} のようなものが考えられるのではないかと想像できる．実際，これからみるように，この考え方は正しい．このことを頭におきながら，数の場合をモデルとして，行列の理論を構成しよう．

数には乗法があったが，行列の乗法とはどういうものであろうか．まず，数の場合の乗法について，次のように見直してみる．2つの1次関数

$$y = bx \quad (y\text{ は }b\text{ を係数とする }x\text{ の1次関数}) \qquad ①$$

$$z = ay \quad (z\text{ は }a\text{ を係数とする }y\text{ の1次関数}) \qquad ②$$

を考えたとき，②の右辺の y に，①を代入すれば，

$$z = a(bx) = (ab)x$$

を得る．すなわち，代入の操作により，z は a と b の積 ab を係数とする x の1次関数となる．この考え方を，行列の場合に適用してみよう．

2つの行列と列ベクトル

$$A=\begin{pmatrix} a_{11} & a_{12} \\ a_{21} & a_{22} \end{pmatrix}, \quad B=\begin{pmatrix} b_{11} & b_{12} \\ b_{21} & b_{22} \end{pmatrix}, \quad \boldsymbol{x}=\begin{pmatrix} x_1 \\ x_2 \end{pmatrix}$$

が与えられたとき，ベクトル $\boldsymbol{y}, \boldsymbol{z}$ を

$$\boldsymbol{y}=\begin{pmatrix} y_1 \\ y_2 \end{pmatrix}=B\boldsymbol{x}=\begin{pmatrix} b_{11} & b_{12} \\ b_{21} & b_{22} \end{pmatrix}\begin{pmatrix} x_1 \\ x_2 \end{pmatrix} \tag{1.5}$$

$$\boldsymbol{z}=\begin{pmatrix} z_1 \\ z_2 \end{pmatrix}=A\boldsymbol{y}=\begin{pmatrix} a_{11} & a_{12} \\ a_{21} & a_{22} \end{pmatrix}\begin{pmatrix} y_1 \\ y_2 \end{pmatrix} \tag{1.6}$$

により定義する．(1.5)の右辺を(1.6)に代入すれば

$$\begin{pmatrix} z_1 \\ z_2 \end{pmatrix} = \begin{pmatrix} a_{11} & a_{12} \\ a_{21} & a_{22} \end{pmatrix} \left\{ \begin{pmatrix} b_{11} & b_{12} \\ b_{21} & b_{22} \end{pmatrix} \begin{pmatrix} x_1 \\ x_2 \end{pmatrix} \right\} \tag{1.7}$$

を得る．一方，行列と列ベクトルの演算の定義から，

$$\begin{cases} y_1 = b_{11}x_1 + b_{12}x_2 \\ y_2 = b_{21}x_1 + b_{22}x_2 \end{cases} \tag{1.8}$$

$$\begin{cases} z_1 = a_{11}y_1 + a_{12}y_2 \\ z_2 = a_{21}y_1 + a_{22}y_2 \end{cases} \tag{1.9}$$

(1.8)を(1.9)の右辺に代入すれば

$$\begin{aligned} z_1 &= a_{11}(b_{11}x_1 + b_{12}x_2) + a_{12}(b_{21}x_1 + b_{22}x_2) \\ &= (a_{11}b_{11} + a_{12}b_{21})x_1 + (a_{11}b_{12} + a_{12}b_{22})x_2 \\ z_2 &= a_{21}(b_{11}x_1 + b_{12}x_2) + a_{22}(b_{21}x_1 + b_{22}x_2) \\ &= (a_{21}b_{11} + a_{22}b_{21})x_1 + (a_{21}b_{12} + a_{22}b_{22})x_2 \end{aligned}$$

再び行列と列ベクトルの演算の定義から

$$\begin{pmatrix} z_1 \\ z_2 \end{pmatrix} = \begin{pmatrix} a_{11}b_{11} + a_{12}b_{21} & a_{11}b_{12} + a_{12}b_{22} \\ a_{21}b_{11} + a_{22}b_{21} & a_{21}b_{12} + a_{22}b_{22} \end{pmatrix} \begin{pmatrix} x_1 \\ x_2 \end{pmatrix} \tag{1.10}$$

となる．

(1.7)と(1.10)を見くらべてみると，行列の**積**(product)を次のように定義するのが自然である．

$$\begin{pmatrix} a_{11} & a_{12} \\ a_{21} & a_{22} \end{pmatrix} \begin{pmatrix} b_{11} & b_{12} \\ b_{21} & b_{22} \end{pmatrix} = \begin{pmatrix} a_{11}b_{11} + a_{12}b_{21} & a_{11}b_{12} + a_{12}b_{22} \\ a_{21}b_{11} + a_{22}b_{21} & a_{21}b_{12} + a_{22}b_{22} \end{pmatrix}$$

この定義から積に関して，

$$A(B\boldsymbol{x}) = (AB)\boldsymbol{x} \tag{1.11}$$

が成り立つ．

積の計算の仕方を図示すれば次のようになっている．

$$\begin{pmatrix} \begin{pmatrix} \rightarrow \\ \ \end{pmatrix}\begin{pmatrix} \downarrow & \ \end{pmatrix} & \begin{pmatrix} \rightarrow \\ \ \end{pmatrix}\begin{pmatrix} \ & \downarrow \end{pmatrix} \\ \begin{pmatrix} \ \\ \rightarrow \end{pmatrix}\begin{pmatrix} \downarrow & \ \end{pmatrix} & \begin{pmatrix} \ \\ \rightarrow \end{pmatrix}\begin{pmatrix} \ & \downarrow \end{pmatrix} \end{pmatrix}$$

すなわち，行列 AB の上から i 番目 $(i=1,2)$，左から j 番目 $(j=1,2)$ の成分は，行列 A の上から i 番目の行を左からかぞえ，行列 B の左から j 番目の列を上からかぞえ，対応する成分を掛けてそれらを足し合わせたものである．

例 1.7　積の計算例

$$\begin{pmatrix} 3 & 1 \\ -2 & 4 \end{pmatrix}\begin{pmatrix} 2 & -3 \\ 1 & 4 \end{pmatrix} = \begin{pmatrix} 3\cdot 2+1\cdot 1 & 3\cdot(-3)+1\cdot 4 \\ (-2)\cdot 2+4\cdot 1 & (-2)\cdot(-3)+4\cdot 4 \end{pmatrix} = \begin{pmatrix} 7 & -5 \\ 0 & 22 \end{pmatrix}$$

$$\begin{pmatrix} 1 & s \\ 0 & 1 \end{pmatrix}\begin{pmatrix} 1 & t \\ 0 & 1 \end{pmatrix} = \begin{pmatrix} 1 & s+t \\ 0 & 1 \end{pmatrix}$$

□

例 1.8　積の計算例

$$\begin{pmatrix} \cos s & -\sin s \\ \sin s & \cos s \end{pmatrix}\begin{pmatrix} \cos t & -\sin t \\ \sin t & \cos t \end{pmatrix} = \begin{pmatrix} \cos(s+t) & -\sin(s+t) \\ \sin(s+t) & \cos(s+t) \end{pmatrix} \quad (1.12)$$

$$\begin{pmatrix} \cosh s & \sinh s \\ \sinh s & \cosh s \end{pmatrix}\begin{pmatrix} \cosh t & \sinh t \\ \sinh t & \cosh t \end{pmatrix} = \begin{pmatrix} \cosh(s+t) & \sinh(s+t) \\ \sinh(s+t) & \cosh(s+t) \end{pmatrix} \quad (1.13)$$

ただし

$$\cosh x = \frac{e^x+e^{-x}}{2}, \quad \sinh x = \frac{e^x-e^{-x}}{2}$$

である($\cosh x$, $\sinh x$ をそれぞれ双曲余弦関数，双曲正弦関数という)．実際，(1.12)の左辺を計算すると

$$\begin{pmatrix} \cos s\cdot\cos t-\sin s\cdot\sin t & -\cos s\cdot\sin t-\sin s\cdot\cos t \\ \sin s\cdot\cos t+\cos s\cdot\sin t & -\sin s\cdot\sin t+\cos s\cdot\cos t \end{pmatrix}$$

三角関数の加法公式により，これは(1.12)の右辺に等しい．同様に，双曲線関数の加法公式

$$\cosh s\cdot\cosh t+\sinh s\cdot\sinh t = \cosh(s+t)$$

$$\sinh s\cdot\cosh t+\cosh s\cdot\sinh t=\sinh(s+t)$$

(証明は読者に委ねる)を使えば，(1.13)を得る． □

(c)　行列の演算規則

行列の掛け算の規則について調べてみよう．

補題 1.9　任意の3つの行列 A,B,C について，$(AB)C=A(BC)$ である．

[証明1]　(積の定義を使った直接証明)

$$A=\begin{pmatrix} a_{11} & a_{12} \\ a_{21} & a_{22}\end{pmatrix},\quad B=\begin{pmatrix} b_{11} & b_{12} \\ b_{21} & b_{22}\end{pmatrix},\quad C=\begin{pmatrix} c_{11} & c_{12} \\ c_{21} & c_{22}\end{pmatrix}$$

とする．

$$(AB)C=\begin{pmatrix} a_{11}b_{11}+a_{12}b_{21} & a_{11}b_{12}+a_{12}b_{22} \\ a_{21}b_{11}+a_{22}b_{21} & a_{21}b_{12}+a_{22}b_{22}\end{pmatrix}\begin{pmatrix} c_{11} & c_{12} \\ c_{21} & c_{22}\end{pmatrix}$$

$$=$$

$$\begin{pmatrix} (a_{11}b_{11}+a_{12}b_{21})c_{11}+(a_{11}b_{12}+a_{12}b_{22})c_{21} & (a_{11}b_{11}+a_{12}b_{21})c_{12}+(a_{11}b_{12}+a_{12}b_{22})c_{22} \\ (a_{21}b_{11}+a_{22}b_{21})c_{11}+(a_{21}b_{12}+a_{22}b_{22})c_{21} & (a_{21}b_{11}+a_{22}b_{21})c_{12}+(a_{21}b_{12}+a_{22}b_{22})c_{22}\end{pmatrix}$$

$$=$$

$$\begin{pmatrix} a_{11}(b_{11}c_{11}+b_{12}c_{21})+a_{12}(b_{21}c_{11}+b_{22}c_{21}) & a_{11}(b_{11}c_{12}+b_{12}c_{22})+a_{12}(b_{21}c_{12}+b_{22}c_{22}) \\ a_{21}(b_{11}c_{11}+b_{12}c_{21})+a_{22}(b_{21}c_{11}+b_{22}c_{21}) & a_{21}(b_{11}c_{12}+b_{12}c_{22})+a_{22}(b_{21}c_{12}+b_{22}c_{22})\end{pmatrix}$$

$$=\begin{pmatrix} a_{11} & a_{12} \\ a_{21} & a_{22}\end{pmatrix}\begin{pmatrix} b_{11}c_{11}+b_{12}c_{21} & b_{11}c_{12}+b_{12}c_{22} \\ b_{21}c_{11}+b_{22}c_{21} & b_{21}c_{12}+b_{22}c_{22}\end{pmatrix}$$

$$=A(BC)\,.$$ ∎

[証明2]　((1.11)を使った証明)　$\boldsymbol{x}$ を任意のベクトルとする．

$$((AB)C)\boldsymbol{x}=(AB)(C\boldsymbol{x})=A(B(C\boldsymbol{x}))=A((BC)\boldsymbol{x})$$
$$=(A(BC))\boldsymbol{x}\,.$$

よって補題1.5により $(AB)C=A(BC)$． ∎

補題1.9は，数ではよく知られた計算の規則(**結合律**) $(ab)c=a(bc)$ が，行列の積についても成り立つことを意味している．この規則は，3つ以上の行列の積，例えば

$$(A(BC))D$$

において，括弧を取り外して $ABCD$ と書いてもよいことを保証している(す

なわち，積の演算をどこから始めてもよいことを意味しているのである）．

問3　$(A(BC))D = A(B(CD))$ を示せ．

しかし，行列の積が数の場合とは違うのは交換律 $ab = ba$ が行列では一般には成り立たないことである．

例 1.10　$A = \begin{pmatrix} 0 & 0 \\ 1 & 0 \end{pmatrix}$, $B = \begin{pmatrix} 0 & 1 \\ 0 & 0 \end{pmatrix}$ とすると

$$AB = \begin{pmatrix} 0 & 0 \\ 0 & 1 \end{pmatrix}, \quad BA = \begin{pmatrix} 1 & 0 \\ 0 & 0 \end{pmatrix}$$

となって，$AB \neq BA$.　□

問4　すべての行列 X に対し，$AX = XA$ となる行列 A をすべて求めよ．（ヒント：$A = \begin{pmatrix} a & b \\ c & d \end{pmatrix}$, $X = \begin{pmatrix} 0 & 0 \\ 1 & 0 \end{pmatrix}$, $\begin{pmatrix} 0 & 1 \\ 0 & 0 \end{pmatrix}$ として，条件 $AX = XA$ を A の成分で書き下す．）

次のような行列を**単位行列**(identity matrix, unit matrix)という．

$$I = \begin{pmatrix} 1 & 0 \\ 0 & 1 \end{pmatrix}$$

（I の代わりに記号 E を用いる教科書もある．）任意の行列 A に対して，簡単な計算で

$$IA = AI = A$$

となることがわかる．このことから，I は数における1の役割を果たしている．

数 a，行列 $A = \begin{pmatrix} a_{11} & a_{12} \\ a_{21} & a_{22} \end{pmatrix}$ に対し，a と A の**積**つまり A の定数倍 aA を

$$aA = \begin{pmatrix} aa_{11} & aa_{12} \\ aa_{21} & aa_{22} \end{pmatrix}$$

により定義する．ベクトル $\boldsymbol{x} = \begin{pmatrix} x_1 \\ x_2 \end{pmatrix}$ に対しても $a\boldsymbol{x}$ を

$$a\boldsymbol{x} = \begin{pmatrix} ax_1 \\ ax_2 \end{pmatrix}$$

により定義する．明らかに

$$(aA)\boldsymbol{x} = A(a\boldsymbol{x}), \quad a(AB) = (aA)B = A(aB), \quad (ab)A = a(bA).$$

(d)　行列の和

さて，これまで行列の積について論じてきたが，数と同じように行列の和(sum)も考えることができる．

$$A = \begin{pmatrix} a_{11} & a_{12} \\ a_{21} & a_{22} \end{pmatrix}, \quad B = \begin{pmatrix} b_{11} & b_{12} \\ b_{21} & b_{22} \end{pmatrix}$$

に対して，A と B の**和** $A+B$ を

$$\begin{pmatrix} a_{11}+b_{11} & a_{12}+b_{12} \\ a_{21}+b_{21} & a_{22}+b_{22} \end{pmatrix}$$

により定義する．すなわち，$A+B$ の成分は，A, B の対応する成分の和である．

問5　$2\begin{pmatrix} 1 & -2 \\ 3 & 4 \end{pmatrix} + 3\begin{pmatrix} -2 & 1 \\ -4 & -3 \end{pmatrix}$ を計算せよ．

定義から明らかに

$$\begin{aligned} &A+B = B+A \\ &(A+B)+C = A+(B+C) \\ &(a+b)A = aA+bA. \end{aligned}$$

すべての成分が0である行列 O を

$$O = \begin{pmatrix} 0 & 0 \\ 0 & 0 \end{pmatrix}$$

とおけば，

$$A+O = A$$

が成り立つ．O を**零行列**(zero matrix)という．O は，数の0に当たる役割をもつ．

$(-1)A$ を $-A$ と書き，$A+(-B)$ を $A-B$ と書くことにすれば

$$A-A = O$$

である．明らかに

$$AO = O.$$

こうして，行列の積と和が定義されたが，これらの演算は数と同様に**分配律**を満たす．

補題 1.11

$$A(B+C) = AB+AC, \quad (A+B)C = AC+BC$$

［証明］ 最初の等式を示せば十分であろう．

$$A = \begin{pmatrix} a_{11} & a_{12} \\ a_{21} & a_{22} \end{pmatrix}, \quad B = \begin{pmatrix} b_{11} & b_{12} \\ b_{21} & b_{22} \end{pmatrix}, \quad C = \begin{pmatrix} c_{11} & c_{12} \\ c_{21} & c_{22} \end{pmatrix}$$

とすれば

$$\begin{aligned} A(B+C) &= \begin{pmatrix} a_{11} & a_{12} \\ a_{21} & a_{22} \end{pmatrix} \begin{pmatrix} b_{11}+c_{11} & b_{12}+c_{12} \\ b_{21}+c_{21} & b_{22}+c_{22} \end{pmatrix} \\ &= \begin{pmatrix} a_{11}(b_{11}+c_{11})+a_{12}(b_{21}+c_{21}) & a_{11}(b_{12}+c_{12})+a_{12}(b_{22}+c_{22}) \\ a_{21}(b_{11}+c_{11})+a_{22}(b_{21}+c_{21}) & a_{21}(b_{12}+c_{12})+a_{22}(b_{22}+c_{22}) \end{pmatrix} \\ &= \begin{pmatrix} a_{11}b_{11}+a_{12}b_{21} & a_{11}b_{12}+a_{12}b_{22} \\ a_{21}b_{11}+a_{22}b_{21} & a_{21}b_{12}+a_{22}b_{22} \end{pmatrix} + \begin{pmatrix} a_{11}c_{11}+a_{12}c_{21} & a_{11}c_{12}+a_{12}c_{22} \\ a_{21}c_{11}+a_{22}c_{21} & a_{21}c_{12}+a_{22}c_{22} \end{pmatrix} \\ &= AB+AC\,. \end{aligned}$$

∎

これまでに述べた演算規則を用いれば，行列からなる式を，あたかも普通の文字式のごとく計算できる（ただし，交換律 $AB=BA$ を用いてはならない）．

例 1.12　$(A+B)^2$，$(A+B)(A-B)$ を計算してみよう．ただし，一般に $C^2 = C\cdot C$ とする．

$$(A+B)^2 = (A+B)(A+B) = A(A+B)+B(A+B) = A^2+AB+BA+B^2$$

$$(A+B)(A-B) = (A+B)A-(A+B)B = A^2+BA-AB-B^2$$

よって，普通の文字式に対する恒等式 $(a+b)^2 = a^2+2ab+b^2$，$(a+b)(a-b) = a^2-b^2$ と同じ形の式

$$(A+B)^2 = A^2+2AB+B^2$$

$$(A+B)(A-B) = A^2-B^2$$

が成り立つためには，A と B が可換 $(AB=BA)$ であることが必要十分条件である． □

行列と同様，ベクトルにも加法が次のように導入される．

$$\begin{pmatrix} u_1 \\ u_2 \end{pmatrix} + \begin{pmatrix} v_1 \\ v_2 \end{pmatrix} = \begin{pmatrix} u_1+v_1 \\ u_2+v_2 \end{pmatrix}$$

容易に次式を示すことができる．

$$A(a\boldsymbol{u}+b\boldsymbol{v}) = aA\boldsymbol{u}+bA\boldsymbol{v}$$

(対応 $\boldsymbol{u}\to A\boldsymbol{u}$ の線形性．)　**零ベクトル**(zero vector)は

$$\begin{pmatrix} 0 \\ 0 \end{pmatrix}$$

として定義されるベクトルである．これを $\mathbf{0}$ と書くことにする．明らかに，$\boldsymbol{u}+\mathbf{0}=\boldsymbol{u}$，$A\mathbf{0}=\mathbf{0}$ となる．

§1.2　2次の行列式

(a)　行列式の定義

方程式 $ax=u$ は $a\neq 0$ のとき a の逆数 a^{-1} を用いて，$x=a^{-1}u$ と解くことができた．$A\boldsymbol{x}=\boldsymbol{u}$ を行列の演算で解こうと思うとき，A の「逆」A^{-1} としては，$A^{-1}A=AA^{-1}=I$ を満たす行列とするのが自然であろう．しかし，$a\neq 0$ に当たる A についての条件を見つけなければならない($A\neq O$ でも A^{-1} が存在するとは限らない)．ヒントは公式(1.3)の中にある．すなわち，行列

$$A = \begin{pmatrix} a & b \\ c & d \end{pmatrix}$$

に対して $ad-bc$ を考えれば，これが0でないときには A^{-1} が存在しそうである．そこで次の定義を行う．

行列 $A=\begin{pmatrix} a_{11} & a_{12} \\ a_{21} & a_{22} \end{pmatrix}$ の**行列式** $\det A$ を

$$\det A = a_{11}a_{22}-a_{21}a_{12}$$

により定義する(det は determinant(行列式)の略号)．明らかに $\det I=1$．

記号の役割

学習の手引きでも述べたが，適切な記号表現が数学の発展に果たした役割は大きい．例えば，ライプニッツの記号 $\dfrac{dy}{dx}$, $\int f(x)dx$ は，それぞれもとの意味 $\dfrac{\Delta y}{\Delta x}$，$\sum_{i=1}^{n} f(x_i)\Delta x_i$ を忠実に反映しており，その自然さは合成関数に対する変換規則

$$\frac{dy}{dt} = \frac{dy}{dx}\cdot\frac{dx}{dt}, \quad \int f(x)dx = \int f(x(t))\frac{dx}{dt}dt$$

などにも顕著に表れている．

行列においても，

$$\begin{aligned} ax+by &= u \\ cx+dy &= v \end{aligned}$$

を

$$\begin{pmatrix} a & b \\ c & d \end{pmatrix}\begin{pmatrix} x \\ y \end{pmatrix} = \begin{pmatrix} u \\ v \end{pmatrix}$$

と表すのは自然なものである．もし，これを恣意的に

$$(a,b,c,d)(x,y) = (u,v)$$

などと表すことにしたら，理論はきわめて難渋なものになっていただろう．

しかし，いかに自然に見える記号も，人間が作り出したものであり，それが数学の中で定着するには長い時間がかかっている．それにしても，いったん1つの記号が日常的に使われるようになると，あたかも最初からその記号があったかのごとく感じられるから不思議である．

行列式 $\det A$ の記号として

$$|A| = \begin{vmatrix} a_{11} & a_{12} \\ a_{21} & a_{22} \end{vmatrix}$$

を使うこともある．

例 1.13 $\begin{vmatrix} 2 & 3 \\ -1 & 1 \end{vmatrix} = 2\cdot 1 - 3(-1) = 5$ □

連立方程式

$$A\boldsymbol{x}=\boldsymbol{u},\quad A=\begin{pmatrix} a_{11} & a_{12} \\ a_{21} & a_{22} \end{pmatrix},\quad \boldsymbol{x}=\begin{pmatrix} x_1 \\ x_2 \end{pmatrix},\quad \boldsymbol{u}=\begin{pmatrix} u_1 \\ u_2 \end{pmatrix}$$

に対して，$\det A\neq 0$ であるとき，公式(1.3)は，次のように書き直すことができる．

$$\boldsymbol{x}=(\det A)^{-1}\tilde{A}\boldsymbol{u}$$

ここで，

$$\tilde{A}=\begin{pmatrix} a_{22} & -a_{12} \\ -a_{21} & a_{11} \end{pmatrix}$$

とおいた．$\tilde{A}$ を A の**余因子行列**(cofactor)という．

A の余因子行列 $\tilde{A}$ について

$$A\tilde{A}=\tilde{A}A=(\det A)I \tag{1.14}$$

が成り立つことが簡単な計算で確かめられる．

次の補題は，行列式の重要な性質である．

補題 1.14

$$\det AB=(\det A)(\det B)$$

［証明］ $A=\begin{pmatrix} a_{11} & a_{12} \\ a_{21} & a_{22} \end{pmatrix}$，$B=\begin{pmatrix} b_{11} & b_{12} \\ b_{21} & b_{22} \end{pmatrix}$ としよう．

$$\begin{aligned}\det AB&=\det\begin{pmatrix} a_{11}b_{11}+a_{12}b_{21} & a_{11}b_{12}+a_{12}b_{22} \\ a_{21}b_{11}+a_{22}b_{21} & a_{21}b_{12}+a_{22}b_{22} \end{pmatrix}\\ &=(a_{11}b_{11}+a_{12}b_{21})(a_{21}b_{12}+a_{22}b_{22})\\ &\quad -(a_{21}b_{11}+a_{22}b_{21})(a_{11}b_{12}+a_{12}b_{22})\\ &=a_{11}b_{11}a_{22}b_{22}+a_{12}b_{21}a_{21}b_{12}\\ &\quad -a_{21}b_{11}a_{12}b_{22}-a_{22}b_{21}a_{11}b_{12}\\ &=(a_{11}a_{22}-a_{21}a_{12})b_{11}b_{22}\\ &\quad -(a_{22}a_{11}-a_{12}a_{21})b_{21}b_{12}\\ &=(a_{11}a_{22}-a_{21}a_{12})(b_{11}b_{22}-b_{21}b_{12})\\ &=(\det A)(\det B).\end{aligned}$$

∎

系 1.15　$AB=I$ であれば，$\det A\neq 0$，$\det B\neq 0$ である．

［証明］ $1=\det I=\det AB=(\det A)(\det B)$ であるから，$\det A\neq 0$, $\det B$

$\neq 0$. ∎

(b) 逆行列

上の系 1.15 の逆が成り立つ.

定理 1.16　$\det A \neq 0$ であれば, $AB = BA = I$ であるような B が存在する.

[証明]　(1.14)により $B = (\det A)^{-1}\tilde{A}$ とおけば $AB = BA = I$ が成り立つことがわかる. ∎

次の補題は, このような B はただ1つであることをいっている.

補題 1.17　$\det A \neq 0$ のとき, $AB = I$ を満たす B はただ1つであり, しかも $BA = I$ を満たす.

[証明]　$AB = I$ ならば $\det B \neq 0$ だから, $BC = I$ となる C が存在する(定理 1.16). よって, $C = IC = (AB)C = A(BC) = AI = A$, すなわち, $BA = BC = I$ である. D を $AD = I$ となる行列とすると, $B = B(AD) = (BA)D = D$. ゆえに, $AB = I$ となる B はただ1つである. ∎

行列 A に対して $AB = BA = I$ を満たす行列 B を A の**逆行列**(inverse matrix)といい, A^{-1} で表す. これまでに示したことをまとめると

定理 1.18　行列 A の行列式 $\det A$ が零でないことが, 逆行列 A^{-1} が存在するための必要十分条件である. また, 逆行列は一意的に決まり, $A^{-1} = (\det A)^{-1}\tilde{A}$ である. ただし $\tilde{A}$ は A の余因子行列である. □

$\det A \neq 0$ である行列 A を**可逆行列**(invertible matrix)という.

例 1.19　$A = \begin{pmatrix} 2 & 1 \\ 3 & 4 \end{pmatrix}$ の逆行列は $\det A = 2\cdot 4 - 1\cdot 3 = 5$, $\tilde{A} = \begin{pmatrix} 4 & -1 \\ -3 & 2 \end{pmatrix}$ であるから $A^{-1} = \begin{pmatrix} 4/5 & -1/5 \\ -3/5 & 2/5 \end{pmatrix}$. □

補題 1.20　A, B が可逆であるとき, AB も可逆であり,

$$(AB)^{-1} = B^{-1}A^{-1}.$$

[証明]　$\det AB = \det A \cdot \det B$ から前半は明らか. また, 後半については $(B^{-1}A^{-1})(AB) = B^{-1}(A^{-1}A)B = B^{-1}B = I$ により $(AB)^{-1} = B^{-1}A^{-1}$. ∎

例題 1.21　P が可逆行列であるとき

$$\det P^{-1} = (\det P)^{-1}, \quad \det PAP^{-1} = \det A.$$

［解］　$1 = \det I = \det PP^{-1} = \det P \cdot \det P^{-1}$ から $\det P^{-1} = (\det P)^{-1}$. また，$\det PAP^{-1} = \det P \cdot \det A \cdot \det P^{-1} = \det A$. ■

問 6　$P = \begin{pmatrix} 0 & 1 \\ 1 & 0 \end{pmatrix}$ として，$P\begin{pmatrix} a_{11} & a_{12} \\ a_{21} & a_{22} \end{pmatrix}P^{-1} = \begin{pmatrix} a_{22} & a_{21} \\ a_{12} & a_{11} \end{pmatrix}$ となることを示せ.

例題 1.22　A を可逆行列とすると，

（1）　$A\boldsymbol{x} = \boldsymbol{0} \Longrightarrow \boldsymbol{x} = \boldsymbol{0}$.

（2）　$AB = O$（または $BA = O$）$\Longrightarrow B = O$.

ここで，$\Longrightarrow$ は「ならば」と読む.

［解］

（1）　$\boldsymbol{0} = A^{-1}(A\boldsymbol{x}) = (A^{-1}A)\boldsymbol{x} = \boldsymbol{x}$.

（2）　$O = A^{-1}(AB) = (A^{-1}A)B = B$ $(O = (BA)A^{-1} = B(AA^{-1}) = B)$. ■

例題 1.22 の(2)は，A が可逆でないときには一般には成り立たない.

例 1.23　$A = B = \begin{pmatrix} 0 & 1 \\ 0 & 0 \end{pmatrix}$ とすれば，$AB = O$. □

行列式の言葉を使えば，連立方程式

$$a_{11}x_1 + a_{12}x_2 = u_1$$
$$a_{21}x_1 + a_{22}x_2 = u_2$$

の解は，A が可逆であるとき次のように表される:

$$x_1 = \frac{\begin{vmatrix} u_1 & a_{12} \\ u_2 & a_{22} \end{vmatrix}}{\begin{vmatrix} a_{11} & a_{12} \\ a_{21} & a_{22} \end{vmatrix}}, \quad x_2 = \frac{\begin{vmatrix} a_{11} & u_1 \\ a_{21} & u_2 \end{vmatrix}}{\begin{vmatrix} a_{11} & a_{12} \\ a_{21} & a_{22} \end{vmatrix}}$$

これを**クラメルの公式**(Cramer's rule)という. 実際，解の公式により

$$x_1=(a_{11}a_{22}-a_{12}a_{21})^{-1}(a_{22}u_1-a_{12}u_2)$$
$$x_2=(a_{11}a_{22}-a_{12}a_{21})^{-1}(-a_{21}u_1+a_{11}u_2)$$

であるから，

$$a_{22}u_1-a_{12}u_2=\begin{vmatrix} u_1 & a_{12} \\ u_2 & a_{22} \end{vmatrix},\quad -a_{21}u_1+a_{11}u_2=\begin{vmatrix} a_{11} & u_1 \\ a_{21} & u_2 \end{vmatrix}$$

に注意すればよい．

行列 $A=\begin{pmatrix} a_{11} & a_{12} \\ a_{21} & a_{22} \end{pmatrix}$ は，2つのベクトル $\begin{pmatrix} a_{11} \\ a_{21} \end{pmatrix}, \begin{pmatrix} a_{12} \\ a_{22} \end{pmatrix}$ を並べてできるものと考えられる．一般に，$\boldsymbol{x}=\begin{pmatrix} x_1 \\ x_2 \end{pmatrix}$，$\boldsymbol{y}=\begin{pmatrix} y_1 \\ y_2 \end{pmatrix}$ に対して，行列

$$\begin{pmatrix} x_1 & y_1 \\ x_2 & y_2 \end{pmatrix}$$

を $(\boldsymbol{x},\boldsymbol{y})$ により表すことにしよう．明らかに $(\boldsymbol{x}_1,\boldsymbol{y}_1)=(\boldsymbol{x}_2,\boldsymbol{y}_2) \Longleftrightarrow \boldsymbol{x}_1=\boldsymbol{x}_2$，$\boldsymbol{y}_1=\boldsymbol{y}_2$．ここで，$\Longleftrightarrow$ は同値であることを意味する．

次の補題は，容易に確かめられる．

補題 1.24

（1）$A(\boldsymbol{x},\boldsymbol{y})=(A\boldsymbol{x},A\boldsymbol{y})$.

（2）$(\boldsymbol{x},\boldsymbol{y})\begin{pmatrix} a \\ b \end{pmatrix}=a\boldsymbol{x}+b\boldsymbol{y}$.

（3）$(\boldsymbol{x},\boldsymbol{y})\begin{pmatrix} a & 0 \\ 0 & b \end{pmatrix}=(a\boldsymbol{x},b\boldsymbol{y})$. □

A の余因子行列を $\tilde{A}=(\boldsymbol{a}_1,\boldsymbol{a}_2)$ とするとき，

$$A\boldsymbol{a}_1=(\det A)\boldsymbol{e}_1,\quad A\boldsymbol{a}_2=(\det A)\boldsymbol{e}_2 \tag{1.15}$$

である．これは，$I=(\boldsymbol{e}_1,\boldsymbol{e}_2)$ および，(1.14)を書き直した式

$$\begin{aligned}((\det A)\boldsymbol{e}_1,(\det A)\boldsymbol{e}_2)&=(\det A)I=A\tilde{A}=A(\boldsymbol{a}_1,\boldsymbol{a}_2)\\&=(A\boldsymbol{a}_1,A\boldsymbol{a}_2)\end{aligned}$$

から導かれる．

(c) 転置行列

$A=\begin{pmatrix} a_{11} & a_{12} \\ a_{21} & a_{22} \end{pmatrix}$ に対して，${}^tA=\begin{pmatrix} a_{11} & a_{21} \\ a_{12} & a_{22} \end{pmatrix}$ とおいて，${}^tA$ を A の**転置行**

列(transposed matrix)という．明らかに，$\det {}^t\!A = \det A$ である．

例題 1.25

$$ {}^t(AB) = {}^t\!B\,{}^t\!A\ . $$

［解］

$$ \begin{aligned} {}^t(AB) &= {}^t\!\begin{pmatrix} a_{11}b_{11}+a_{12}b_{21} & a_{11}b_{12}+a_{12}b_{22} \\ a_{21}b_{11}+a_{22}b_{21} & a_{21}b_{12}+a_{22}b_{22} \end{pmatrix} \\ &= \begin{pmatrix} a_{11}b_{11}+a_{12}b_{21} & a_{21}b_{11}+a_{22}b_{21} \\ a_{11}b_{12}+a_{12}b_{22} & a_{21}b_{12}+a_{22}b_{22} \end{pmatrix} \\ &= \begin{pmatrix} b_{11} & b_{21} \\ b_{12} & b_{22} \end{pmatrix} \begin{pmatrix} a_{11} & a_{21} \\ a_{12} & a_{22} \end{pmatrix} \\ &= {}^t\!B\,{}^t\!A\ . \end{aligned} $$

∎

例題 1.26　$A\,{}^t\!A = I$ であるとき，

$$ A = \begin{pmatrix} \cos t & \sin t \\ -\sin t & \cos t \end{pmatrix} \quad \text{または} \quad A = \begin{pmatrix} \cos t & \sin t \\ \sin t & -\cos t \end{pmatrix} $$

となる t が存在する．

［解］ $A = \begin{pmatrix} a & b \\ c & d \end{pmatrix}$ とおくと，$A\,{}^t\!A = I$ から

$$ a^2+b^2 = c^2+d^2 = 1, \quad ac+bd = 0, \quad ad-bc = \pm 1 $$

($(\det A)^2 = \det {}^t\!A\,A = 1$ に注意)．よって，$a^2+b^2=1$ から $a=\cos t$，$b=\sin t$ となる t が存在する．$ad-bc=1$ のときは，

$$ \begin{aligned} (\cos t)c + (\sin t)d &= 0 \\ -(\sin t)c + (\cos t)d &= 1 \end{aligned} $$

を解いて，$c=-\sin t$，$d=\cos t$．$ad-bc=-1$ のときは，

$$ \begin{aligned} (\cos t)c + (\sin t)d &= 0 \\ -(\sin t)c + (\cos t)d &= -1 \end{aligned} $$

を解いて，$c=\sin t$，$d=-\cos t$． ∎

(d)　行列の跡

行列式は，行列に対して定まる1つの数であった．もう1つ，行列に数を

対応させる重要なものとして跡がある．それは $A=\begin{pmatrix} a_{11} & a_{12} \\ a_{21} & a_{22} \end{pmatrix}$ に対して

$$\operatorname{tr} A = a_{11}+a_{22}$$

とおいたものである．これを，A の**跡**(trace)という．すなわち，$\operatorname{tr} A$ は，A の対角成分の和である．明らかに

$$\operatorname{tr}(A+B) = \operatorname{tr} A + \operatorname{tr} B.$$

例題 1.27　$\operatorname{tr} AB = \operatorname{tr} BA$．とくに可逆行列 P に対して

$$\operatorname{tr}(PAP^{-1}) = \operatorname{tr} A.$$

[解]

$$\begin{aligned}
\operatorname{tr} AB &= \operatorname{tr}\begin{pmatrix} a_{11}b_{11}+a_{12}b_{21} & a_{11}b_{12}+a_{12}b_{22} \\ a_{21}b_{11}+a_{22}b_{21} & a_{21}b_{12}+a_{22}b_{22} \end{pmatrix} \\
&= (a_{11}b_{11}+a_{12}b_{21})+(a_{21}b_{12}+a_{22}b_{22}) \\
&= (b_{11}a_{11}+b_{12}a_{21})+(b_{21}a_{12}+b_{22}a_{22}) \\
&= \operatorname{tr}\begin{pmatrix} b_{11}a_{11}+b_{12}a_{21} & b_{11}a_{12}+b_{12}a_{22} \\ b_{21}a_{11}+b_{22}a_{21} & b_{21}a_{12}+b_{22}a_{22} \end{pmatrix} \\
&= \operatorname{tr} BA.
\end{aligned}$$

また，$\operatorname{tr} AB = \operatorname{tr} BA$ を使えば，

$$\operatorname{tr}(PAP^{-1}) = \operatorname{tr}(P^{-1}PA) = \operatorname{tr} A.$$ ∎

問 7　$\operatorname{tr} {}^tA = \operatorname{tr} A$ を示せ．

(e)　線形独立性

$\det A \neq 0$ であるとき，連立方程式 $A\boldsymbol{x}=\boldsymbol{u}$ はすべての $\boldsymbol{u}$ に対して，ただ1つの解 $\boldsymbol{x}=(\det A)^{-1}\tilde{A}\boldsymbol{u}$ をもつことを前節でみた．とくに，$A\boldsymbol{x}=\boldsymbol{0}$ の解は $\boldsymbol{x}=\boldsymbol{0}$ のみである．次の補題はこの逆が成立することをいっている．

補題 1.28　$\det A=0$ であるための必要十分条件は，方程式 $A\boldsymbol{x}=\boldsymbol{0}$ が $\boldsymbol{x}\neq\boldsymbol{0}$ である解をもつことである．

[証明]　$\det A=0$ であるとき，$A\boldsymbol{x}=\boldsymbol{0}$ が $\boldsymbol{0}$ でない解 $\boldsymbol{x}$ をもつことを示せば十分である．

$A=O$ であるときは，すべての $\boldsymbol{x}$ について $A\boldsymbol{x}=\boldsymbol{0}$.

$A\neq O$ であるとする．このとき，A の余因子行列 $\tilde{A}$ も O ではない．$\tilde{A}=(\boldsymbol{a}_1,\boldsymbol{a}_2)$ とおくとき，2つのベクトル $\boldsymbol{a}_1,\boldsymbol{a}_2$ のうち，少なくとも1つは $\boldsymbol{0}$ ではない．(1.15)により

$$A\boldsymbol{a}_1=(\det A)\boldsymbol{e}_1=\boldsymbol{0},\quad A\boldsymbol{a}_2=(\det A)\boldsymbol{e}_2=\boldsymbol{0}$$

であるから，$\boldsymbol{a}_1,\boldsymbol{a}_2$ のうち $\boldsymbol{0}$ でないベクトルを $\boldsymbol{x}$ とおくと

$$A\boldsymbol{x}=\boldsymbol{0},\quad \boldsymbol{x}\neq\boldsymbol{0}$$

となる． ∎

定理 1.29　連立方程式 $A\boldsymbol{x}=\boldsymbol{u}$ がすべての $\boldsymbol{u}$ に対して，少なくとも1つの解 $\boldsymbol{x}$ をもてば，$\det A\neq 0$ である．

［証明］　背理法で示す．$\det A=0$ としよう．$A=O$ のときは，すべての $\boldsymbol{x}$ について $A\boldsymbol{x}=\boldsymbol{0}$ であるから，$\boldsymbol{u}\neq\boldsymbol{0}$ に対しては $A\boldsymbol{x}=\boldsymbol{u}$ は解をもたない．$A\neq O$ のとき，A の余因子行列を $\tilde{A}$ とすると $\tilde{A}\neq O$ であるから，$\tilde{A}\boldsymbol{u}\neq\boldsymbol{0}$ となる $\boldsymbol{u}$ が存在する．この $\boldsymbol{u}$ に対して，$A\boldsymbol{x}=\boldsymbol{u}$ は解をもたない．実際，もし $A\boldsymbol{x}=\boldsymbol{u}$ が解 $\boldsymbol{x}$ をもてば

$$\boldsymbol{0}=(\det A)I\boldsymbol{x}=\tilde{A}A\boldsymbol{x}=\tilde{A}\boldsymbol{u}$$

となって矛盾である． ∎

2つのベクトル $\boldsymbol{x}_1,\boldsymbol{x}_2$ は，同時に零でない数 a,b が存在し，関係式

$$a\boldsymbol{x}_1+b\boldsymbol{x}_2=\boldsymbol{0}$$

を満たすとき，**線形従属**(linearly dependent)であるといわれる．

補題 1.30　$\boldsymbol{x}_1\neq\boldsymbol{0}$ であるとき，$\boldsymbol{x}_1,\boldsymbol{x}_2$ が線形従属であるためには，$\boldsymbol{x}_2=c\boldsymbol{x}_1$ となる数 c が存在することが必要十分条件である．

［証明］　$a\boldsymbol{x}_1+b\boldsymbol{x}_2=\boldsymbol{0}$ において，$b=0$ であれば $a\boldsymbol{x}_1=\boldsymbol{0}$ となって $a=0$. よって $\boldsymbol{x}_1,\boldsymbol{x}_2$ が線形従属であれば，$b\neq 0$ となる関係式

$$a\boldsymbol{x}_1+b\boldsymbol{x}_2=\boldsymbol{0}$$

が存在する．$c=-a/b$ とおけば，$\boldsymbol{x}_2=c\boldsymbol{x}_1$ となる．逆に $\boldsymbol{x}_2=c\boldsymbol{x}_1$ であれば，関係式 $\boldsymbol{x}_2-c\boldsymbol{x}_1=\boldsymbol{0}$ を満たすから，$\boldsymbol{x}_1,\boldsymbol{x}_2$ が線形従属である． ∎

ベクトル $\boldsymbol{x}_1,\boldsymbol{x}_2$ が線形従属でないとき，すなわち

$$a\boldsymbol{x}_1+b\boldsymbol{x}_2=\boldsymbol{0}\Longrightarrow a=b=0$$

の性質を満たすとき，**線形独立**(linearly independent)であるといわれる．

一般に，$\boldsymbol{x}_1, \boldsymbol{x}_2$ に対して，

$$a\boldsymbol{x}_1 + b\boldsymbol{x}_2$$

の形のベクトルを $\boldsymbol{x}_1, \boldsymbol{x}_2$ の**線形結合**(linear combination)という．

補題 1.31　ベクトル $\boldsymbol{x}_1, \boldsymbol{x}_2$ が線形独立であるための必要十分条件は

$$\det(\boldsymbol{x}_1, \boldsymbol{x}_2) \neq 0$$

である．

［証明］　$(\boldsymbol{x}_1, \boldsymbol{x}_2)\begin{pmatrix} a \\ b \end{pmatrix} = a\boldsymbol{x}_1 + b\boldsymbol{x}_2$ であるから(補題 1.24)，

「$a\boldsymbol{x}_1 + b\boldsymbol{x}_2 = \boldsymbol{0}$ が同時に零でない a, b に対して成り立つ」

$\Longleftrightarrow$「未知数 a, b に関する連立方程式 $(\boldsymbol{x}_1, \boldsymbol{x}_2)\begin{pmatrix} a \\ b \end{pmatrix} = \boldsymbol{0}$ が零ベクトルでない解 $\begin{pmatrix} a \\ b \end{pmatrix}$ をもつ」

$\Longleftrightarrow$ $\det(\boldsymbol{x}_1, \boldsymbol{x}_2) = 0$ (補題 1.28)．

対偶を考えれば，補題の主張を得る．　■

補題 1.32　$\boldsymbol{x}_1, \boldsymbol{x}_2$ が線形独立であるための必要十分条件は，任意の $\boldsymbol{x}$ が，$\boldsymbol{x}_1, \boldsymbol{x}_2$ の線形結合で書けることである．

［証明］

$$(\boldsymbol{x}_1, \boldsymbol{x}_2)\begin{pmatrix} a \\ b \end{pmatrix} = a\boldsymbol{x}_1 + b\boldsymbol{x}_2$$

を再び利用する．上の補題で示したように $\boldsymbol{x}_1, \boldsymbol{x}_2$ が線形独立であれば，行列 $(\boldsymbol{x}_1, \boldsymbol{x}_2)$ は可逆であり，任意の $\boldsymbol{x}$ について，未知数 a, b に関する連立方程式

$$(\boldsymbol{x}_1, \boldsymbol{x}_2)\begin{pmatrix} a \\ b \end{pmatrix} = \boldsymbol{x} \tag{1.16}$$

は解をもつから，$\boldsymbol{x} = a\boldsymbol{x}_1 + b\boldsymbol{x}_2$ となる a, b が存在することがわかる．

次に，任意の $\boldsymbol{x}$ が，$\boldsymbol{x}_1, \boldsymbol{x}_2$ の線形結合で書けると仮定しよう．言い換えれば，方程式(1.16)が任意の $\boldsymbol{x}$ に対して解 $\begin{pmatrix} a \\ b \end{pmatrix}$ をもつとする．定理 1.29 により，$\det(\boldsymbol{x}_1, \boldsymbol{x}_2) \neq 0$．よって，補題 1.31 により，$\boldsymbol{x}_1, \boldsymbol{x}_2$ は線形独立である．　■

問8 ベクトル $\begin{pmatrix} 2 \\ -3 \end{pmatrix}$, $\begin{pmatrix} -4 \\ 3 \end{pmatrix}$ は線形独立であることを示せ.

§1.3 複素数と複素行列

(a) 有理数と行列

前節まで，行列やベクトルの成分に現れる数については，とくに何も断らずに話を進めてきた．しかし読者は，実数を成分とする行列やベクトルを考えていたと思う(実際，扱った例はすべて実数を成分としていた)．もちろん，これまでの議論ではそれで十分なのであるが，先のことを考えて反省してみることにしよう．

まず，数を有理数に限定したとき，行列の演算がどうなるかを調べてみる．

(1) 有理数を成分とする行列 A, B の積 AB および和 $A+B$ は，再び有理数を成分とする行列である．

(2) 有理数を成分とするベクトル $\boldsymbol{x}, \boldsymbol{y}$ の和 $\boldsymbol{x}+\boldsymbol{y}$ は，再び有理数を成分とするベクトルである．

(3) 有理数を成分とする行列 A とベクトル $\boldsymbol{x}$ に対し，$A\boldsymbol{x}$ も有理数を成分とするベクトルである．

(4) 有理数 c と有理数を成分とする行列 A およびベクトル $\boldsymbol{x}$ の積 $cA, c\boldsymbol{x}$ は有理数を成分とする．

(5) 有理数を成分とする行列 A の行列式は有理数である．

(6) 有理数を成分とする行列 A の余因子行列の成分は有理数である．

(7) 有理数を成分とする行列 A が可逆であるとき，逆行列 A^{-1} も有理数を成分とする．

これらの事柄から，これまでの議論は数を有理数に限定してもまったく同様に行われることがわかる．そして，その背景にある事実は，実数と同様に有理数が加減乗除で閉じた数の体系になっていて，次の演算規則を満たしていることである．すなわち，a, b が有理数であるとき，$a+b$, ab も有理数であり，

（和の結合律）　$(a+b)+c=a+(b+c)$

（和の交換律）　$a+b=b+a$

（0 の性質）　$0+a=a$

（マイナス元の存在）　$a+(-a)=0$

（積の結合律）　$(ab)c=a(bc)$

（積の交換律）　$ab=ba$

（1 の性質）　$1a=a$

（逆数の存在）　$a\neq 0$ であれば，$a^{-1}a=1$ となる有理数 a^{-1} が存在する．

（分配律）　$a(b+c)=ab+ac$

の諸規則が成り立つ．

このような演算をもつ一般の数の体系に対して，行列やベクトルの成分をこの体系に属する数に限定しても，行列の演算が同様に行われることは，読者も容易に理解できるであろう．

(b) 複素数

有理数や実数以外に，加減乗除の規則が成り立つ重要な数の体系として複素数がある．複素数について詳しいことは，本シリーズ『代数入門』，『複素関数入門』で学ぶが，ここで簡単に説明しておこう．

平方して -1 となる数を 1 つ考え，それを i により表して，**虚数単位**という．また，2 つの実数 a,b を用いて

$$a+bi$$

と表される数を考えて，これを**複素数**(complex number)という．実数 a を $a+0i$ と同一視することにより，実数を複素数の特別なものと思うことにする．

複素数の相等，加減乗除を次のように定める．

$$a+bi=c+di \Longleftrightarrow a=c,\ b=d$$

$$(a+bi)\pm(c+di)=(a\pm c)+(b\pm d)i \quad \text{（複号同順）}$$

$$(a+bi)\cdot(c+di)=(ac-bd)+(ad+bc)i$$

$$\frac{a+bi}{c+di} = \frac{ac+bd}{c^2+d^2} + \frac{bc-ad}{c^2+d^2}i \qquad \text{ただし } c+di \neq 0$$

(これらの計算規則は，文字 i の式と考えて計算したとき，i^2 がでてくれば，それを -1 により置き換えて得られるものである.) 実数の組 (a,b) を複素数 $a+bi$ と同一視して，次のようにして定義した演算をもつ実数の組を複素数と定めてもよい.

$$(a,b)+(c,d) = (a+c, b+d)$$
$$(a,b)\cdot(c,d) = (ac-bd, ad+bc)$$

複素数 $a+bi$ において，a をこの複素数の**実部**，b を**虚部**という．複素数の演算規則は有理数や実数の場合とまったく同様である.

複素数 $z=a+bi$ に対して，$a-bi$ を z と**共役な複素数**(conjugate complex number)といい，$\bar{z}$ と書く．また，z の**絶対値**(absolute value) $|z|$ を $\sqrt{a^2+b^2}$ により定義する．明らかに，$|z|^2 = z\bar{z}$ である.

数の体系を複素数に拡張することによって便利なことは，複素数を係数とする代数方程式が複素数の範囲でいつも解をもつことである．詳しくは次の定理が成り立つ(本シリーズ『微分と積分 2』または『複素関数入門』参照).

代数学の基本定理　複素数を係数とする n 次の代数方程式

$$a_0z^n + a_1z^{n-1} + \cdots + a_n = 0, \quad a_0 \neq 0$$

は，(重複度を込めて) n 個の複素数解をもつ.　□

問 9　$z\bar{z} = |z|^2$, $|zw| = |z||w|$, $|z+w| \leqq |z|+|w|$, $|z+w|^2 \leqq 2(|z|^2+|w|^2)$ を示せ.

次の定理は，帰納法により証明される.

ド・モアブル(de Moivre)の定理　整数 n について

$$(\cos\theta + i\sin\theta)^n = \cos n\theta + i\sin n\theta$$

が成り立つ.　□

$\cos\theta + i\sin\theta$ を $e^{i\theta}$ により表そう(実際，指数関数をベキ級数展開して，複素数を変数とする関数に拡張すると，この表現は正当化される).

以後，有理数の全体を $\mathbb{Q}$，実数の全体を $\mathbb{R}$，複素数の全体を $\mathbb{C}$ の記号で表す.

(c) 体

一般に，加減乗除の演算をもつ体系が，$\mathbb{Q}, \mathbb{R}, \mathbb{C}$ と同様の演算規則(p. 24 に述べた規則)を満たすとき，これを**体**(field)という．$\mathbb{Q}, \mathbb{R}, \mathbb{C}$ をそれぞれ，**有理数体**，**実数体**，**複素数体**ということもある．$\mathbb{Q}, \mathbb{R}, \mathbb{C}$ 以外にも，体の例が多く存在する.

例 1.33　$\Bbbk$ を $\mathbb{Q}, \mathbb{R}, \mathbb{C}$ のいずれかを表すとき，$\Bbbk$ を係数体とする**有理式**とは，$\Bbbk$ に属する数を係数とする x の多項式(整式)の商

$$\frac{p(x)}{q(x)}$$

の形で表される式のことである．ここで $q(x) \neq 0$ とする．有理式の全体は，通常の加減乗除により体になる．この体を $\Bbbk$ 上の有理関数体といい，$\Bbbk(x)$ で表す. □

記号 $\mathbb{F}$ により，一般の体を表すことにする．$\mathbb{F}$ に属する要素を成分とする行列を，$\mathbb{F}$ **上の行列**という．とくに，$\mathbb{Q}$ 上の行列を**有理行列**，$\mathbb{R}$ 上の行列を**実行列**，$\mathbb{C}$ 上の行列を**複素行列**とよぶことがある.

$\mathbb{F}$ 上の行列の積や和，$\mathbb{F}$ の元との積，余因子行列，逆行列は，再び $\mathbb{F}$ 上の行列である.

問 10　$\mathbb{Q}(x)$ 上の行列 $\begin{pmatrix} x & x+1 \\ x-1 & -x \end{pmatrix}$ の逆行列を求めよ.

問 11　$\begin{pmatrix} i & 0 \\ 0 & -i \end{pmatrix}^2$，$\begin{pmatrix} 1+i & i \\ -i & 1-i \end{pmatrix}\begin{pmatrix} i & 2-i \\ 1+2i & -i \end{pmatrix}$ を計算せよ.

補題 1.28 の証明を反省すれば，次の定理が成り立つことがわかる.

定理 1.34　$\mathbb{F}$ を $\mathbb{Q}, \mathbb{R}, \mathbb{C}$ のいずれかとする．A を $\mathbb{F}$ 上の行列とし，$\det A=0$ とすると，$\mathbb{F}$ に属する数を成分とするベクトル $\boldsymbol{x}$ で，$A\boldsymbol{x}=\boldsymbol{0}$，$\boldsymbol{x}\neq\boldsymbol{0}$ となるものが存在する． □

例題 1.35　連立方程式 $A\boldsymbol{x}=\boldsymbol{u}$ において，A と $\boldsymbol{u}$ の成分が有理数とする．もし，この方程式が $\mathbb{R}$ または $\mathbb{C}$ に属する数を成分とする解をもてば，実は有理数を成分とする解 $\boldsymbol{x}$ が存在する．

［解］　$\det A\neq 0$ のときは，$\boldsymbol{x}=(\det A)^{-1}\tilde{A}\boldsymbol{u}$ であるから，ただ1つの解 $\boldsymbol{x}$ は有理数を成分とする．

$A=O$ のときは，自明．

$\det A=0$，$A\neq O$ とする．$\boldsymbol{u}=\boldsymbol{0}$ のときは，$\boldsymbol{x}=\boldsymbol{0}$ とすればよい．$\boldsymbol{u}\neq\boldsymbol{0}$ と仮定しよう．$A\neq O$ であるから，$A\boldsymbol{y}\neq\boldsymbol{0}$ となる有理数を成分とする $\boldsymbol{y}$ が存在する．$A\boldsymbol{x}=\boldsymbol{u}$ の実数(複素数)を成分とする解を $\boldsymbol{x}_0$ とすると

$$\det(A\boldsymbol{y},\boldsymbol{u})=\det(A(\boldsymbol{y},\boldsymbol{x}_0))=\det A\cdot\det(\boldsymbol{y},\boldsymbol{x}_0)=0.$$

補題 1.31 により，$A\boldsymbol{y}$ と $\boldsymbol{u}$ は線形従属．よって

$$\boldsymbol{u}=aA\boldsymbol{y}$$

となる a が存在するが(補題 1.30)，$\boldsymbol{u}, A\boldsymbol{y}$ ともに有理数を成分とするベクトルであるから，a は有理数であることがわかる．$\boldsymbol{x}=a\boldsymbol{y}$ とすれば，$\boldsymbol{x}$ が求める解である． ∎

(d)　複素行列

複素行列 $A=\begin{pmatrix} a & b \\ c & d \end{pmatrix}$ には，次のような**随伴行列**(adjoint matrix)A^* を考えると便利なことが多い．

$$A^*=\begin{pmatrix} \bar{a} & \bar{c} \\ \bar{b} & \bar{d} \end{pmatrix}$$

A がとくに実行列の場合は，A^* は転置行列 ${}^tA$ に一致する．

次の例題は，複素数が特別な形の実行列と密接に結び付いていることを示す．

例題 1.36　複素数 $z=a+bi$ に，実行列

$$A(z)=\begin{pmatrix} a & -b \\ b & a \end{pmatrix}$$

を対応させるとき，次のことが成り立つ.

（1）　$\det A(z)=|z|^2$

（2）　$A(z+w)=A(z)+A(w)$

（3）　$A(zw)=A(z)A(w)$

（4）　$A(z^{-1})=A(z)^{-1}$　　ただし $z\neq 0$ とする.

（5）　$A(\bar{z})={}^tA(z)$

（6）　$A(e^{i\theta})=\begin{pmatrix} \cos\theta & -\sin\theta \\ \sin\theta & \cos\theta \end{pmatrix}$

［解］　$z=a+bi$, $w=c+di$ とする.

$$\det A(z) = a\cdot a-(-b)\cdot b = a^2+b^2 = |z|^2,$$

$$A(z+w) = \begin{pmatrix} a+c & -b-d \\ b+d & a+c \end{pmatrix} = \begin{pmatrix} a & -b \\ b & a \end{pmatrix} + \begin{pmatrix} c & -d \\ d & c \end{pmatrix} = A(z)+A(w),$$

$$A(zw) = \begin{pmatrix} ac-bd & -bc-ad \\ bc+ad & ac-bd \end{pmatrix} = \begin{pmatrix} a & -b \\ b & a \end{pmatrix}\begin{pmatrix} c & -d \\ d & c \end{pmatrix} = A(z)A(w).$$

$z^{-1}=\dfrac{a}{a^2+b^2}-\dfrac{b}{a^2+b^2}i$ であるから

$$A(z^{-1}) = \begin{pmatrix} \dfrac{a}{a^2+b^2} & \dfrac{b}{a^2+b^2} \\ -\dfrac{b}{a^2+b^2} & \dfrac{a}{a^2+b^2} \end{pmatrix}$$

一方 $A(z)$ の余因子行列は

$$\tilde{A}(z) = \begin{pmatrix} a & b \\ -b & a \end{pmatrix}$$

よって

$$A(z)^{-1} = (\det A(z))^{-1}\tilde{A}(z) = A(z^{-1}).$$

(5),(6) も容易に証明できる.　■

(e)　四元数と行列*

ハミルトン(W. R. Hamilton，1805–1865)は1843年に，複素数の類似を考えて**四元数**(quaternion)を発見した．これは，乗法の規則 $i^2=j^2=k^2=-1$，$ij=k$，$jk=i$，$ki=j$ を満たす形式的な記号 i,j,k を考え，実数 a,b,c,d を用いて

$$\alpha = a+bi+cj+dk$$

と表される仮想的な数である．ただし，2つの四元数の相等を

$$a_1+b_1i+c_1j+d_1k = a_2+b_2i+c_2j+d_2k$$
$$\Longleftrightarrow a_1=a_2,\ b_1=b_2,\ c_1=c_2,\ d_1=d_2$$

により定めるものとする．そして，このような数の演算(加法と乗法)については，i,j,k の乗法の規則のもとで通常の文字式の計算として行うものとする(乗法規則から $ji=jjk=-k$，$kj=kki=-i$，$ik=iij=-j$ がでることに注意):

$$(a_1+b_1i+c_1j+d_1k)+(a_2+b_2i+c_2j+d_2k)$$
$$=(a_1+a_2)+(b_1+b_2)i+(c_1+c_2)j+(d_1+d_2)k,$$
$$(a_1+b_1i+c_1j+d_1k)(a_2+b_2i+c_2j+d_2k)$$
$$=a_1a_2-b_1b_2-c_1c_2-d_1d_2+(a_1b_2+b_1a_2+c_1d_2-d_1c_2)i$$
$$+(c_1a_2+a_1c_2+d_1b_2-b_1d_2)j+(a_1d_2+d_1a_2+b_1c_2-c_1b_2)k$$

もし，仮想的な文字 i,j,k を避けたいならば，4個の実数の組 (a,b,c,d) と $a+bi+cj+dk$ と同一視して，次のような加法と乗法演算を定義したものをハミルトン数と思ってもよい．

$$(a_1,b_1,c_1,d_1)+(a_2,b_2,c_2,d_2)$$
$$=(a_1+a_2,b_1+b_2,c_1+c_2,d_1+d_2),$$
$$(a_1,b_1,c_1,d_1)\cdot(a_2,b_2,c_2,d_2)$$
$$=(a_1a_2-b_1b_2-c_1c_2-d_1d_2,\ a_1b_2+b_1a_2+c_1d_2-d_1c_2,$$
$$c_1a_2+a_1c_2+d_1b_2-b_1d_2,\ a_1d_2+d_1a_2+b_1c_2-c_1b_2)$$

α,β,γ を四元数とし，$1=1+0i+0j+0k=(1,0,0,0)$，$0=0+0i+0j+0k=(0,0,0,0)$ とすると，複素数の演算規則の類似が成立する:

（1）　$(\alpha+\beta)+\gamma=\alpha+(\beta+\gamma)$

（2）　$\alpha+\beta=\beta+\alpha$

（3）　$\alpha+0=\alpha$

（4）　$(\alpha\beta)\gamma=\alpha(\beta\gamma)$

（5）　$1\alpha=\alpha 1=\alpha$

（6）　$\alpha\neq 0$ であるとき，$\alpha\beta=\beta\alpha=1$ となる β が存在する

（7）　$(\alpha+\beta)\gamma=\alpha\gamma+\beta\gamma$,　$\alpha(\beta+\gamma)=\alpha\beta+\alpha\gamma$

実数や複素数の演算と異なるのは，乗法の交換律 $(\alpha\beta=\beta\alpha)$ が一般には成り立たないことである．

記号 i, j, k の中で，i を虚数単位 i と思うことにすれば，四元数を，複素数と，j を用いて表すこともできる．実際，$z=a+bi$, $w=c+di$ とおくと

$$\alpha=a+bi+cj+dk=z+wj$$

と表される．ただし，このように表したときは，計算規則としては，$jw=\bar{w}j$, $j^2=-1$ を用いる．すると，

$$(z_1+w_1j)+(z_2+w_2j)=(z_1+z_2)+(w_1+w_2)j$$

$$(z_1+w_1j)(z_2+w_2j)=(z_1z_2-w_1\overline{w}_2)+(z_1w_2+\overline{z}_2w_1)j$$

複素数が実行列で表示できることを例題1.36でみたが，四元数は，複素数を成分とする行列を用いて次のように表現することができる．$\alpha=z+wj$ に対して，次のような行列

$$A(\alpha)=\begin{pmatrix} z & iw \\ i\bar{w} & \bar{z} \end{pmatrix}$$

を対応させるのである．このとき，次のことを証明できる．

$$A(\alpha)=A(\beta)\Longleftrightarrow\alpha=\beta$$

$$A(\alpha+\beta)=A(\alpha)+A(\beta)$$

$$A(\alpha\beta)=A(\alpha)A(\beta)$$

$$A(1)=I$$

$$A(a\alpha)=aA(\alpha)\quad (a\text{ は実数})$$

逆に，この対応を使って四元数の演算の諸規則を確かめることもできる．

例 1.37 乗法の結合律をみてみよう.

$$\begin{aligned} A((\alpha\beta)\gamma) &= A(\alpha\beta)A(\gamma) = (A(\alpha)A(\beta))A(\gamma) \\ &= A(\alpha)(A(\beta)A(\gamma)) \\ &= A(\alpha)A(\beta\gamma) \\ &= A(\alpha(\beta\gamma)). \end{aligned}$$

よって，$(\alpha\beta)\gamma=\alpha(\beta\gamma)$. すなわち，行列の乗法についての結合律に帰着したのである. □

例 1.38 $A(\alpha)$ の逆行列を求めてみよう. $\alpha=z+wj$ に対して

$$\det A(\alpha) = z\bar{z}-(iw)(i\bar{w}) = |z|^2+|w|^2$$

よって，$\alpha\neq 0$ であるとき

$$\begin{aligned} A(\alpha)^{-1} &= (|z|^2+|w|^2)^{-1}\begin{pmatrix} \bar{z} & -iw \\ -i\bar{w} & z \end{pmatrix} \\ &= (|z|^2+|w|^2)^{-1}A(\alpha)^*. \end{aligned}$$

□

四元数にも次のような共役と絶対値の概念を導入する.

$$\bar{\alpha} = \bar{z}-wj, \quad |\alpha|^2 = |z|^2+|w|^2$$

($\alpha=a+bi+cj+dk$ と表したときは，$\bar{\alpha}=a-bi-cj-dk$, $|\alpha|^2=a^2+b^2+c^2+d^2$.) このとき $\det A(\alpha)=|\alpha|^2$ であり，さらに

$$A(\bar{\alpha}) = A(\alpha)^*.$$

よって

$$\begin{aligned} A(\alpha)^{-1} &= |\alpha|^{-2}A(\alpha)^* = |\alpha|^{-2}A(\bar{\alpha}) \\ &= A(|\alpha|^{-2}\bar{\alpha}). \end{aligned}$$

このことから，α^{-1} を α の逆元($\alpha\beta=\beta\alpha=1$ となる元 β のこと)とすれば

$$\alpha^{-1} = |\alpha|^{-2}\bar{\alpha}.$$

言い換えれば

$$\bar{\alpha}\alpha = \alpha\bar{\alpha} = |\alpha|^2$$

を得る. これは，複素数の共役と絶対値の関係の類似である. さらに，

$$\begin{aligned} |\alpha\beta|^2 &= \det A(\alpha\beta) = \det A(\alpha)A(\beta) \\ &= \det A(\alpha)\det A(\beta) = |\alpha|^2|\beta|^2 \end{aligned}$$

であるから，$|\alpha\beta| = |\alpha||\beta|$.

四元数の単位 $1, i, j, k$ に対応する行列は，次のように与えられる．

$$A(1) = \begin{pmatrix} 1 & 0 \\ 0 & 1 \end{pmatrix}, \quad A(i) = \begin{pmatrix} i & 0 \\ 0 & -i \end{pmatrix},$$

$$A(j) = \begin{pmatrix} 0 & i \\ i & 0 \end{pmatrix}, \quad A(k) = \begin{pmatrix} 0 & -1 \\ 1 & 0 \end{pmatrix}.$$

逆に，行列の理論から，四元数の存在とその無矛盾性が導かれる．

§1.4　2次の行列の固有値

本節では，主に $\mathbb{C}$ 上の行列を考える．

(a)　特性根と固有値

特別な形をした行列，例えば

$$A = \begin{pmatrix} a & 0 \\ 0 & d \end{pmatrix}$$

の形をした行列(**対角行列**，diagonal matrix)は，行列の積を計算したりするとき，一般の行列に較べて容易である．一般の行列を変形して，このような行列に置き換えることを考えよう．

例題 1.39　$A = \begin{pmatrix} a & 0 \\ 0 & d \end{pmatrix}$, $B = \begin{pmatrix} a & 1 \\ 0 & a \end{pmatrix}$ に対して，A^n, B^n を計算せよ．ただし，n は自然数であり，$A^1 = A$, $A^2 = AA$, $A^n = AA^{n-1}$ とする．

［解］　$A^n = \begin{pmatrix} a^n & 0 \\ 0 & d^n \end{pmatrix}$, $B^n = \begin{pmatrix} a^n & na^{n-1} \\ 0 & a^n \end{pmatrix}$ である．A^n については明らかであろう．B^n については，帰納法で示す．$n=1$ のときは正しい．n のとき正しいと仮定して，

$$\begin{aligned} B^{n+1} = BB^n &= \begin{pmatrix} a & 1 \\ 0 & a \end{pmatrix}\begin{pmatrix} a^n & na^{n-1} \\ 0 & a^n \end{pmatrix} \\ &= \begin{pmatrix} a^{n+1} & (n+1)a^n \\ 0 & a^{n+1} \end{pmatrix} \end{aligned}$$

歴史から

ハミルトンは，彼の息子への手紙(1843年)の中で「三元数」が存在しないことについて言及している．すなわち，四元数と同じ演算規則をもつ「三元数 $a+bi+cj$」は存在しないのである．一般に，「多元数」の存在については，演算規則をゆるめ，さらに絶対値の類似の存在を要請したうえで，フルヴィッツ(A. Hurwitz，1859–1919)により次の形で決着がついている．

定理　n 個の実数の組 $a=(a_1, a_2, \cdots, a_n)$ の演算 $a\cdot b$ が次の性質を満たしているとする．

（1）　$(a+b)\cdot c=a\cdot c+b\cdot c,\quad a\cdot(b+c)=a\cdot b+a\cdot c$

（2）　$k(a\cdot b)=(ka)\cdot b=a\cdot(kb)$ （k は実数）

（3）　$|a\cdot b|=|a||b|$

ただし，

$$|a|^2={a_1}^2+{a_2}^2+\cdots+{a_n}^2,$$

$$(a_1, a_2, \cdots, a_n)+(b_1, b_2, \cdots, b_n)=(a_1+b_1, a_2+b_2, \cdots, a_n+b_n)$$

$$k(a_1, a_2, \cdots, a_n)=(ka_1, ka_2, \cdots, ka_n)$$

とする．

このとき，$n=1, 2, 4, 8$ でなければならない．

$n=1, 2, 4$ の場合は，上の性質を満たす乗法はそれぞれ実数，複素数，四元数により実現されている．$n=8$ の場合は，グレーブス(J. Graves)がハミルトンからの手紙に刺激されて1843年に発見した八元数が，(1),(2),(3)の性質を満たす乗法をもつ．この八元数は，1845年にケイリーにより再発見され，ケイリー数という名前でよばれることもある．八元数の乗法は結合律を満たさない．

このような数の体系の拡張の試みは，行列の理論の発展とともに，20世紀前半に発展した抽象代数学の出発点となるものであった．

となるから，$n+1$ についても正しい． ▮

例題 1.40　P を可逆行列とするとき

$$(PAP^{-1})^n = PA^nP^{-1}.$$

［解］　$n=1$ のときは正しい．n のとき正しいと仮定すると

$$\begin{aligned}(PAP^{-1})^{n+1} &= PAP^{-1}(PAP^{-1})^n = PAP^{-1}PA^nP^{-1}\\ &= PAA^nP^{-1} = PA^{n+1}P^{-1}\end{aligned}$$

よって $n+1$ のときも正しい． ▮

例題 1.39 および 1.40 の結果を使えば，ある可逆行列 P により PAP^{-1} が対角行列になるとき，A^n を簡単に計算することができる．

例題 1.41（ハミルトン–ケイリー(Hamilton–Cayley)の定理）　任意の行列 A について

$$A^2-(\mathrm{tr}\,A)A+(\det A)I = O$$

が成り立つ．

［解］　$A=\begin{pmatrix} a & b \\ c & d \end{pmatrix}$ とする．

$$\begin{aligned}A^2-(\mathrm{tr}\,A)A &= A^2-(a+d)A = A\{A-(a+d)I\}\\ &= \begin{pmatrix} a & b \\ c & d \end{pmatrix}\begin{pmatrix} -d & b \\ c & -a \end{pmatrix} = \begin{pmatrix} -ad+bc & 0 \\ 0 & cb-da \end{pmatrix}\\ &= -(ad-bc)I = -(\det A)I\,.\end{aligned}$$ ▮

注意 1.42　ハミルトン–ケイリーの定理は，A の高次のベキ A^n を含む式の計算に適用される．

例題 1.43　行列 $A \neq O$ に対して，ある自然数 $n \geqq 2$ について $A^n=O$ となる条件は，$\mathrm{tr}\,A=0$, $\det A=0$ であることを示せ．

［解］　$\mathrm{tr}\,A=0$, $\det A=0$ であれば，ハミルトン–ケイリーの定理により

$$A^2 = (\mathrm{tr}\,A)A-(\det A)I = O$$

である．逆に $A^n=O$ $(n \geqq 2)$ であれば，$(\det A)^n = \det A^n = 0$ から $\det A = 0$．再びハミルトン–ケイリーの定理を使えば

$$A^2 = (\mathrm{tr}\, A)A - (\det A)I = (\mathrm{tr}\, A)A.$$

よって，この両辺に順次 A を掛けていけば

$$A^3 = (\mathrm{tr}\, A)A^2 = (\mathrm{tr}\, A)^2 A$$
$$A^4 = (\mathrm{tr}\, A)^2 A^2 = (\mathrm{tr}\, A)^3 A$$
$$\cdots\cdots\cdots$$
$$A^n = (\mathrm{tr}\, A)^{n-1} A$$

となるから，$(\mathrm{tr}\, A)^{n-1}A = O$. 仮定により $A \neq O$ であるから，$(\mathrm{tr}\, A)^{n-1} = 0$. すなわち $\mathrm{tr}\, A = 0$ となる. ∎

例題 1.44

$$\det(xI - A) = x^2 - (\mathrm{tr}\, A)x + \det A.$$

[解]

$$\begin{vmatrix} x-a & -b \\ -c & x-d \end{vmatrix} = (x-a)(x-d) - bc = x^2 - (a+d)x + (ad - bc).$$ ∎

x の 2 次関数 $\det(xI - A)$ を A の**特性多項式** (characteristic polynomial) または**固有多項式**といい，2 次方程式 $\det(xI - A) = 0$ の根を A の**特性根** (characteristic root) という. A の成分が $\mathbb{F}$ $(= \mathbb{Q}, \mathbb{R})$ に属する行列であるとき，特性多項式は $\mathbb{F}$ に属する数を係数にもつ多項式であるが，特性根は一般には複素数である.

複素行列 A に対し，次の性質を満たすベクトル $\boldsymbol{x}$ が存在するとき，λ を**固有値** (eigenvalue) という:

$$A\boldsymbol{x} = \lambda \boldsymbol{x}, \quad \boldsymbol{x} \neq \boldsymbol{0}.$$

$\boldsymbol{x}$ は $\mathbb{C}$ に属する数を成分とするベクトル.

補題 1.45　A の固有値は，A の特性根であり，この逆も成り立つ.

[証明]

$$A\boldsymbol{x} = \lambda\boldsymbol{x},\ \boldsymbol{x} \neq \boldsymbol{0} \iff (\lambda I - A)\boldsymbol{x} = \boldsymbol{0},\ \boldsymbol{x} \neq \boldsymbol{0}$$
$$\iff \det(\lambda I - A) = 0 \text{ (補題 1.28)}.$$ ∎

注意 1.46　A の特性根は，重複度も込めて 2 つあるが，固有値は 1 つしかないこともある. 例えば

$$A = \begin{pmatrix} \lambda & 1 \\ 0 & \lambda \end{pmatrix}$$

の特性根は重根 λ であり，λ は A のただ1つの固有値である．

注意 1.47　A を $\mathbb{F}$ に属する数を成分とする行列とし，λ を A の $\mathbb{F}$ に属する特性根とする．このとき，$\mathbb{F}$ に属する数を成分とするベクトル $\boldsymbol{x}$ で $A\boldsymbol{x} = \lambda\boldsymbol{x}$, $\boldsymbol{x} \neq \boldsymbol{0}$ を満たすものが存在する(このような $\boldsymbol{x}$ を A の $\mathbb{F}$ **上の固有ベクトル** (eigenvector), λ を A の $\mathbb{F}$ **上の**固有値ということがある)．

実際，$\lambda I - A$ は $\mathbb{F}$ に属する数を成分にもつ行列であるから，定理 1.34 により $\mathbb{F}$ に属する数を成分とするベクトル $\boldsymbol{x} \neq \boldsymbol{0}$ で，$(\lambda I - A)\boldsymbol{x} = \boldsymbol{0}$ を満たすものが存在する．

例 1.48　$A = \begin{pmatrix} \cos\theta & \sin\theta \\ -\sin\theta & \cos\theta \end{pmatrix}$ の特性根を求めよう．特性多項式は

$$\begin{vmatrix} x - \cos\theta & -\sin\theta \\ \sin\theta & x - \cos\theta \end{vmatrix} = x^2 - 2(\cos\theta)x + 1$$

よって，特性根は

$$\begin{aligned} x &= \cos\theta \pm \sqrt{\cos^2\theta - 1} \\ &= \cos\theta \pm i\sin\theta \\ &= e^{\pm i\theta}. \end{aligned}$$

□

問 12　次の行列の固有値を求めよ．また $\mathbb{Q}$ 上の固有値を求めよ．

$$A = \begin{pmatrix} 1 & 2 \\ 2 & 1 \end{pmatrix}, \quad \begin{pmatrix} 0 & 1 \\ 1 & 0 \end{pmatrix}$$

補題 1.49　A の特性根を λ_1, λ_2 とすると

$$\begin{aligned} \operatorname{tr} A &= \lambda_1 + \lambda_2 \\ \det A &= \lambda_1\lambda_2 \end{aligned}$$

である．

［証明］　解と係数の関係から

$$\det(xI - A) = (x - \lambda_1)(x - \lambda_2) = x^2 - (\lambda_1 + \lambda_2)x + \lambda_1\lambda_2$$

となるから，例題 1.44 により主張を得る．　■

系 1.50　A の特性根を λ_1, λ_2 とすると

$$(A-\lambda_1 I)(A-\lambda_2 I) = O$$

［証明］　ハミルトン–ケイリーの定理を使えば

$$\begin{aligned}(A-\lambda_1 I)(A-\lambda_2 I) &= A^2-(\lambda_1+\lambda_2)A+\lambda_1\lambda_2 I \\ &= A^2-(\operatorname{tr} A)A+(\det A)I = O.\end{aligned}$$ ∎

(b)　ジョルダン標準形

複素行列の標準形を求めよう.

定理 1.51　A の特性根を λ_1, λ_2 とする.

（1）　$\lambda_1 \neq \lambda_2$ であるとき，可逆行列 P で

$$PAP^{-1} = \begin{pmatrix} \lambda_1 & 0 \\ 0 & \lambda_2 \end{pmatrix}$$

となるものが存在する.

（2）　$\lambda_1 = \lambda_2\ (=\lambda)$ であるとき，

$$A = \begin{pmatrix} \lambda & 0 \\ 0 & \lambda \end{pmatrix}$$

であるか，または可逆行列 P で

$$PAP^{-1} = \begin{pmatrix} \lambda & 1 \\ 0 & \lambda \end{pmatrix}$$

となるものが存在する.

［証明］

（1）　$(A-\lambda_1 I)\boldsymbol{x}_1 = \boldsymbol{0}$，$(A-\lambda_2 I)\boldsymbol{x}_2 = \boldsymbol{0}$ を満たす $\boldsymbol{0}$ でないベクトル $\boldsymbol{x}_1, \boldsymbol{x}_2$ をとる．このとき

$$A\boldsymbol{x}_1 = \lambda_1\boldsymbol{x}_1, \quad A\boldsymbol{x}_2 = \lambda_2\boldsymbol{x}_2\,.$$

$\boldsymbol{x}_1, \boldsymbol{x}_2$ は線形独立であることをみよう．$a\boldsymbol{x}_1+b\boldsymbol{x}_2 = \boldsymbol{0}$ とする.

$$\begin{aligned}\boldsymbol{0} &= A(a\boldsymbol{x}_1+b\boldsymbol{x}_2) = aA(\boldsymbol{x}_1)+bA(\boldsymbol{x}_2) \\ &= a\lambda_1\boldsymbol{x}_1+b\lambda_2\boldsymbol{x}_2\,.\end{aligned}$$

よって

$$\boldsymbol{0} = \lambda_2(a\boldsymbol{x}_1+b\boldsymbol{x}_2)-(a\lambda_1\boldsymbol{x}_1+b\lambda_2\boldsymbol{x}_2)$$

$$
\begin{aligned}
&= a(\lambda_2-\lambda_1)\boldsymbol{x}_1, \\
\mathbf{0} &= \lambda_1(a\boldsymbol{x}_1+b\boldsymbol{x}_2)-(a\lambda_1\boldsymbol{x}_1+b\lambda_2\boldsymbol{x}_2) \\
&= b(\lambda_1-\lambda_2)\boldsymbol{x}_2 .
\end{aligned}
$$

$\lambda_1 \neq \lambda_2$ であるから，$a=b=0$．こうして $\boldsymbol{x}_1, \boldsymbol{x}_2$ は線形独立である．

行列 $X=(\boldsymbol{x}_1, \boldsymbol{x}_2)$ を考えれば，X は可逆であるから(補題 1.31)，$P=X^{-1}$ が存在する．このとき

$$
\begin{aligned}
PAP^{-1} &= PAX = P(A\boldsymbol{x}_1, A\boldsymbol{x}_2) \\
&= P(\lambda_1\boldsymbol{x}_1, \lambda_2\boldsymbol{x}_2) \\
&= PX\begin{pmatrix} \lambda_1 & 0 \\ 0 & \lambda_2 \end{pmatrix} = \begin{pmatrix} \lambda_1 & 0 \\ 0 & \lambda_2 \end{pmatrix}
\end{aligned}
$$

（2）　$\lambda_1=\lambda_2\ (=\lambda)$ とする．$A-\lambda I=O$ であるときは，$A=\lambda I$．$A-\lambda I \neq O$ としよう．$(A-\lambda I)\boldsymbol{x}_2 \neq \mathbf{0}$ となる $\boldsymbol{x}_2$ をとり，$\boldsymbol{x}_1=(A-\lambda I)\boldsymbol{x}_2$ とおく．$(A-\lambda I)^2=O$ であるから

$$
(A-\lambda I)\boldsymbol{x}_1=\mathbf{0}
$$

となる．$\boldsymbol{x}_1$ と $\boldsymbol{x}_2$ は線形独立である．実際，$a\boldsymbol{x}_1+b\boldsymbol{x}_2=\mathbf{0}$ とすると

$$
\begin{aligned}
\mathbf{0} &= (A-\lambda I)(a\boldsymbol{x}_1+b\boldsymbol{x}_2) \\
&= a(A-\lambda I)\boldsymbol{x}_1+b(A-\lambda I)\boldsymbol{x}_2 \\
&= b\boldsymbol{x}_1
\end{aligned}
$$

であるから，$b=0$，$a\boldsymbol{x}_1=\mathbf{0}$ $(\Rightarrow a=0)$ となる．

再び $X=(\boldsymbol{x}_1, \boldsymbol{x}_2)$ とおいて，$P=X^{-1}$ とおけば

$$
\begin{aligned}
PAP^{-1} &= PAX = P(A\boldsymbol{x}_1, A\boldsymbol{x}_2) \\
&= P(\lambda\boldsymbol{x}_1, \boldsymbol{x}_1+\lambda\boldsymbol{x}_2) \\
&= PX\begin{pmatrix} \lambda & 1 \\ 0 & \lambda \end{pmatrix} = \begin{pmatrix} \lambda & 1 \\ 0 & \lambda \end{pmatrix}
\end{aligned}
$$

を得る．　∎

定義 1.52　次の形の行列をジョルダン標準行列 (Jordan normal matrix) という．

$$\begin{pmatrix} \lambda_1 & 0 \\ 0 & \lambda_2 \end{pmatrix}, \quad \begin{pmatrix} \lambda & 1 \\ 0 & \lambda \end{pmatrix}$$ □

上の定理は，任意の行列 A に対して，ある可逆行列 P を選ぶことによって，PAP^{-1} をジョルダン標準行列にすることができることを意味している．P の取り方は1通りではないことに注意．

注意 1.53　$\mathbb{F}$ 上の行列 A に対して，A の2つの特性根が $\mathbb{F}$ の元であるとき(すなわち，$\mathbb{F}$ 上の固有値であるとき)，定理 1.51 における P として，$\mathbb{F}$ 上の行列を選ぶことができる(定理 1.34)．

例 1.54　行列 $A=\begin{pmatrix} 1 & 2 \\ 4 & 3 \end{pmatrix}$ に対して，PAP^{-1} がジョルダン標準形になるような P を求めてみよう．

A の特性多項式は

$$\begin{vmatrix} x-1 & -2 \\ -4 & x-3 \end{vmatrix} = (x+1)(x-5)$$

よって，特性根(固有値)は $x=-1, 5$．固有値 -1 に対応する固有ベクトル $\boldsymbol{x}_1$ は

$$A\boldsymbol{x}_1 = -\boldsymbol{x}_1$$

を満たす．$\boldsymbol{x}_1=\begin{pmatrix} x \\ y \end{pmatrix}$ とおくと，これは連立方程式

$$2x+2y = 0$$

$$(4x+4y = 0)$$

と同値であるから，これを満たす解 $x=1$, $y=-1$ に対するベクトル

$$\boldsymbol{x}_1 = \begin{pmatrix} 1 \\ -1 \end{pmatrix}$$

が固有値 -1 に対する固有ベクトルを与える．固有値5に対しては

$$A\boldsymbol{x}_2 = 5\boldsymbol{x}_2$$

に対応する連立方程式

$$-4x+2y = 0$$

$$(4x-2y = 0)$$

の1つの解 $x=1$, $y=2$ を考えると

$$\boldsymbol{x}_2 = \begin{pmatrix} 1 \\ 2 \end{pmatrix}$$

が固有ベクトルになることがわかる．定理1.51の証明を参照すれば

$$P^{-1} = \begin{pmatrix} 1 & 1 \\ -1 & 2 \end{pmatrix}, \quad P = \begin{pmatrix} 2/3 & -1/3 \\ 1/3 & 1/3 \end{pmatrix}$$

とおくことにより

$$PAP^{-1} = \begin{pmatrix} -1 & 0 \\ 0 & 5 \end{pmatrix}$$

を得る．

問13　上の例の A に対して，A^n を求めよ．

§1.5　応　　用

(a)　2階の定数係数差分方程式

行列の固有値とジョルダン標準形の考え方を用いて，2階の定数係数差分方程式を解くことができる．

数列 $x_0, x_1, x_2, \cdots$ に関する次のような方程式を2階の**定数係数差分方程式**という．

$$ax_{n+2}+bx_{n+1}+cx_n = 0, \quad n = 0, 1, 2, \cdots \tag{1.17}$$

ここで，a, b, c は定数であり，$a, c \neq 0$ と仮定する．(1.17)は，x_0, x_1 を与えると一意的に解ける．実際，帰納的に

$$x_n = -a^{-1}(bx_{n-1}+cx_{n-2}), \quad n \geqq 2$$

とおいていけばよい．与えられた x_0, x_1 を，(1.17)に対する初期値という．

次のような行列を考える．

$$A = \begin{pmatrix} -b/a & -c/a \\ 1 & 0 \end{pmatrix}$$

このとき，(1.17)の解 $\{x_n\}_{n=0}^{\infty}$ は

$$\begin{pmatrix} x_{n+2} \\ x_{n+1} \end{pmatrix} = A \begin{pmatrix} x_{n+1} \\ x_n \end{pmatrix} \tag{1.18}$$

を満たし，逆に(1.18)を満たす $\{x_n\}_{n=0}^{\infty}$ は，(1.17)の解となる．

表示式(1.18)と行列の標準形を用いて，差分方程式(1.17)を満たす数列の一般項を求めてみよう．まず

$$\begin{pmatrix} x_n \\ x_{n-1} \end{pmatrix} = A \begin{pmatrix} x_{n-1} \\ x_{n-2} \end{pmatrix} = A^2 \begin{pmatrix} x_{n-2} \\ x_{n-3} \end{pmatrix} = \cdots = A^{n-1} \begin{pmatrix} x_1 \\ x_0 \end{pmatrix}$$

となることは直ちにわかる．

A の特性方程式は

$$\det(xI - A) = a^{-1}(ax^2 + bx + c) = 0$$

であるから，A の特性根 λ_1, λ_2 は 2 次方程式 $ax^2+bx+c=0$ の根である．$ax^2+bx+c=0$ を差分方程式(1.17)の**特性方程式**といい，λ_1, λ_2 を**特性根**という．$\lambda_1 \neq \lambda_2$ のときは，ある可逆行列 P により，

$$PAP^{-1} = \begin{pmatrix} \lambda_1 & 0 \\ 0 & \lambda_2 \end{pmatrix}$$

と書ける．$\lambda_1 = \lambda_2 = \lambda$ のときは，A は対角行列ではないから

$$PAP^{-1} = \begin{pmatrix} \lambda & 1 \\ 0 & \lambda \end{pmatrix}$$

と書けることがわかる(定理 1.51)．

$$\begin{pmatrix} y_1 \\ y_0 \end{pmatrix} = P \begin{pmatrix} x_1 \\ x_0 \end{pmatrix}$$

とおくと $\lambda_1 \neq \lambda_2$ のとき

$$\begin{pmatrix} x_n \\ x_{n-1} \end{pmatrix} = P^{-1} \begin{pmatrix} {\lambda_1}^{n-1} y_1 \\ {\lambda_2}^{n-1} y_0 \end{pmatrix}$$

である．実際

$$P\begin{pmatrix} x_n \\ x_{n-1} \end{pmatrix} = PA^{n-1} \begin{pmatrix} x_1 \\ x_0 \end{pmatrix} = PA^{n-1}P^{-1} \begin{pmatrix} y_1 \\ y_0 \end{pmatrix}$$
$$= (PAP^{-1})^{n-1} \begin{pmatrix} y_1 \\ y_0 \end{pmatrix}$$

$$= \begin{pmatrix} {\lambda_1}^{n-1} & 0 \\ 0 & {\lambda_2}^{n-1} \end{pmatrix} \begin{pmatrix} y_1 \\ y_0 \end{pmatrix} = \begin{pmatrix} {\lambda_1}^{n-1} y_1 \\ {\lambda_2}^{n-1} y_0 \end{pmatrix}.$$

$\lambda_1 = \lambda_2 = \lambda$ のときも同様に

$$\begin{pmatrix} \lambda & 1 \\ 0 & \lambda \end{pmatrix}^{n-1} = \begin{pmatrix} \lambda^{n-1} & (n-1)\lambda^{n-2} \\ 0 & \lambda^{n-1} \end{pmatrix}$$

を用いて(例題1.39),

$$\begin{pmatrix} x_n \\ x_{n-1} \end{pmatrix} = P^{-1} \begin{pmatrix} \lambda^{n-1} y_1 + (n-1)\lambda^{n-2} y_0 \\ \lambda^{n-1} y_0 \end{pmatrix}$$

を得る.

$$P^{-1} = \begin{pmatrix} d & e \\ f & g \end{pmatrix}$$

とおけば

$$x_n = {\lambda_1}^{n-1} d y_1 + {\lambda_2}^{n-1} e y_0 \qquad (\lambda_1 \neq \lambda_2 \text{ のとき})$$

$$x_n = \lambda^{n-1}(d y_1 + e y_0) + (n-1)\lambda^{n-2} d y_0 \qquad (\lambda_1 = \lambda_2 = \lambda \text{ のとき})$$

を得る. よって解は複素数 α, β を用いて

$$x_n = {\lambda_1}^{n-1}\alpha + {\lambda_2}^{n-1}\beta \qquad (\lambda_1 \neq \lambda_2 \text{ のとき})$$

$$x_n = \lambda^{n-1}\alpha + (n-1)\lambda^{n-2}\beta \qquad (\lambda_1 = \lambda_2 = \lambda \text{ のとき})$$

と書ける. 逆に, このように表される数列が(1.17)の解であることは, 容易に計算で確かめられる. 初期値 x_0, x_1 が与えられたとき,

$$\begin{aligned} {\lambda_1}^{-1}\alpha + {\lambda_2}^{-1}\beta &= x_0 \\ \alpha + \beta &= x_1 \end{aligned}$$

または

$$\begin{aligned} \lambda^{-1}\alpha - \lambda^{-2}\beta &= x_0 \\ \alpha &= x_1 \end{aligned}$$

を解くことにより α, β を定めればよい. すなわち

$$\alpha = \frac{\lambda_1}{\lambda_2 - \lambda_1}(\lambda_2 x_0 - x_1)$$

$$\beta = \frac{\lambda_2}{\lambda_1 - \lambda_2}(\lambda_1 x_0 - x_1)$$

または

$$\alpha = x_1$$
$$\beta = \lambda(x_1 - \lambda x_0)$$

よって

$$x_n = \frac{1}{\lambda_2 - \lambda_1}\{(\lambda_1{}^n\lambda_2 - \lambda_2{}^n\lambda_1)x_0 + (\lambda_2{}^n - \lambda_1{}^n)x_1\}$$
$$x_n = n\lambda^{n-1}x_1 - (n-1)\lambda^n x_0$$

が求める解となる.

例 1.55（**フィボナッチ**(Fibonacci)**数列**）　$a=1$, $b=c=-1$ のとき，差分方程式は

$$x_{k+2} = x_{k+1} + x_k$$

となる．初期値が $x_0=1$, $x_1=1$ であるとき，この差分方程式の解をフィボナッチ数列という．解は

$$1, 1, 2, 3, 5, 8, 13, \cdots$$

である．対応する特性方程式の解は，2 次方程式

$$x^2 - x - 1 = 0$$

の解であるから

$$\lambda_1 = \frac{1-\sqrt{5}}{2}, \quad \lambda_2 = \frac{1+\sqrt{5}}{2}$$

よって上の公式から，一般項は

$$x_n = \frac{1}{\sqrt{5}}\left\{\left(\frac{1+\sqrt{5}}{2}\right)^{n+1} - \left(\frac{1-\sqrt{5}}{2}\right)^{n+1}\right\}$$

により与えられる(ビネ(Binet)の公式).　□

(b)　連立差分方程式

$A = \begin{pmatrix} a & b \\ c & d \end{pmatrix}$ が与えられたとき次のような 1 階の**連立差分方程式**を考えよう.

$$\boldsymbol{u}_{n+1} = A\boldsymbol{u}_n, \quad n \geqq 0 \tag{1.19}$$

成分を使って書けば，(1.19)は次の方程式と同値である.

$$x_{n+1} = ax_n + by_n$$
$$y_{n+1} = cx_n + dy_n$$

ただし

$$\boldsymbol{u}_n = \begin{pmatrix} x_n \\ y_n \end{pmatrix}$$

である.

$$dx_{n+1} - by_{n+1} = (ad-bc)x_n$$

に注意すると，$by_{n+1} = dx_{n+1} - (ad-bc)x_n$ だから

$$x_{n+2} = (a+d)x_{n+1} - (ad-bc)x_n$$

となって，$\{x_n\}_{n=1}^{\infty}$ は2階の定数係数差分方程式

$$x_{n+2} - (\mathrm{tr}\, A)x_{n+1} + (\det A)x_n = 0$$

を満たす．同様に $\{y_n\}$ についても同じ差分方程式

$$y_{n+2} - (\mathrm{tr}\, A)y_{n+1} + (\det A)y_n = 0$$

を満たすことがわかる．この差分方程式の特性方程式は $\det(xI-A) = 0$ となる(例題1.44)．A の特性根を λ_1, λ_2 とすれば，上の解法を適用して，次のような解の公式を得る.

(1)　$\lambda_1 \neq \lambda_2$ のとき

$$x_n = \frac{1}{\lambda_2 - \lambda_1}\{(\lambda_1{}^n\lambda_2 - \lambda_2{}^n\lambda_1)x_0 + (\lambda_2{}^n - \lambda_1{}^n)(ax_0 + by_0)\}$$
$$y_n = \frac{1}{\lambda_2 - \lambda_1}\{(\lambda_1{}^n\lambda_2 - \lambda_2{}^n\lambda_1)y_0 + (\lambda_2{}^n - \lambda_1{}^n)(cx_0 + dy_0)\}$$

(2)　$\lambda_1 = \lambda_2 = \lambda$ のとき

$$x_n = n\lambda^{n-1}(ax_0 + by_0) - (n-1)\lambda^n x_0$$
$$y_n = n\lambda^{n-1}(cx_0 + dy_0) - (n-1)\lambda^n y_0 .$$

《まとめ》

1.1　連立方程式と，2次の行列およびベクトルによる表記の間の関係：

$$\begin{array}{l} ax+by=u \\ cx+dy=v \end{array} \Longleftrightarrow \begin{pmatrix} a & b \\ c & d \end{pmatrix}\begin{pmatrix} x \\ y \end{pmatrix} = \begin{pmatrix} u \\ v \end{pmatrix} \Longleftrightarrow A\boldsymbol{x} = \boldsymbol{u}$$

1.2 行列 A, B の積 AB は，$(AB)\boldsymbol{x} = A(B\boldsymbol{x})$ が成り立つように定義される．行列 A, B の和 $A+B$，ベクトル $\boldsymbol{x}, \boldsymbol{y}$ の和 $\boldsymbol{x}+\boldsymbol{y}$ は，各成分の和として定義される．数 a と行列(またはベクトル)の積は，すべての成分に a を掛けることにより定義される．

1.3 演算規則：

$$(AB)C = A(BC), \quad (A+B)C = AC+BC, \quad A(B+C) = AB+AC.$$

ただし，一般には $AB \neq BA$ (行列の積の非可換性)．

1.4 特別な行列とベクトルの役割：

$$I = \begin{pmatrix} 1 & 0 \\ 0 & 1 \end{pmatrix} \ (\text{単位行列}), \quad O = \begin{pmatrix} 0 & 0 \\ 0 & 0 \end{pmatrix} \ (\text{零行列}).$$

$$IA = AI = A, \quad A+O = A.$$

$$\boldsymbol{0} = \begin{pmatrix} 0 \\ 0 \end{pmatrix} \ (\text{零ベクトル}), \quad \boldsymbol{x}+\boldsymbol{0} = \boldsymbol{x}.$$

1.5 $A(a\boldsymbol{x}+b\boldsymbol{y}) = aA\boldsymbol{x}+bA\boldsymbol{y}$ (対応 $\boldsymbol{x} \to A\boldsymbol{x}$ の線形性)

1.6 $A = \begin{pmatrix} a & b \\ c & d \end{pmatrix}$ の行列式は，$\det A = ad-bc$ により定義される．

1.7 $\det(AB) = \det A \cdot \det B$.

1.8 A が可逆 $\Longleftrightarrow$ A の逆行列 A^{-1} が存在 $\Longleftrightarrow \det A \neq 0$.

1.9 2 次方程式 $\det(xI-A) = 0$ の解を，A の特性根という．

1.10 A の固有値と固有ベクトルは，$A\boldsymbol{x} = \lambda\boldsymbol{x}$, $\boldsymbol{x} \neq \boldsymbol{0}$ を満たす λ と $\boldsymbol{x}$ として定義される．

1.11 複素行列 A の固有値と特性根は一致する．

1.12 λ_1, λ_2 を A の特性根とすると，

$$PAP^{-1} = \begin{pmatrix} \lambda_1 & 0 \\ 0 & \lambda_2 \end{pmatrix} \quad \text{または} \quad \begin{pmatrix} \lambda & 1 \\ 0 & \lambda \end{pmatrix} \quad (\lambda_1 = \lambda_2 = \lambda)$$

となる可逆行列 P が存在する．

演習問題

1.1 $\begin{pmatrix} a & 1+a \\ 1-a & -a \end{pmatrix}^2$ を求めよ.

1.2 $\begin{pmatrix} 2 & 6 \\ 1 & 3 \end{pmatrix}\begin{pmatrix} 3a & -9b \\ -a & 3b \end{pmatrix}$ を求めよ.

1.3 行列

$$A = \frac{1}{2}\begin{pmatrix} -1 & \sqrt{3} \\ -\sqrt{3} & -1 \end{pmatrix}$$

であるとき，A^5 を計算せよ.

1.4 $A+B=I$, $AB=O$ を満たす行列 A, B について，

$$BA = O, \quad A^5 + B^5 = I$$

が成り立つことを示せ.

1.5 $J=\begin{pmatrix} 0 & 1 \\ -1 & 0 \end{pmatrix}$ とおいたとき，行列 A について

$${}^t\!A\,J A = J \Longleftrightarrow \det A = 1$$

であることを示せ.

1.6 $H=\begin{pmatrix} 1 & 0 \\ 0 & -1 \end{pmatrix}$ とおいたとき，${}^t\!A H A = H$ を満たす実行列 A は

$$\begin{pmatrix} \pm\cosh t & \sinh t \\ \sinh t & \pm\cosh t \end{pmatrix} \quad \text{または} \quad \begin{pmatrix} \pm\cosh t & -\sinh t \\ \sinh t & \mp\cosh t \end{pmatrix}$$

と表されることを示せ.

1.7 $a_1x+b_1y+c_1z=0$, $a_2x+b_2y+c_2z=0$ を満たす x, y, z について，次の等式が成り立つことを示せ.

$$x\cdot\begin{vmatrix} b_1 & c_1 \\ b_2 & c_2 \end{vmatrix}^{-1} = y\cdot\begin{vmatrix} c_1 & a_1 \\ c_2 & a_2 \end{vmatrix}^{-1} = z\cdot\begin{vmatrix} a_1 & b_1 \\ a_2 & b_2 \end{vmatrix}^{-1}$$

ただし，式の中のすべての行列式は零でないと仮定する.

1.8 a を実数，$M=\begin{pmatrix} a & 1 \\ a & a \end{pmatrix}$ とし，$A=M^2+3M+2I$ とする.

(1) $A=(M+2I)B$ と表したとき，行列 B を求めよ.

(2) A はつねに逆行列をもつことを示し，A^{-1} を求めよ.

(3) $A^{-1}=\begin{pmatrix} p & 0 \\ 0 & q \end{pmatrix}$ となるような a, p, q の値を求めよ.

1.9 行列 $A=\begin{pmatrix} 1 & 1 \\ 0 & 1 \end{pmatrix}$ について，$S_n = A + A^2 + \cdots + A^n$ とおいたとき，S_n を求めよ.

1.10 $\begin{pmatrix} \cosh t & \sinh t \\ \sinh t & \cosh t \end{pmatrix}$ の固有値を求めよ.

1.11 行列

$$A = \begin{pmatrix} -4 & 15 \\ -2 & 7 \end{pmatrix}, \quad \begin{pmatrix} 2 & 1 \\ 3 & 4 \end{pmatrix}$$

について $P^{-1}AP$ が対角行列になるような P を(1つ)求めよ.

1.12 次の行列 A の, $\mathbb{Q}$ 上の固有値と対応する固有ベクトルを(1つ)求めよ.

(1) $\begin{pmatrix} 1 & 2 \\ -1 & 4 \end{pmatrix}$ (2) $\begin{pmatrix} 3 & -1 \\ 2 & 0 \end{pmatrix}$

1.13 $\det A = \dfrac{1}{2}\{(\mathrm{tr}\, A)^2 - \mathrm{tr}\, A^2\}$ を示せ.

1.14 H を問題1.6で述べた行列とするとき,

$$\det A = 1, \quad A^*HA = H$$

を満たす複素行列 A は, $|a|^2 - |b|^2 = 1$ を満たす複素数 a, b により

$$\begin{pmatrix} a & b \\ \bar{b} & \bar{a} \end{pmatrix}$$

の形に書けることを示せ.

1.15 ベクトル $\boldsymbol{x}_1, \boldsymbol{x}_2, \boldsymbol{y}$ について次のことを示せ.

(1) $\det(\boldsymbol{x}_1, \boldsymbol{x}_2) = -\det(\boldsymbol{x}_2, \boldsymbol{x}_1)$

(2) $\det(a\boldsymbol{x}_1, \boldsymbol{x}_2) = a \cdot \det(\boldsymbol{x}_1, \boldsymbol{x}_2)$

(3) $\det(\boldsymbol{x}_1 + \boldsymbol{x}_2, \boldsymbol{y}) = \det(\boldsymbol{x}_1, \boldsymbol{y}) + \det(\boldsymbol{x}_2, \boldsymbol{y})$

1.16 行列

$$A = \begin{pmatrix} (1+i)/2 & (1-i)/2 \\ (1-i)/2 & (1+i)/2 \end{pmatrix}$$

に対して, A^*A を計算せよ.

1.17 次の連立差分方程式を解け.

$$x_{n+1} = x_n + 2y_n \qquad x_0 = 1$$
$$y_{n+1} = 4x_n + 3y_n \qquad y_0 = 0$$

2 行　列

前章では，2 元連立方程式を 2 次の行列と行列式を使って研究した．未知数の数が多い連立 1 次方程式に対しても，行と列の数を増やすことで，行列の言葉で書き表すことができる．例えば，未知数 x, y, z, w についての方程式

$$\begin{aligned} 2x+3y-z+4w &= -1 \\ 3x-2y+4z-w &= 2 \\ -5x+4y+3z+2w &= 3 \end{aligned}$$

を

$$\begin{pmatrix} 2 & 3 & -1 & 4 \\ 3 & -2 & 4 & -1 \\ -5 & 4 & 3 & 2 \end{pmatrix} \begin{pmatrix} x \\ y \\ z \\ w \end{pmatrix} = \begin{pmatrix} -1 \\ 2 \\ 3 \end{pmatrix}$$

のように書き表すのである．ここまで来れば，もっと一般の行列の概念を導入するのに，読者は何ら抵抗は感じないであろう．

本章の目標は，2 次の行列の理論を手本にして，一般の行列の演算の定義と性質を確立することである．読者は，この章で線形代数の技術的側面を習得することになる．

§2.1 では，行列の理論を繰り広げるのに便利な言葉として，集合と写像の概念を説明する．現代数学では，集合と写像を日常用語のごとく使うから，とくに慣れ親しんでおくことが求められる．§2.2 では，一般の行列の定義を

与え，§2.3 で行列を写像と見なすことにより，写像の合成として行列の積を定義する．そのほかの演算 (数と行列の積，行列の和) を導入した後，§2.4 では，与えられた行列から，新しい行列を作る操作をいくつか与える．§2.5 は，行列から定まる写像が線形性という重要な性質をもつことを強調し，可逆行列と逆行列の概念を定式化する．§2.6 は，大きなサイズの行列を小さい行列に区分けすることを考える．

§2.1　集合と写像

(a)　集　　合

まず集合についての簡単なことがらから始めよう(集合論の基礎については本シリーズ『幾何入門』も参照のこと)．

はっきりしたものの集まりを**集合**(set)という．有理数の全体 $\mathbb{Q}$，実数の全体 $\mathbb{R}$，複素数の全体 $\mathbb{C}$ などが集合の例である．集合 X が与えられたとき，X を構成する個々のもの x を X の**元**(element)あるいは**要素**といい，x は X に属する，あるいは，x は X に含まれるという．x が X の元であることを，$x \in X$ あるいは $X \ni x$ と書く．$x \in X$ であることの否定を $x \notin X$ (または $X \not\ni x$)で表す．有限個の元からなる集合は，**有限集合**といわれる．

いかなるものも元として含まない集合を(集合の1つと考えて)空集合といい，記号 $\varnothing$ により表す．

集合 A が，もの $a, b, \cdots, c$ から構成されているとき，

$$A = \{a, b, \cdots, c\}$$

と表す．もの x に関する性質を表す命題を $P(x)$ とするとき，命題 $P(x)$ が成り立つ元 x の全体からなる集合を

$$\{x \mid P(x)\}$$

で表す．例えば，$1, 2, \cdots, n$ の内で偶数からなる集合は

$$\{k \mid k \in \{1, 2, \cdots, n\},\ k \text{ は } 2 \text{ の倍数}\}$$

と表される．

問1 素数全体からなる集合を $\{x \mid P(x)\}$ の形に書け.

集合 X の元 x がすべて集合 Y に属するとき，集合 X は集合 Y の**部分集合**(subset)であるといい，$X \subset Y$（または $Y \supset X$）と書く．このとき，X は Y に**含まれる**という.

$X \subset Y, Y \subset X$ の両方が成り立つとき，集合 X と集合 Y は**等しい**といい，$X = Y$ で表す.

集合 X と集合 Y が与えられたとき，X または Y に属する元全体からなる集合を，X と Y の**和集合**(union)といい，$X \cup Y$ により表す．X および Y の両方に属する元全体からなる集合は，X と Y の**共通部分**(intersection)とよばれ，$X \cap Y$ により表される．もっと多く(無限個も許す)の集合の和集合と共通部分も同様に定義する.

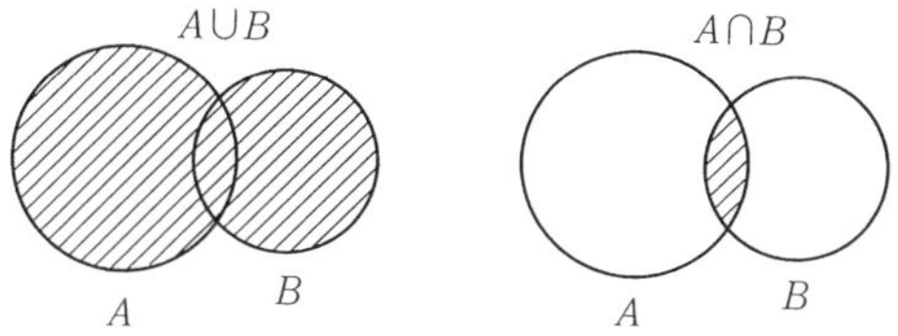

図2.1 集合 $A \cup B$ と $A \cap B$

問2 次の公式を証明せよ.

(1)(交換律) $X \cup Y = Y \cup X$, $X \cap Y = Y \cap X$

(2)(結合律) $(X \cup Y) \cup Z = X \cup (Y \cup Z)$

$(X \cap Y) \cap Z = X \cap (Y \cap Z)$

(3)(分配律) $(X \cup Y) \cap Z = (X \cap Z) \cup (Y \cap Z)$

$(X \cap Y) \cup Z = (X \cup Z) \cap (Y \cup Z)$

(4)(吸収律) $(X \cup Y) \cap X = X$, $(X \cap Y) \cup X = X$

もの x, y の順序のついた組を (x, y) で表す．すなわち，$(x, y) = (x', y')$ は，$x = x'$, $y = y'$ を意味する.

集合 X, Y に対して，X の元 x と Y の元 y の組 (x, y) の全体からなる集

合を $X \times Y$ で表し，X と Y の**直積集合**(direct product)という．もっと一般に，n 個の集合 $X_1, X_2, \cdots, X_n$ の直積集合

$$X_1 \times X_2 \times \cdots \times X_n$$

は，順序のついた組 $(x_1, x_2, \cdots, x_n)$, $x_1 \in X_1$, $x_2 \in X_2$, $\cdots$, $x_n \in X_n$ の全体から構成される集合である．

(b)　写　　像

行列の理論を展開するには，関数の概念の一般化である写像について学んでおくと便利である．

X, Y を集合とする．X の各元 x に対して Y の元 y を対応させる規則が与えられたとき，この対応を X から Y への**写像**(map，mapping)といい，

$$T : X \to Y$$

と書く．この写像で X の元 x が Y の元 y に対応しているとき，$y = T(x)$ あるいは Tx と書く．2 つの写像 $S : X \to Y$, $T : X \to Y$ がすべての X の元 x に対して $S(x) = T(x)$ が成り立っているとき，S と T は等しいといい，$S = T$ と書く．

$T : X \to Y$, $S : Y \to Z$ を 2 つの写像とするとき，S, T の**合成写像**(composite map) $ST : X \to Z$ を

$$(ST)(x) = S(T(x))$$

により定義する(ST の代わりに $S \circ T$ と書くこともある)．

3 つの写像 $U : W \to X$, $T : X \to Y$, $S : Y \to Z$ について

$$(ST)U = S(TU) \qquad (\text{写像に関する結合律})$$

が成り立つ．

X の**恒等写像**(identity map) $I_X : X \to X$ を $I_X(x) = x$ $(x \in X)$ により定義する．このとき，$T : X \to Y$ に対して

$$TI_X = T, \quad I_Y T = T$$

である．I_X を略して I と書くこともある．

写像 $T : X \to Y$ と X の部分集合 U に対して，Y の部分集合 $T(U)$ を

$$T(U) = \{T(x) \mid x \in U\}$$

により定義し，T による U の**像**(image)という．$T(X)$ を $\mathrm{Image}\,T$ と書くこともある．$T(X)=Y$ であるとき，すなわち T により X が Y 全体に写るとき，T は**全射**(surjection)であるという．

V を Y の部分集合とするとき，X の部分集合 $T^{-1}(V)$ を

$$T^{-1}(V)=\{x\in X \mid T(x)\in V\}$$

により定義し，V の T による**逆像**(inverse image)という．$y\notin T(X)$ であるとき，$T^{-1}(\{y\})$ は空集合である．

$T(x_1)=T(x_2)\Rightarrow x_1=x_2$ が成り立つとき，すなわち T が X と像 $T(X)$ の間の1対1の対応を与えているとき，T は**単射**(injection)であるという．言い換えれば，すべての $y\in T(X)$ に対して $T^{-1}(y)$ が1つの元からなる集合であるとき T は単射である．

全射かつ単射である写像を**全単射**(bijection)という．恒等写像は全単射である．$T:X\to Y$ が全単射であれば，T の逆写像(inverse map) $T^{-1}:Y\to X$ が y に対し y の逆像 $T^{-1}(y)$ を対応させることにより定義される．明らかに

$$T^{-1}T=I_X, \quad TT^{-1}=I_Y$$

が成り立つ．

集合 X から X 自身への写像を X の**変換**(transformation)という．

変換 T に対して，そのベキ T^n $(n\geqq 0)$ を

$$T^0=I, \quad T^1=T, \quad T^n=TT^{n-1} \quad (n\geqq 1)$$

により定義する．

例題 2.1 写像 $T:X\to Y$, $S:Y\to X$ が $TS=I_Y$ を満たせば，T は全射，S は単射である．

［解］ 任意の $y\in Y$ について，$T(S(y))=y$ であるから，T は全射である．$S(y_1)=S(y_2)$ であれば，$y_1=T(S(y_1))=T(S(y_2))=y_2$ であるから，S は単射である． ∎

写像 $T:X\to Y$, $S:Y\to Z$ が全単射であるとき，

$$(ST)^{-1}=T^{-1}S^{-1}, \quad (T^{-1})^{-1}=T$$

が成り立つ．

写像 $T: X \to Y$ と X の部分集合 A が与えられたとき，T を A に制限して得られる写像が考えられる．これを $T|A$ で表す(すなわち，$(T|A)(a) = T(a)$, $a \in A$ である)．

X の部分集合 A に対して，$\iota(a) = a$, $a \in A$ により，写像 $\iota: A \to X$ が定義されるが，ι を A から X への**包含写像**(inclusion map)という．包含写像は単射である．

問3　$T: X \to Y$ に対して，$S_1, S_2: Y \to X$ が

$$TS_1 = I_Y, \quad S_2T = I_X$$

を満たしていれば，T は全単射であり，$S_1 = S_2 = T^{-1}$ であることを示せ．

§2.2　一般の行列

(a)　行列とベクトル

以下，$\mathbb{F}$ により一般の体を表すが，読者は $\mathbb{F}$ を $\mathbb{Q}$ (有理数体), $\mathbb{R}$ (実数体), $\mathbb{C}$ (複素数体) のうちのいずれか1つと考えて読み進んでよい．

一般の連立方程式の表記法について考えてみよう．未知数 $x_1, x_2, \cdots, x_n$ に関する，$\mathbb{F}$ に属する数を係数にもつ m 個の方程式からなる連立方程式は

$$\begin{aligned} a_{11}x_1 + a_{12}x_2 + \cdots + a_{1n}x_n &= u_1 \\ a_{21}x_1 + a_{22}x_2 + \cdots + a_{2n}x_n &= u_2 \\ &\cdots\cdots\cdots \\ a_{m1}x_1 + a_{m2}x_2 + \cdots + a_{mn}x_n &= u_m \end{aligned}$$

と書けるが，これを $m = n = 2$ の場合と同様に3つの部分に分けて考えることにする．まず係数 a_{ij} の部分を取り出して

$$A = \begin{pmatrix} a_{11} & a_{12} & \cdots & a_{1n} \\ a_{21} & a_{22} & \cdots & a_{2n} \\ & & \cdots\cdots\cdots & \\ a_{m1} & a_{m2} & \cdots & a_{mn} \end{pmatrix}$$

とおく．未知数 x_i の部分と，u_i の部分もまとめて

$$\boldsymbol{x} = \begin{pmatrix} x_1 \\ x_2 \\ \vdots \\ x_n \end{pmatrix}, \quad \boldsymbol{u} = \begin{pmatrix} u_1 \\ u_2 \\ \vdots \\ u_m \end{pmatrix}$$

と書くことにする.

一般に，自然数 m, n について，mn 個の数 $a_{ij} \in \mathbb{F}$ $(i = 1, 2, \cdots, m;\ j = 1, 2, \cdots, n)$ を，縦に m 個，横に n 個の長方形に並べたもの

$$A = \begin{pmatrix} a_{11} & a_{12} & \cdots & a_{1n} \\ a_{21} & a_{22} & \cdots & a_{2n} \\ & \cdots\cdots\cdots & & \\ a_{m1} & a_{m2} & \cdots & a_{mn} \end{pmatrix} \tag{2.1}$$

を $(\boldsymbol{m}, \boldsymbol{n})$ **型の行列**という.

上に書いた $\boldsymbol{x}, \boldsymbol{u}$ はそれぞれ $(n, 1)$ 型の行列と $(m, 1)$ 型の行列である.

問 4　連立方程式

$$\begin{aligned} 2x + 3y - z &= 5 \\ x - 2y + 5z &= -3 \\ -x + 3y + z &= 1 \end{aligned} \qquad \begin{aligned} -x - 2y + 3z + 4w &= -2 \\ 2x + 3y + 4z + w &= 1 \\ 3x - 2y + z - w &= -3 \end{aligned}$$

に対応する，A および $\boldsymbol{u}$ を求めよ.

行列(2.1)において，行列を構成する mn 個の数を行列の**成分**(element, entry component)といい，a_{ij} を $(\boldsymbol{i}, \boldsymbol{j})$ **成分**という．とくに，対角線上に並んだ成分 a_{ii} $(i = 1, 2, \cdots, \min\{m, n\})$ を**対角成分**(diagonal element)ということがある．ここで $\min\{m, n\}$ は m, n の最小値である．印刷スペースの節約のため $A = (a_{ij})$ と書くこともある.

行列 A の i 行は $(1, n)$ 型の行列

$$(a_{i1}\ a_{i2}\ \cdots\ a_{in})$$

のことであり，j 列は $(m, 1)$ 型の行列

$$\begin{pmatrix} a_{1j} \\ a_{2j} \\ \vdots \\ a_{mj} \end{pmatrix}$$

のことである．一般に，$(m,1)$ 型の行列を m 項**列ベクトル**(または**縦ベクトル**，column vector)，$(1,n)$ 型の行列を n 項**行ベクトル**(または**横ベクトル**，row vector)という．

2つの行列 A, B が同じ型であって，対応する成分が等しいとき，A と B は**等しい**といい，$A=B$ と書く．($A=(a_{ij})$，$B=(b_{ij})$ について，$A=B \Leftrightarrow a_{ij}=b_{ij}$ がすべての (i,j) について成り立つ．)

$\mathbb{F}$ に属する数を成分にもつ (m,n) 型の行列全体を $M(m,n;\mathbb{F})$ と書くことにしよう．とくに $M(m,1;\mathbb{F})$ を $\mathbb{F}^m$，$M(1,n;\mathbb{F})$ を $\mathbb{F}_n$ と書く．

行と列の個数が等しいような行列，すなわち (n,n) 型の行列を $\boldsymbol{n}$ **次の正方行列**(square matrix)という．(n,n) 型の行列全体 $M(n,n;\mathbb{F})$ を $M_n(\mathbb{F})$ で表す．

とくに断らなくても成分の属する体 $\mathbb{F}$ が明白な場合，$M(m,n;\mathbb{F})$ や $M_n(\mathbb{F})$ の代わりに，$M(m,n)$, M_n と書くこともある．

(b)　特殊な行列

行列の中で特別のものが2つある．1つは，(m,n) 型行列で，すべての成分が0であるもので，これを (m,n) 型の**零行列**といい，$O_{m,n}$ で表す．単に O と書くこともある．もう1つは，(n,n) 型行列で，対角成分 a_{ii} がすべて1で，その他の成分がすべて0であるような行列である．これを I_n（または単に I）と書いて，n 次の**単位行列**という．

$$I_n = \begin{pmatrix} 1 & 0 & \cdots & 0 & 0 \\ 0 & 1 & \cdots & 0 & 0 \\ & & \ddots & & \\ 0 & 0 & \cdots & 1 & 0 \\ 0 & 0 & \cdots & 0 & 1 \end{pmatrix}$$

I_n の成分 (δ_{ij}) は次を満たす．

$$\delta_{ij} = \begin{cases} 1 & i=j\text{のとき} \\ 0 & i\neq j\text{のとき} \end{cases}$$

この性質をもつ δ_{ij} を**クロネッカーの記号**(Kronecker's delta)という．

単位行列に似た行列で，**対角行列**(diagonal matrix)というものを考える．これは，対角成分以外は0である正方行列

$$\begin{pmatrix} a_1 & 0 & \cdots & & 0 \\ 0 & a_2 & \cdots & & 0 \\ & & \ddots & & \\ 0 & 0 & \cdots & a_{n-1} & 0 \\ 0 & 0 & \cdots & 0 & a_n \end{pmatrix}$$

であり，$\mathrm{diag}(a_1, a_2, \cdots, a_n)$ で表す．$I_n = \mathrm{diag}(1, 1, \cdots, 1)$ である(ただし，1は n 個並べる)．

$\mathrm{diag}(a, a, \cdots, a)$ の形の対角行列を**スカラー行列**(scalar matrix)という．

正方行列 $A=(a_{ij})\in M_n(\mathbb{F})$ において，$a_{ij}=0\ (i>j)$ となっているとき，A を**上三角行列**(upper triangular matrix)，$a_{ij}=0\ (i<j)$ となっているとき，A を**下三角行列**(lower trianglular matrix)という．すなわち，上三角行列，下三角行列はそれぞれ

$$A = \begin{pmatrix} a_{11} & a_{12} & \cdots & a_{1n} \\ 0 & a_{22} & \cdots & a_{2n} \\ & & \ddots & \\ 0 & 0 & \cdots & a_{nn} \end{pmatrix}, \quad A = \begin{pmatrix} a_{11} & 0 & \cdots & 0 \\ a_{21} & a_{22} & \cdots & 0 \\ & & \ddots & \\ a_{n1} & a_{n2} & \cdots & a_{nn} \end{pmatrix}$$

の形の行列である．

(c)　和の記号

行列の理論では，和の記号 $\sum$ をよく使うので，ここで簡単に説明をしておこう．$a_1, a_2, \cdots, a_n$ の和 $a_1+a_2+\cdots+a_n$ を $\sum_{i=1}^{n} a_i$ により表す($\sum$(シグマ)はSum(和)の頭文字Sにあたるギリシャ文字である)．もっと一般に，有限集合 K の各元 κ に数 a_κ が対応しているとき，κ が K のすべての元にわたる場

合の a_κ の和を

$$\sum_{\kappa \in K} a_\kappa \quad \text{あるいは} \quad \sum_{\kappa} a_\kappa$$

と記す．この和において，添え字 κ は K の元として動かすのであり，固定した文字ではないから，κ の代わりに他の文字を用いてもよい．すなわち

$$\sum_{\kappa \in K} a_\kappa = \sum_{\omega \in K} a_\omega .$$

例題 2.2　$J \times K$ を添え字の集合とする数 $a_{\tau\kappa}$ $(\tau \in J,\ \kappa \in K)$ に対して

$$\sum_{(\tau,\kappa) \in J \times K} a_{\tau\kappa} = \sum_{\tau \in J} \Bigl(\sum_{\kappa \in K} a_{\tau\kappa} \Bigr) = \sum_{\kappa \in K} \Bigl(\sum_{\tau \in J} a_{\tau\kappa} \Bigr)$$

が成り立つ．

［解］　一般の場合も同じであるから，$J = K = \{1, 2\}$ のときを見てみよう．

$$\begin{aligned} \sum_{\tau \in J} \Bigl(\sum_{\kappa \in K} a_{\tau\kappa} \Bigr) &= (a_{11}+a_{12})+(a_{21}+a_{22}) = a_{11}+a_{12}+a_{21}+a_{22} \\ &= (a_{11}+a_{21})+(a_{12}+a_{22}) \\ &= \sum_{\kappa \in K} \Bigl(\sum_{\tau \in J} a_{\tau\kappa} \Bigr) \end{aligned}$$

■

なお，$\sum_{\tau \in J} \bigl(\sum_{\kappa \in K} a_{\tau\kappa} \bigr)$ を $\sum_{\tau \in J, \kappa \in K} a_{\tau\kappa}$ と書くこともある．

例題 2.3

$$\Bigl(\sum_{\tau \in J} a_\tau \Bigr) \Bigl(\sum_{\kappa \in K} b_\kappa \Bigr) = \sum_{\tau \in J, \kappa \in K} a_\tau b_\kappa$$

［解］　分配律 $(a+b)c = ac+bc$ の帰結である．■

例 2.4　n 個の数 $x_1, x_2, \cdots, x_n$ に対して $\sum_{j=1}^{n} \delta_{ij} x_j = x_i$ が成り立つ．実際

$$\sum_{j=1}^{n} \delta_{ij} x_j = \delta_{i1} x_1 + \delta_{i2} x_2 + \cdots + \delta_{in} x_n$$

の右辺で第 i 項を除いては 0 であり，第 i 項は $\delta_{ii} x_i = x_i$ である．□

(d)　行列から定まる写像

さて，(m,n) 型の行列 $A=(a_{ij})$ が与えられたとき，n 項列ベクトル

$$\boldsymbol{x}=\begin{pmatrix} x_1 \\ x_2 \\ \vdots \\ x_n \end{pmatrix}$$

に対して，m 項列ベクトル

$$\boldsymbol{y}=\begin{pmatrix} y_1 \\ y_2 \\ \vdots \\ y_m \end{pmatrix}$$

を次のように対応させる．

$$\begin{aligned} y_1 &= a_{11}x_1+a_{12}x_2+\cdots+a_{1n}x_n \\ y_2 &= a_{21}x_1+a_{22}x_2+\cdots+a_{2n}x_n \\ &\cdots\cdots\cdots \\ y_m &= a_{m1}x_1+a_{m2}x_2+\cdots+a_{mn}x_n \end{aligned}$$

すなわち，和の記号を使えば

$$y_i=\sum_{j=1}^{n} a_{ij}x_j \qquad i=1,2,\cdots,m\,.$$

このようにして $\mathbb{F}^n$ から $\mathbb{F}^m$ への写像が得られるが，この写像を記号 T_A を使って表すことにしよう:

$$T_A:\ \mathbb{F}^n \to \mathbb{F}^m.$$

この観点から連立方程式を見直すと，A を (m,n) 型の行列，$\boldsymbol{u}$ を m 項列ベクトルとするとき

$$T_A(\boldsymbol{x})=\boldsymbol{u}$$

となる n 項列ベクトル $\boldsymbol{x}$ を求める問題が，連立方程式の解を求める問題の言い換えである．

補題 2.5　2 つの行列 $A,B\in M(m,n;\mathbb{F})$ について，$T_A=T_B$ であるとき，

$A=B$ である.

［証明］　この証明は，2行2列の行列の場合とほぼ同様である(第1章の補題1.5).

写像 T_A, T_B が等しいということは，すべての $\boldsymbol{x}\in\mathbb{F}^n$ について，$T_A(\boldsymbol{x})=T_B(\boldsymbol{x})$ が成り立つことであるから，とくに i 行目だけが1でその他の成分が0であるような列ベクトル

$$\boldsymbol{e}_i=\begin{pmatrix}0\\ \vdots\\ 0\\ 1\\ 0\\ \vdots\\ 0\end{pmatrix} i$$

について，$T_A(\boldsymbol{e}_i)=T_B(\boldsymbol{e}_i)$ となる.

$$T_A(\boldsymbol{e}_i)=\begin{pmatrix}a_{1i}\\ a_{2i}\\ \vdots\\ a_{mi}\end{pmatrix},\quad T_B(\boldsymbol{e}_i)=\begin{pmatrix}b_{1i}\\ b_{2i}\\ \vdots\\ b_{mi}\end{pmatrix}$$

よって，$a_{ij}=b_{ij}$ がすべての (i,j) について成り立つことになり $A=B$ となる. ∎

補題の中で使われた n 個のベクトル $\boldsymbol{e}_1,\cdots,\boldsymbol{e}_n$ を**基本(列)ベクトル**(あるいは $\mathbb{F}^n$ の基本ベクトル)という.

§2.3　行列の演算

(a)　行列の積

2次の行列の積の定義を，一般の行列に拡張してみよう.

A を (l,m) 型の行列，B を (m,n) 型の行列

$$A = \begin{pmatrix} a_{11} & a_{12} & \cdots & a_{1m} \\ a_{21} & a_{22} & \cdots & a_{2m} \\ & \cdots\cdots\cdots & & \\ a_{l1} & a_{l2} & \cdots & a_{lm} \end{pmatrix}, \quad B = \begin{pmatrix} b_{11} & b_{12} & \cdots & b_{1n} \\ b_{21} & b_{22} & \cdots & b_{2n} \\ & \cdots\cdots\cdots & & \\ b_{m1} & b_{m2} & \cdots & b_{mn} \end{pmatrix}$$

とし，対応する写像 $T_A: \mathbb{F}^m \to \mathbb{F}^l$, $T_B: \mathbb{F}^n \to \mathbb{F}^m$ を考える．このとき写像の合成 T_AT_B は $\mathbb{F}^n$ から $\mathbb{F}^l$ への写像である．$\boldsymbol{u} = T_B(\boldsymbol{x})$, $\boldsymbol{v} = T_A(\boldsymbol{u})$ とすると

$$u_j = b_{j1}x_1 + b_{j2}x_2 + \cdots + b_{jn}x_n = \sum_{k=1}^{n} b_{jk}x_k \qquad (1 \leqq j \leqq m) \quad (2.2)$$

$$v_i = a_{i1}u_1 + a_{i2}u_2 + \cdots + a_{im}u_m = \sum_{j=1}^{m} a_{ij}u_j \qquad (1 \leqq i \leqq l) \quad (2.3)$$

(2.2)を(2.3)に代入して

$$\begin{aligned} v_i &= a_{i1}(b_{11}x_1 + b_{12}x_2 + \cdots + b_{1n}x_n) \\ &\quad + a_{i2}(b_{21}x_1 + b_{22}x_2 + \cdots + b_{2n}x_n) \\ &\quad + \cdots\cdots\cdots \\ &\quad + a_{im}(b_{m1}x_1 + b_{m2}x_2 + \cdots + b_{mn}x_n) \\ &= (a_{i1}b_{11} + a_{i2}b_{21} + \cdots + a_{im}b_{m1})x_1 \\ &\quad + (a_{i1}b_{12} + a_{i2}b_{22} + \cdots + a_{im}b_{m2})x_2 \\ &\quad + \cdots\cdots\cdots \\ &\quad + (a_{i1}b_{1n} + a_{i2}b_{2n} + \cdots + a_{im}b_{mn})x_n \\ &= \sum_{k=1}^{n} \Big(\sum_{j=1}^{m} a_{ij}b_{jk}\Big)x_k \end{aligned}$$

和の記号 $\sum$ に慣れていれば，いまの計算は次のように行う．

$$\begin{aligned} v_i &= \sum_{j=1}^{m} a_{ij}u_j = \sum_{j=1}^{m} a_{ij}\Big(\sum_{k=1}^{n} b_{jk}x_k\Big) = \sum_{j=1}^{m}\Big(\sum_{k=1}^{n} a_{ij}b_{jk}x_k\Big) \\ &= \sum_{k=1}^{n}\Big(\sum_{j=1}^{m} a_{ij}b_{jk}x_k\Big) = \sum_{k=1}^{n}\Big(\sum_{j=1}^{m} a_{ij}b_{jk}\Big)x_k \end{aligned}$$

さて，新しい (l,n) 型行列 C を，その (i,k) 成分 c_{ik} が

$$c_{ik} = \sum_{j=1}^{m} a_{ij}b_{jk}$$

で与えられるようなものとすると，いま計算したことにより，行列 A, B から定まる写像 $T_B\colon \mathbb{F}^n \to \mathbb{F}^m$ と $T_A\colon \mathbb{F}^m \to \mathbb{F}^l$ の合成写像 $T_A T_B\colon \mathbb{F}^n \to \mathbb{F}^l$ は，行列 C から定まる写像 $T_C\colon \mathbb{F}^n \to \mathbb{F}^l$ に等しい.

ここで，行列 $A \in M(l, m; \mathbb{F})$，$B \in M(m, n; \mathbb{F})$ の**積**(product) $C = AB \in M(l, n; \mathbb{F})$ を

$$c_{ik} = \sum_{j=1}^{m} a_{ij} b_{jk}$$

により定義すると，いま示したことから，$T_A T_B = T_{AB}$ である.

積の計算の仕方を図示すると，次のようになる:

$$\begin{pmatrix} a_{11} & a_{12} & \cdots & a_{1m} \\ a_{21} & a_{22} & \cdots & a_{2m} \\ & & & \\ a_{i1} & a_{i2} & \cdots & a_{im} \\ & & & \\ a_{l1} & a_{l2} & \cdots & a_{lm} \end{pmatrix} \begin{pmatrix} b_{11} & b_{12} & \cdots & b_{1j} & \cdots & b_{1n} \\ b_{21} & b_{22} & \cdots & b_{2j} & \cdots & b_{2n} \\ & & & \vdots & & \\ & & & \vdots & & \\ & & & & & \\ b_{m1} & b_{m2} & \cdots & b_{mj} & \cdots & b_{mn} \end{pmatrix}$$

$\longrightarrow AB$ の (i, j) 成分

とくに，$A \in M(m, n; \mathbb{F})$，$\boldsymbol{x} \in M(n, 1; \mathbb{F}) = \mathbb{F}^n$ とすると，行列としての A と $\boldsymbol{x}$ の積 $A\boldsymbol{x}$ は $M(m, 1; \mathbb{F}) = \mathbb{F}^m$ の元であり，$\boldsymbol{u} = A\boldsymbol{x}$ の成分 u_i は

$$u_i = \sum_{j=1}^{n} a_{ij} x_j$$

となるから，$T_A(\boldsymbol{x}) = A\boldsymbol{x}$ である．したがって，我々の扱っている連立方程式は

$$A\boldsymbol{x} = \boldsymbol{u}$$

と書くこともできる.

$A \in M(l, m_1; \mathbb{F})$，$B \in M(m_2, n; \mathbb{F})$ について，$m_1 \neq m_2$ であるときは，積 AB は考えない(意味をもたない)．積に意味があるのが $m_1 = m_2$ のときのみであることは，合成写像の立場からは自然であろう.

問5　次の行列の積に意味があれば，それを計算せよ.

$$\begin{pmatrix} 1 & 1 & 0 \\ 0 & -2 & 0 \\ 4 & 0 & 3 \end{pmatrix}\begin{pmatrix} -2 & 0 & 3 \\ -1 & 1 & 0 \\ 2 & 0 & 1 \end{pmatrix}, \quad (-1,2,3)\begin{pmatrix} 3 & 1 \\ -2 & 5 \\ 4 & -3 \end{pmatrix}$$

$$\begin{pmatrix} 2 & 3 \\ 1 & 2 \\ 4 & 1 \end{pmatrix}\begin{pmatrix} 1 & 2 \\ 2 & 5 \\ 3 & -1 \end{pmatrix}, \quad \begin{pmatrix} 1 \\ 1 \\ 2 \end{pmatrix}(-2,1,1)$$

問 6　$A \in M(l, m; \mathbb{F})$ について，すべての $B \in M(m, n; \mathbb{F})$ に対して $AB = O$ であれば，$A = O$ であることを示せ．

例 2.6

$$\mathrm{diag}(a_1, a_2, \cdots, a_n) \cdot \mathrm{diag}(b_1, b_2, \cdots, b_n) = \mathrm{diag}(a_1 b_1, a_2 b_2, \cdots, a_n b_n).$$

とくに，2つの対角行列は，積に関して互いに交換可能である．　□

単位行列 I_n に対して，$T_{I_n}\colon \mathbb{F}^n \to \mathbb{F}^n$ は $\mathbb{F}^n$ の恒等写像 $I_{\mathbb{F}^n}$ に等しい．A が (m, n) 型の行列であるとき

$$T_A T_{I_n} = T_{I_m} T_A = T_A$$

であるから

$$AI_n = I_m A = A \tag{2.4}$$

となる(補題 2.5)．

問 7　(2.4)を成分の計算により，直接証明せよ．

定理 2.7 (行列の積の結合律)　A を (k, l) 型，B を (l, m) 型，C を (m, n) 型の行列とするとき，$(AB)C = A(BC)$ である．

[証明]　合成写像に関する結合律 $(T_A T_B) T_C = T_A (T_B T_C)$ を使えば，左辺は $T_{AB} T_C = T_{(AB)C}$，右辺は $T_A T_{BC} = T_{A(BC)}$．よって補題 2.5 により，$(AB)C = A(BC)$．　■

注意 2.8　行列の積の定義からも計算で証明できる．和の記号に慣れるためにも別証明を与えよう．

$A = (a_{ij})$，$B = (b_{jk})$，$C = (c_{kh})$ とすると，$(AB)C$ の (i, h) 成分は

$$\sum_{k=1}^{m}\left(\sum_{j=1}^{l} a_{ij}b_{jk}\right)c_{kh} = \sum_{k=1}^{m}\left(\sum_{j=1}^{l} a_{ij}b_{jk}c_{kh}\right) = \sum_{j=1}^{l}\left(\sum_{k=1}^{m} a_{ij}b_{jk}c_{kh}\right)$$
$$= \sum_{j=1}^{l} a_{ij}\left(\sum_{k=1}^{m} b_{jk}c_{kh}\right)$$

となり，これは $A(BC)$ の (i,h) 成分に等しい．

2次の行列と同様に，正方行列 A のベキ A^k $(k \geqq 0)$ を

$$A^0 = I, \quad A^1 = A, \quad A^k = A(A^{k-1}) \quad (k \geqq 1)$$

超立体行列

行列 $A=(a_{ij})$ は，成分を長方形の形に並べたものであった．すると，次のような疑問が浮かぶ．平面的な「表」であった行列の代わりに，空間的な「表」，すなわち成分を直方体の形に並べた「立体行列」$A=(a_{ijk})$ $(1 \leqq i \leqq l,\ 1 \leqq j \leqq m,\ 1 \leqq k \leqq n)$ を考えることには意味があるだろうか．もっと一般に，s 個の添え字をもつ成分の表である「超立体行列」$A=(a_{i_1, i_2, \cdots, i_s})$ $(1 \leqq i_k \leqq m_k)$ についてはどうだろうか．

この疑問に対する答えは，「Yes」である．ガウス(C. F. Gauss，1777–1855)，リーマン(G. F. B. Riemann，1826–1866)によって創始され，アインシュタイン(A. Einstein，1879–1955)によって物理学(一般相対性理論)に応用された微分幾何学に「テンソル」という概念がある．このテンソルが「超立体行列」なのである．テンソルにも積や和が定義され，行列の理論がテンソルに一般化される．(線形)代数学では，テンソルの考え方は重要な役割を果たす(テンソル積やテンソル代数など)．

他の諸科学に比べて数学では，人間の精神活動により生産される概念が多いが，だからといって数学者は好き勝手な理論を打ち立てているわけではない．単に人工的概念を導入してもほとんど意味のある理論はできないことは，数学の歴史が証明している(もちろん，少数の反例もあるが)．「超立体行列=テンソル」は行列を恣意的に一般化した概念ではなく，数学の発展の中で自然に生み出されたものである．

により定義する．

(b)　行列の和

$A=(a_{ij})$，$B=(b_{ij})$ を (m,n) 型の行列とするとき，A と B との和(sum) $A+B$ を $A+B=(a_{ij}+b_{ij})$ により定義する．もっと丁寧に書けば

$$A=\begin{pmatrix} a_{11} & a_{12} & \cdots & a_{1n} \\ a_{21} & a_{22} & \cdots & a_{2n} \\ & \cdots\cdots\cdots & & \\ a_{m1} & a_{m2} & \cdots & a_{mn} \end{pmatrix}, \quad B=\begin{pmatrix} b_{11} & b_{12} & \cdots & b_{1n} \\ b_{21} & b_{22} & \cdots & b_{2n} \\ & \cdots\cdots\cdots & & \\ b_{m1} & b_{m2} & \cdots & b_{mn} \end{pmatrix}$$

に対して

$$A+B=\begin{pmatrix} a_{11}+b_{11} & a_{12}+b_{12} & \cdots & a_{1n}+b_{1n} \\ a_{21}+b_{21} & a_{22}+b_{22} & \cdots & a_{2n}+b_{2n} \\ & \cdots\cdots\cdots\cdots\cdots & & \\ a_{m1}+b_{m1} & a_{m2}+b_{m2} & \cdots & a_{mn}+b_{mn} \end{pmatrix}$$

と定義するのである．

さらに $c\in\mathbb{F}$ に対し，行列 A の c 倍 cA を

$$cA=\begin{pmatrix} ca_{11} & ca_{12} & \cdots & ca_{1n} \\ ca_{21} & ca_{22} & \cdots & ca_{2n} \\ & \cdots\cdots\cdots & & \\ ca_{m1} & ca_{m2} & \cdots & ca_{mn} \end{pmatrix}$$

により定義する．$cI_n=\mathrm{diag}(c,c,\cdots,c)$ である．とくに $(-1)A$ を $-A$ と書き，$A+(-B)$ を $A-B$ と書くことにする．

次の諸性質は容易に示すことができる．

$$a(BC)=(aB)C=B(aC), \quad a(bC)=(ab)C, \quad (a+b)C=aC+bC$$

$$A(B+C)=AB+AC, \quad (A+B)C=AC+BC, \quad AO=O, \quad OA=O$$

ただし，行列のサイズについては積が定義できるようになっているものとする．

§2.4　行列の操作

(a)　転置行列

(m,n) 型行列 $A=(a_{ij})$ の各成分の順序を逆にした行列，すなわち，A の縦横を逆にした (n,m) 型行列を A の**転置行列**(transposed matrix)といい，${}^tA$ で表す．

${}^tA=(b_{hk})$ $(h=1,\cdots,n;\ k=1,\cdots,m)$ とすると，$b_{hk}=a_{kh}$ であるから

$$A=\begin{pmatrix} a_{11} & a_{12} & \cdots & a_{1n} \\ a_{21} & a_{22} & \cdots & a_{2n} \\ & \cdots\cdots\cdots & & \\ a_{m1} & a_{m2} & \cdots & a_{mn} \end{pmatrix}$$

に対して，転置行列は

$${}^tA=\begin{pmatrix} a_{11} & a_{21} & \cdots & a_{m1} \\ a_{12} & a_{22} & \cdots & a_{m2} \\ & \cdots\cdots\cdots & & \\ a_{1n} & a_{2n} & \cdots & a_{mn} \end{pmatrix}$$

となる．とくに $\boldsymbol{x}$ が n 項列ベクトル(行ベクトル)であるとき，${}^t\boldsymbol{x}$ は n 項行ベクトル(列ベクトル)である．

例題 2.9

(1)　${}^t({}^tA)=A$

(2)　${}^t(A+B)={}^tA+{}^tB$

(3)　${}^t(cA)=c\,{}^tA$

(4)　$A\in M(l,m)$, $B\in M(m,n)$ に対して，${}^t(AB)={}^tB\,{}^tA$.

[解]　両辺の成分を比較する．(1), (2), (3)は容易であるから，(4)を証明しよう．$C=AB\in M(l,n)$ の成分は

$$c_{ik}=\sum_{j=1}^{m}a_{ij}b_{jk}$$

であるから，${}^tA=(d_{ji})$，${}^tB=(e_{kj})$，${}^tC=(f_{ki})$ とおくと，

$$f_{ki}=c_{ik}=\sum_{j=1}^{m}a_{ij}b_{jk}=\sum_{j=1}^{m}b_{jk}a_{ij}=\sum_{j=1}^{m}e_{kj}d_{ji}$$

これは，${}^tC={}^tB\,{}^tA$ であることを意味している. ∎

例 2.10　$\boldsymbol{x}=(x_i)$，$\boldsymbol{y}=(y_i)$ を n 項列ベクトルとし，$A=(a_{ij})$ を n 次の正方行列とするとき

$${}^t\boldsymbol{x}A\boldsymbol{y}=\sum_{i,j=1}^{n}a_{ij}x_iy_j$$

とくに，

$${}^t\boldsymbol{x}\boldsymbol{y}=\sum_{i=1}^{n}x_iy_i=x_1y_1+x_2y_2+\cdots+x_ny_n$$

である. □

定義 2.11　正方行列 A について

（1）　${}^tA=A$ を満たすとき，**対称行列**(symmetric matrix)

（2）　${}^tA=-A$ を満たすとき，**交代行列**(alternating matrix)

（3）　${}^tA\,A=A\,{}^tA=I$ を満たすとき，**直交行列**(orthogonal matrix)

という. □

問 8　正方行列 A に対して，$A+{}^tA$ は対称行列，$A-{}^tA$ は交代行列であることを示せ. さらに，すべての正方行列は，対称行列と交代行列の和として表されることを示せ.

問 9　交代行列の対角成分はすべて 0 であることを示せ.

(b)　随伴行列

複素行列に対しては，複素共役行列および随伴行列が次のように定義される.

$A=(a_{ij})$ に対して，$\overline{A}=(\overline{a}_{ij})$ とおいて，これを A の**複素共役行列**(complex conjugate matrix)という.

複素共役の性質

$$\overline{\overline{z}} = z, \quad \overline{zw} = \overline{z}\,\overline{w}$$

を使えば

$$\overline{\overline{A}} = A, \quad \overline{A+B} = \overline{A}+\overline{B}, \quad \overline{cA} = \overline{c}\overline{A}, \quad \overline{AB} = \overline{A}\,\overline{B}, \quad \overline{{}^tA} = {}^t(\overline{A})$$

となることがわかる．

転置と複素共役を同時に考えたもの，すなわち

$${}^t(\overline{A}) = \overline{{}^tA}$$

を A の**随伴行列**(adjoint matrix)といい，A^* により表す．

随伴行列については，転置行列と複素共役行列の性質から，次の性質が成り立つ．

$$(A^*)^* = A, \quad (A+B)^* = A^*+B^*, \quad (cA)^* = \overline{c}A^*, \quad (AB)^* = B^*A^*$$

例題 2.12　複素数を成分とする n 項列ベクトル $\boldsymbol{x}, \boldsymbol{y}$ に対して

$$\langle \boldsymbol{x}, \boldsymbol{y} \rangle = {}^t\boldsymbol{x}\overline{\boldsymbol{y}}$$

とおくとき，

（1）　n 次正方行列 A に対し

$$\langle A\boldsymbol{x}, \boldsymbol{y} \rangle = \langle \boldsymbol{x}, A^*\boldsymbol{y} \rangle$$

が成り立つ．

（2）　n 次正方行列 A, B に対し

$$\langle A\boldsymbol{x}, \boldsymbol{y} \rangle = \langle \boldsymbol{x}, B\boldsymbol{y} \rangle$$

がすべての $\boldsymbol{x}, \boldsymbol{y}$ について成り立てば，$B = A^*$ である．

[解]

（1）　$\langle A\boldsymbol{x}, \boldsymbol{y} \rangle = {}^t(A\boldsymbol{x})\overline{\boldsymbol{y}} = {}^t\boldsymbol{x}({}^tA)\overline{\boldsymbol{y}} = \langle \boldsymbol{x}, \overline{{}^tA}\boldsymbol{y} \rangle = \langle \boldsymbol{x}, A^*\boldsymbol{y} \rangle$

（2）　$\boldsymbol{e}_1, \boldsymbol{e}_2, \cdots, \boldsymbol{e}_n$ を $\mathbb{C}^n$ の基本ベクトルとすると

$$\langle A\boldsymbol{e}_i, \boldsymbol{e}_j \rangle = a_{ji}, \quad \langle \boldsymbol{e}_i, B\boldsymbol{e}_j \rangle = \overline{b}_{ij}$$

であるから，$b_{ij} = \overline{a}_{ji}$．よって，$B = A^*$．　■

定義 2.13　複素正方行列 A について，

（1）　$A^* = A$ を満たすとき**エルミート行列**(Hermitian matrix)

（2）　$A^* = -A$ を満たすとき**歪エルミート行列**(skew-Hermitian matrix)

（3）　$A^*A = AA^* = I$ を満たすとき**ユニタリ行列**(unitary matrix)という． □

とくに

実エルミート行列は対称行列

実歪エルミート行列は交代行列

実ユニタリ行列は直交行列

である．

上で定義した行列のクラスを含むものとして，**正規行列**(normal matrix)を

$$A^*A = AA^*$$

を満たす行列として定義する．

問10　エルミート行列の対角成分はすべて実数であり，歪エルミート行列の対角成分は純虚数(ai, $a \in \mathbb{R}$ の形の複素数)であることを示せ．

問11　A が正規行列(またはエルミート行列)，U がユニタリ行列であれば，UAU^* も正規行列(エルミート行列)であることを示せ．

(c)　跡

2次の正方行列の場合と同様に，正方行列 $A = (a_{ij})$ の対角成分の和を A の**跡**(trace)といい，$\mathrm{tr}(A)$ により表す:

$$\mathrm{tr}(A) = \sum_{i=1}^{n} a_{ii}$$

例題 2.14　跡について，次の性質が成り立つ．

（1）　$\mathrm{tr}(cA) = c\,\mathrm{tr}(A)$,　$\mathrm{tr}(A+B) = \mathrm{tr}(A) + \mathrm{tr}(B)$,　$\mathrm{tr}({}^tA) = \mathrm{tr}(A)$

（2）　$A \in M(m,n)$, $B \in M(n,m)$ に対して，$\mathrm{tr}(AB) = \mathrm{tr}(BA)$

（3）　$\mathrm{tr}(I_n) = n$.

[解]　(2)だけが自明ではない．$A = (a_{ij})$, $B = (b_{jk})$ とすると

$$\mathrm{tr}(AB) = \sum_{i=1}^{m}\left(\sum_{j=1}^{n} a_{ij}b_{ji}\right) = \sum_{j=1}^{n}\left(\sum_{i=1}^{m} b_{ji}a_{ij}\right)$$
$$= \mathrm{tr}(BA).$$ ∎

§2.5　行列と線形写像

行列により定まる写像は著しい性質をもつ.

補題 2.15　A を (m,n) 型の行列とするとき, A により定まる写像 $T_A\colon \mathbb{F}^n \to \mathbb{F}^m$ は次の性質を満たす.

$$T_A(\boldsymbol{x}+\boldsymbol{y}) = T_A(\boldsymbol{x})+T_A(\boldsymbol{y})$$
$$T_A(c\boldsymbol{x}) = cT_A(\boldsymbol{x})$$

［証明］　$T_A(\boldsymbol{x}) = A\boldsymbol{x}$ であるから, 行列の演算規則からただちに証明される. ∎

逆に, 上の補題の性質を満たす写像は, 行列により定まる写像である. 実際, 次の定理が成り立つ.

定理 2.16　写像 $T\colon \mathbb{F}^n \to \mathbb{F}^m$ が性質

$$T(\boldsymbol{x}+\boldsymbol{y}) = T(\boldsymbol{x})+T(\boldsymbol{y})$$
$$T(c\boldsymbol{x}) = cT(\boldsymbol{x})$$

を満たすとき, (m,n) 型の行列 A で $T = T_A$ となるものがただ1つ存在する.

［証明］　$\boldsymbol{e}_1, \boldsymbol{e}_2, \cdots, \boldsymbol{e}_n$ を $\mathbb{F}^n$ の基本ベクトルとする.

$$T(\boldsymbol{e}_i) = \begin{pmatrix} a_{1i} \\ a_{2i} \\ \vdots \\ a_{mi} \end{pmatrix}$$

としよう. このとき

$$A = \begin{pmatrix} a_{11} & a_{12} & \cdots & a_{1n} \\ a_{21} & a_{22} & \cdots & a_{2n} \\ & \cdots\cdots\cdots & & \\ a_{m1} & a_{m2} & \cdots & a_{mn} \end{pmatrix}$$

とおくと，任意のベクトル

$$\boldsymbol{x}=\begin{pmatrix} x_1 \\ x_2 \\ \vdots \\ x_n \end{pmatrix}=x_1\boldsymbol{e}_1+x_2\boldsymbol{e}_2+\cdots+x_n\boldsymbol{e}_n$$

に対して，

$$\begin{aligned} T(\boldsymbol{x}) &= T(x_1\boldsymbol{e}_1+x_2\boldsymbol{e}_2+\cdots+x_n\boldsymbol{e}_n) \\ &= x_1T(\boldsymbol{e}_1)+x_2T(\boldsymbol{e}_2)+\cdots+x_nT(\boldsymbol{e}_n) \\ &= \begin{pmatrix} a_{11}x_1+a_{12}x_2+\cdots+a_{1n}x_n \\ a_{21}x_1+a_{22}x_2+\cdots+a_{2n}x_n \\ \cdots\cdots\cdots\cdots\cdots \\ a_{m1}x_1+a_{m2}x_2+\cdots+a_{mn}x_n \end{pmatrix} \\ &= A\boldsymbol{x} \\ &= T_A(\boldsymbol{x})\,. \end{aligned}$$

よって，$T=T_A$.

もし，$T=T_B$ となる他の $B\in M(m,n;\mathbb{F})$ があれば，$T_A=T_B$ であるから，補題 2.5 により，$A=B$. ∎

定理で述べた性質を満たす写像を $\mathbb{F}^n$ から $\mathbb{F}^m$ への**線形写像**(linear map)という．線形写像の性質をまとめて

$$T(a\boldsymbol{x}+b\boldsymbol{y})=aT(\boldsymbol{x})+bT(\boldsymbol{y})$$

と書くこともできる.

方程式 $A\boldsymbol{x}=\boldsymbol{u}$ が解を持つかどうかを，写像の言葉で言い換えてみよう．A を (m,n) 型の行列とするとき，

$A\boldsymbol{x}=\boldsymbol{u}$ が解 $\boldsymbol{x}$ を持つ

$\iff \boldsymbol{u}$ は $\operatorname{Image} T_A$ に属する，

$A\boldsymbol{x}=\boldsymbol{u}$ がすべての $\boldsymbol{u}\in\mathbb{F}^m$ に対して解を持つ

$\iff T_A\colon \mathbb{F}^n\to\mathbb{F}^m$ が全射である，

$A\boldsymbol{x}=\boldsymbol{u}$ がすべての $\boldsymbol{u}\in\mathbb{F}^m$ に対してただ 1 つの解を持つ

$\iff T_A\colon \mathbb{F}^n\to\mathbb{F}^m$ が全単射である.

実は，後で見るように，T_A が全射であれば $n \geqq m$，T_A が全単射であれば $m=n$ となることがわかる．

例題 2.17　もし，ある $\boldsymbol{u}$ について $A\boldsymbol{x}=\boldsymbol{u}$ がただ 1 つの解を持つならば，T_A は単射である．とくに，すべての $\boldsymbol{u}$ について，$A\boldsymbol{x}=\boldsymbol{u}$ は高々 1 つ(あったとしても 1 つ)の解しか持たない．

［証明］　T_A が単射でないとしよう．このときある $\boldsymbol{x}_1, \boldsymbol{x}_2 \in \mathbb{F}^n$ で，$\boldsymbol{x}_1 \neq \boldsymbol{x}_2$，$T_A(\boldsymbol{x}_1)=T_A(\boldsymbol{x}_2)$ となるものが存在する．$\boldsymbol{x}_0=\boldsymbol{x}_1-\boldsymbol{x}_2$ とおこう．すると補題 2.15 から

$$A\boldsymbol{x}_0 = T_A(\boldsymbol{x}_0) = T_A(\boldsymbol{x}_1)-T_A(\boldsymbol{x}_2) = \boldsymbol{0}.$$

$\boldsymbol{x}$ を $A\boldsymbol{x}=\boldsymbol{u}$ の解とすると

$$A(\boldsymbol{x}+\boldsymbol{x}_0) = A\boldsymbol{x}+A\boldsymbol{x}_0 = A\boldsymbol{x} = \boldsymbol{u}$$

となり，$\boldsymbol{x}+\boldsymbol{x}_0$ も解となる．$\boldsymbol{x}+\boldsymbol{x}_0 \neq \boldsymbol{x}$ であるから，これは，仮定に矛盾する． ∎

とくに $m=n$（正方行列)の場合を考えよう．

補題 2.18　n 次の正方行列 A について $T_A\colon \mathbb{F}^n \to \mathbb{F}^n$ が全単射であれば，$T_A^{-1}=T_B$ となる n 次の正方行列 B がただ 1 つ存在する．

［証明］　T_A^{-1} が線形写像であることを示せばよい(定理 2.16)．$\boldsymbol{z}, \boldsymbol{w} \in \mathbb{F}^n$ に対して

$$T_A(\boldsymbol{x}) = \boldsymbol{z}, \quad T_A(\boldsymbol{y}) = \boldsymbol{w}$$

となる $\boldsymbol{x}, \boldsymbol{y}$ をとる．このとき，$a\boldsymbol{z}+b\boldsymbol{w}=T_A(a\boldsymbol{x})+T_A(b\boldsymbol{y})=T_A(a\boldsymbol{x}+b\boldsymbol{y})$ であるから，

$$T_A^{-1}(a\boldsymbol{z}+b\boldsymbol{w}) = a\boldsymbol{x}+b\boldsymbol{y} = aT_A^{-1}(\boldsymbol{z})+bT_A^{-1}(\boldsymbol{w})$$

である． ∎

T_A が全単射であるような正方行列 A を**可逆**(invertible)(あるいは**正則**)であるという．可逆行列 A に対して，$T_A^{-1}=T_B$ となる行列 B を A の逆行列(inverse matrix)といい，A^{-1} で表す．合成写像の性質から

$$AA^{-1} = A^{-1}A = I_n$$

が成り立つ．

補題 2.19　n 次の正方行列 A について $AB=CA=I_n$ となる n 次の正方行列 B, C が存在すれば，A は可逆であり，$B=C=A^{-1}$ である．

[証明]　仮定から $T_A T_B = T_C T_A = T_{I_n}$ となるから，T_A は全単射であり (p. 53)，$T_B = T_C = T_A^{-1}$ となるから，$B=C=A^{-1}$ が得られる．　∎

注意 2.20　§3.3 では，$AB=I_n$ (または $BA=I_n$) を満たす B の存在から，A が可逆であることを行列式を使って示す．

例題 2.21

（1）　A が可逆ならば，A^{-1} も可逆であり，

$$(A^{-1})^{-1} = A$$

（2）　A, B がともに n 次の可逆行列ならば，積 AB も可逆で

$$(AB)^{-1} = B^{-1}A^{-1}$$

が成り立つ．

[解]　§2.1 で述べた写像についての性質から明らかであるが，行列の言葉で証明を与えよう．

（1）　A^{-1} が A の逆行列であることを示す等式 $AA^{-1}=A^{-1}A=I_n$ は，A が A^{-1} の逆行列であることを意味している．

（2）　$(AB)(B^{-1}A^{-1}) = A(BB^{-1})A^{-1} = AI_nA^{-1} = AA^{-1} = I_n$

$(B^{-1}A^{-1})(AB) = B^{-1}(A^{-1}A)B = B^{-1}B = I_n.$　∎

問 12　$(PAP^{-1})^k = PA^kP^{-1}$ を示せ．ただし P は可逆とする．

問 13　A が可逆であるとき，A^* も可逆であり，$(A^*)^{-1} = (A^{-1})^*$ であることを示せ．

§2.6　ブロック行列

(a)　行列の区分け

これまで，主に数(有理数，実数，複素数)を成分とする行列を扱ってきた．ここでは，成分が行列であるような行列を考えよう．ただし，成分をなす行

列のサイズには，つぎのような規則があるものとする．

$$A = \begin{pmatrix} A_{11} & A_{12} & \cdots & A_{1q} \\ A_{21} & A_{22} & \cdots & A_{2q} \\ & \cdots\cdots\cdots & & \\ A_{p1} & A_{p2} & \cdots & A_{pq} \end{pmatrix}$$

において，第 s 行 $(1 \leqq s \leqq p)$ に現れる行列

$$A_{s1},\ A_{s2},\ \cdots,\ A_{sq}$$

の行数はすべて等しく，第 t 列 $(1 \leqq t \leqq q)$ に現れる行列

$$A_{1t},\ A_{2t},\ \cdots,\ A_{pt}$$

の列数もすべて等しいと仮定する．すなわち，s, t により決まる自然数 l_s, m_t が存在して，A_{st} は (l_s, m_t) 型の行列になるものとする．このような行列 $\boldsymbol{A}$ を，普通の行列から区別するため，(p, q) 型の**ブロック行列**(block matrix) とよび，A_{st} を $\boldsymbol{A}$ の (s, t) ブロックという．

例 2.22　ブロック行列の例

$$\begin{pmatrix} \begin{pmatrix} 1 & 2 \\ 2 & 1 \end{pmatrix} & \begin{pmatrix} 1 & 2 & 3 \\ 0 & 1 & 0 \end{pmatrix} & \begin{pmatrix} 2 \\ 1 \end{pmatrix} \\ \begin{pmatrix} 0 & 1 \end{pmatrix} & \begin{pmatrix} 2 & 1 & 3 \end{pmatrix} & \begin{pmatrix} 2 \end{pmatrix} \\ \begin{pmatrix} 1 & 2 \\ 2 & 1 \\ 3 & 3 \end{pmatrix} & \begin{pmatrix} 1 & 2 & 0 \\ 1 & 1 & 1 \\ 1 & 2 & 2 \end{pmatrix} & \begin{pmatrix} 2 \\ 1 \\ 0 \end{pmatrix} \end{pmatrix}$$

□

上のような行列の各成分の括弧を取り外すことによって，数を成分とする普通の行列が得られる．これを A で表し，$\boldsymbol{A}$ に対応する行列ということにする．$l = l_1 + l_2 + \cdots + l_p$，$m = m_1 + m_2 + \cdots + m_q$ とおくと，この行列は (l, m) 型である．

例 2.23　上の例 2.22 の行列では，括弧を取り外した行列は次のような行列となる．

$$\begin{pmatrix} 1 & 2 & 1 & 2 & 3 & 2 \\ 2 & 1 & 0 & 1 & 0 & 1 \\ 0 & 1 & 2 & 1 & 3 & 2 \\ 1 & 2 & 1 & 2 & 0 & 2 \\ 2 & 1 & 1 & 1 & 1 & 1 \\ 3 & 3 & 1 & 2 & 2 & 0 \end{pmatrix}$$ □

逆に，数を成分とする (l,m) 型の行列 A において

$$l = l_1+l_2+\cdots+l_p, \quad m = m_1+m_2+\cdots+m_q$$

$$l_s, m_t \geqq 1 \qquad s=1,\cdots,p\,;\ t=1,\cdots,q$$

となる自然数 l_s, m_t を考えると，(s,t) ブロックが (l_s, m_t) 型の行列を成分となる (p,q) 型のブロック行列 $\boldsymbol{A}$ で，それに対応する行列が A となるものが存在する．

$\boldsymbol{A}$ を A を**区分け**して得られるブロック行列という．換言すれば，行列 A を $p-1$ 個の横線と $q-1$ 個の縦線によって，pq 個の区画に分けて得られるのが (p,q) 型のブロック行列 $\boldsymbol{A}$ である．

図示すれば図 2.2 の左側のような区分けのみを考え，右側のような区分けは考えない．

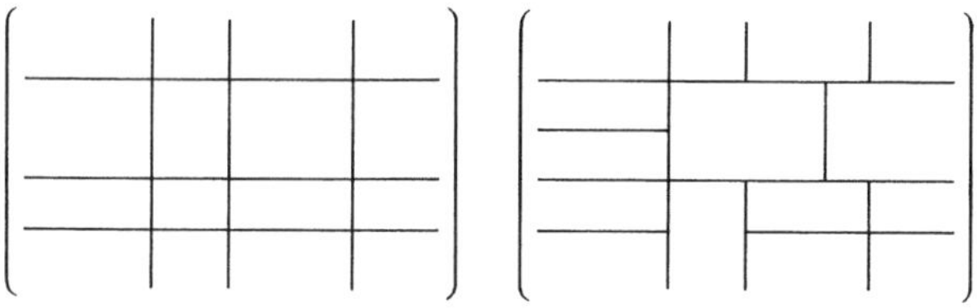

図 2.2 ブロック行列．右側のようなものは考えない．

$\boldsymbol{A}$ の (s,t) ブロック A_{st} の (α,β) 成分は，A の (i,j) 成分である．ここで

$$i = l_1+l_2+\cdots+l_{s-1}+\alpha$$

$$j = m_1+m_2+\cdots+m_{t-1}+\beta$$

である(図 2.3)．

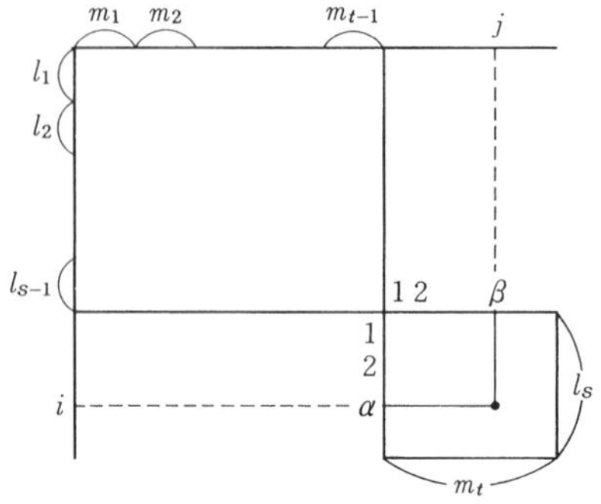

図 2.3　A_{st} の (α,β) 成分は A の (i,j) 成分

例題 2.24　ブロック行列

$$\boldsymbol{A} = \begin{pmatrix} A_{11} & A_{12} & \cdots & A_{1q} \\ A_{21} & A_{22} & \cdots & A_{2q} \\ & \cdots\cdots\cdots & & \\ A_{p1} & A_{p2} & \cdots & A_{pq} \end{pmatrix}$$

に対応する行列を A とするとき，${}^t\!A$ はブロック行列

$$\begin{pmatrix} {}^t\!A_{11} & {}^t\!A_{21} & \cdots & {}^t\!A_{p1} \\ {}^t\!A_{12} & {}^t\!A_{22} & \cdots & {}^t\!A_{p2} \\ & \cdots\cdots\cdots & & \\ {}^t\!A_{1q} & {}^t\!A_{2q} & \cdots & {}^t\!A_{pq} \end{pmatrix} \tag{2.5}$$

に対応することを示せ．

［解］　(2.5)のブロック行列を ${}^t\!\boldsymbol{A}$ と書く．${}^t\!\boldsymbol{A}$ の (s,t) ブロック ${}^t\!A_{ts}$ の (α,β) 成分が，${}^t\!\boldsymbol{A}$ に対応する行列の (i,j) 成分であるとすると

$$i = m_1+m_2+\cdots+m_{s-1}+\alpha$$
$$j = l_1+l_2+\cdots+l_{t-1}+\beta$$

である．一方，${}^t\!A_{ts}$ の (α,β) 成分は A_{ts} の (β,α) 成分であるから，それは A の (j,i) 成分に一致する．よって，${}^t\!\boldsymbol{A}$ に対応する行列の (i,j) 成分は，A の (j,i) 成分に一致する．　∎

(b)　ブロック行列の積

$\boldsymbol{A}=(A_{st})$, $\boldsymbol{B}=(B_{tu})$ をそれぞれ (p,q) 型，(q,r) 型のブロック行列とし，

$$A_{st}\in M(l_s,m_t),\quad B_{tu}\in M(m_t,n_u)$$

とする．対応する行列 A,B はそれぞれ (l,m) 型，(m,n) 型である:

$$m=m_1+m_2+\cdots+m_q,\quad n=n_1+n_2+\cdots+n_r$$

このとき，(l_s,n_u) 型行列 C_{su} を

$$C_{su}=A_{s1}B_{1u}+A_{s2}B_{2u}+\cdots+A_{sq}B_{qu}$$

により定義しよう．この右辺に現れる積に意味があることに注意する(実際，和の各項 $A_{st}B_{tu}$ は (l_s,n_u) 型である)．

$\boldsymbol{A},\boldsymbol{B}$ の積 $\boldsymbol{C}=\boldsymbol{AB}$ を，(p,r) 型のブロック行列 $\boldsymbol{C}=(C_{su})$ として定義する．この積の定義が，通常の行列の積の定義と類似していることに注意しよう．ただし，成分である行列の積は非可換であるから，成分の積の順序に注意しなければならない．

次の定理は，行列の積が型の小さい行列の積に帰着することを意味している．

定理 2.25　$\boldsymbol{A},\boldsymbol{B}$ を上のようなブロック行列とする．$\boldsymbol{A},\boldsymbol{B}$ に対応する行列をそれぞれ A,B とするとき，積 $\boldsymbol{AB}$ に対応する行列は AB である．

［証明］　$A=(a_{ij})$, $B=(b_{jk})$ とし，C を $\boldsymbol{C}=\boldsymbol{AB}$ に対応する行列とする．$\boldsymbol{C}$ の (s,u) ブロック C_{su} の (α,β) 成分が，C の (i,k) 成分であるとする．すると

$$i=l_1+l_2+\cdots+l_{s-1}+\alpha,\quad k=n_1+n_2+\cdots+n_{u-1}+\beta$$

である．

$$A_{st}B_{tu}\text{ の }(\alpha,\beta)\text{ 成分}=\sum_{j=m_1+m_2+\cdots+m_{t-1}+1}^{m_1+m_2+\cdots+m_t}a_{ij}b_{jk}$$

よって

$$C_{su}=\sum_{t=1}^{q}A_{st}B_{tu}\text{ の }(\alpha,\beta)\text{ 成分}=\sum_{j=1}^{m}a_{ij}b_{jk}$$

これは，AB の (i,k) 成分にほかならない．　∎

例 2.26

$$\boldsymbol{A}=\begin{pmatrix} A_{11} & A_{12} \\ A_{21} & A_{22} \end{pmatrix}, \quad \boldsymbol{B}=\begin{pmatrix} B_{11} & B_{12} \\ B_{21} & B_{22} \end{pmatrix}$$

において

$$\begin{aligned} &A_{11}\in M(l_1,m_1), \quad &&A_{12}\in M(l_1,m_2),\\ &A_{21}\in M(l_2,m_1), \quad &&A_{22}\in M(l_2,m_2),\\ &B_{11}\in M(m_1,n_1), \quad &&B_{12}\in M(m_1,n_2),\\ &B_{21}\in M(m_2,n_1), \quad &&B_{22}\in M(m_2,n_2) \end{aligned}$$

であるとき

$$\boldsymbol{AB}=\begin{pmatrix} A_{11}B_{11}+A_{12}B_{21} & A_{11}B_{12}+A_{12}B_{22} \\ A_{21}B_{11}+A_{22}B_{21} & A_{21}B_{12}+A_{22}B_{22} \end{pmatrix}.$$

とくに

$$\begin{pmatrix} A_{11} & O \\ O & A_{22} \end{pmatrix}\begin{pmatrix} B_{11} & O \\ O & B_{22} \end{pmatrix}=\begin{pmatrix} A_{11}B_{11} & O \\ O & A_{22}B_{22} \end{pmatrix}.$$

□

以下，A を区分けしたブロック行列を同じ記号 A で表そう.

問 14　次の行列の積を，適当な区分けを行って計算せよ.

$$\begin{pmatrix} 2 & 1 & 0 & 0 \\ 1 & -1 & 0 & 0 \\ 0 & 0 & -1 & 3 \\ 0 & 0 & 2 & 1 \end{pmatrix}\begin{pmatrix} 3 & -1 & 0 & 0 \\ 2 & 1 & 0 & 0 \\ 0 & 0 & -2 & 1 \\ 0 & 0 & 2 & 3 \end{pmatrix}$$

特別な区分けを考える．$A=(a_{ij})$ を (m,n) 型行列とするとき，

$$\boldsymbol{a}_1=\begin{pmatrix} a_{11} \\ a_{21} \\ \vdots \\ a_{m1} \end{pmatrix}, \quad \boldsymbol{a}_2=\begin{pmatrix} a_{12} \\ a_{22} \\ \vdots \\ a_{m2} \end{pmatrix}, \quad \cdots, \quad \boldsymbol{a}_n=\begin{pmatrix} a_{1n} \\ a_{2n} \\ \vdots \\ a_{mn} \end{pmatrix}$$

とおくと，A は次のように区分けされる.

$$A=(\boldsymbol{a}_1,\boldsymbol{a}_2,\cdots,\boldsymbol{a}_n)$$

$\boldsymbol{a}_j$ を A の第 j 列ベクトルという．とくに，$\mathbb{F}^n$ の基本ベクトル $\boldsymbol{e}_1,\boldsymbol{e}_2,\cdots,\boldsymbol{e}_n$ に対して，$I_n=(\boldsymbol{e}_1,\boldsymbol{e}_2,\cdots,\boldsymbol{e}_n)$ である．

同様に，行ベクトルによる区分けが考えられる．

例 2.27

$$(\boldsymbol{a}_1,\boldsymbol{a}_2,\cdots,\boldsymbol{a}_n)\begin{pmatrix} c_1 \\ c_2 \\ \vdots \\ c_n \end{pmatrix}=c_1\boldsymbol{a}_1+c_2\boldsymbol{a}_2+\cdots+c_n\boldsymbol{a}_n\,.$$

□

例 2.28 $P=(\boldsymbol{p}_1,\boldsymbol{p}_2,\cdots,\boldsymbol{p}_n)$ を n 次の正方行列とするとき，

$$P\cdot\operatorname{diag}(a_1,a_2,\cdots,a_n)=(a_1\boldsymbol{p}_1,a_2\boldsymbol{p}_2,\cdots,a_n\boldsymbol{p}_n)\,.$$

□

次の定理は，定理 2.25 の特別な場合であるが，直接示すことも容易である．

定理 2.29 A を (l,m) 型行列，B を (m,n) 型行列とし，$\boldsymbol{b}_1,\boldsymbol{b}_2,\cdots,\boldsymbol{b}_n$ を B の列ベクトルとすれば

$$AB=(A\boldsymbol{b}_1,A\boldsymbol{b}_2,\cdots,A\boldsymbol{b}_n)$$

である．□

正方行列については，特別な区分けをしたブロック行列を考えると便利である．すなわち

$$A=\begin{pmatrix} A_{11} & A_{12} & \cdots & A_{1p} \\ A_{21} & A_{22} & \cdots & A_{2p} \\ & \cdots\cdots\cdots & & \\ A_{p1} & A_{p2} & \cdots & A_{pp} \end{pmatrix}$$

において，各 A_{ss} $(s=1,\cdots,p)$ が正方行列となるものを考える．この区分けを**対称区分け**という．

例題 2.30 対称に区分けされた行列 $A=\begin{pmatrix} A_{11} & O \\ O & A_{22} \end{pmatrix}$ が可逆であるためには，A_{11},A_{22} が可逆であることが必要十分である．またこのとき

$$A^{-1} = \begin{pmatrix} A_{11}^{-1} & O \\ O & A_{22}^{-1} \end{pmatrix}$$

である．

［解］

$$\begin{pmatrix} A_{11} & O \\ O & A_{22} \end{pmatrix}\begin{pmatrix} B_{11} & B_{12} \\ B_{21} & B_{22} \end{pmatrix} = \begin{pmatrix} A_{11}B_{11} & A_{11}B_{12} \\ A_{22}B_{21} & A_{22}B_{22} \end{pmatrix}$$

$$\begin{pmatrix} B_{11} & B_{12} \\ B_{21} & B_{22} \end{pmatrix}\begin{pmatrix} A_{11} & O \\ O & A_{22} \end{pmatrix} = \begin{pmatrix} B_{11}A_{11} & B_{12}A_{22} \\ B_{21}A_{11} & B_{22}A_{22} \end{pmatrix}$$

であるから，A が可逆であれば

$$\begin{pmatrix} A_{11}B_{11} & A_{11}B_{12} \\ A_{22}B_{21} & A_{22}B_{22} \end{pmatrix} = \begin{pmatrix} B_{11}A_{11} & B_{12}A_{22} \\ B_{21}A_{11} & B_{22}A_{22} \end{pmatrix} = \begin{pmatrix} I & O \\ O & I \end{pmatrix}$$

を満たす(A と同じ対称区分けをされた)行列

$$B = \begin{pmatrix} B_{11} & B_{12} \\ B_{21} & B_{22} \end{pmatrix}$$

が存在する．言い換えれば

$$A_{11}B_{11} = B_{11}A_{11} = I \qquad ①$$

$$A_{22}B_{22} = B_{22}A_{22} = I \qquad ②$$

$$A_{11}B_{12} = B_{12}A_{22} = O \qquad ③$$

$$A_{22}B_{21} = B_{21}A_{11} = O \qquad ④$$

であるから，①,②により，A_{11}, A_{22} は可逆である．さらに，③,④から $B_{12} = O$，$B_{21} = O$ となる．よって A の逆行列は主張に述べた形になっている．逆は明らか． ∎

例題 2.31

$$A = \begin{pmatrix} A_{11} & O & \cdots & O \\ O & A_{22} & \cdots & O \\ & \cdots\cdots\cdots & & \\ O & O & \cdots & A_{pp} \end{pmatrix}$$

を正方行列の対称区分けとするとき，A が可逆であるための必要十分条件は，

$A_{11}, A_{22}, \cdots, A_{pp}$ がすべて可逆であることである.

A の逆行列は

$$A^{-1} = \begin{pmatrix} A_{11}^{-1} & O & \cdots & O \\ O & A_{22}^{-1} & \cdots & O \\ & \cdots\cdots\cdots & & \\ O & O & \cdots & A_{pp}^{-1} \end{pmatrix}$$

により与えられる.

［解］ 帰納法により，$p=2$ の場合に帰着する. ∎

p 個の正方行列 $A_1 \in M_{k_1}$，$A_2 \in M_{k_2}$，$\cdots$，$A_p \in M_{k_p}$ に対して，

$$A = \begin{pmatrix} A_1 & O & \cdots & O \\ O & A_2 & \cdots & O \\ & \cdots\cdots\cdots & & \\ O & O & \cdots & A_p \end{pmatrix}$$

により $A \in M_n$ $(n = k_1 + k_2 + \cdots + k_p)$ を定義するとき，A を $A_1, A_2, \cdots, A_p$ の**直和行列**(direct sum)といい，$A = A_1 \oplus A_2 \oplus \cdots \oplus A_p$ により表す.

例題 2.30 は次のように一般化される.

例題 2.32 A_{11}, A_{22} が可逆であるとき

$$A = \begin{pmatrix} A_{11} & A_{12} \\ O & A_{22} \end{pmatrix}$$

も可逆であり，その逆行列は

$$\begin{pmatrix} A_{11}^{-1} & -A_{11}^{-1}A_{12}A_{22}^{-1} \\ O & A_{22}^{-1} \end{pmatrix} \tag{2.6}$$

により与えられる.

［解］ (2.6)を B とおいて，ブロック行列の積 AB の計算をして，これが単位行列になることを示せばよい. ∎

注意 2.33 この例題の主張の逆(A が可逆ならば A_{11}, A_{22} が可逆)が成り立つ(§3.3 補題 3.32，定理 3.42).

《まとめ》

2.1　連立方程式の行列表記：

$$\begin{array}{l} a_{11}x_1 + a_{12}x_2 + \cdots + a_{1n}x_n = u_1 \\ a_{21}x_1 + a_{22}x_2 + \cdots + a_{2n}x_n = u_2 \\ \qquad \cdots\cdots\cdots \\ a_{m1}x_1 + a_{m2}x_2 + \cdots + a_{mn}x_n = u_m \end{array} \iff \begin{pmatrix} a_{11} & a_{12} & \cdots & a_{1n} \\ a_{21} & a_{22} & \cdots & a_{2n} \\ & \cdots\cdots\cdots & & \\ a_{m1} & a_{m2} & \cdots & a_{mn} \end{pmatrix} \begin{pmatrix} x_1 \\ x_2 \\ \vdots \\ x_n \end{pmatrix} = \begin{pmatrix} u_1 \\ u_2 \\ \vdots \\ u_m \end{pmatrix}$$

$$\iff \quad A\boldsymbol{x} = \boldsymbol{u}$$

2.2　$M(m,n;\mathbb{F})$ により，体 $\mathbb{F}$ の元を成分とする行数が m，列数が n の行列の全体を表し，$\mathbb{F}^n = M(n,1;\mathbb{F})$ により n 項列ベクトルの全体を表す.

2.3　$A \in M(m,n;\mathbb{F})$ に対して，写像 $T_A : \mathbb{F}^n \to \mathbb{F}^m$ を $T_A(\boldsymbol{x}) = A\boldsymbol{x}$ により定義する．$A \in M(l,m)$，$B \in M(m,n)$ の積 AB は

$$T_A T_B = T_C$$

を満たす行列 $C \in M(l,n;\mathbb{F})$ として定義される.

2.4　写像の結合律から，行列の積の結合律 $(AB)C = A(BC)$ が導かれる.

2.5　$A, B \in M(m,n;\mathbb{F})$ の和 $A+B$ の成分は，A, B の対応する成分の和．数 $a \in \mathbb{F}$ と A の積 aA の成分は，対応する成分と a の積.

2.6　行列の諸性質：

$$(A+B)C = AC+BC,\ A(B+C) = AB+AC$$
$$a(AB) = (aA)B = A(aB)$$

2.7　$A \in M(m,n;\mathbb{F})$ により定まる写像 $T_A : \mathbb{F}^n \to \mathbb{F}^m$ は

$$T_A(a\boldsymbol{x}+b\boldsymbol{y}) = aT_A(\boldsymbol{x}) + bT_A(\boldsymbol{y}) \qquad \text{（線形性）}$$

を満たす．逆に，この性質を満たす写像 $T : \mathbb{F}^n \to \mathbb{F}^m$ は，T_A の形をしている.

2.8　$A \in M_n(\mathbb{F})$ $(= M(n,n;\mathbb{F}))$ が逆行列 A^{-1} $(AA^{-1} = A^{-1}A = I)$ をもつための条件は，$T_A : \mathbb{F}^n \to \mathbb{F}^n$ が全単射となることである．このような A を可逆行列という.

2.9　行列を適当に区分けすることにより，積の計算が容易になることがある.

演習問題

以下，$\mathbb{F}$ はすべて $\mathbb{Q}, \mathbb{R}, \mathbb{C}$ のいずれかとする．

2.1 $A=\begin{pmatrix} 1 & 2 & 1 \\ -1 & 4 & 1 \\ 2 & -4 & 0 \end{pmatrix}$，$P=\begin{pmatrix} 1 & -2 & -1 \\ 1 & 1 & 1 \\ -1 & 1 & 0 \end{pmatrix}$ とするとき，PAP^{-1} および A^n (n は自然数)を求めよ．

2.2 $1-n \leqq k \leqq n$ とし，

$$M_n[k] = \{A = (a_{ij}) \in M_n(\mathbb{F}) \mid a_{ij} = 0,\ j-i < k\}$$

とおく．次のことが成り立つことを証明せよ．

(a) $h<k$ であるとき，$M_n[k] \subset M_n[h]$

(b) $M_n[0]$ は上三角行列の全体である．

(c) $M_n[n]$ は零行列のみからなる．

(d) $M_n[1-n] = M_n(\mathbb{F})$

(e) $A \in M_n[k_1]$, $B \in M_n[k_2]$ に対して，$AB \in M_n[k_1+k_2]$ となる．

(f) $A \in M_n[1]$ に対して，$A^n = O$ である．

2.3 $(A, \boldsymbol{b}) \in M_n(\mathbb{F}) \times \mathbb{F}^n$ に対して，写像 $T_{(A,\boldsymbol{b})} : \mathbb{F}^n \to \mathbb{F}^n$ を $T_{(A,\boldsymbol{b})}(\boldsymbol{x}) = A\boldsymbol{x}+\boldsymbol{b}$ とおいて定義するとき，$T_{(A,\boldsymbol{b})}T_{(B,\boldsymbol{c})} = T_{(AB,\, A\boldsymbol{c}+\boldsymbol{b})}$ であることを示せ．

また，A が可逆であるとき，$T_{(A,\boldsymbol{b})}$ は全単射であり，

$$T_{(A,\boldsymbol{b})}^{-1} = T_{(A^{-1},\, -A^{-1}\boldsymbol{b})}$$

となることを示せ．

2.4 A, B を n 次の正方行列とするとき，$AB-BA=cI_n$ となるのは $c=0$ のときのみであることを示せ．

2.5 n 次の正方行列 A, B に対して，$[A,B]=AB-BA$ と定義するとき

(1) $[A+B, C] = [A,C]+[B,C]$,　$[A, B+C] = [A,B]+[A,C]$

(2) $a[A,B] = [aA, B] = [A, aB]$

(3) $[A,B] = -[B,A]$

(4) $[A,[B,C]]+[B,[C,A]]+[C,[A,B]] = 0$

を示せ．

2.6 上の問題の記号の下で，A が $[A,B]$ と可換であるとき，

$$[A^n, B] = n[A,B]A^{n-1}$$

がすべての自然数 n に対して成立することを示せ($A^0 = I_n$)．

2.7　A, B が交代行列であるとき，$[A, B]$ も交代行列であることを示せ.

2.8　写像 $T: M_n(\mathbb{F}) \to \mathbb{F}$ が性質

$$T(aA+bB) = aT(A)+bT(B), \quad a, b \in \mathbb{F},\ A, B \in M_n(\mathbb{F})$$

を満足するとき，ある $C \in M_n(\mathbb{F})$ により，$T(A) = \mathrm{tr}(CA)$ と表されることを示せ. さらに，T が

$$T(AB) = T(BA), \quad A, B \in M_n(\mathbb{F})$$
$$T(I_n) = n$$

を満たすとき，$T(A) = \mathrm{tr}(A)$ となることを示せ.

2.9　n 次の正方行列 A, B に対して，$A*B = (AB+BA)/2$ と定義するとき，

（1）　$A*B = B*A$

（2）　$(aA)*B = A*(aB) = a(A*B)$

（3）　$A*(B+C) = A*B+A*C, \quad (A+B)*C = A*C+B*C$

（4）　$A*(B*A^2) = (A*B)*A^2 \qquad (A^2 = A*A$ に注意)

を示せ.

2.10　U がユニタリ行列であれば，U^{-1}, U^* もユニタリ行列である. U_1, U_2 がユニタリ行列であれば，U_1U_2 もユニタリ行列である.

2.11　A, B を実数を成分とする n 次の正方行列とする.

$$A+iB \text{ がユニタリ行列} \iff \begin{pmatrix} A & -B \\ B & A \end{pmatrix} \text{が直交行列}$$

を示せ.

2.12　4次の正方行列の対称区分け

$$A = \begin{pmatrix} I_2 & O \\ O & -I_2 \end{pmatrix}, \quad B = \begin{pmatrix} -I_2 & G \\ O & I_2 \end{pmatrix}, \quad C = \begin{pmatrix} -I_2 & O \\ H & I_2 \end{pmatrix}$$

に対して，$A^2 = B^2 = C^2 = I_4$，$AB+BA = AC+CA = -2I_4$ であることを示せ. さらに，$GH = HG = O$ であるとき，$BC+CB = 2I_4$ となることを示せ.

2.13　次の行列 A の適当な区分けを行い，$A\,{}^tA$ を計算せよ.

$$\begin{pmatrix} a & b & c & d \\ -b & a & -d & c \\ -c & d & a & -b \\ -d & -c & b & a \end{pmatrix}$$

3

行列式

第1章, 第2章で, 一般の連立1次方程式を, もっとも簡単な方程式 $ax=u$ を解くという立場から見直し, 行列の概念を導入した. 本章の目標は, 一般の正方行列の**行列式**の定義を与え, 連立方程式の解の公式(クラメルの公式)を確立することである.

まず§3.1において, 3次の正方行列の行列式の形を, 3元連立方程式を実際に解いて得られる解の公式から推定する. その形から, n 次の行列式が文字 $\{1,2,\cdots,n\}$ の**順列**と関連することが予想されるが, 与えられた順列に対して符号 ±1 を対応させる規則を知ることが必要になる. このため§3.2では, 順列を文字 $1,2,\cdots,n$ の並べ換えと考えることにより, 順列と**置換**(集合 $\{1,2,\cdots,n\}$ のそれ自身への全単射)を同一視する. そして, 置換の性質を使って順列の符号を定義する. その背景にあるのは, 置換の集合に入る「群」の構造である. 順列の符号がこの群の構造とうまく馴染むことをみて, 符号の性質を明らかにする.

群の概念は, 代数方程式の可解性に関するガロア理論に発見の母体があり, 現代数学において重要な位置を占める. 一般の群の理論については, 巻末の「現代数学の展望」で簡単に扱う.

読者の便宜を考え, 置換を具体的に目で見る方法として, §3.2の後半でアミダクジについて述べる. §3.3では, §3.2で考察した順列の符号を用いて行列式を定義し, その基本的性質について述べる. また, 目標であった連立方程式の解の公式を定式化し証明する．さらに，§3.4では，特殊な形をした行列式を計算する．

§3.1　3次の行列式

(a)　解の公式

n 個の未知数と n 個の方程式からなる連立1次方程式の解の公式を発見的方法で見つけるには，$n=3$ の場合を見ておく必要がある．

3つの未知数 x_1, x_2, x_3 をもつ一般の連立方程式

$$\begin{aligned} a_{11}x_1+a_{12}x_2+a_{13}x_3 &= u_1 \qquad ① \\ a_{21}x_1+a_{22}x_2+a_{23}x_3 &= u_2 \qquad ② \\ a_{31}x_1+a_{32}x_2+a_{33}x_3 &= u_3 \qquad ③ \end{aligned} \tag{3.1}$$

を考えよう．

やや計算力が必要だが，次の例題から始めよう．

例題3.1　(3.1)の解の公式を計算で見つけよ．

［解］　$①\times a_{23}-②\times a_{13}$，$②\times a_{33}-③\times a_{23}$ を考えると

$$(a_{11}a_{23}-a_{21}a_{13})x_1+(a_{12}a_{23}-a_{22}a_{13})x_2 = a_{23}u_1-a_{13}u_2$$
$$(a_{21}a_{33}-a_{31}a_{23})x_1+(a_{22}a_{33}-a_{32}a_{23})x_2 = a_{33}u_2-a_{23}u_3\,.$$

第1章の§1.1で与えた解の公式(1.3)を適用するため

$$a=a_{11}a_{23}-a_{21}a_{13},\quad b=a_{12}a_{23}-a_{22}a_{13},\quad c=a_{21}a_{33}-a_{31}a_{23},$$
$$d=a_{22}a_{33}-a_{32}a_{23},\quad u=a_{23}u_1-a_{13}u_2,\quad v=a_{33}u_2-a_{23}u_3$$

とおく．

$$\begin{aligned} ad-bc &= (a_{11}a_{23}-a_{21}a_{13})(a_{22}a_{33}-a_{32}a_{23})-(a_{12}a_{23}-a_{22}a_{13})(a_{21}a_{33}-a_{31}a_{23}) \\ &= a_{11}a_{23}a_{22}a_{33}-a_{11}a_{23}a_{32}a_{23}+a_{21}a_{13}a_{32}a_{23} \\ &\quad -a_{12}a_{23}a_{21}a_{33}+a_{12}a_{23}a_{31}a_{23}-a_{22}a_{13}a_{31}a_{23} \\ &= a_{23}(a_{11}a_{22}a_{33}-a_{11}a_{23}a_{32}+a_{13}a_{21}a_{32} \\ &\quad -a_{12}a_{21}a_{33}+a_{12}a_{23}a_{31}-a_{13}a_{22}a_{31}) \end{aligned}$$

$$du-bv = (a_{22}a_{33}-a_{32}a_{23})(a_{23}u_1-a_{13}u_2)-(a_{12}a_{23}-a_{22}a_{13})(a_{33}u_2-a_{23}u_3)$$

$$
\begin{aligned}
&= a_{23}\{(a_{22}a_{33}-a_{32}a_{23})u_1+(a_{32}a_{13}-a_{12}a_{33})u_2+(a_{12}a_{23}-a_{22}a_{13})u_3\} \\
-cu+av &= -(a_{21}a_{33}-a_{31}a_{23})(a_{23}u_1-a_{13}u_2)+(a_{11}a_{23}-a_{21}a_{13})(a_{33}u_2-a_{23}u_3) \\
&= a_{23}\{(a_{31}a_{23}-a_{21}a_{33})u_1+(a_{11}a_{33}-a_{31}a_{13})u_2+(a_{21}a_{13}-a_{11}a_{23})u_3\}.
\end{aligned}
$$

よって

$$
\begin{aligned}
&\varDelta = a_{11}a_{22}a_{33}-a_{11}a_{32}a_{23}+a_{21}a_{32}a_{13}-a_{21}a_{12}a_{33}+a_{31}a_{12}a_{23}-a_{31}a_{22}a_{13} \\
&\tilde{a}_{11} = a_{22}a_{33}-a_{32}a_{23}, \quad \tilde{a}_{21} = a_{32}a_{13}-a_{12}a_{33}, \quad \tilde{a}_{31} = a_{12}a_{23}-a_{22}a_{13} \\
&\tilde{a}_{12} = a_{31}a_{23}-a_{21}a_{33}, \quad \tilde{a}_{22} = a_{11}a_{33}-a_{31}a_{13}, \quad \tilde{a}_{32} = a_{21}a_{13}-a_{11}a_{23}
\end{aligned}
$$

とおくと，$\varDelta \neq 0$ のとき

$$
x_1 = \varDelta^{-1}(u_1\tilde{a}_{11}+u_2\tilde{a}_{21}+u_3\tilde{a}_{31}), \quad x_2 = \varDelta^{-1}(u_1\tilde{a}_{12}+u_2\tilde{a}_{22}+u_3\tilde{a}_{32})
$$

と表される．これを(3.1)の①に代入すれば

$$
\begin{aligned}
x_3 &= \frac{1}{a_{13}}(u_1-a_{11}x_1-a_{12}x_2) \\
&= \frac{1}{\varDelta a_{13}}\{(\varDelta-a_{11}\tilde{a}_{11}-a_{12}\tilde{a}_{12})u_1-(a_{11}\tilde{a}_{21}+a_{12}\tilde{a}_{22})u_2-(a_{11}\tilde{a}_{31}+a_{12}\tilde{a}_{32})u_3\} \\
&= \varDelta^{-1}\{(a_{21}a_{32}-a_{22}a_{31})u_1+(a_{12}a_{31}-a_{11}a_{32})u_2+(a_{11}a_{22}-a_{21}a_{12})u_3\}
\end{aligned}
$$

よって

$$
\tilde{a}_{13} = a_{21}a_{32}-a_{22}a_{31}, \quad \tilde{a}_{23} = a_{12}a_{31}-a_{11}a_{32}, \quad \tilde{a}_{33} = a_{11}a_{22}-a_{21}a_{12}
$$

とおくと

$$
x_3 = \varDelta^{-1}(u_1\tilde{a}_{13}+u_2\tilde{a}_{23}+u_3\tilde{a}_{33})
$$

となることがわかる．まとめると

$$
\begin{aligned}
x_1 &= \varDelta^{-1}(u_1\tilde{a}_{11}+u_2\tilde{a}_{21}+u_3\tilde{a}_{31}) \\
x_2 &= \varDelta^{-1}(u_1\tilde{a}_{12}+u_2\tilde{a}_{22}+u_3\tilde{a}_{32}) \\
x_3 &= \varDelta^{-1}(u_1\tilde{a}_{13}+u_2\tilde{a}_{23}+u_3\tilde{a}_{33})
\end{aligned}
$$

ただし

$$
\begin{aligned}
&\varDelta = a_{11}a_{22}a_{33}-a_{11}a_{32}a_{23}+a_{21}a_{32}a_{13}-a_{21}a_{12}a_{33}+a_{31}a_{12}a_{23}-a_{31}a_{22}a_{13} \\
&\tilde{a}_{11} = a_{22}a_{33}-a_{32}a_{23}, \quad \tilde{a}_{21} = a_{32}a_{13}-a_{12}a_{33}, \quad \tilde{a}_{31} = a_{12}a_{23}-a_{22}a_{13} \\
&\tilde{a}_{12} = a_{31}a_{23}-a_{21}a_{33}, \quad \tilde{a}_{22} = a_{11}a_{33}-a_{31}a_{13}, \quad \tilde{a}_{32} = a_{21}a_{13}-a_{11}a_{23}
\end{aligned}
$$

$$\tilde{a}_{13} = a_{21}a_{32} - a_{22}a_{31}, \quad \tilde{a}_{23} = a_{12}a_{31} - a_{11}a_{32}, \quad \tilde{a}_{33} = a_{11}a_{22} - a_{21}a_{12}$$ ∎

(b)　3次の行列式

例題3.1で与えた解の公式を見ると，連立方程式(3.1)の係数から定まる行列Aの**行列式** $\det A$ $(=|A|)$ を，次のように定義するのが2次の行列のときとくらべて自然である．

$$\begin{vmatrix} a_{11} & a_{12} & a_{13} \\ a_{21} & a_{22} & a_{23} \\ a_{31} & a_{32} & a_{33} \end{vmatrix} = \varDelta$$
$$= a_{11}a_{22}a_{33} - a_{11}a_{32}a_{23} + a_{21}a_{32}a_{13} - a_{21}a_{12}a_{33} + a_{31}a_{12}a_{23} - a_{31}a_{22}a_{13}$$

さらに，Aの**余因子行列**を

$$\tilde{A} = \begin{pmatrix} \tilde{a}_{11} & \tilde{a}_{21} & \tilde{a}_{31} \\ \tilde{a}_{12} & \tilde{a}_{22} & \tilde{a}_{32} \\ \tilde{a}_{13} & \tilde{a}_{23} & \tilde{a}_{33} \end{pmatrix}$$

により定義すると，$\det A \neq 0$のとき，解の公式は

$$\boldsymbol{x} = (\det A)^{-1}\tilde{A}\boldsymbol{u}$$

となって，その形は2元連立方程式の場合(p. 15)とまったく同じである．ここで，$\tilde{A}$の成分の番号の付け方がAのそれと異なることに注意しておこう．

さて，未知数の数が4以上になると，解の公式を求めるための計算は膨大なものになる．素朴な計算は諦めざるをえないから，いま求めた解の式を見て，もっと多くの未知数を持つ連立方程式の解の公式を予想してみよう．すなわち，n個の未知数を持つ方程式

$$\begin{gathered} a_{11}x_1 + a_{12}x_2 + \cdots + a_{1n}x_n = u_1 \\ a_{21}x_1 + a_{22}x_2 + \cdots + a_{2n}x_n = u_2 \\ \cdots\cdots\cdots \\ a_{n1}x_1 + a_{n2}x_2 + \cdots + a_{nn}x_n = u_n \end{gathered}$$

の解の公式を構成したいのだが，$n = 2, 3$の場合を見てそれを類推しようと企てるのである．

この場合に期待できる解の公式は，次のようなものであろう．行列

$$A = \begin{pmatrix} a_{11} & a_{12} & \cdots & a_{1n} \\ a_{21} & a_{22} & \cdots & a_{2n} \\ & \cdots\cdots\cdots & & \\ a_{n1} & a_{n2} & \cdots & a_{nn} \end{pmatrix}$$

の成分を変数とする多項式(整式)で表される行列式 $\det A$ と，行列

$$\tilde{A} = \begin{pmatrix} \tilde{a}_{11} & \tilde{a}_{21} & \cdots & \tilde{a}_{n1} \\ \tilde{a}_{12} & \tilde{a}_{22} & \cdots & \tilde{a}_{n2} \\ & \cdots\cdots\cdots & & \\ \tilde{a}_{1n} & \tilde{a}_{2n} & \cdots & \tilde{a}_{nn} \end{pmatrix}$$

が存在して，解の公式は $\det A \neq 0$ のとき

$$\begin{aligned} x_1 &= (\det A)^{-1}(u_1\tilde{a}_{11} + u_2\tilde{a}_{21} + \cdots + u_n\tilde{a}_{n1}) \\ x_2 &= (\det A)^{-1}(u_1\tilde{a}_{12} + u_2\tilde{a}_{22} + \cdots + u_n\tilde{a}_{n2}) \\ &\cdots\cdots\cdots \\ x_n &= (\det A)^{-1}(u_1\tilde{a}_{1n} + u_2\tilde{a}_{2n} + \cdots + u_n\tilde{a}_{nn}) \end{aligned}$$

となると考えられる．では，$\det A$ や $\tilde{a}_{ij}$ たちはどのような形をしているのであろうか．

$n=3$ の場合を見ると，

$$\det A = a_{11}a_{22}a_{33} - a_{11}a_{32}a_{23} + a_{21}a_{32}a_{13} - a_{21}a_{12}a_{33} + a_{31}a_{12}a_{23} - a_{31}a_{22}a_{13}$$

であり，その一般項は $a_{i1}a_{j2}a_{k3}$ の形になっていて，その係数は $+1$ または -1である．しかも，$(i\,j\,k)$ は3個の数字 $1,2,3$ を並べ換えたものである．すなわち，項の数は，3個のものから3個を取って並べる順列の数である $3!=6$ に等しい．$n=2$ の場合も，$\det A = a_{11}a_{22} - a_{12}a_{21}$ となっていて，項 $a_{i1}a_{j2}$ の $(i\,j)$ は $1,2$ を並べ換えたもので，項の数は $2!=2$ である．

このような観察から，一般の n についても，$\det A$ は，数字 $1,2,\cdots,n$ を並べ換えたもの $(i\,j\cdots k)$（**順列**という）に対応して得られる単項式 $a_{i1}a_{j2}\cdots a_{kn}$ に $+$ か $-$ の符号を付けて足し合わせたものと予想できる．問題は，順列 $(i\,j\cdots k)$ にどのような規則で符号が対応するかを推理することである．

再び $n=3$ の場合をみよう．各項に対する順列と符号を表しておくと

$$
\begin{array}{lll}
a_{11}a_{22}a_{33} & (1\ 2\ 3) & + \\
a_{11}a_{32}a_{23} & (1\ 3\ 2) & - \\
a_{21}a_{32}a_{13} & (2\ 3\ 1) & + \\
a_{21}a_{12}a_{33} & (2\ 1\ 3) & - \\
a_{31}a_{12}a_{23} & (3\ 1\ 2) & + \\
a_{31}a_{22}a_{13} & (3\ 2\ 1) & -
\end{array}
$$

この表から何らかの規則が読み取れるだろうか．すなわち，各順列に対して符号 $\pm$ はどのように対応しているのだろうか．あてずっぽうに思えるかもしれないが，順列 $(i_1\,i_2\,i_3)$ の並び方を見るのに，次のようなものを考える．

$$
(i_2-i_1)(i_3-i_1)(i_3-i_2)
$$

すると

$$
\begin{array}{ll}
(1\ 2\ 3) & (2-1)(3-1)(3-2)=+2 \\
(1\ 3\ 2) & (3-1)(2-1)(2-3)=-2 \\
(2\ 3\ 1) & (3-2)(1-2)(1-3)=+2 \\
(2\ 1\ 3) & (1-2)(3-2)(3-1)=-2 \\
(3\ 1\ 2) & (1-3)(2-3)(2-1)=+2 \\
(3\ 2\ 1) & (2-3)(1-3)(1-2)=-2
\end{array}
$$

すなわち $(i_2-i_1)(i_3-i_1)(i_3-i_2)$ は $+2$ か -2 になって，その符号がちょうど上の表の右側の符号に対応していることがわかる．ここで零でない実数 a の符号を，$a>0$ ならば 1，$a<0$ ならば -1 と定める．

$n=2$ の場合にも，順列 $(i_1\,i_2)$ に対して，i_2-i_1 を考えると，その符号が $\varDelta$ の式の $a_{i_1 1}a_{i_2 2}$ の前に付く符号であることがわかる．

こうして，一般の n の場合には，順列 $(i_1\,i_2\cdots i_n)$ に対応して，積

$$
\begin{aligned}
(i_2-i_1)(i_3-i_1)&\cdots\cdots(i_{n-1}-i_1)(i_n-i_1)\\
(i_3-i_2)&\cdots\cdots(i_{n-1}-i_2)(i_n-i_2)\\
&\cdots\cdots\cdots\cdots\cdots\cdots\\
&(i_{n-1}-i_{n-2})(i_n-i_{n-2})\\
&(i_n-i_{n-1})
\end{aligned}
$$

を考え，その符号を $\mathrm{sgn}(i_1 i_2 \cdots i_n)$ とおくことにする．そして

$$\mathrm{sgn}(i_1 i_2 \cdots i_n) a_{i_1 1} a_{i_2 2} \cdots a_{i_n n}$$

のすべての順列 $(i_1 i_2 \cdots i_n)$ にわたる和を，A の行列式と定義するのが自然であろう．

問1　順列 $(i_1 i_2 \cdots i_n)$ において，$p<q$ に対して，p 番目の数字 i_p と q 番目の数字 i_q が $i_p<i_q$ となっているとき，p 番目と q 番目の間には転倒がないといい，$i_p>i_q$ となっているとき，転倒があるという．

$$\mathrm{sgn}(i_1 i_2 \cdots i_n) = \begin{cases} 1 & (\text{転倒の総数が偶数}) \\ -1 & (\text{転倒の総数が奇数}) \end{cases}$$

であることを示せ．

$\tilde{a}_{ij}$ についてはどうであろうか．この形を類推するため，次のように書いてみよう．

$$\tilde{a}_{11} = \begin{vmatrix} a_{22} & a_{23} \\ a_{32} & a_{33} \end{vmatrix}, \quad \tilde{a}_{12} = -\begin{vmatrix} a_{21} & a_{23} \\ a_{31} & a_{33} \end{vmatrix}, \quad \tilde{a}_{13} = \begin{vmatrix} a_{21} & a_{22} \\ a_{31} & a_{32} \end{vmatrix}$$

$$\tilde{a}_{21} = -\begin{vmatrix} a_{12} & a_{13} \\ a_{32} & a_{33} \end{vmatrix}, \quad \tilde{a}_{22} = \begin{vmatrix} a_{11} & a_{13} \\ a_{31} & a_{33} \end{vmatrix}, \quad \tilde{a}_{23} = -\begin{vmatrix} a_{11} & a_{12} \\ a_{31} & a_{32} \end{vmatrix}$$

$$\tilde{a}_{31} = \begin{vmatrix} a_{12} & a_{13} \\ a_{22} & a_{23} \end{vmatrix}, \quad \tilde{a}_{32} = -\begin{vmatrix} a_{11} & a_{13} \\ a_{21} & a_{23} \end{vmatrix}, \quad \tilde{a}_{33} = \begin{vmatrix} a_{11} & a_{12} \\ a_{21} & a_{22} \end{vmatrix}$$

すると $\tilde{a}_{ij}$ は行列 A から第 i 行，第 j 列を取り去った2行2列の行列の行列式に $(-1)^{i+j}$ を掛けたものに等しいことがわかる．

この類似として，一般の場合も，$\tilde{A}$ の成分 $\tilde{a}_{ij}$ は行列 A の第 i 行，第 j 列を取り去った $(n-1)$ 行 $(n-1)$ 列の行列の行列式に $(-1)^{i+j}$ を掛けたものに等しいことが予想される．

問2　(3元連立方程式に対するクラメルの公式)　連立方程式(3.1)の解は，次の公式で与えられることを示せ．

$$x_1 = \frac{\begin{vmatrix} u_1 & a_{12} & a_{13} \\ u_2 & a_{22} & a_{23} \\ u_3 & a_{32} & a_{33} \end{vmatrix}}{\begin{vmatrix} a_{11} & a_{12} & a_{13} \\ a_{21} & a_{22} & a_{23} \\ a_{31} & a_{32} & a_{33} \end{vmatrix}}, \quad x_2 = \frac{\begin{vmatrix} a_{11} & u_1 & a_{13} \\ a_{21} & u_2 & a_{23} \\ a_{31} & u_3 & a_{33} \end{vmatrix}}{\begin{vmatrix} a_{11} & a_{12} & a_{13} \\ a_{21} & a_{22} & a_{23} \\ a_{31} & a_{32} & a_{33} \end{vmatrix}}, \quad x_3 = \frac{\begin{vmatrix} a_{11} & a_{12} & u_1 \\ a_{21} & a_{22} & u_2 \\ a_{31} & a_{32} & u_3 \end{vmatrix}}{\begin{vmatrix} a_{11} & a_{12} & a_{13} \\ a_{21} & a_{22} & a_{23} \\ a_{31} & a_{32} & a_{33} \end{vmatrix}}$$

ただし，分母の行列式は0ではないものとする．

§3.2　順列と置換

(a)　順列の積

順列とその符号について調べるため，まず置換の概念を導入しよう．

n 個の数字 $1, 2, \cdots, n$ の**順列** $(i_1\, i_2 \cdots i_n)$ は，$(1\, 2 \cdots n)$ を並べ換えたものである．$1, 2, \cdots, n$ を元とする集合を X により表す．順列が与えられると，X から X への対応 $\sigma : X \to X$ が $\sigma(k) = i_k$ とおくことにより定まり，σ は一対一の対応 (全単射) になる．X から X への全単射を X の**置換** (permutation) という．逆に，X の置換 σ が与えられると，順列 $(\sigma(1)\ \sigma(2)\ \cdots\ \sigma(n))$ が定まる．この意味で，順列と置換は同じものと考えられる．

置換を表すのに，

$$\begin{pmatrix} 1 & 2 & 3 & \cdots & n \\ i_1 & i_2 & i_3 & \cdots & i_n \end{pmatrix}$$

という記号を使うこともある．これは，各 k に対して，$\sigma(k) = i_k$ とおいて定義される置換を表し，順列 $(i_1\, i_2 \cdots i_n)$ に対応する．

順列を置換として捉えることにより，2つの順列の「積」と順列の「逆」を次のように考えることができる．

X の置換の全体を S_n により表す．S_n は $n!$ 個の元からなる有限集合である．2つの置換 σ, μ の合成 $\sigma\mu$ ももちろん置換であり(σ と μ の順序に注意；置換として μ を行った後，次に σ を行う)，合成写像の性質から，直ちに次のことがわかる．

$$(\sigma\mu)\nu = \sigma(\mu\nu)$$

歴史から

徳川時代の封建制が安定期に入ったころに活躍した，和算の大家である関孝和(1642?–1708)は，世界に先んじて行列式を発見した．これは，その時期においても，内容においても，ライプニッツ(1646–1716)の行列式理論(1693 年)を凌駕しており，偉大な功績である．たとえば，3 次の行列式(換三式)の計算法として，彼の著した「解伏題三法」(1683 年)という和算の書物の中には次のような図が与えられている．

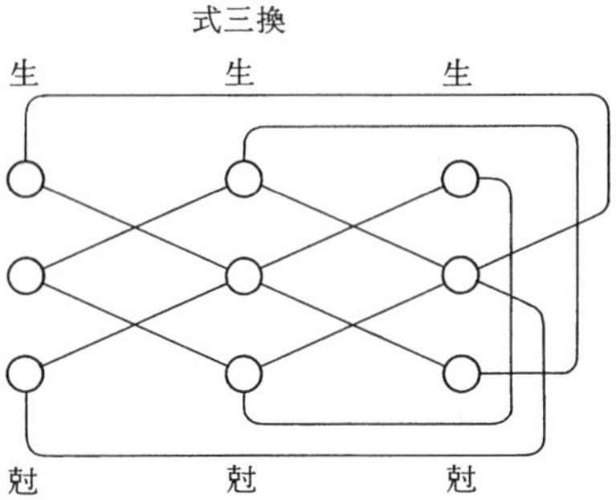

これを現代的な記号で見直すと

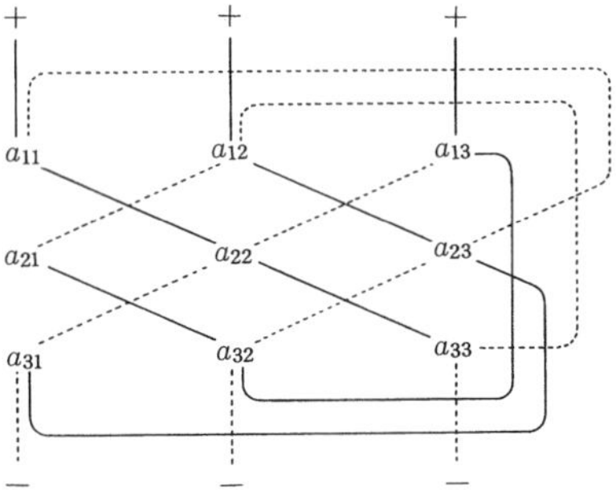

となって，まさに行列式に現れる符号の規則にほかならない．同じように，4 次の行列式(換四式)の計算法も正しく与えている．

関は，このほかにも，円周率，円弧の長さ，曲線や曲面で囲まれた図形の面積と体積など，極限の考え方を用いて精密に求める方法を考案した．

同時代のニュートン(1642–1727)やライプニッツの微分積分の発見と比較するのは興味深い.

一般の行列式の正しい定義はクラメル(G. Cramer, 1704–1752)たちによって与えられ，19 世紀の前半にコーシーやヤコビにより行列式の理論が完成された．しかし行列の概念が登場するのは，行列式の発見に遅れること約 200 年後の 19 世紀後半であった.

$$\sigma I = I\sigma = \sigma$$
$$\sigma\sigma^{-1} = \sigma^{-1}\sigma = I$$

ただし，I は恒等写像(恒等置換)，σ^{-1} は σ の逆写像(逆置換)を表す．順列としては $I=(1\,2\cdots n)$ である(記号 I は，単位行列を表すときにも使ったが，恒等置換の I を表すのか，単位行列の I を表すのかは文脈から判断して欲しい).

2 つの順列が σ, μ に対応しているとき，$\sigma\mu$ に対応する順列をこの 2 つの順列の積という．また，順列が σ に対応しているとき，σ^{-1} に対応する順列をこの順列の逆順列という．置換が全単射であることを使えば，$(\sigma\mu)^{-1}=\mu^{-1}\sigma^{-1}$，$(\sigma^{-1})^{-1}=\sigma$ となることがわかる(p. 53).

これからは，置換 σ と対応する順列を同一視する.

例 3.2 積 $(1\,3\,2)(3\,2\,1)$ を考えよう．$(3\,2\,1)$, $(1\,3\,2)$ の置換としての対応は

$$\begin{array}{ccc} 1 \longrightarrow 3 & \quad & 1 \longrightarrow 1 \\ 2 \longrightarrow 2 & & 2 \longrightarrow 3 \\ 3 \longrightarrow 1 & & 3 \longrightarrow 2 \end{array}$$

よってこの対応の合成は

$$\begin{array}{c} 1 \longrightarrow 2 \\ 2 \longrightarrow 3 \\ 3 \longrightarrow 1 \end{array}$$

であるから，$(1\,3\,2)(3\,2\,1)=(2\,3\,1)$.

例 3.3 置換 $\sigma=(2\,1\,3), (3\,1\,2)$ の逆置換 σ^{-1} は $(2\,1\,3), (2\,3\,1)$.

問3　τ を $(3\,1\,2)$ とし，$\sigma=(1\,2\,3), (1\,3\,2), (3\,1\,2), (2\,1\,3), (2\,3\,1), (3\,2\,1)$ とするとき，$\tau\sigma$ を求めよ．

補題 3.4

（1）　σ が S_n の元全体を重複なく動くとき，σ^{-1} も S_n の元全体を重複なく動く．

（2）　τ を S_n の 1 つの元とする．σ が S_n の元全体を重複なく動くとき，$\tau\sigma$, $\sigma\tau$ も S_n の元全体を重複なく動く．

［証明］

(1)　σ に σ^{-1} を対応させる写像が S_n から S_n への全単射であることを示せばよい．

$\sigma_1^{-1}=\sigma_2^{-1}$ であるとき，

$$\sigma_1=(\sigma_1^{-1})^{-1}=(\sigma_2^{-1})^{-1}=\sigma_2$$

であるから単射．

任意の $\mu\in S_n$ に対して，$\sigma=\mu^{-1}$ とおけば，$\sigma^{-1}=\mu$ であるから全射．

(2)　σ に $\tau\sigma$ を対応させる写像が，S_n から S_n への全単射であることを示せばよい($\sigma\tau$ についても同様)．

$\tau\sigma_1=\tau\sigma_2$ であるとき，

$$\sigma_1=\tau^{-1}(\tau\sigma_1)=\tau^{-1}(\tau\sigma_2)=\sigma_2$$

であるから単射．

また，任意の $\mu\in S_n$ に対して，$\sigma=\tau^{-1}\mu$ とおけば，$\tau\sigma=\tau(\tau^{-1}\mu)=\mu$ であるから全射．　■

例題 3.5　$\sigma\in S_n$ が，すべての $k=1, 2, \cdots, n$ について $\sigma(k)\leqq k$ を満たすとき，$\sigma=I$ である．

［解］　$\sigma\neq I$ とすると，$\sigma(k)\neq k$ となる k が存在する．このような k の中で最小のものを k_0 とする：

$$\sigma(1)=1, \sigma(2)=2, \cdots, \sigma(k_0-1)=k_0-1, \sigma(k_0)<k_0.$$

$\sigma(k_0)=i$ とすると $i<k_0$ であるから $\sigma(i)=i$ とならなければならないが，$k_0=$

i となって矛盾. ∎

(b) 互 換

置換のうちで, 特別なものを考えよう. 置換 $(1\,5\,3\,4\,2)$ は2と5を入れ替えるが, 他の数字は動かさない. このように, 2つの数字だけ交換し, 他の数字を動かさない置換を**互換**(transposition)という. 異なる数字 i, j を交換する互換を (i, j) と書くことにする. すなわち, (i, j) は

$$(1\,2\cdots i-1\ \overset{i}{j}\ i+1\cdots j-1\ \overset{j}{i}\ j+1\cdots n) \qquad (i<j)$$

の略記である. 明らかに, $(i,j)=(j,i)$, $(i,j)^2=I$ である.

任意の置換を互換の積で表すことを考えよう. $(i_1\,i_2\cdots i_n)\,(\neq I)$ において, 左から見ていって, 最初に $i_k\neq k$ となる番号 k をとる. すなわち, $i_1=1$, $i_2=2$, $\cdots$, $i_{k-1}=k-1$, $i_k\neq k$ となる k をとる. $i_j=k$ となる番号 j は, $j>k$ を満たす. このとき

$$\begin{aligned}(i_1\,i_2\cdots i_n) &= (1\,2\cdots k-1\,i_k\cdots i_n)\\ &= (k, i_k)(1\,2\cdots k-1\,k\,i_{k+1}\cdots i_{j-1}\ \overset{i_j}{i_k}\ i_{j+1}\cdots i_n)\end{aligned}$$

となる. 同じことを

$$(1\,2\cdots k-1\,k\,i_{k+1}\cdots i_{j-1}\,i_k\,i_{j+1}\cdots i_n)$$

に行い, この操作を続けていけば, $(1\,2\cdots n\,n-1)$ を得るから最後には互換となり, $(i_1\,i_2\cdots i_n)$ は互換の積として表される.

例 3.6 上の方法で $(2\,5\,1\,6\,4\,3)$ を互換の積で表してみよう.

$$\begin{aligned}(2\,5\,1\,6\,4\,3) &= (1,2)(1\,5\,2\,6\,4\,3)\\ &= (1,2)(2,5)(1\,2\,5\,6\,4\,3)\\ &= (1,2)(2,5)(3,5)(1\,2\,3\,6\,4\,5)\\ &= (1,2)(2,5)(3,5)(4,6)(1\,2\,3\,4\,6\,5)\\ &= (1,2)(2,5)(3,5)(4,6)(6,5)\end{aligned}$$

□

置換を互換の積に表す仕方は1通りではない.

例 3.7

$$(2\,3\,1) = (2,1)(3,2) = (3,1)(3,2)(2,1)(3,1)$$ □

(c)　順列(置換)の符号

順列の符号を置換を使って定義しよう．$\sigma \in S_n$ に対して

$$\mathrm{sgn}(\sigma) = \prod_{i<j} \frac{\sigma(j)-\sigma(i)}{j-i}$$

とおいて，σ（あるいは対応する順列）の**符号**(signature)という．ここで $\prod$ は積を表す記号であり，$\prod$ の下に書いた $i<j$ は，積を $1 \leqq i < j \leqq n$ を満たす i, j のすべての組にわたってとることを意味する．この定義が§3.1で与えた符号と一致することは明らかであろう．

$$\frac{\sigma(j)-\sigma(i)}{j-i} = a(j,i) \qquad (i \neq j)$$

とおいて，上の積を書き下せば

$$\begin{aligned} \mathrm{sgn}(\sigma) = a(2,1)a(3,1)\cdots\cdots\cdots a(n-1,1)a(n,1) \\ a(3,2)\cdots\cdots\cdots a(n-1,2)a(n,2) \\ \cdots\cdots\cdots\cdots\cdots\cdots\cdots\cdots\cdots\cdots \\ a(n-1,n-2)a(n,n-2) \\ a(n,n-1) \end{aligned}$$

となる．なお，$\prod_{i<j}(j-i) = (n-1)!\,(n-2)!\cdots 2!\,1!$ となることに注意しておく．

次の問いは，積の記号 $\prod$ に慣れるためのものである．

問4　I, J を有限集合とし，各 $i \in I$, $j \in J$ に対して，数 a_{ij}, a_i, b_i が対応しているとする．このとき，

（1）　$\prod_{i \in I}(a_i b_i) = \prod_{i \in I} a_i \prod_{i \in I} b_i$

（2）　$\prod_{i \in I}\left(\prod_{j \in J} a_{ij}\right) = \prod_{j \in J}\left(\prod_{i \in I} a_{ij}\right)$

（3）　$\left(\prod_{i \in I} a_i\right)^{-1} = \prod_{i \in I} a_i^{-1}$

（4）　I が，共通部分をもたない2つの部分集合 I_1, I_2 の和であるとき $(I =$

$I_1 \cup I_2,\ I_1 \cap I_2 = \emptyset$),

$$\prod_{i \in I} a_i = \prod_{i \in I_1} a_i \times \prod_{i \in I_2} a_i\,.$$

$i \neq j$ を満たす i, j のすべての組にわたる積 $\prod_{i \neq j} a(j, i)$ を考えると，$a(i, j) = a(j, i)$ であるから

$$\begin{aligned}\prod_{i \neq j} a(j,i) &= \prod_{i<j} a(j,i) \prod_{j<i} a(j,i) \\ &= \prod_{i<j} a(j,i) \prod_{i<j} a(i,j) \qquad (\text{第2項の } i \text{ と } j \text{ を取り替えた}) \\ &= \prod_{i<j} a(j,i) \prod_{i<j} a(j,i) \qquad (a(i,j) = a(j,i) \text{ を使った}) \\ &= (\mathrm{sgn}(\sigma))^2\end{aligned}$$

となる．一方，$i \neq j$ となる i, j の順序のついた組 $[i, j]$ 全体の集合を W とする(互換と区別するため (i, j) の代わりに記号 $[i, j]$ を用いる)．

$[i, j]$ が W 全体を重複なく動くとき，$[h, k] = [\sigma(i), \sigma(j)]$ も W 全体を重複なく動くから

$$\prod_{i \neq j} a(j,i) = \frac{\prod_{i \neq j} (\sigma(j) - \sigma(i))}{\prod_{i \neq j} (j-i)} = \frac{\prod_{h \neq k} (k-h)}{\prod_{i \neq j} (j-i)} = 1$$

したがって，$(\mathrm{sgn}(\sigma))^2 = 1$，すなわち $\mathrm{sgn}(\sigma) = \pm 1$ となる．

恒等置換 I の符号は

$$\mathrm{sgn}(I) = \prod_{i<j} \frac{j-i}{j-i} = 1$$

である．

例 3.8　$\sigma = (2\,4\,1\,3)$ の符号は

$$\mathrm{sgn}(\sigma) = \frac{4-2}{2-1}\,\frac{1-2}{3-1}\,\frac{3-2}{4-1}\,\frac{1-4}{3-2}\,\frac{3-4}{4-2}\,\frac{3-1}{4-3} = -1.$$

次の補題は重要である．

補題 3.9

$$\operatorname{sgn}(\sigma\tau) = \operatorname{sgn}(\sigma)\operatorname{sgn}(\tau)$$

［証明］

$$\begin{aligned}\operatorname{sgn}(\sigma\tau) &= \prod_{i<j}\frac{\sigma\tau(j)-\sigma\tau(i)}{j-i}\\ &= \prod_{i<j}\frac{\sigma\tau(j)-\sigma\tau(i)}{\tau(j)-\tau(i)}\frac{\tau(j)-\tau(i)}{j-i}\\ &= \prod_{i<j}\frac{\sigma\tau(j)-\sigma\tau(i)}{\tau(j)-\tau(i)}\prod_{i<j}\frac{\tau(j)-\tau(i)}{j-i}\end{aligned}$$

ここで2番目の積は，$\operatorname{sgn}(\tau)$ である．1番目の積については，

$$\begin{aligned}\prod_{i<j}\frac{\sigma\tau(j)-\sigma\tau(i)}{\tau(j)-\tau(i)} &= \prod_{\substack{i<j\\ \tau(i)<\tau(j)}}\frac{\sigma\tau(j)-\sigma\tau(i)}{\tau(j)-\tau(i)}\prod_{\substack{i<j\\ \tau(i)>\tau(j)}}\frac{\sigma\tau(j)-\sigma\tau(i)}{\tau(j)-\tau(i)}\\ &= \prod_{\substack{i<j\\ \tau(i)<\tau(j)}}\frac{\sigma\tau(j)-\sigma\tau(i)}{\tau(j)-\tau(i)}\prod_{\substack{i<j\\ \tau(i)>\tau(j)}}\frac{\sigma\tau(i)-\sigma\tau(j)}{\tau(i)-\tau(j)}\\ &= \prod_{\substack{i<j\\ \tau(i)<\tau(j)}}\frac{\sigma\tau(j)-\sigma\tau(i)}{\tau(j)-\tau(i)}\prod_{\substack{j<i\\ \tau(i)<\tau(j)}}\frac{\sigma\tau(j)-\sigma\tau(i)}{\tau(j)-\tau(i)}\end{aligned}$$

(第2項において i, j を取り替えた)

$$= \prod_{h<k}\frac{\sigma(k)-\sigma(h)}{k-h} \qquad (\tau(i)=h,\ \tau(j)=k\ \text{とおいた})$$

$$= \operatorname{sgn}(\sigma).$$

よって $\operatorname{sgn}(\sigma\tau)=\operatorname{sgn}(\sigma)\operatorname{sgn}(\tau)$ であることが証明された． ∎

補題 3.10

$$\operatorname{sgn}(\sigma^{-1}) = \operatorname{sgn}(\sigma)$$

［証明］　$1=\operatorname{sgn}(I)=\operatorname{sgn}(\sigma\sigma^{-1})=\operatorname{sgn}(\sigma)\operatorname{sgn}(\sigma^{-1})$, $\operatorname{sgn}(\sigma)^{-1}=\operatorname{sgn}(\sigma)$ から明らか． ∎

互換 $\sigma=(i,j)\ (i<j)$ の符号は -1 であることを証明しよう．

$$\frac{\sigma(k)-\sigma(h)}{k-h} \qquad (h<k)$$

の値は，次のように場合分けされる．

（1） $h=i,\ k=j$ のとき，$\sigma(h)=j,\ \sigma(k)=i$ だから $\dfrac{i-j}{j-i}=-1$

（2） $h=i,\ k\neq j$ のとき，$\sigma(h)=j,\ \sigma(k)=k$ だから $\dfrac{k-j}{k-i}$

（3） $h\neq i,\ k=j$ のとき，$\sigma(h)=h,\ \sigma(k)=i$ だから $\dfrac{i-h}{j-h}$

（4） $k=i$ のとき（この場合，自動的に $h\neq j$），$\sigma(h)=h,\ \sigma(k)=j$ だから $\dfrac{j-h}{i-h}$

（5） $h=j$ のとき（この場合，自動的に $k\neq i$），$\sigma(h)=i,\ \sigma(k)=k$ だから $\dfrac{k-i}{k-j}$

（6） その他のとき，$\sigma(h)=h,\ \sigma(k)=k$ だから $\dfrac{k-h}{k-h}=1$.

よって

$$\begin{aligned}\mathrm{sgn}(i,j) &= (-1)\prod_{\substack{i<k\\ k\neq j}}\frac{k-j}{k-i}\prod_{\substack{h<j\\ h\neq i}}\frac{i-h}{j-h}\prod_{h<i}\frac{j-h}{i-h}\prod_{j<k}\frac{k-i}{k-j}\\ &= (-1)\prod_{i<k<j}\frac{k-j}{k-i}\prod_{i<h<j}\frac{i-h}{j-h}\\ &= -1\end{aligned}$$

である．

定理 3.11 置換をいくつかの互換の積で表したとき，互換の個数が偶数であるか奇数であるかは，はじめに与えられた置換によって決まり，互換の積として表す方法にはよらない．

［証明］ $\sigma=\tau_1\tau_2\cdots\tau_h=\kappa_1\kappa_2\cdots\kappa_k$ を置換 σ の互換の積としての2通りの表し方としよう．このとき

$$\mathrm{sgn}(\sigma)=\mathrm{sgn}(\tau_1)\,\mathrm{sgn}(\tau_2)\cdots\mathrm{sgn}(\tau_h)=(-1)^h$$
$$\mathrm{sgn}(\sigma)=\mathrm{sgn}(\kappa_1)\,\mathrm{sgn}(\kappa_2)\cdots\mathrm{sgn}(\kappa_k)=(-1)^k$$

であるから，$(-1)^h=(-1)^k$. よって，h,k の偶奇性は一致する． ∎

$\mathrm{sgn}(\sigma)=1$ である置換（偶数個の互換の積で表される置換）を**偶置換**(even permutation)，$\mathrm{sgn}(\sigma)=-1$ である置換（奇数個の互換の積で表される置換）を**奇置換**(odd permutation)という．

例題 3.12 順列 $(n\ n-1 \cdots 2\ 1)$ の符号は $(-1)^{n(n-1)/2}$.

[解]

$$
\begin{aligned}
(n\ n-1 \cdots 2\ 1) = (1,2)(1,3)(1,4)&\cdots\cdots\cdots(1,n-1)(1,n)\\
(2,3)(2,4)&\cdots\cdots\cdots(2,n-1)(2,n)\\
(3,4)&\cdots\cdots\cdots(3,n-1)(3,n)\\
&\cdots\cdots\cdots\cdots\cdots\cdots\\
(n-2,n-1)&(n-2,n)\\
&(n-1,n)
\end{aligned}
$$

であるから

$$\mathrm{sgn}(n\ n-1 \cdots 2\ 1) = (-1)^{n(n-1)/2}. \qquad \blacksquare$$

(d) 置換とアミダクジ*

n 人の人間に異なる n 個のものを割り当てるのに，アミダクジを使うことがある．すなわち，図のように，上側と下側に 1 から n までの番号を並べて書き，対応する番号を縦線で結んで，隣り合う線を何本かの横線分で結んだものを**アミダクジ**という．ただし，横の直線上にある横線分は高々1 本であると仮定する(実際のアミダクジでは，横線分が隣接しない限り，横の直線上に 2 本以上あっても構わないが，その場合も少し上下に横線分を動かすことにより，仮定を満たすアミダクジにすることができる).

クジのルールは次の通りである．n 個のものに 1 から n までに番号をつけ

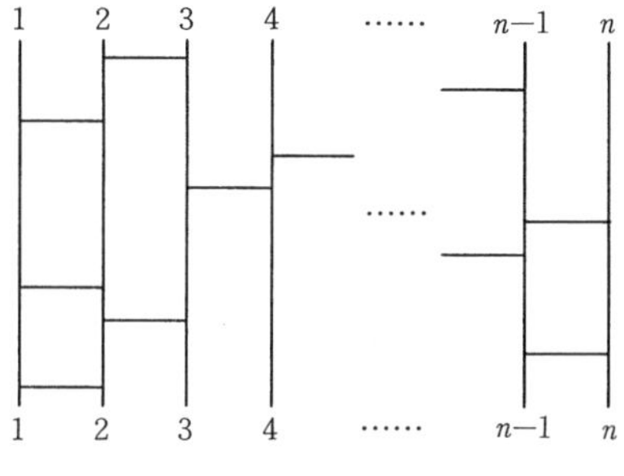

ておいて，n 人がそれぞれ1ずつ上側の番号の中から1つを選ぶ．選んだ番号の位置から下へ縦線をたどって，もし横線に出会ったら，その横線で結ばれている隣りの縦線へ移り，再び下へたどっていく．そして，最後にたどり着いた番号にあたるものを取ることとする．

上側の番号 h から上のルールでたどり着いた下側の番号を $\sigma(h)$ としよう．σ は $\{1,2,\cdots,n\}$ の置換である．実際，対応 σ が全単射であることをみるために，下から上に，上と同じルールでたどることを考える．下側の番号 k からたどり着いた上側の番号を $\tau(k)$ とすると，τ は σ の逆写像であることは明らかであろう．したがって，σ は S_n の元である．逆に，任意の置換が，あるアミダクジに対応していること，すなわち，任意の割り当てを実現するアミダクジが存在することを示そう．

例 3.13　次のアミダクジに対応する置換は $(4\,3\,1\,2)$．

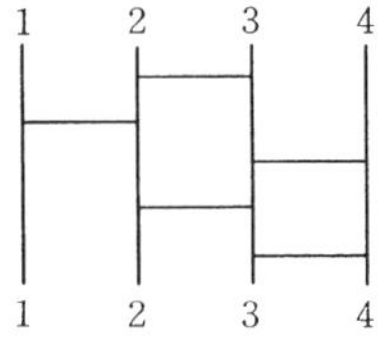

□

例 3.14　2つのアミダクジ A, B について，A の下に B をつなげて得られるアミダクジを A, B の合成といい，$B\circ A$ と書くことにする．

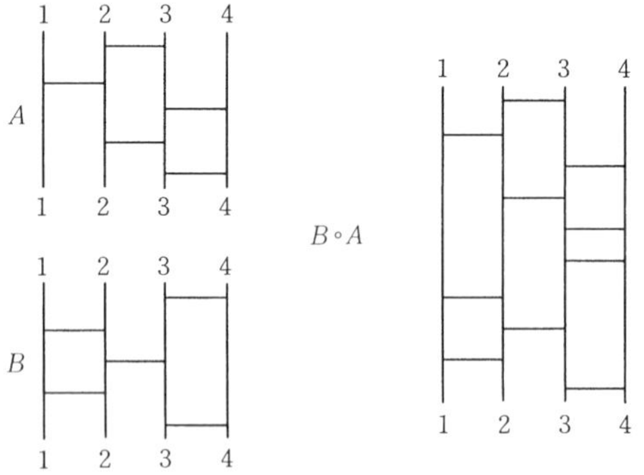

A が定める置換を σ，B が定める置換を τ とすると，$B\circ A$ の定める置換は $\tau\sigma$ である． □

問5 アミダクジ A を逆さまにしたものを A' とするとき，A' に対応する置換は，A に対応する置換の逆であることを示せ．

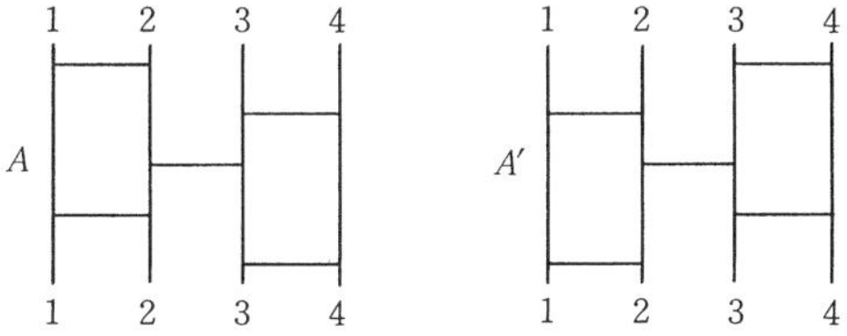

横線のないアミダクジを，自明なアミダクジという．対応する置換はもちろん恒等置換である．

自明でないもっとも簡単なアミダクジとして，次のようなものを考えてみよう．

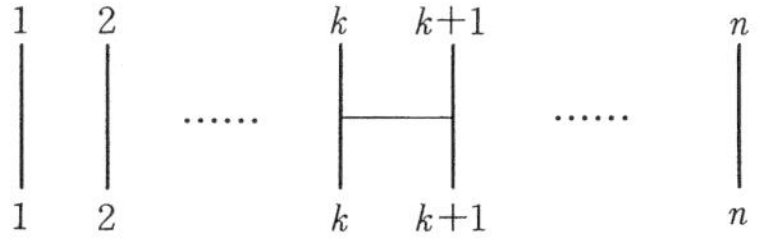

すなわち，横線分がただ1つのアミダクジである．このようなアミダクジを，基本アミダクジという．これに対応する置換は互換 $(k,k+1)$ である．

自明でない任意のアミダクジは，いくつかの基本アミダクジの合成になっている．実際，アミダクジを横線分が1本になるように分離すればよい．

このことは，アミダクジに対する置換が，$(k,k+1)\,(1\leqq k\leqq n-1)$ の形の互換の積として書けることを意味している．逆に，このような互換の積が適当なアミダクジに対する置換であることは，基本アミダクジの合成を考えることにより明らかである．

例 3.15　基本アミダクジへの分離．

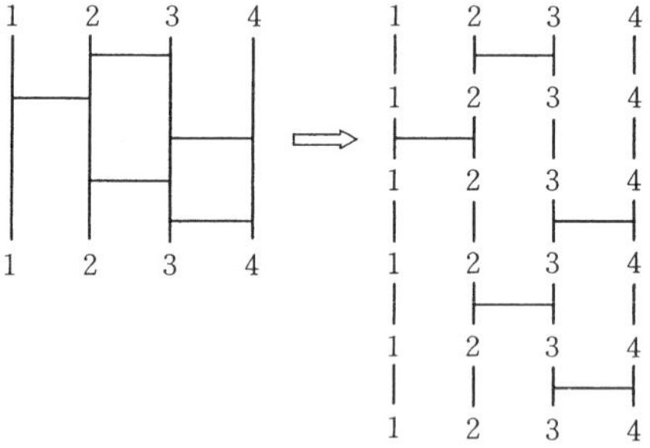

□

互換 (i,j) が対応するアミダクジは，次のように与えられる．

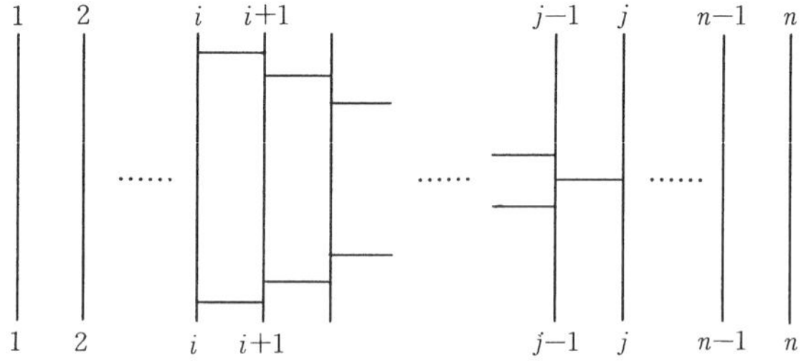

このことから，任意の互換は，$(k,k+1)\,(1\leqq k\leqq n-1)$ の形の互換の奇数個の積として書けることがわかる．実際，$1\leqq i<j\leqq n$，$k=j-i$ とおけば，上の図から

$$(i,j)=(i,i+1)(i+1,i+2)\cdots(i+k-3,i+k-2)(i+k-2,i+k-1)$$
$$\cdot(i+k-1,i+k)(i+k-2,i+k-1)\cdots(i+1,i+2)(i,i+1)$$

となる(右辺は $2k-1$ 個の積である)．

任意の置換は互換の積で表されたから(p. 96)，いま示したことにより，それに対応するアミダクジが存在することになる．さらに副産物として，次の定理が成り立つことがわかる.

定理 3.16 任意の置換は，$(k,k+1)\,(1\leqq k\leqq n-1)$ の形の互換の積として書ける. □

§3.3 行列式

(a) 一般の行列式の定義

いよいよ行列式の完全な定義とその性質を述べる段階にいたった. 実際，我々は一般の正方行列の行列式として，§3.1 で暗示した定義を採用する.

定義 3.17 n 次の正方行列 $A=(a_{ij})\in M_n(\mathbb{F})$ の**行列式** $\det A$ を

$$\det A=\sum_{\sigma\in S_n}\mathrm{sgn}(\sigma)a_{\sigma(1)1}a_{\sigma(2)2}\cdots a_{\sigma(n)n} \tag{3.2}$$

により定義する. 右辺の和は，$\{1,2,\cdots,n\}$ のすべての置換(順列)にわたってとる.

$\det A$ を，

$$|A| \quad \text{あるいは} \quad \begin{vmatrix} a_{11} & a_{12} & \cdots & a_{1n} \\ a_{21} & a_{22} & \cdots & a_{2n} \\ & \cdots\cdots\cdots & & \\ a_{n1} & a_{n2} & \cdots & a_{nn} \end{vmatrix}$$

と記すこともある.

例 3.18 上三角行列を考える.

$$A=\begin{pmatrix} a_{11} & a_{12} & \cdots & a_{1n} \\ 0 & a_{22} & \cdots & a_{2n} \\ & \cdots\cdots\cdots & & \\ 0 & 0 & \cdots & a_{nn} \end{pmatrix}$$

$\det A$ を計算してみよう. $j<i$ であるとき，$a_{ij}=0$ であるから，$\sigma(k)>k$ となる k が 1 つでも存在したら，$a_{\sigma(1)1}a_{\sigma(2)2}\cdots a_{\sigma(n)n}=0$. よって，行列式の定義において，すべての k について $k\geqq\sigma(k)$ を満たす σ についての和を考えれ

ばよい．ところがこのような σ は恒等置換しかない(例題 3.5)．よって

$$\det A = \mathrm{sgn}(I)a_{11}\cdots a_{nn} = a_{11}\cdots a_{nn}$$

すなわち，$\det A$ は対角成分の積になる．

とくに単位行列 I_n について，$\det I_n = 1$ が成り立つ． □

例 3.19　行列

$$\begin{pmatrix} 0 & \cdots & & a_1 \\ 0 & \cdots & a_2 & 0 \\ & \iddots & & \\ a_n & & \cdots & 0 \end{pmatrix}$$

の行列式は

$$\mathrm{sgn}(n\,n-1\cdots 2\,1)a_n a_{n-1}\cdots a_2 a_1 = (-1)^{n(n-1)/2}a_1 a_2\cdots a_n$$

である(例題 3.12 参照)． □

問 6　$\det(cA) = c^n \cdot \det A$ を示せ．

(b)　行列式の性質

積の順序交換

$$a_{\kappa(1)}a_{\kappa(2)}\cdots a_{\kappa(n)} = a_1 a_2\cdots a_n, \quad \kappa\in S_n$$

を次の定理の証明で使う．

定理 3.20

$$\det {}^t\!A = \det A$$

［証明］　${}^t\!A$ の成分を b_{ij} とすると，$b_{ij} = a_{ji}$

$$\det {}^t\!A = \sum_{\sigma\in S_n}\mathrm{sgn}(\sigma)b_{\sigma(1)1}b_{\sigma(2)2}\cdots b_{\sigma(n)n}$$
$$= \sum_{\sigma\in S_n}\mathrm{sgn}(\sigma)a_{1\sigma(1)}a_{2\sigma(2)}\cdots a_{n\sigma(n)}$$

$\kappa = \sigma^{-1}$ とおくと $\sigma\kappa(i) = i$ であるから，積の順序交換(上の式で $a_i = a_{i\sigma(i)}$ とおく)を行って

$$a_{1\sigma(1)}a_{2\sigma(2)}\cdots a_{n\sigma(n)} = a_{\kappa(1),\sigma\kappa(1)}a_{\kappa(2),\sigma\kappa(2)}\cdots a_{\kappa(n),\sigma\kappa(n)}$$
$$= a_{\kappa(1)1}a_{\kappa(2)2}\cdots a_{\kappa(n)n}$$

を得る．前節の補題3.4(1)および補題3.10を適用して

$$\begin{aligned}\det{}^t A &= \sum_{\kappa\in S_n}\operatorname{sgn}(\kappa^{-1})a_{\kappa(1)1}a_{\kappa(2)2}\cdots a_{\kappa(n)n}\\ &= \sum_{\kappa\in S_n}\operatorname{sgn}(\kappa)a_{\kappa(1)1}a_{\kappa(2)2}\cdots a_{\kappa(n)n}\\ &= \det A.\end{aligned}$$

∎

注意3.21 行列式の定義として

$$\sum_{\sigma\in S_n}\operatorname{sgn}(\sigma)a_{1\sigma(1)}a_{2\sigma(2)}\cdots a_{n\sigma(n)}$$

を採用しているテキストもあるが，上の定理により，これは我々の定義3.17と一致する．

第2章§2.6で述べたように，行列 $A=(a_{ij})$ に対して n 個の列ベクトル

$$\boldsymbol{a}_1=\begin{pmatrix}a_{11}\\a_{21}\\ \vdots\\a_{n1}\end{pmatrix},\quad \boldsymbol{a}_2=\begin{pmatrix}a_{12}\\a_{22}\\ \vdots\\a_{n2}\end{pmatrix},\quad \cdots,\quad \boldsymbol{a}_n=\begin{pmatrix}a_{1n}\\a_{2n}\\ \vdots\\a_{nn}\end{pmatrix}$$

で区分けして，$A=(\boldsymbol{a}_1,\boldsymbol{a}_2,\cdots,\boldsymbol{a}_n)$ と書くことにしよう．

行列式の基本的性質は，次の定理3.22，定理3.24，定理3.29である．

定理3.22

(1) $\det(\boldsymbol{a}_1,\cdots,c\boldsymbol{a}_i,\cdots,\boldsymbol{a}_n)=c\cdot\det(\boldsymbol{a}_1,\boldsymbol{a}_2,\cdots,\boldsymbol{a}_n)$

(2) $\det(\boldsymbol{a}_1,\cdots,\boldsymbol{a}_i+\boldsymbol{b}_i,\cdots,\boldsymbol{a}_n)=\det(\boldsymbol{a}_1,\cdots,\boldsymbol{a}_i,\cdots,\boldsymbol{a}_n)$
$+\det(\boldsymbol{a}_1,\cdots,\boldsymbol{b}_i,\cdots,\boldsymbol{a}_n)$ □

すなわち，行列式は，各列ベクトルに関して線形である．もとの行列式の記号を使えば，次のように書き表される．

$$\begin{vmatrix}a_{11}&\cdots&ca_{1i}&\cdots&a_{1n}\\a_{21}&\cdots&ca_{2i}&\cdots&a_{2n}\\ &&\cdots\cdots\cdots&&\\a_{n1}&\cdots&ca_{ni}&\cdots&a_{nn}\end{vmatrix}=c\begin{vmatrix}a_{11}&\cdots&a_{1i}&\cdots&a_{1n}\\a_{21}&\cdots&a_{2i}&\cdots&a_{2n}\\ &&\cdots\cdots\cdots&&\\a_{n1}&\cdots&a_{ni}&\cdots&a_{nn}\end{vmatrix}$$

$$\begin{vmatrix} a_{11} & \cdots & a_{1i}+b_{1i} & \cdots & a_{1n} \\ a_{21} & \cdots & a_{2i}+b_{2i} & \cdots & a_{2n} \\ & & \cdots\cdots\cdots & & \\ a_{n1} & \cdots & a_{ni}+b_{ni} & \cdots & a_{nn} \end{vmatrix} = \begin{vmatrix} a_{11} & \cdots & a_{1i} & \cdots & a_{1n} \\ a_{21} & \cdots & a_{2i} & \cdots & a_{2n} \\ & & \cdots\cdots\cdots & & \\ a_{n1} & \cdots & a_{ni} & \cdots & a_{nn} \end{vmatrix} + \begin{vmatrix} a_{11} & \cdots & b_{1i} & \cdots & a_{1n} \\ a_{21} & \cdots & b_{2i} & \cdots & a_{2n} \\ & & \cdots\cdots\cdots & & \\ a_{n1} & \cdots & b_{ni} & \cdots & a_{nn} \end{vmatrix}$$

定理3.20を使えば，行ベクトルについても同様に線形であることがわかる．以下に述べる行列式の性質で，行に関して成り立つことは，すべて列に関しても成り立つ．以下で定理3.22を証明する．

［証明］ (1)も同様であるから(2)のみを示す．行列式の定義(3.2)の右辺の和において，$a_{\sigma(i)i}$ を $a_{\sigma(i)i}+b_{\sigma(i)i}$ に置き換えたものが(2)の左辺である．よって

$$\begin{aligned}&\sum_{\sigma\in S_n}\operatorname{sgn}(\sigma)a_{\sigma(1)1}\cdots(a_{\sigma(i)i}+b_{\sigma(i)i})\cdots a_{\sigma(n)n}\\ &\quad=\sum_{\sigma\in S_n}\operatorname{sgn}(\sigma)a_{\sigma(1)1}\cdots a_{\sigma(i)i}\cdots a_{\sigma(n)n}+\sum_{\sigma\in S_n}\operatorname{sgn}(\sigma)a_{\sigma(1)1}\cdots b_{\sigma(i)i}\cdots a_{\sigma(n)n}\end{aligned}$$

となるから，(2)の主張が証明された． ∎

系3.23

$$\det(\boldsymbol{a}_1,\cdots,\sum_{k=1}^{m}c_k\boldsymbol{b}_k,\cdots,\boldsymbol{a}_n)=\sum_{k=1}^{m}c_k\det(\boldsymbol{a}_1,\cdots,\boldsymbol{b}_k,\cdots,\boldsymbol{a}_n).$$

定理3.24 $\sigma\in S_n$ に対して

$$\det(\boldsymbol{a}_{\sigma(1)},\boldsymbol{a}_{\sigma(2)},\cdots,\boldsymbol{a}_{\sigma(n)})=\operatorname{sgn}(\sigma)\det(\boldsymbol{a}_1,\boldsymbol{a}_2,\cdots,\boldsymbol{a}_n)$$

が成り立つ．

［証明］ $B=(\boldsymbol{a}_{\sigma(1)},\boldsymbol{a}_{\sigma(2)},\cdots,\boldsymbol{a}_{\sigma(n)})=(b_{ij})$ とおくと $b_{ij}=a_{i\sigma(j)}$ であるから

$$\begin{aligned}\det(\boldsymbol{a}_{\sigma(1)},\boldsymbol{a}_{\sigma(2)},\cdots,\boldsymbol{a}_{\sigma(n)})&=\sum_{\tau\in S_n}\operatorname{sgn}(\tau)b_{\tau(1)1}b_{\tau(2)2}\cdots b_{\tau(n)n}\\ &=\sum_{\tau\in S_n}\operatorname{sgn}(\tau)a_{\tau(1)\sigma(1)}a_{\tau(2)\sigma(2)}\cdots a_{\tau(n)\sigma(n)}\end{aligned}$$

ここで，各項で $\tau\sigma^{-1}=\omega$ とおくと，積の順序交換を行うことにより

$$\begin{aligned}\operatorname{sgn}(\tau)a_{\tau(1)\sigma(1)}a_{\tau(2)\sigma(2)}\cdots a_{\tau(n)\sigma(n)}&=\operatorname{sgn}(\omega\sigma)a_{\omega\sigma(1)\sigma(1)}a_{\omega\sigma(2)\sigma(2)}\cdots a_{\omega\sigma(n)\sigma(n)}\\ &=\operatorname{sgn}(\omega)\operatorname{sgn}(\sigma)a_{\omega(1)1}a_{\omega(2)2}\cdots a_{\omega(n)n}\end{aligned}$$

となる．しかも，τ が S_n を動くとき，$\tau\sigma^{-1}$ も S_n を動くから(補題3.4(2))，

$$\det(\boldsymbol{a}_{\sigma(1)}, \boldsymbol{a}_{\sigma(2)}, \cdots, \boldsymbol{a}_{\sigma(n)}) = \operatorname{sgn}(\sigma) \sum_{\omega \in S_n} \operatorname{sgn}(\omega) a_{\omega(1)1} a_{\omega(2)2} \cdots a_{\omega(n)n}$$
$$= \operatorname{sgn}(\sigma) \cdot \det(\boldsymbol{a}_1, \boldsymbol{a}_2, \cdots, \boldsymbol{a}_n). \qquad \blacksquare$$

n 次の正方行列 $(\boldsymbol{a}_1, \boldsymbol{a}_2, \cdots, \boldsymbol{a}_n)$ において，$\boldsymbol{a}_i = \boldsymbol{a}_j \ (i \neq j)$ となる i, j があるとき，κ として互換 (i, j) をとれば，

$$(\boldsymbol{a}_{\kappa(1)}, \boldsymbol{a}_{\kappa(2)}, \cdots, \boldsymbol{a}_{\kappa(n)}) = (\boldsymbol{a}_1, \boldsymbol{a}_2, \cdots, \boldsymbol{a}_n), \quad \operatorname{sgn}(\kappa) = -1$$

であるから，

$$\det(\boldsymbol{a}_1, \boldsymbol{a}_2, \cdots, \boldsymbol{a}_n) = -\det(\boldsymbol{a}_1, \boldsymbol{a}_2, \cdots, \boldsymbol{a}_n)$$

すなわち，$\det(\boldsymbol{a}_1, \boldsymbol{a}_2, \cdots, \boldsymbol{a}_n) = 0$ となる．言い換えれば，次の系を得る．

系 3.25 行列 A の異なる 2 つの列が一致すれば $\det A = 0$．行についても同様である．

例題 3.26

$$\det(\boldsymbol{a}_i, \boldsymbol{a}_1, \boldsymbol{a}_2, \cdots, \boldsymbol{a}_{i-1}, \boldsymbol{a}_{i+1}, \cdots, \boldsymbol{a}_n) = (-1)^{i-1} \det(\boldsymbol{a}_1, \boldsymbol{a}_2, \cdots, \boldsymbol{a}_n)$$

すなわち，行列 $(\boldsymbol{a}_1, \boldsymbol{a}_2, \cdots, \boldsymbol{a}_n)$ において，第 i 列を第 1 列に移した行列の行列式は，もとの行列式の $(-1)^{i-1}$ 倍に等しい．行についても同様である．

［解］ 互換を $i-1$ 回繰り返して，$\boldsymbol{a}_i$ を第 1 列に動かすことができることによる．

$$\begin{aligned}
& (\boldsymbol{a}_1, \boldsymbol{a}_2, \cdots, \boldsymbol{a}_{i-2}, \boldsymbol{a}_{i-1}, \boldsymbol{a}_i, \boldsymbol{a}_{i+1}, \cdots, \boldsymbol{a}_n) \\
\to\ & (\boldsymbol{a}_1, \boldsymbol{a}_2, \cdots, \boldsymbol{a}_{i-2}, \boldsymbol{a}_i, \boldsymbol{a}_{i-1}, \boldsymbol{a}_{i+1}, \cdots, \boldsymbol{a}_n) \quad 1\text{回} \\
\to\ & (\boldsymbol{a}_1, \boldsymbol{a}_2, \cdots, \boldsymbol{a}_i, \boldsymbol{a}_{i-2}, \boldsymbol{a}_{i-1}, \boldsymbol{a}_{i+1}, \cdots, \boldsymbol{a}_n) \quad 2\text{回} \\
& \cdots\cdots\cdots \\
\to\ & (\boldsymbol{a}_1, \boldsymbol{a}_i, \boldsymbol{a}_2, \cdots, \boldsymbol{a}_{i-2}, \boldsymbol{a}_{i-1}, \boldsymbol{a}_{i+1}, \cdots, \boldsymbol{a}_n) \quad i-2\text{回} \\
\to\ & (\boldsymbol{a}_i, \boldsymbol{a}_1, \boldsymbol{a}_2, \cdots, \boldsymbol{a}_{i-2}, \boldsymbol{a}_{i-1}, \boldsymbol{a}_{i+1}, \cdots, \boldsymbol{a}_n) \quad i-1\text{回} \qquad \blacksquare
\end{aligned}$$

行列 $(\boldsymbol{a}_1, \boldsymbol{a}_2, \cdots, \boldsymbol{a}_n)$ において，第 i 列に第 j 列の c 倍を加えて得られる行列は

$$(\boldsymbol{a}_1, \cdots, \boldsymbol{a}_i + c\boldsymbol{a}_j, \cdots, \boldsymbol{a}_j, \cdots, \boldsymbol{a}_n)$$

で表される．定理 3.22 と上の系 3.25 を使えば

$$\det(\boldsymbol{a}_1, \cdots, \boldsymbol{a}_i + c\boldsymbol{a}_j, \cdots, \boldsymbol{a}_j, \cdots, \boldsymbol{a}_n)$$

$$= \det(\boldsymbol{a}_1, \cdots, \boldsymbol{a}_i, \cdots, \boldsymbol{a}_j, \cdots, \boldsymbol{a}_n) + c \cdot \det(\boldsymbol{a}_1, \cdots, \boldsymbol{a}_j, \cdots, \boldsymbol{a}_j, \cdots, \boldsymbol{a}_n)$$
$$= \det(\boldsymbol{a}_1, \cdots, \boldsymbol{a}_i, \cdots, \boldsymbol{a}_j, \cdots, \boldsymbol{a}_n).$$

すなわち，次の系を得る．

系 3.27　行列のある列に他のある列の定数倍を加えて得られる行列の行列式は，もとの行列の行列式に等しい．行についても同様である．

例題 3.28　$\boldsymbol{e}_1, \boldsymbol{e}_2, \cdots, \boldsymbol{e}_n$ を $\mathbb{F}^n$ の基本ベクトルとする．$\sigma \in S_n$ に対して行列 $A(\sigma)$ を

$$A(\sigma) = (\boldsymbol{e}_{\sigma(1)}, \cdots, \boldsymbol{e}_{\sigma(n)})$$

として定義すると

$$\det A(\sigma) = \mathrm{sgn}(\sigma).$$

［解］

$$\begin{aligned}\det A(\sigma) &= \mathrm{sgn}(\sigma) \det(\boldsymbol{e}_1, \boldsymbol{e}_2, \cdots, \boldsymbol{e}_n) \\ &= \mathrm{sgn}(\sigma) \det I_n \\ &= \mathrm{sgn}(\sigma).\end{aligned}$$ ∎

次の定理は，2 次の行列式の積についての性質の一般化である．

定理 3.29　2 つの n 次正方行列の積の行列式は，それぞれの行列式の積に等しい：

$$\det(AB) = \det A \cdot \det B.$$

［証明］　$A = (\boldsymbol{a}_1, \boldsymbol{a}_2, \cdots, \boldsymbol{a}_n)$ とすると，

$$AB = \left(\sum_{i_1=1}^{n} b_{i_1,1} \boldsymbol{a}_{i_1}, \sum_{i_2=1}^{n} b_{i_2,2} \boldsymbol{a}_{i_2}, \cdots, \sum_{i_n=1}^{n} b_{i_n,n} \boldsymbol{a}_{i_n} \right)$$

となることは容易に確認できる．よって，定理 3.22 を繰り返し使えば

$$\det(AB) = \sum_{i_1, \cdots, i_n}^{n} b_{i_1,1} b_{i_2,2} \cdots b_{i_n,n} \det(\boldsymbol{a}_{i_1}, \boldsymbol{a}_{i_2}, \cdots, \boldsymbol{a}_{i_n}).$$

定理 3.24 の系により，$i_1, \cdots, i_n$ の中に相等しいものがあれば

$$\det(\boldsymbol{a}_{i_1}, \boldsymbol{a}_{i_2}, \cdots, \boldsymbol{a}_{i_n}) = 0$$

すなわち，上の和において，$i_1, \cdots, i_n$ は順列にわたって動くと思ってよい．

$\sigma=(i_1 \cdots i_n)$ とおけば，定理3.24により

$$\begin{aligned}\det(AB) &= \sum_{\sigma\in S_n} \det(\boldsymbol{a}_{\sigma(1)}, \boldsymbol{a}_{\sigma(2)}, \cdots, \boldsymbol{a}_{\sigma(n)}) b_{\sigma(1)1} b_{\sigma(2)2} \cdots b_{\sigma(n)n} \\ &= \sum_{\sigma\in S_n} \operatorname{sgn}(\sigma) \det(\boldsymbol{a}_1, \boldsymbol{a}_2, \cdots, \boldsymbol{a}_n) b_{\sigma(1)1} b_{\sigma(2)2} \cdots b_{\sigma(n)n} \\ &= \det(\boldsymbol{a}_1, \boldsymbol{a}_2, \cdots, \boldsymbol{a}_n) \sum_{\sigma\in S_n} \operatorname{sgn}(\sigma) b_{\sigma(1)1} b_{\sigma(2)2} \cdots b_{\sigma(n)n} \\ &= \det A \cdot \det B.\end{aligned}$$

∎

系3.30 行列 A が可逆であれば，$\det A \neq 0$ であり，

$$\det(A^{-1}) = (\det A)^{-1}.$$

［証明］ $AB=I_n$ となる B が存在するから $(B=A^{-1})$，$1=\det I_n=\det AB$ $=\det A\cdot\det B$ となって，$\det A\neq 0$. さらに $\det B=(\det A)^{-1}$. ∎

後で，この系の逆を示す(定理3.42).

系3.31 P を可逆な行列とするとき

$$\det(PAP^{-1}) = \det A.$$

［証明］ $\det(PAP^{-1})=\det P\cdot\det A\cdot(\det P)^{-1}=\det A.$ ∎

補題3.32 正方行列 A を対称に区分けして

$$A=\begin{pmatrix} A_{11} & A_{12} \\ O & A_{22} \end{pmatrix} \quad \text{または} \quad A=\begin{pmatrix} A_{11} & O \\ A_{21} & A_{22} \end{pmatrix}$$

となるとき

$$\det A = \det A_{11} \cdot \det A_{22}.$$

とくに，A が可逆であれば，

$$\det A_{11} \neq 0, \quad \det A_{22} \neq 0 .$$

［証明］ 転置行列を取ることにより，左下が O のときを考えれば十分である．A_{11} を m 次，A_{22} を n 次とする．$A=(a_{ij})$, $A_{11}=(b_{gh})$, $A_{22}=(c_{kl})$ とすると，

$$\begin{aligned} a_{ij} &= 0 & & i>m,\ j\leqq m \\ b_{gh} &= a_{gh} & & 1\leqq g,\ h\leqq m \\ c_{kl} &= a_{m+k,m+l} & & 1\leqq k,\ l\leqq n. \end{aligned}$$

行列式の定義から

$$\det A = \sum_{\sigma \in S_{m+n}} \mathrm{sgn}(\sigma) a_{\sigma(1)1} \cdots a_{\sigma(m)m} a_{\sigma(m+1), m+1} \cdots a_{\sigma(m+n), m+n} \cdot$$

右辺の和の1つの項において，$\sigma(i) \geqq m+1$, $i \leqq m$ となる i があれば，$a_{\sigma(i)i} = 0$ となるから，この項は0である．よって，$i \leqq m$ となるすべての i に対して $\sigma(i) \leqq m$ となる σ に対する項の和を考えればよい．このような σ 全体を S'_{m+n} により表そう．明らかに，$\sigma \in S'_{m+n}$ に対して，$i \geqq m+1$ であれば $\sigma(i) \geqq m+1$ となる．よって σ は $\{1, 2, \cdots, m\}$ の置換と，$\{m+1, m+2, \cdots, m+n\}$ の置換を誘導する．$\kappa \in S_m$, $\omega \in S_n$ を

$$\begin{aligned} \kappa(i) &= \sigma(i) & 1 \leqq i \leqq m \\ \omega(i) &= \sigma(m+i) - m & 1 \leqq i \leqq n \end{aligned} \tag{3.3}$$

により定義しよう．逆に(3.3)を使って，$\kappa \in S_m$, $\omega \in S_n$ から，$\sigma \in S'_{m+n}$ が得られる．このとき

$$\mathrm{sgn}(\sigma) = \mathrm{sgn}(\kappa)\,\mathrm{sgn}(\omega)$$

である．実際，κ, ω の双方が偶数個あるいは奇数個の互換の積であれば，σ も偶数個の互換の積であり(偶数+偶数=偶数，奇数+奇数=偶数)，この場合以外は σ は奇数個の互換の積である(偶数+奇数=奇数)．さらに

$$\begin{aligned} b_{\kappa(g)g} &= a_{\sigma(g)g} & 1 \leqq g \leqq m \\ c_{\omega(k)k} &= a_{\sigma(m+k), m+k} & 1 \leqq k \leqq n. \end{aligned}$$

よって

$$\begin{aligned} \det A &= \sum_{\kappa \in S_m,\, \omega \in S_n} \mathrm{sgn}(\kappa)\,\mathrm{sgn}(\omega) b_{\kappa(1)1} \cdots b_{\kappa(m)m} c_{\omega(1)1} \cdots c_{\omega(n)n} \\ &= \left\{ \sum_{\kappa \in S_m} \mathrm{sgn}(\kappa) b_{\kappa(1)1} \cdots b_{\kappa(m)m} \right\} \left\{ \sum_{\omega \in S_n} \mathrm{sgn}(\omega) c_{\omega(1)1} \cdots c_{\omega(n)n} \right\} \\ &= \det A_{11} \cdot \det A_{22}\,. \end{aligned}$$

■

系 3.33

$$\begin{vmatrix} a_{11} & a_{12} & \cdots & a_{1n} \\ 0 & a_{22} & \cdots & a_{2n} \\ & \cdots\cdots\cdots & & \\ 0 & a_{n2} & \cdots & a_{nn} \end{vmatrix} = a_{11} \begin{vmatrix} a_{22} & \cdots & a_{2n} \\ & \cdots\cdots\cdots & \\ a_{n2} & \cdots & a_{nn} \end{vmatrix}$$

□

この系は行列式のサイズを小さくするときに有効である．

(c) 行列式の展開

行列式の計算を，定義に従って実行することは，計算量の点からあまり現実的ではない．ここでは，低い次数の行列の行列式の計算に帰着することを考える．

n 次の正方行列 $A=(a_{ij})=(\boldsymbol{a}_1,\cdots,\boldsymbol{a}_n)$ を考えよう．

$$\boldsymbol{a}_1 = a_{11}\boldsymbol{e}_1+a_{21}\boldsymbol{e}_2+\cdots+a_{n1}\boldsymbol{e}_n$$

であるから，定理 3.22 により

$$\begin{aligned}\det A = \det(\boldsymbol{a}_1,\cdots,\boldsymbol{a}_n) = {} & a_{11}\cdot\det(\boldsymbol{e}_1,\boldsymbol{a}_2,\cdots,\boldsymbol{a}_n)\\ & +a_{21}\cdot\det(\boldsymbol{e}_2,\boldsymbol{a}_2,\cdots,\boldsymbol{a}_n)\\ & +\cdots\\ & +a_{n1}\cdot\det(\boldsymbol{e}_n,\boldsymbol{a}_2,\cdots,\boldsymbol{a}_n)\end{aligned}$$

と書くことができる．$A_i=(\boldsymbol{e}_i,\boldsymbol{a}_2,\cdots,\boldsymbol{a}_n)$ とおくと

$$A_i = \begin{pmatrix} 0 & a_{12} & \cdots\cdots & a_{1n} \\ 0 & a_{22} & \cdots\cdots & a_{2n} \\ & & \cdots\cdots\cdots & \\ 1 & a_{i2} & \cdots\cdots & a_{in} \\ & & \cdots\cdots\cdots & \\ 0 & a_{n2} & \cdots\cdots & a_{nn} \end{pmatrix}$$

と表される．行の交換を $i-1$ 回行うことにより，この行列の第 i 行を第 1 行目に持っていくことを考える．例題 3.26 および補題 3.32 の系を用いることによって

$$\det A_i = (-1)^{i-1}\begin{vmatrix} 1 & a_{i2} & \cdots\cdots & a_{in} \\ 0 & a_{12} & \cdots\cdots & a_{1n} \\ & & \cdots\cdots\cdots & \\ 0 & a_{i-1,2} & \cdots\cdots & a_{i-1,n} \\ 0 & a_{i+1,2} & \cdots\cdots & a_{i+1,n} \\ & & \cdots\cdots\cdots & \\ 0 & a_{n2} & \cdots\cdots & a_{nn} \end{vmatrix}$$

$$= (-1)^{i-1}\begin{vmatrix} a_{12} & \cdots\cdots & a_{1n} \\ & \cdots\cdots\cdots & \\ a_{i-1,2} & \cdots\cdots & a_{i-1,n} \\ a_{i+1,2} & \cdots\cdots & a_{i+1,n} \\ & \cdots\cdots\cdots & \\ a_{n2} & \cdots\cdots & a_{nn} \end{vmatrix}$$

この最後の式に現れる行列は，もとの行列から，第1列と第i行を取り去ってできる行列であることに注意しよう：

$$\begin{pmatrix} a_{11} & a_{12} & \cdots & a_{1n} \\ a_{21} & a_{22} & \cdots & a_{2n} \\ & \cdots\cdots\cdots & & \\ a_{i-1,1} & a_{i-1,2} & \cdots & a_{i-1,n} \\ a_{i1} & a_{i2} & \cdots & a_{in} \\ a_{i+1,1} & a_{i+1,2} & \cdots & a_{i+1,n} \\ & \cdots\cdots\cdots & & \\ a_{n1} & a_{n2} & \cdots & a_{nn} \end{pmatrix}$$

こうして，$\det A$ は $n-1$ 次の行列の行列式の定数倍の和に展開できた.

例 3.34

$$\begin{vmatrix} a_{11} & a_{12} & a_{13} \\ a_{21} & a_{22} & a_{23} \\ a_{31} & a_{32} & a_{33} \end{vmatrix} = a_{11}\cdot\begin{vmatrix} a_{22} & a_{23} \\ a_{32} & a_{33} \end{vmatrix} - a_{21}\cdot\begin{vmatrix} a_{12} & a_{13} \\ a_{32} & a_{33} \end{vmatrix} + a_{31}\cdot\begin{vmatrix} a_{12} & a_{13} \\ a_{22} & a_{23} \end{vmatrix}$$

□

いま行った展開は，第1列目に注目したが，同様に第j列目に関する展開もできる．これを説明するには，次の定義を用意しておくと便利である.

定義 3.35　n 次の正方行列 A の第i行，第j列を取り去ってできる $n-1$ 次の行列の行列式を A の**第 (i,j) 小行列式**といい，それに $(-1)^{i+j}$ を掛けたものを A の**第 (i,j) 余因子**(cofactor)という.　□

注意 3.36　転置行列 ${}^tA$ の第 (i,j) 余因子は，A の第 (j,i) 余因子に等しい.

定理 3.37　n 次の正方行列 $A=(a_{ij})$ の第 (i,j) 余因子を $\tilde{a}_{ij}$ とおくと，次の展開式が成り立つ.

$$\det A = a_{1j}\tilde{a}_{1j} + a_{2j}\tilde{a}_{2j} + \cdots + a_{nj}\tilde{a}_{nj} \quad (\text{第}\, j\, \text{列による展開})$$
$$\det A = a_{i1}\tilde{a}_{i1} + a_{i2}\tilde{a}_{i2} + \cdots + a_{in}\tilde{a}_{in} \quad (\text{第}\, i\, \text{行による展開})$$

［証明］ 第1列目 $(j=1)$ による展開は上で示した($(-1)^{i-1}=(-1)^{i+1}$ に注意)．一般の j については，第 j 列を列の交換を $j-1$ 回行うことにより第1列目に持っていけば，行列式が $(-1)^{j-1}$ 倍されることに注意する．さらに，この新しい行列式において第1列と第 i 行を取り去った小行列式は，もとの行列の第 (i,j) 小行列式になっている．よって，新しい行列式を第1列によって展開すれば，上の結果から

$$(-1)^{j-1}\det A = a_{1j}\Delta_{1j} - a_{2j}\Delta_{2j} + \cdots + (-1)^{n+1}a_{nj}\Delta_{nj}$$

を得る．ここで Δ_{ij} は A の第 (i,j) 小行列式を表す．

$$\tilde{a}_{ij} = (-1)^{i+j}\Delta_{ij}$$

であるから

$$\begin{aligned}(-1)^{j-1}\det A &= (-1)^{1+j}a_{1j}\tilde{a}_{1j} - (-1)^{2+j}a_{2j}\tilde{a}_{2j} + \cdots + (-1)^{n+1}(-1)^{n+j}a_{nj}\tilde{a}_{nj} \\ &= (-1)^{j-1}(a_{1j}\tilde{a}_{1j} + a_{2j}\tilde{a}_{2j} + \cdots + a_{nj}\tilde{a}_{nj}).\end{aligned}$$

よって，$\det A$ の第 j 列による展開式を得る．第 i 行による展開も同様(転置行列を考えれば，列による展開に帰着する)． ∎

注意 3.38 $x_1\tilde{a}_{1j}+x_2\tilde{a}_{2j}+\cdots+x_n\tilde{a}_{nj}$ を考えると，これは定理 3.37 の最初の式において，a_{ij} を $x_i\ (i=1,2,\cdots,n)$ で置き換えたものであるから，A の第 j 列を

$$\begin{pmatrix} x_1 \\ x_2 \\ \vdots \\ x_n \end{pmatrix}$$

で置き換えた行列の行列式になる(この行列の第 (i,j) 小行列式はもとの行列の第 (i,j) 小行列式に等しいことに注意)．同様に，$y_1\tilde{a}_{i1}+y_2\tilde{a}_{i2}+\cdots+y_n\tilde{a}_{in}$ は，A の第 i 行を $(y_1, y_2, \cdots, y_n)$ で置き換えた行列の行列式である．

例 3.39 次の行列式の値を求めてみよう．

$$D=\begin{vmatrix} 3 & 5 & -1 & 2 \\ 4 & 2 & 3 & 1 \\ 2 & 3 & -2 & 4 \\ 1 & 4 & 3 & 5 \end{vmatrix}$$

行列式をある程度変形してから，展開すると計算が容易になる．この場合は$(4,1)$成分が1であることを使って，第4行の3倍，4倍，2倍をそれぞれ第1行，第2行，第3行から引くと

$$D=\begin{vmatrix} 0 & -7 & -10 & -13 \\ 0 & -14 & -9 & -19 \\ 0 & -5 & -8 & -6 \\ 1 & 4 & 3 & 5 \end{vmatrix}$$

これを第1列について展開して

$$D=-\begin{vmatrix} -7 & -10 & -13 \\ -14 & -9 & -19 \\ -5 & -8 & -6 \end{vmatrix}=\begin{vmatrix} 7 & 10 & 13 \\ 14 & 9 & 19 \\ 5 & 8 & 6 \end{vmatrix}$$

さらに，これを第1列で展開して

$$\begin{aligned} D &= 7\begin{vmatrix} 9 & 19 \\ 8 & 6 \end{vmatrix}-14\begin{vmatrix} 10 & 13 \\ 8 & 6 \end{vmatrix}+5\begin{vmatrix} 10 & 13 \\ 9 & 19 \end{vmatrix} \\ &= 7(9\cdot 6-19\cdot 8)-14(10\cdot 6-13\cdot 8)+5(10\cdot 19-13\cdot 9) \\ &= 295. \end{aligned}$$

□

上の定理に関連して，次のような和を考えてみよう．

$$a_{1j}\tilde{a}_{1l}+a_{2j}\tilde{a}_{2l}+\cdots+a_{nj}\tilde{a}_{nl} \tag{3.4}$$

$j=l$ の場合には，$\det A$ に等しいことが定理3.37の主張であった．$j\neq l$ の場合は，A の第 l 列を第 j 列で置き換えた行列

$$A'=(\boldsymbol{a}_1,\cdots,\boldsymbol{a}_{l-1},\boldsymbol{a}_j,\boldsymbol{a}_{l+1},\cdots,\boldsymbol{a}_j,\cdots,\boldsymbol{a}_n)$$

を考えると，(3.4)は A' の第 l 列に関する展開式になっている．定理3.24の系により，$\det A'=0$ であるから，結局(3.4)は0である．行に関する展開でも同様だから，まとめると

定理 3.40

$$a_{1j}\tilde{a}_{1l}+a_{2j}\tilde{a}_{2l}+\cdots+a_{nj}\tilde{a}_{nl}=\delta_{lj}\cdot\det A \qquad (j,l=1,2,\cdots,n)$$

$$a_{i1}\tilde{a}_{k1}+a_{i2}\tilde{a}_{k2}+\cdots+a_{in}\tilde{a}_{kn}=\delta_{ik}\cdot\det A \qquad (i,k=1,2,\cdots,n)$$

□

定理の式は $b_{ij}=\tilde{a}_{ji}$ とおくと，次のように書き直せる．

$$b_{l1}a_{1j}+b_{l2}a_{2j}+\cdots+b_{ln}a_{nj}=\delta_{lj}\cdot\det A$$

$$a_{i1}b_{1k}+a_{i2}b_{2k}+\cdots+a_{in}b_{nk}=\delta_{ik}\cdot\det A$$

行列 $\tilde{A}=(b_{ij})$ を考えると，1 番目の式の左辺は $\tilde{A}A$ の (l,j) 成分であり，右辺は $\det A\cdot I_n$ の (l,j) 成分である．よって，

$$\tilde{A}A=(\det A)I_n$$

同様に，2 番目の式から

$$A\tilde{A}=(\det A)I_n$$

を得る．行列

$$\tilde{A}=\begin{pmatrix} \tilde{a}_{11} & \tilde{a}_{21} & \cdots & \tilde{a}_{n1} \\ \tilde{a}_{12} & \tilde{a}_{22} & \cdots & \tilde{a}_{n2} \\ & \cdots\cdots\cdots & & \\ \tilde{a}_{1n} & \tilde{a}_{2n} & \cdots & \tilde{a}_{nn} \end{pmatrix}$$

を，A の**余因子行列**という(添え字の順序に注意すること)．

いま述べたことは，次の系にまとめられる．

系 3.41 n 次正方行列 A の余因子行列を $\tilde{A}$ とすると

$$\tilde{A}A=A\tilde{A}=(\det A)I_n\,.$$

□

$\det A\neq 0$ であれば，$(\det A)^{-1}\tilde{A}$ が，A の逆行列となることがわかるから，この系から定理 3.29 の系 3.30 の逆である次の定理が得られる．

定理 3.42 n 次正方行列 A の行列式 $\det A$ が 0 でなければ，A は可逆であり，その逆行列は $(\det A)^{-1}\tilde{A}$ である．

とくに，$AB=I_n$ を満たす B が存在すれば，A は可逆であり，$B=A^{-1}$ となる． □

(d) 連立 1 次方程式と行列式(クラメルの公式)

いよいよ，n 個の未知数と n 個の方程式からなる連立 1 次方程式の解の公

式を与えることができる．連立1次方程式

$$\begin{aligned} a_{11}x_1+a_{12}x_2+\cdots+a_{1n}x_n &= u_1 \\ a_{21}x_1+a_{22}x_2+\cdots+a_{2n}x_n &= u_2 \\ \cdots\cdots\cdots \\ a_{n1}x_1+a_{n2}x_2+\cdots+a_{nn}x_n &= u_n \end{aligned} \tag{3.5}$$

を，正方行列 $A=(a_{ij})$，列ベクトル $\boldsymbol{x}=(x_j)$，$\boldsymbol{u}=(u_i)$ を用いて

$$A\boldsymbol{x}=\boldsymbol{u} \tag{3.6}$$

と表しておく．余因子行列を(3.6)に施せば

$$\tilde{A}A\boldsymbol{x}=\tilde{A}\boldsymbol{u} \Longrightarrow (\det A)I_n\boldsymbol{x}=\tilde{A}\boldsymbol{u} \Longrightarrow (\det A)\boldsymbol{x}=\tilde{A}\boldsymbol{u}$$

よって，$\det A\neq 0$ すなわち A が可逆であるとき，(3.6)の解は一意的に

$$\boldsymbol{x}=(\det A)^{-1}\tilde{A}\boldsymbol{u} \tag{3.7}$$

と表される．成分で表示すれば

$$\begin{pmatrix} x_1 \\ x_2 \\ \vdots \\ x_n \end{pmatrix} = (\det A)^{-1}\begin{pmatrix} \tilde{a}_{11} & \tilde{a}_{21} & \cdots & \tilde{a}_{n1} \\ \tilde{a}_{12} & \tilde{a}_{22} & \cdots & \tilde{a}_{n2} \\ & \cdots\cdots\cdots & & \\ \tilde{a}_{1n} & \tilde{a}_{2n} & \cdots & \tilde{a}_{nn} \end{pmatrix}\begin{pmatrix} u_1 \\ u_2 \\ \vdots \\ u_n \end{pmatrix} \tag{3.8}$$

$$= (\det A)^{-1}\begin{pmatrix} u_1\tilde{a}_{11}+u_2\tilde{a}_{21}+\cdots+u_n\tilde{a}_{n1} \\ u_1\tilde{a}_{12}+u_2\tilde{a}_{22}+\cdots+u_n\tilde{a}_{n2} \\ \cdots\cdots\cdots\cdots\cdots \\ u_1\tilde{a}_{1n}+u_2\tilde{a}_{2n}+\cdots+u_n\tilde{a}_{nn} \end{pmatrix}$$

この最後の式の列ベクトルの第 j 成分

$$u_1\tilde{a}_{1j}+u_2\tilde{a}_{2j}+\cdots+u_n\tilde{a}_{nj}$$

は，行列 A の第 j 列の列ベクトルを $\boldsymbol{u}$ で置き換えた行列

$$(\boldsymbol{a}_1,\cdots,\boldsymbol{u},\cdots,\boldsymbol{a}_n)=\begin{pmatrix} a_{11} & \cdots & u_1 & \cdots & a_{1n} \\ a_{21} & \cdots & u_2 & \cdots & a_{2n} \\ & & \cdots\cdots\cdots & & \\ a_{n1} & \cdots & u_n & \cdots & a_{nn} \end{pmatrix}$$

の第 j 列に関する展開式になっている．こうして，次の定理を得る．

定理 3.43（クラメルの公式）　$\det A\neq 0$ であるとき，連立1次方程式(3.5)の解は，次の公式で与えられる．

$$x_j = \frac{\begin{vmatrix} a_{11} & \cdots & u_1 & \cdots & a_{1n} \\ a_{21} & \cdots & u_2 & \cdots & a_{2n} \\ & & \cdots\cdots\cdots & & \\ a_{n1} & \cdots & u_n & \cdots & a_{nn} \end{vmatrix}}{\begin{vmatrix} a_{11} & \cdots & a_{1j} & \cdots & a_{1n} \\ a_{21} & \cdots & a_{2j} & \cdots & a_{2n} \\ & & \cdots\cdots\cdots & & \\ a_{n1} & \cdots & a_{nj} & \cdots & a_{nn} \end{vmatrix}} \qquad (j = 1, 2, \cdots, n)$$

□

クラメルの公式は，行列の成分が規則的に配列しているときは，解を表すのに大変有効である．しかし一般には，係数の数値が具体的に与えられた連立方程式を解くのに必ずしも得策ではない．第4章で，連立方程式のもっと実用的な解法を述べる．

特殊な行列式については，次節で扱う．

§3.4　特殊な行列式*

ここでは，多変数多項式(整式)についての基本的性質を学んだのち，特殊な形をした行列式の計算を行う．

(a)　置換と交代式

$\mathbb{F}$ を体とする(いつものように $\mathbb{Q}, \mathbb{R}, \mathbb{C}$ のうちの1つとしてよい)．

$\mathbb{F}$ に属する数を係数にもつ，n 個の変数 $x_1, x_2, \cdots, x_n$ の多項式(整式，polynomial) $f(x_1, \cdots, x_n)$ の全体を $\mathbb{F}[x_1, \cdots, x_n]$ で表す．

多項式の和，積は自然に定義されるものを考える．

1つの項のみからなる

$$f(x_1, \cdots, x_n) = a x_1^{i_1} \cdots x_n^{i_n} \quad (i_1 \geqq 0,\ i_2 \geqq 0,\ \cdots,\ i_n \geqq 0)$$

の形の多項式を，**単項式**(monomial)とよぶことにしよう．

$I = (i_1, \cdots, i_n)$ を**多重指数**(multi-index)といい，

$$f_I(x_1, \cdots, x_n) = x_1^{i_1} \cdots x_n^{i_n}$$

と書くことにする．$I = (i_1, \cdots, i_n)$，$J = (j_1, \cdots, j_n)$ に対して $f_I = f_J$，すなわち

$x_1^{i_1}\cdots x_n^{i_n}=x_1^{j_1}\cdots x_n^{j_n}$ となるのは，$I=J$ となること，言い換えれば，すべての $k=1,2,\cdots,n$ について，$i_k=j_k$ となることである．$|I|=i_1+\cdots+i_n$ とおいて，これを f_I の次数という．$I+J=(i_1+j_1,\cdots,i_n+j_n)$ とおけば，$f_I f_J=f_{I+J}$ となる．

任意の整式 f はいくつかの単項式の和として書くことができる：

$$f=\sum a_I f_I=\sum a_{i_1,i_2,\cdots,i_n}x_1^{i_1}\cdots x_n^{i_n}$$

ここで，$a_I=a_{i_1,i_2,\cdots,i_n}$ であり，有限個の多重指数を除いて $a_I=0$ とする．この和に現れる添え字 I で最大の $|I|$ を f の**次数**(degree)という．

2つの多項式

$$f=\sum a_I f_I,\quad g=\sum b_I f_I$$

が等しいための条件は，$a_I=b_I$ すなわち $a_{i_1,i_2,\cdots,i_n}=b_{i_1,i_2,\cdots,i_n}$ がすべての添え字 $I=(i_1,\cdots,i_n)$ に対して成り立つことである．

一定の次数 k の単項式の和として書ける多項式を，k 次の**同次多項式**(homogeneous polynomial)という．すべての多項式は次数の異なる同次多項式の和として一意的に書ける．f が k 次の同次多項式であるための条件は，任意の数 c に対して

$$f(cx_1,\cdots,cx_n)=c^k f(x_1,\cdots,x_n)$$

が成り立つことである．

例 3.44 $x_1+x_2+\cdots+x_n$ は1次，${x_1}^2x_2x_3+x_2{x_3}^3$ は4次の同次多項式である．□

1変数の多項式 $f(x)$ に $x=\alpha$ を代入したときに0となるならば，$f(x)$ は $x-\alpha$ で割り切れることは，因数定理として知られている．次の定理は，この因数定理の n 変数への拡張である．

定理 3.45（n 変数因数定理） 多項式 $f(x_1,\cdots,x_n)$ と $g(x_1,\cdots,x_{n-1})$ が

$$f(x_1,\cdots,x_{n-1},g(x_1,\cdots,x_{n-1}))=0$$

を満たしていれば，$f(x_1,\cdots,x_n)$ は $x_n-g(x_1,\cdots,x_{n-1})$ で割り切れる．

［証明］ $f(x_1,\cdots,x_n)$ を x_n の多項式とみて p 次とする．p についての帰納法で証明しよう．

$p=0$ のとき，$f(x_1,\cdots,x_n)$ は変数 x_n を含まない．このときには，条件は $f(x_1,\cdots,x_n)=0$ であるから，結論は自明である．

$p-1$ 次以下のとき結論が正しいと仮定する．

$$f(x_1,\cdots,x_n) = a_0(x_1,\cdots,x_{n-1}){x_n}^p + a_1(x_1,\cdots,x_{n-1}){x_n}^{p-1} + \cdots + a_p(x_1,\cdots,x_{n-1})$$

と書いたとき，$a_0(x_1,\cdots,x_{n-1})\neq 0$．

$$f_1(x_1,\cdots,x_n) = f(x_1,\cdots,x_n) - a_0(x_1,\cdots,x_{n-1})\{x_n - g(x_1,\cdots,x_{n-1})\}^p$$

とおけば，f_1 は x_n の多項式として $p-1$ 次以下であり，しかも

$$f_1(x_1,\cdots,x_{n-1},g(x_1,\cdots,x_{n-1})) = 0$$

を満たしている．したがって，帰納法の仮定から，f_1 は $x_n-g(x_1,\cdots,x_{n-1})$ で割り切れる．こうして，f も $x_n-g(x_1,\cdots,x_{n-1})$ で割り切れることが結論される． ∎

$f\in\mathbb{F}[x_1,\cdots,x_n]$ と，置換 $\tau\in S_n$ に対して $\tau f\in\mathbb{F}[x_1,\cdots,x_n]$ を

$$(\tau f)(x_1,\cdots,x_n) = f(x_{\tau(1)},\cdots,x_{\tau(n)})$$

により定義する．$\kappa,\tau\in S_n$ に対して

$$(\kappa(\tau f))(x_1,\cdots,x_n) = (\tau f)(x_{\kappa(1)},\cdots,x_{\kappa(n)})$$

$x_{\kappa(i)}=y_i$ とおくと，$y_{\tau(i)}=x_{\kappa\tau(i)}$ であるから

$$\begin{aligned}(\tau f)(x_{\kappa(1)},\cdots,x_{\kappa(n)}) &= (\tau f)(y_1,\cdots,y_n)\\ &= f(y_{\tau(1)},\cdots,y_{\tau(n)}) = f(x_{\kappa\tau(1)},\cdots,x_{\kappa\tau(n)})\\ &= ((\kappa\tau)f)(x_1,\cdots,x_n)\end{aligned}$$

よって

$$\kappa(\tau f) = (\kappa\tau)f\,.$$

$\sigma(f\cdot g)=\sigma f\cdot\sigma g$ となることは明らかであろう．

$f\in\mathbb{F}[x_1,\cdots,x_n]$ が，すべての $\tau\in S_n$ について $\tau f=f$，すなわち

$$f(x_{\tau(1)},\cdots,x_{\tau(n)}) = f(x_1,\cdots,x_n)$$

を満たすとき，**対称式**(symmetric polynomial)とよばれ，$\tau f=\mathrm{sgn}(\tau)f$，すなわち

$$f(x_{\tau(1)},\cdots,x_{\tau(n)}) = \mathrm{sgn}(\tau)f(x_1,\cdots,x_n)$$

を満たすとき，**交代式**(alternating polynomial)とよばれる．明らかに

対称式 × 対称式 ＝ 対称式

交代式 × 交代式 ＝ 対称式

交代式 × 対称式 ＝ 交代式

が成り立つ.

例題 3.46　f が交代式であるための条件は，任意の互換 τ に対して

$$\tau f = -f \tag{3.9}$$

が成り立つことである.

［解］　交代式に対して(3.9)が成り立つことは明らか．逆に(3.9)を仮定すれば，置換 σ を互換の積 $\sigma = \tau_1 \cdots \tau_k$ に表して，

$$\sigma f = \tau_1 \cdots \tau_k f = (-1)^k f = \mathrm{sgn}(\sigma) f$$

を得る. ∎

n 個の変数 $x_1, \cdots, x_n$ の多項式 $\Delta = \Delta(x_1, \cdots, x_n)$ を次のように定義して，$x_1, \cdots, x_n$ の**差積**(difference product)とよぶ.

$$\begin{aligned}\Delta = \prod_{i<j}(x_j - x_i) = (x_2 - x_1)(x_3 - x_1)\cdots\cdots(x_{n-1} - x_1)(x_n - x_1) \\ (x_3 - x_2)\cdots\cdots(x_{n-1} - x_2)(x_n - x_2) \\ \cdots\cdots\cdots\cdots\cdots\cdots\cdots\cdots\cdots\cdots \\ (x_{n-1} - x_{n-2})(x_n - x_{n-2}) \\ (x_n - x_{n-1}).\end{aligned}$$

Δ は明らかに同次式であり，その次数は

$$1 + 2 + \cdots + (n-1) = n(n-1)/2$$

である.

次の補題は Δ の定義から明らかであろう.

補題 3.47　σ が互換であれば，$\sigma\Delta = -\Delta$. □

この補題から Δ は交代式であることがわかる(例題 3.46)．差積は，次の意味で最も基本的な交代式である.

定理 3.48　任意の交代式は差積と対称式の積で表される.

［証明］　交代式 f が差積 Δ で割り切れる，すなわち

$$f = \Delta \cdot g$$

となる整式 g が存在することを示す．f は交代式であるから，$x_i=x_j\,(i<j)$ のときに，f の値は 0．因数定理により，f は x_j-x_i で割り切れる．$f=(x_j-x_i)f_1$ と書いたとき，組 (i,j) と異なる $(h,k)\,(h<k)$ について，f_1 は x_k-x_h で割り切れる．これを繰り返していけば，f が Δ で割り切れることがわかる．

商 g が対称式であることは，

$$\begin{aligned}\mathrm{sgn}(\sigma)\Delta\cdot g &= \mathrm{sgn}(\sigma)f = \sigma f = (\sigma\Delta)\cdot(\sigma g)\\ &= (\mathrm{sgn}(\sigma)\Delta)\cdot(\sigma g)\end{aligned}$$

から明らか．■

(b) 差積と行列式

例題 3.49 (ヴァンデルモンドの行列式，Vandermonde's determinant)

$$\begin{vmatrix} 1 & 1 & \cdots & 1 \\ x_1 & x_2 & \cdots & x_n \\ {x_1}^2 & {x_2}^2 & \cdots & {x_n}^2 \\ & \cdots\cdots\cdots & & \\ {x_1}^{n-1} & {x_2}^{n-1} & \cdots & {x_n}^{n-1} \end{vmatrix}$$

は，差積 $\Delta(x_1,x_2,\cdots,x_n)$ に等しい．

[解] 問題の行列式を $f(x_1,x_2,\cdots,x_n)$ とおけば，定理 3.24 により，f は交代式である．よって f は Δ で割り切れる(定理 3.48)．さらに

$$\begin{aligned}f(cx_1,cx_2,\cdots,cx_n) &= c\cdot c^2\cdots c^{n-1}f(x_1,x_2,\cdots,x_n)\\ &= c^{n(n-1)/2}f(x_1,x_2,\cdots,x_n)\end{aligned}$$

となるから，f は次数 $n(n-1)/2$ の同次式である．よって f の次数は Δ の次数と一致し，f は Δ の定数倍である：

$$f=c\Delta.$$

c を決めるため，f と Δ の $1x_2{x_3}^2\cdots{x_n}^{n-1}$ の係数を比較する．行列式の定義から，f における $1x_2{x_3}^2\cdots{x_n}^{n-1}$ の係数は $\mathrm{sgn}(1,2,\cdots,n)=1$．

一方，

$$\Delta = (x_2-x_1)(x_3-x_1)\cdots\cdots(x_n-x_1)$$
$$(x_3-x_2)\cdots\cdots(x_n-x_2)$$
$$\cdots\cdots\cdots\cdots\cdots\cdots$$
$$(x_n-x_{n-1})$$

において，各項 x_j-x_i から x_j を取り出して積をとったものが $x_2{x_3}^2\cdots{x_n}^{n-1}$ となるから，その係数は1である．よって $c=1$ となる．∎

例題 3.50（コーシーの行列式，Cauchy's determinant）$x_1, x_2, \cdots, x_n, y_1, y_2, \cdots, y_n$ に対して，$a_{ij}=(x_i-y_j)^{-1}$，$A=(a_{ij})$ とおくと，

$$\det A = \frac{\prod_{i<j}(x_i-x_j)(y_j-y_i)}{\prod_{i,j}(x_i-y_j)}.$$

［解］　$f=(\prod_{i,j}(x_i-y_j))\cdot\det A$ は $x_1, x_2, \cdots, x_n, y_1, y_2, \cdots, y_n$ の多項式である．まず $y_1, y_2, \cdots, y_n$ を定数とみなし，f を $x_1, x_2, \cdots, x_n$ の多項式と考えたとき，それは交代式である．よって，f は $\Delta(x_1, x_2, \cdots, x_n)$ で割り切れる．同様に，$y_1, y_2, \cdots, y_n$ の多項式と見なしたときも，f は $\Delta(y_1, y_2, \cdots, y_n)$ で割り切れるから，

$$f = g\Delta(x_1, x_2, \cdots, x_n)\Delta(y_1, y_2, \cdots, y_n)$$

となる多項式 g が存在することになる．f の次数は n^2-n，$\Delta(x_1, x_2, \cdots, x_n)\cdot\Delta(y_1, y_2, \cdots, y_n)$ の次数は

$$(n(n-1)/2)+(n(n-1)/2) = n^2-n$$

であるから，g は定数．簡単な考察により

$$g = (-1)^{n(n-1)/2}$$

となることがわかる．∎

コーシーの行列式において，$x_i=e^{2s_i}$，$y_i=e^{2t_i}$ とおくと，

$$(x_i-y_j)^{-1} = 2^{-1}e^{-(s_i+t_j)}(\sinh(s_i-t_j))^{-1}$$

であるから，$S=(s_{ij})$，$s_{ij}=(\sinh(s_i-t_j))^{-1}$ について

$$\det A = 2^{-n}\prod_i e^{-(s_i+t_i)}\det S$$

が成り立つ．一方，

$$\prod_{i<j}(x_i-x_j)(y_j-y_i) = \prod_{i<j} 2^2 e^{s_i+s_j} e^{t_i+t_j} \sinh(s_i-s_j)\cdot\sinh(t_j-t_i)$$
$$= 2^{n(n-1)} \prod_{i<j} e^{s_i+t_j} e^{s_j+t_i} \sinh(s_i-s_j)\cdot\sinh(t_j-t_i),$$

$$\prod_{i,j}(x_i-y_j) = 2^{n^2} \prod_{i,j} e^{s_i+t_j} \sinh(s_i-t_j)$$

であるから，結局

$$\det S = \frac{\prod_{i<j}\sinh(s_i-s_j)\cdot\sinh(t_j-t_i)}{\prod_{i,j}\sinh(s_i-t_j)}$$

を得る．同様な考え方により，$(\cosh(s_i-t_j))^{-1}$ を成分とする行列式も計算できる．

《まとめ》

3.1 順列を集合 $\{1,2,\cdots,n\}$ の置換と同一視することにより，順列の全体 S_n に「群」(結合律を満たす積と，各元の逆元が存在する体系)の構造が入る．

3.2 順列 σ に対して，その符号を

$$\mathrm{sgn}(\sigma) = \prod_{i<j} \frac{\sigma(j)-\sigma(i)}{j-i}$$

により定義する．σ に $\mathrm{sgn}(\sigma)$ を対応させる写像

$$\mathrm{sgn}:\ S_n \longrightarrow \{\pm 1\}$$

は，

$$\mathrm{sgn}(\sigma\tau) = \mathrm{sgn}(\sigma)\,\mathrm{sgn}(\tau)$$

を満たす．

3.3 n 次の正方行列 $A=(a_{ij})$ の行列式は

$$\det A = \sum_{\sigma\in S_n} \mathrm{sgn}(\sigma) a_{\sigma(1)1} a_{\sigma(2)2} \cdots a_{\sigma(n)n}$$

により定義される．

3.4 （行列式の線形性）

$$\det(\boldsymbol{a}_1, \boldsymbol{a}_2, \cdots, c\boldsymbol{a}_i + d\boldsymbol{b}_i, \cdots, \boldsymbol{a}_n)$$
$$= c\cdot\det(\boldsymbol{a}_1, \boldsymbol{a}_2, \cdots, \boldsymbol{a}_i, \cdots, \boldsymbol{a}_n) + d\cdot\det(\boldsymbol{a}_1, \boldsymbol{a}_2, \cdots, \boldsymbol{b}_i, \cdots, \boldsymbol{a}_n)$$

3.5　(行列式の交代性)　$\sigma \in S_n$ に対して

$$\det(\boldsymbol{a}_{\sigma(1)}, \boldsymbol{a}_{\sigma(2)}, \cdots, \boldsymbol{a}_{\sigma(n)}) = \mathrm{sgn}(\sigma)\det(\boldsymbol{a}_1, \boldsymbol{a}_2, \cdots, \boldsymbol{a}_n)$$

3.6　(行列式の積公式)　$\det(AB) = \det A\cdot\det B$

3.7　A の余因子行列を $\tilde{A}$ とすると，$A\tilde{A} = \tilde{A}A = (\det A)\cdot I$

3.8　A が可逆 $\Longleftrightarrow \det A \neq 0$

演習問題

3.1　S_n の元 $\sigma_k = (k, k+1)\ (k = 1, 2, \cdots, n-1)$ は次の関係式を満たすことを示せ.

$$\sigma_k\sigma_{k+1}\sigma_k = \sigma_{k+1}\sigma_k\sigma_{k+1}$$
$$\sigma_i\sigma_j = \sigma_j\sigma_i, \quad |i-j| \geqq 2$$
$$(\sigma_k\sigma_{k+1})^3 = I$$
$$(\sigma_i\sigma_j)^2 = I, \quad |i-j| \geqq 2.$$

3.2　写像 $\varphi: S_n \to \{\pm 1\}$ が

$$\varphi(\sigma\tau) = \varphi(\sigma)\varphi(\tau)$$

を満たし，しかも $\varphi(\sigma) = -1$ となる σ が存在するとき(言い換えれば，φ が全射であるとき)，$\varphi = \mathrm{sgn}$ となることを示せ.

3.3　$A = (\boldsymbol{a}_1, \boldsymbol{a}_2, \cdots, \boldsymbol{a}_n)$ に対して

$$\mathrm{tr}\,A = \det(\boldsymbol{a}_1, \boldsymbol{e}_2, \cdots, \boldsymbol{e}_n) + \det(\boldsymbol{e}_1, \boldsymbol{a}_2, \boldsymbol{e}_3, \cdots, \boldsymbol{e}_n) + \cdots$$
$$+ \det(\boldsymbol{e}_1, \boldsymbol{e}_2, \cdots, \boldsymbol{e}_{n-1}, \boldsymbol{a}_n)$$

であることを示せ．ただし，$I_n = (\boldsymbol{e}_1, \boldsymbol{e}_2, \cdots, \boldsymbol{e}_n)$ とする.

3.4　次の行列式を計算せよ.

(1)
$$\begin{vmatrix} 1 & 1 & \cdots & 1 & 1 \\ 1 & 2 & \cdots & 1 & 1 \\ & & \cdots\cdots\cdots & & \\ 1 & 1 & \cdots & n-1 & 1 \\ 1 & 1 & \cdots & 1 & n \end{vmatrix}$$

(2)
$$\begin{vmatrix} a & 1 & \cdots & 1 & 1 \\ 1 & a & \cdots & 1 & 1 \\ & & \cdots\cdots\cdots & & \\ 1 & 1 & \cdots & a & 1 \\ 1 & 1 & \cdots & 1 & a \end{vmatrix}$$

(3) $\begin{vmatrix} 1 & 2 & 3 & \cdots & n \\ 2 & 3 & 4 & \cdots & 1 \\ 3 & 4 & 5 & \cdots & 2 \\ & & \cdots\cdots\cdots & & \\ n & 1 & 2 & \cdots & n-1 \end{vmatrix}$ (4) $\begin{vmatrix} a & 0 & \cdots & 0 & b \\ 0 & a & \cdots & b & 0 \\ & & \cdots\cdots\cdots & & \\ 0 & b & \cdots & a & 0 \\ b & 0 & \cdots & 0 & a \end{vmatrix}$ (ただし次数は $2k$)

3.5 可逆な交代行列 $A \in M_n(\mathbb{F})$ が存在するとき，n は偶数であることを示せ．n が奇数であるときは，すべての交代行列 A に対して，$\det A = 0$ であることを示せ．

3.6 次のことを示せ．

(1) 直交行列の行列式は ± 1 である．

(2) ユニタリ行列の行列式は絶対値 1 の複素数である．

3.7 n 次の正方行列 A, B について

$$\det\begin{pmatrix} A & B \\ B & A \end{pmatrix} = \det(A+B)\cdot\det(A-B)$$

であることを示せ．

3.8

$$\begin{vmatrix} a_{11} & \cdots & a_{1n} & x_1 \\ a_{21} & \cdots & a_{2n} & x_2 \\ & \cdots\cdots\cdots & & \\ a_{n1} & \cdots & a_{nn} & x_n \\ y_1 & \cdots & y_n & 0 \end{vmatrix} = -\sum_{i,j=1}^{n} \tilde{a}_{ij} x_i y_j$$

となることを示せ．ただし，$\tilde{a}_{ij}$ は行列 $A = (a_{ij})$ の第 (i, j) 余因子とする．

3.9 n 次の正方行列 $A = (a_{ij})$ に対して，次の式が成り立つことを示せ．

$$\begin{vmatrix} a_{11}+x & \cdots & a_{1n}+x \\ a_{21}+x & \cdots & a_{2n}+x \\ & \cdots\cdots\cdots & \\ a_{n1}+x & \cdots & a_{nn}+x \end{vmatrix} = \det A + x\cdot\sum_{i,j=1}^{n} \tilde{a}_{ij}$$

ただし，$\tilde{a}_{ij}$ は A の第 (i, j) 余因子とする．

3.10 巡回行列(cyclic matrix) C_n は

$$C_n = \begin{pmatrix} 0 & 1 & 0 & \cdots & 0 \\ 0 & 0 & 1 & \cdots & 0 \\ & & \cdots\cdots\cdots & & \\ 0 & 0 & 0 & \cdots & 1 \\ 1 & 0 & 0 & \cdots & 0 \end{pmatrix}$$

により定義される n 次正方行列である．C_n に対して，

$$\det(I-xC_n)=1-x^n$$

となることを示せ.

3.11

(1) $t_k=x_1{}^k+x_2{}^k+\cdots+x_n{}^k$ とおくとき,

$$\begin{pmatrix} 1 & 1 & \cdots & 1 \\ x_1 & x_2 & \cdots & x_n \\ x_1{}^2 & x_2{}^2 & \cdots & x_n{}^2 \\ & \cdots\cdots\cdots & & \\ x_1{}^{n-1} & x_2{}^{n-1} & \cdots & x_n{}^{n-1} \end{pmatrix}\begin{pmatrix} 1 & x_1 & \cdots & x_1{}^{n-1} \\ 1 & x_2 & \cdots & x_2{}^{n-1} \\ & \cdots\cdots\cdots & & \\ 1 & x_n & \cdots & x_n{}^{n-1} \end{pmatrix}=\begin{pmatrix} t_0 & t_1 & \cdots & t_{n-1} \\ t_1 & t_2 & \cdots & t_n \\ & \cdots\cdots\cdots & & \\ t_{n-1} & t_n & \cdots & t_{2n-2} \end{pmatrix}$$

となることを示せ.

(2)

$$\begin{vmatrix} t_0 & t_1 & \cdots & t_{n-1} \\ t_1 & t_2 & \cdots & t_n \\ & \cdots\cdots\cdots & & \\ t_{n-1} & t_n & \cdots & t_{2n-2} \end{vmatrix}=\varDelta^2 \quad (\text{差積の平方})$$

となることを示せ.

3.12

$$x_n=\begin{vmatrix} a_1 & 1 & \cdots & 0 & 0 \\ -1 & a_2 & \cdots & 0 & 0 \\ & & \cdots\cdots\cdots & & \\ 0 & 0 & \cdots & a_{n-1} & 1 \\ 0 & 0 & \cdots & -1 & a_n \end{vmatrix}$$

について, 漸化式 $x_n=a_nx_{n-1}+x_{n-2}$ が成り立つことを示せ

3.13

$$\begin{vmatrix} x & 0 & 0 & \cdots & 0 & a_0 \\ -1 & x & 0 & \cdots & 0 & a_1 \\ 0 & -1 & x & \cdots & 0 & a_2 \\ & & \cdots\cdots\cdots\cdots & & & \\ 0 & 0 & 0 & \cdots & x & a_{n-1} \\ 0 & 0 & 0 & \cdots & -1 & a_n \end{vmatrix}$$

は $a_nx^n+a_{n-1}x^{n-1}+\cdots+a_1x+a_0$ に等しいことを示せ.

3.14 n 次の正方行列 A の余因子行列を $\tilde{A}$ とするとき, 次のことを示せ.

(1) $\det\tilde{A}=(\det A)^{n-1}$

(2) $\tilde{A}$ の余因子行列を $\tilde{\tilde{A}}$ とするとき, $\tilde{\tilde{A}}=(\det A)^{n-2}A$.

3.15 $\mathbb{F}^n$ の n 個の直積 $\mathbb{F}^n\times\cdots\times\mathbb{F}^n$ から $\mathbb{F}$ への写像 T が次の性質を満たすと

する.

(1) $T(\boldsymbol{x}_1, \cdots, a\boldsymbol{x}_i' + b\boldsymbol{x}_i'', \cdots, \boldsymbol{x}_n) = aT(\boldsymbol{x}_1, \cdots, \boldsymbol{x}_i', \cdots, \boldsymbol{x}_n) + bT(\boldsymbol{x}_1, \cdots, \boldsymbol{x}_i'', \cdots, \boldsymbol{x}_n)$ $(i=1, 2, \cdots, n)$.

(2) $T(\boldsymbol{x}_{\sigma(1)}, \boldsymbol{x}_{\sigma(2)}, \cdots, \boldsymbol{x}_{\sigma(n)}) = (\operatorname{sgn} \sigma)\cdot T(\boldsymbol{x}_1, \boldsymbol{x}_2, \cdots, \boldsymbol{x}_n)$.

このとき，ある定数$c \in \mathbb{F}$が存在して，

$$T(\boldsymbol{x}_1, \boldsymbol{x}_2, \cdots, \boldsymbol{x}_n) = c\cdot \det(\boldsymbol{x}_1, \boldsymbol{x}_2, \cdots, \boldsymbol{x}_n)$$

となることを証明せよ.

4 一般の連立1次方程式

行列式を使って連立方程式を解く方法は，理論的には有効であるが，実用的な面から考えると計算の手間が多い．実際，n 次の行列の行列式の計算だけでも $n!$ 個(順列の個数)の掛け算をしなければならない．数理科学の諸分野で扱われる連立方程式は一般にサイズが大きく，クラメルの公式では実用には耐えないのである．さらに未知数の個数が方程式の個数と異なるときには，この公式は使えない．

もとの2元連立方程式でもそうだが，普通は消去法を使って連立方程式を解く．ここではその変形である**掃き出し法**を一般の n 元連立方程式に適用してみよう．

§4.1で，連立方程式に対する掃き出し法を行列の立場からみなおす．すなわち，連立方程式の係数から定まる行列を A とするとき，適当な可逆行列 P と単位行列の列の置換を行って得られる行列 Q により，

$$PAQ = \begin{pmatrix} I_r & B \\ O & O \end{pmatrix}$$

の形に変形することが，掃き出し法にほかならないことを述べる．この考え方を押し進めて，§4.2では，可逆行列 P, Q をうまく選べば，

$$PAQ = \begin{pmatrix} I_r & O \\ O & O \end{pmatrix}$$

とすることができることを示す．ここで自然数 r は，A の**階数**とよばれる重

要な数である．§4.2の結果は，第5章以降の線形空間の理論に適用されることになる．

§4.1　掃き出し法

(a)　方程式の基本変形

未知数 $x_1, x_2, \cdots, x_n$ をもち，m 個の方程式からなる連立方程式

$$\begin{aligned} a_{11}x_1 + a_{12}x_2 + \cdots + a_{1n}x_n &= u_1 \\ a_{21}x_1 + a_{22}x_2 + \cdots + a_{2n}x_n &= u_2 \\ &\cdots\cdots\cdots \\ a_{m1}x_1 + a_{m2}x_2 + \cdots + a_{mn}x_n &= u_m \end{aligned} \tag{4.1}$$

を考える．これに次のような番号をつけてみよう．

$$\begin{array}{ccccccl} 1\text{列} & & 2\text{列} & \cdots & n\text{列} & & \\ a_{11}x_1 & + & a_{12}x_2 & + \cdots + & a_{1n}x_n & = u_1 & 1\text{行} \\ a_{21}x_1 & + & a_{22}x_2 & + \cdots + & a_{2n}x_n & = u_2 & 2\text{行} \\ & & \cdots\cdots & \cdots & & & \vdots \\ a_{m1}x_1 & + & a_{m2}x_2 & + \cdots + & a_{mn}x_n & = u_m & m\text{行} \end{array}$$

このような方程式を解くのに，**掃き出し法**で行う式の変形は次のようなものである．

（1）　2つの行の式を入れ換える．

（2）　ある行の式に0でない数を掛ける．

（3）　ある行に他のある行の定数倍を加える．

（4）　2つの未知数を交換する．

このような操作を有限回行うことにより，方程式の形を(2.2)のように変形できることを以下で示す．ただし未知数 $y_1, y_2, \cdots, y_n$ は $x_1, x_2, \cdots, x_n$ を並べ換えたものである．

$$
\left.\begin{array}{r}
y_1 + \cdots\cdots\cdots\cdots + b_{1,s+1}y_{s+1} + \cdots + b_{1,n}y_n = v_1 \\
y_2 + \cdots\cdots\cdots + b_{2,s+1}y_{s+1} + \cdots + b_{2,n}y_n = v_2 \\
\cdots\cdots\cdots\cdots\cdots\cdots\cdots\cdots\cdots\cdots\cdots\cdots \\
\cdots\cdots\cdots\cdots\cdots\cdots\cdots\cdots\cdots\cdots\cdots \\
\cdots\cdots\cdots\cdots\cdots\cdots\cdots\cdots\cdots\cdots \\
y_s + b_{s,s+1}y_{s+1} + \cdots + b_{s,n}y_n = v_s \\
0 = v_{s+1} \\
\cdots\cdots\cdots\cdots\cdots\cdots\cdots \\
\cdots\cdots\cdots\cdots\cdots\cdots \\
0 = v_m
\end{array}\right\} \qquad (4.2)
$$

このような特別の形をした方程式については，簡単に解の存在の判別と解の表示ができる．まず，

(a)　v_{s+1}, v_{s+2}, $\cdots$, v_m の中に0でないものがあれば，(4.1)は解をもたない．

(b)　$v_{s+1}=v_{s+2}=\cdots=v_m=0$ であるときは，未知数 $y_{s+1},\cdots,y_n$ は，任意の値をとれて，それらの値に応じて $y_1,\cdots,y_s$ が決まるから，(4.2)の形の方程式の一般解は次のようになる．

$t_{s+1},t_{s+2},\cdots,t_n$ を任意の数として

$$
\begin{aligned}
y_1 &= v_1 - b_{1,s+1}t_{s+1} - \cdots - b_{1,n}t_n \\
y_2 &= v_2 - b_{2,s+1}t_{s+1} - \cdots - b_{2,n}t_n \\
&\cdots\cdots\cdots \\
y_s &= v_s - b_{s,s+1}t_{s+1} - \cdots - b_{s,n}t_n \\
y_{s+1} &= t_{s+1} \\
&\cdots\cdots\cdots \\
y_n &= t_n
\end{aligned}
$$

とおけば，$y_1,\cdots,y_n$ は(4.1)の解である(解のこのような表し方は1つとは限らないことに注意)．ここで，独立に取れる任意定数の個数が，$n-s$ であることに注意しておこう．

例 4.1　次の連立方程式を掃き出し法を用いて解いてみよう．

$$x_1+x_2+x_3+x_4+x_5=1 \qquad ①$$
$$x_1-x_2+x_3-x_4+x_5=-1 \qquad ②$$
$$x_1+x_2-x_3+x_4+x_5=1 \qquad ③$$

②+③ $\longrightarrow\ 2x_1+2x_5=0\ \longrightarrow\ x_1+x_5=0$

①−② $\longrightarrow\ 2x_2+2x_4=2\ \longrightarrow\ x_2+x_4=1$

①−③ $\longrightarrow\ 2x_3=0\ \longrightarrow\ x_3=0$

よって

$$\begin{aligned} x_1 \qquad\quad +x_5 &= 0 \\ x_2 \quad +x_4 \quad &= 1 \\ x_3 \qquad &= 0 \end{aligned}$$

となるから，s,t を任意の数として

$$x_1=-s,\quad x_2=-t+1,\quad x_3=0,\quad x_4=t,\quad x_5=s$$

が，一般の解となる． □

(b)　拡大行列と基本変形

上で述べた主張を行列を用いて証明するために

$$A=\begin{pmatrix} a_{11} & a_{12} & \cdots & a_{1n} \\ a_{21} & a_{22} & \cdots & a_{2n} \\ & \cdots\cdots\cdots & & \\ a_{m1} & a_{m2} & \cdots & a_{mn} \end{pmatrix},\quad \tilde{A}=\begin{pmatrix} a_{11} & a_{12} & \cdots & a_{1n} & u_1 \\ a_{21} & a_{22} & \cdots & a_{2n} & u_2 \\ & & \cdots\cdots\cdots & & \\ a_{m1} & a_{m2} & \cdots & a_{mn} & u_m \end{pmatrix}$$

とおく．A を連立方程式(4.1)の係数行列，$\tilde{A}$ を**拡大係数行列**という．$\tilde{A}$ は $(m,n+1)$ 型の行列である．

未知数 x_i と u_i については

$$\boldsymbol{x}=\begin{pmatrix} x_1 \\ x_2 \\ \vdots \\ x_n \end{pmatrix},\quad \boldsymbol{u}=\begin{pmatrix} u_1 \\ u_2 \\ \vdots \\ u_m \end{pmatrix},\quad \tilde{\boldsymbol{x}}=\begin{pmatrix} x_1 \\ x_2 \\ \vdots \\ x_n \\ -1 \end{pmatrix}$$

とおくと，(4.1)は次の2通りの形に表される．

$$\boldsymbol{A}\boldsymbol{x} = \boldsymbol{u}$$
$$\tilde{\boldsymbol{A}}\tilde{\boldsymbol{x}} = \boldsymbol{0}$$

上の基本変形を行列の言葉で表すため，次のような特別な正方行列を導入しよう．

m 次の単位行列の第 i 列と第 j 列を交換した行列を $S_m(i,j)$ とする．

$$
\begin{array}{rc}
 & \begin{array}{ccccccccc} & & & \text{第}\,i\,\text{列} & & & \text{第}\,j\,\text{列} & & \end{array}\\
S_m(i,j)= \begin{array}{r}\\ \\ \\ \text{第}\,i\,\text{行}\\ \\ \\ \\ \text{第}\,j\,\text{行}\\ \\ \\ \\ \end{array} &
\begin{pmatrix}
1 & & & 0 & & & 0 & & 0\\
& \ddots & & \vdots & & & \vdots & & \\
& & 1 & \vdots & & & \vdots & & \\
0 & \cdots & & 0 & \cdots & & 1 & \cdots & 0\\
& & & \vdots & 1 & & \vdots & & \\
& & & \vdots & & \ddots & \vdots & & \\
& & & \vdots & & 1 & \vdots & & \\
0 & \cdots & & 1 & \cdots & & 0 & \cdots & 0\\
& & & \vdots & & & \vdots & 1 & \\
& & & \vdots & & & \vdots & & \ddots \\
0 & & & 0 & & & 0 & & 1
\end{pmatrix}
\end{array}
\qquad (i \neq j)
$$

m 次の単位行列の (i,i) 成分の 1 を 0 でない数 a で置き換えたものを $T_m(i;a)$ とおく．

$$
\begin{array}{rc}
 & \begin{array}{ccccccc} & & & \text{第}\,i\,\text{列} & & & \end{array}\\
T_m(i;a)= \begin{array}{r}\\ \\ \\ \\ \text{第}\,i\,\text{行}\\ \\ \\ \\ \\ \end{array} &
\begin{pmatrix}
1 & & & 0 & & & 0\\
& 1 & & \vdots & & & \\
& & \ddots & \vdots & & & \\
& & 1 & \vdots & & & \\
0 & \cdots & & a & \cdots & & 0\\
& & & \vdots & 1 & & \\
& & & \vdots & & \ddots & \\
& & & \vdots & & 1 & \\
0 & & & 0 & & & 1
\end{pmatrix}
\end{array}
$$

m 次の単位行列の (i,j) 成分 $(i \neq j)$ の 0 を数 a (0 でもよい)に置き換えたものを $U_m(i,j;a)$ とおく．

$$U_m(i,j;a) = \begin{array}{r} \\ \\ 第\,i\,行 \\ \\ \\ \\ \\ \end{array}\!\!\overset{\text{第}\,j\,\text{列}}{\begin{pmatrix} 1 & & & & 0 & & 0 \\ & \ddots & & & \vdots & & \\ 0 & \cdots & 1 & \cdots & a & \cdots & 0 \\ & & & \ddots & \vdots & & \\ & & & & 1 & & \\ & & & & \vdots & \ddots & \\ 0 & & & & 0 & & 1 \end{pmatrix}} \qquad (i \neq j)$$

$S_m(i,j)$, $T_m(i;a)$, $U_m(i,j;a)$ を**基本行列**(fundamental matrix)とよぶ.

補題 4.2　基本行列 $S_m(i,j)$, $T_m(i;a)$, $U_m(i,j;a)$ は可逆であり,

$$S_m(i,j)^{-1} = S_m(i,j)$$
$$T_m(i;a)^{-1} = T_m(i;a^{-1})$$
$$U_m(i,j;a)^{-1} = U_m(i,j;-a)$$

［証明］　次の等式は簡単に示せる.

$$S_m(i,j)S_m(i,j) = I_m$$
$$T_m(i;a)T_m(i;a^{-1}) = I_m$$
$$U_m(i,j;a)U_m(i,j;-a) = I_m$$

$S_m(i,j)$, $T_m(i;a)$, $U_m(i,j;a)$ の可逆性とその逆の形は, これらの等式の帰結である. ∎

例題 4.3　$\boldsymbol{e}_1, \boldsymbol{e}_2, \cdots, \boldsymbol{e}_m$ を $\mathbb{F}^m$ の基本ベクトルとする. $\sigma \in S_m$ に対して,

$$S_m(\sigma) = (\boldsymbol{e}_{\sigma(1)}, \boldsymbol{e}_{\sigma(2)}, \cdots, \boldsymbol{e}_{\sigma(m)})$$

とおいたとき, 次のことが成り立つ.

（1）　$\sigma = (i,j)$（互換）に対して, $S_m(\sigma) = S_m(i,j)$.

（2）　$\sigma, \mu \in S_m$ に対して, $S_m(\sigma)S_m(\mu) = S_m(\sigma\mu)$.

［解］　(1)は明らか.

(2)　$S_m(\sigma) = (a_{ij}(\sigma))$ とおくと

$$a_{ij}(\sigma) = \begin{cases} 1 & i = \sigma(j) \text{ のとき} \\ 0 & \text{その他のとき} \end{cases}$$

$S_m(\sigma)S_m(\mu)$ の (i,k) 成分は

$$\sum_{j=1}^{m} a_{ij}(\sigma)a_{jk}(\mu) = \begin{cases} 1 & i=\sigma\mu(k) \\ 0 & \text{その他のとき} \end{cases}$$

よって，$S_m(\sigma)S_m(\mu)=S_m(\sigma\mu)$. ∎

次の事実は簡単に確かめられる．B を (m,n) 型の行列とすると

$S_m(i,j)B$ は B の第 i 行と第 j 行を交換したものである．

$T_m(i;a)B$ は B の第 i 行が a 倍されたものである．

$U_m(i,j;a)B$ は B の第 i 行に第 j 行の a 倍を加えたものである．

これらはそれぞれ掃き出し法の操作(1),(2),(3)に対応する．行列に左から基本行列を掛ける操作を，**左基本変形**という．

掃き出し法の操作(4)，すなわち2つの未知数を交換することについては，次のようになる．

$1\leqq i,j\leqq n$ であるとき

$S_{n+1}(i,j)\tilde{\boldsymbol{x}}$ は $\tilde{\boldsymbol{x}}$ の第 i 成分と第 j 成分を交換したものである．

$\tilde{A}S_{n+1}(i,j)$ は $\tilde{A}$ の第 i 列と第 j 列を交換したものである．

基本行列 $S_m(i,j)$, $T_m(i;a)$, $U_m(i,j;a)$ から有限個取り出して積をとったものを P とする．Q を $S_{n+1}(i,j)$; $1\leqq i,j\leqq n$ たちの有限個の積とし，Q' をその積を逆の順にしたものとする．P は可逆であるから

$$\tilde{A}\tilde{\boldsymbol{x}}=\boldsymbol{0} \Longleftrightarrow P\tilde{A}\tilde{\boldsymbol{x}}=\boldsymbol{0}.$$

さらに $S_{n+1}(i,j)S_{n+1}(i,j)=I_{n+1}$ に注意すれば，$QQ'=I_{n+1}$，よって

$$\tilde{A}\tilde{\boldsymbol{x}}=\tilde{A}QQ'\tilde{\boldsymbol{x}}$$

である．$Q'\tilde{\boldsymbol{x}}$ は $\tilde{\boldsymbol{x}}$ の成分の番号をある置換によって並べ換えたベクトルであり，$\tilde{A}Q$ は $\tilde{A}$ の(第 $n+1$ 列以外の)列の同じ置換により並べ換えた行列である．こうして

$$\tilde{A}\tilde{\boldsymbol{x}}=\boldsymbol{0} \Longleftrightarrow P\tilde{A}QQ'\tilde{\boldsymbol{x}}=\boldsymbol{0}.$$

このことから，次のことを示せばよい．

定理 4.4　拡大係数行列 $\tilde{A}$ に，左基本変形と最後の列を除いた列の交換を有限回行うことによって，$\tilde{A}$ は次のような行列 $\tilde{B}$ に変形される．

$$\tilde{B} = \begin{pmatrix} 1 & 0 & \cdots & 0 & b_{1,s+1} & \cdots & b_{1,n} & v_1 \\ 0 & 1 & \cdots & 0 & b_{2,s+1} & \cdots & b_{2,n} & v_2 \\ & & \ddots & & & & & \\ 0 & 0 & \cdots & 1 & b_{s,s+1} & \cdots & b_{s,n} & v_s \\ 0 & 0 & \cdots & 0 & 0 & \cdots & 0 & v_{s+1} \\ & & & & & \ddots & & \\ 0 & 0 & \cdots & 0 & 0 & \cdots & 0 & v_m \end{pmatrix}$$

換言すれば，

$$P\tilde{A}Q = \begin{pmatrix} I_s & B & \boldsymbol{v} \\ O_{m-s,s} & O_{m-s,n-s} & \boldsymbol{v}' \end{pmatrix}, \quad PAQ_1 = \begin{pmatrix} I_s & B \\ O_{m-s,s} & O_{m-s,n-s} \end{pmatrix}$$

となるような P, Q が存在する．ただし Q_1 は Q から第 $n+1$ 行，第 $n+1$ 列を取り去った行列である．

［証明］ $A=O$ のとき，$\tilde{A}$ は最初から求める形である．

$A \neq O$ のとき，必要ならば行の交換と第 $n+1$ 列以外の列の交換を行うことにより，$(1,1)$ 成分が 0 でないようにする．そして，第1行に適当な数を掛けて $(1,1)$ 成分に 1 となるようにする．新しく得られた行列の 2 行以降に，第1行に適当な数を掛けたものを足すことにより，第1列の 2 行以降を 0 にすることができる．

$$\begin{pmatrix} 1 & * & * & \cdots & * & * \\ 0 & * & * & \cdots & * & * \\ & & \cdots\cdots\cdots & & & \\ 0 & * & * & \cdots & * & * \end{pmatrix}$$

この行列の第2列から第 n 列までの第2行以降がすべて 0 であれば，この行列が求めるものである．

もし，この部分に 0 でない成分があれば，第1行第1列はそのままにして，上と同様に $(2,2)$ 成分を 1 にし，第2列の $(2,2)$ 成分以外を 0 にする．この操作を続ければ，いつかは $\tilde{B}$ の形に達する． ∎

注意 4.5 $A\boldsymbol{x}=\boldsymbol{u}$ において，$A \in M(m,n;\mathbb{F})$，$\boldsymbol{u} \in \mathbb{F}^m$ とすると，上の定理の証明で構成した $P, Q, B, \boldsymbol{v}, \boldsymbol{v}'$ は，すべて $\mathbb{F}$ の元を成分とする．さらに $\mathbb{F} \subset \mathbb{C}$ とするとき(例えば $\mathbb{F}=\mathbb{Q}, \mathbb{R}$)，$A\boldsymbol{x}=\boldsymbol{u}$ が解 $\boldsymbol{x} \in \mathbb{C}^n$ をもつならば，実は解 $\boldsymbol{x}' \in \mathbb{F}^n$ が

存在する．

例題 4.6　$m=n$ のとき上で行った基本変形の回数は高々 $n(n+2)$ であることを示せ．

［解］　行と列の交換で $(1,1)$ 成分を 0 でない数にする操作が（高々）2 回．$(1,1)$ 成分を 1 にする操作が 1 回．第 1 列の $n-1$ 個の成分を 0 にする操作が $n-1$ 回．合わせると，

$$2+1+(n-1)=n+2$$

これと同じことを n 回行うことになるから，基本変形の回数は高々 $(n+2)n$ である． ∎

例題 4.6 の主張から，クラメルの公式を使って解を求めるのに較べて，掃き出し法は確かに手順の数が少ないことがわかる．

例 4.7　次の連立方程式を行列の基本変形を行うことにより解いてみよう．

$$\begin{aligned} x_1 \qquad\quad +2x_3 +x_4+3x_5 &= 0 \\ 2x_1 +x_2+3x_3+5x_4+4x_5 &= 0 \\ x_1 -x_2+3x_3-2x_4+5x_5 &= 0 \\ x_1+2x_2 \qquad\quad +7x_4 -x_5 &= 0 \end{aligned}$$

$$\begin{pmatrix} 1 & 0 & 2 & 1 & 3 & 0 \\ 2 & 1 & 3 & 5 & 4 & 0 \\ 1 & -1 & 3 & -2 & 5 & 0 \\ 1 & 2 & 0 & 7 & -1 & 0 \end{pmatrix} \xrightarrow{\text{(a)}} \begin{pmatrix} 1 & 0 & 2 & 1 & 3 & 0 \\ 0 & 1 & -1 & 3 & -2 & 0 \\ 0 & -1 & 1 & -3 & 2 & 0 \\ 0 & 2 & -2 & 6 & -4 & 0 \end{pmatrix}$$

$$\xrightarrow{\text{(b)}} \begin{pmatrix} 1 & 0 & 2 & 1 & 3 & 0 \\ 0 & 1 & -1 & 3 & -2 & 0 \\ 0 & 0 & 0 & 0 & 0 & 0 \\ 0 & 0 & 0 & 0 & 0 & 0 \end{pmatrix}$$

ここで，次のような変形を行った．

（a）　第 1 行の 2 倍を第 2 行から引き，第 3 行および第 4 行から第 1 行を引く．

（b）　第3行に第2行を足し，第4行から第2行の2倍を引く．

よって，方程式は

$$\begin{aligned} x_1+2x_3\ \ +x_4+3x_5 &= 0 \\ x_2\ \ -x_3+3x_4-2x_5 &= 0 \end{aligned}$$

に変形される．すなわち，s, t, u を任意の数として

$$x_1 = -2s-t-3u, \quad x_2 = s-3t+2u, \quad x_3 = s, \quad x_4 = t, \quad x_5 = u$$

が解になる．　□

§4.2　行列の階数と標準形

(a)　階　　数

(m,n) 型の行列で最も単純な形をしたものは，(零行列を除けば)対角線の初めの方に数個(例えば r 個) 1 が並び，他の成分が 0 である行列である．

$$\begin{pmatrix} 1 & & & & & & \\ & 1 & & & & & \\ & & \ddots & & & & \\ & & & 1 & & & \\ & & & & 0 & & \\ & & & & & \ddots & \\ & & & & & & 0 \\ & & & & & & \end{pmatrix}$$

この行列をブロックに区分けして表すと

$$\begin{pmatrix} I_r & O_{r,n-r} \\ O_{m-r,r} & O_{m-r,n-r} \end{pmatrix}$$

となる．これを $D(m,n;r)$ により表す．この節の目標は，前節で述べた基本変形のアイディアを使って，次の定理を証明することである．

定理 4.8　任意の (m,n) 型行列 A に対して，

$$PAQ = D(m,n;r)$$

となる m 次可逆行列 P と n 次可逆行列 Q が存在する．$r\ (0 \leqq r \leqq \min\{m,n\})$ は A のみによって決まる整数である．　□

すなわち，任意の行列は左右から可逆行列を掛けることにより，簡単な行

列に変形できるのである．この $D(m,n;r)$ を A の**標準形**とよぶ．整数 r を A の**階数**(rank)といい，$\mathrm{rank}(A)$ により表す．

この定理を別の言い方で表現するため，2 つの (m,n) 型の行列の間の関係を，次のように定義しよう．

$A,B\in M(m,n;\mathbb{F})$ に対して，$B=PAQ$ となる可逆行列 $P\in M_m(\mathbb{F})$ と可逆行列 $Q\in M_n(\mathbb{F})$ が存在するとき，$A\approx B$ と書くことにする．

補題 4.9 関係 $\approx$ は次の性質を満たす．

（1） $A\approx A$

（2） $A\approx B$ ならば $B\approx A$

（3） $A\approx B, B\approx C$ ならば $A\approx C$

[証明]

（1） $A=I_mAI_n$．ゆえに，$A\approx A$．

（2） $B=PAQ\Longrightarrow A=P^{-1}BQ^{-1}$．ゆえに，$A\approx B$ ならば $B\approx A$．

（3） $B=PAQ$, $C=P'BQ'\Longrightarrow C=(P'P)A(QQ')$．ゆえに，$A\approx B$, $B\approx C$ ならば $A\approx C$． ∎

定理 4.8 は，任意の行列 $A\in M(m,n)$ に対して，$A\approx D(m,n;r)$ となる r が存在し，r は A のみによって決まることを意味している．

まず，後半の主張を示そう．以下，簡単のため $D(m,n;r)$ を $D(r)$ で表す．$A\approx D(r)$, $A\approx D(s)$ と仮定すると，補題 4.9 により，$D(r)\approx D(s)$．よって，可逆行列 P,Q が存在して

$$D(s) = PD(r)Q$$

と書ける．$r\leqq s$ と仮定して一般性を失わない．

P,Q を次のように対称区分けをする(p. 79)．

$$P=\begin{pmatrix} P_{11} & P_{12} \\ P_{21} & P_{22} \end{pmatrix}, \quad Q=\begin{pmatrix} Q_{11} & Q_{12} \\ Q_{21} & Q_{22} \end{pmatrix}$$

ただし，P_{11},Q_{11} は r 次の正方行列とする．このとき

$$D(s)=\begin{pmatrix} P_{11} & P_{12} \\ P_{21} & P_{22} \end{pmatrix}\begin{pmatrix} I_r & O \\ O & O \end{pmatrix}\begin{pmatrix} Q_{11} & Q_{12} \\ Q_{21} & Q_{22} \end{pmatrix}$$

$$= \begin{pmatrix} P_{11} & O \\ P_{21} & O \end{pmatrix} \begin{pmatrix} Q_{11} & Q_{12} \\ Q_{21} & Q_{22} \end{pmatrix}$$

$$= \begin{pmatrix} P_{11}Q_{11} & P_{11}Q_{12} \\ P_{21}Q_{11} & P_{21}Q_{12} \end{pmatrix}$$

仮定 $r \leqq s$ により,

$$P_{11}Q_{11} = I_r \qquad ①$$

$$P_{11}Q_{12} = O_{r,n-r} \qquad ②$$

$$P_{21}Q_{11} = O_{m-r,r} \qquad ③$$

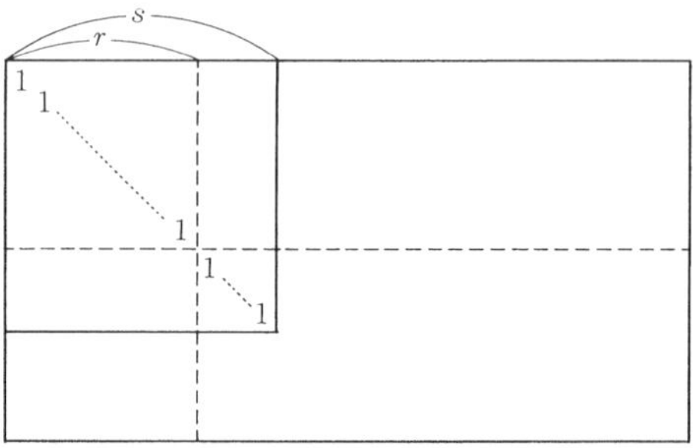

①により, P_{11}, Q_{11} は可逆である. ②, ③から

$$Q_{12} = P_{11}^{-1}O_{r,n-r} = O_{r,n-r},$$

$$P_{21} = O_{m-r,r}Q_{11}^{-1} = O_{m-r,r}\,.$$

よって

$$P_{21}Q_{12} = O_{m-r,n-r}\,.$$

こうして

$$D(s) = \begin{pmatrix} I_r & O \\ O & O \end{pmatrix} = D(r)$$

となるから, $s = r$ である.

系4.10　P, Q をそれぞれ m 次可逆行列, n 次可逆行列とすると, $A \in M(m,n)$ に対して, PAQ の階数は A の階数に等しい. すなわち, $A \approx B$ で

あれば，A と B の階数は等しい．

［証明］ $A \approx D(m,n;r)$, $B \approx D(m,n;s)$ であれば，

$$D(m,n;r) \approx D(m,n;s).$$

よって $r=s$. ∎

階数の概念は行列の理論においてきわめて重要である．「行列と行列式 2」第 5 章で，階数の別の見方を紹介する．

問 1 $\mathrm{rank}(A)=\mathrm{rank}({}^tA)$ を示せ．

(b) 行列の基本変形

定理 4.8 の前半を証明するために，行列の基本変形を少し広くしたものを考えよう．

すなわち，これまでは基本変形として，

（1） 2 つの行を入れ替える．

（2） ある行に 0 でない数を掛ける．

（3） ある行に他のある行の定数倍を加える．

（4） (最後の列を除いて) 2 つの列を入れ替える．

の 4 種類を考えたのだが，(1), (2), (3) に併せて，次の操作も基本変形に加えることにする．

（4′） 任意の 2 つの列を入れ替える．

（5） ある列に 0 でない数を掛ける．

（6） ある列に他のある列の定数倍を加える．

行列の言葉では，(m,n) 型行列 A に対して

（4′） $AS_n(i,j)$ は A の第 i 列と第 j 列を交換したもの．

（5） $AT_n(i;a)$ は A の第 i 列が a 倍されたもの．

（6） $AU_n(i,j;a)$ は A の第 j 列に第 i 列の a 倍を加えたもの．

このような行列の変形を**右基本変形**といい，左右の基本変形を合わせて**基本変形**という．

行列 A を基本変形を何回か施すことによって行列 B に変形されたとすれ

ば，基本行列の積で表される可逆行列 P, Q により $B=PAQ$ と書ける．とくに $A \approx B$.

定理4.8は，次の定理の帰結である．

定理 4.11　任意の (m, n) 型の行列 A に基本変形を有限回行うことによって $D(m, n; r)$ に変形される． □

証明のアイディアは定理4.4と同じである．念のため，証明を与えよう．

[証明]　$A=O$ ならば，A 自身が $D(m, n; 0)$ である．

$A \neq O$ のとき，必要ならば行および列の交換を行うことにより，$(1,1)$ 成分が0でないようにする．そして，第1行に適当な数を掛けて $(1,1)$ 成分に1となるようにする．新しく得られた行列の2行以降に，第1行に適当な数を掛けたものを足すことにより，第1列の2行以降を0にすることができる．同じことを，列にも施すことにより，次のような行列が得られる．

$$\begin{pmatrix} 1 & 0 & \cdots & 0 \\ 0 & & & \\ \vdots & & A_1 & \\ 0 & & & \end{pmatrix}$$

$(m-1, n-1)$ 型行列 A_1 が $O_{m-1,n-1}$ であれば，これは $D(m, n; 1)$ である．A_1 が $O_{m-1,n-1}$ でなければ，A_1 に上と同じことを行うことにより，基本変形により

$$\begin{pmatrix} 1 & 0 & \cdots & 0 \\ 0 & 1 & \cdots & 0 \\ \vdots & \vdots & & \\ 0 & 0 & A_2 & \end{pmatrix}$$

の形にすることができる．これを続ければ，最後には求める標準形にいたる． ∎

例 4.12　次の行列を基本変形により標準形に変形してみよう．

$$\begin{pmatrix} 1 & 0 & 2 & 1 & 3 \\ 2 & 1 & 3 & 5 & 4 \\ 1 & -1 & 3 & -2 & 5 \\ 1 & 2 & 0 & 7 & -1 \end{pmatrix}$$

行の変形で次の行列が得られる(p. 139 を見よ).

$$\begin{pmatrix} 1 & 0 & 2 & 1 & 3 \\ 0 & 1 & -1 & 3 & -2 \\ 0 & 0 & 0 & 0 & 0 \\ 0 & 0 & 0 & 0 & 0 \end{pmatrix}$$

列の変形を行えば,

$$\begin{pmatrix} 1 & 0 & 2 & 1 & 3 \\ 0 & 1 & -1 & 3 & -2 \\ 0 & 0 & 0 & 0 & 0 \\ 0 & 0 & 0 & 0 & 0 \end{pmatrix} \xrightarrow{\text{(a)}} \begin{pmatrix} 1 & 0 & 0 & 0 & 0 \\ 0 & 1 & -1 & 3 & -2 \\ 0 & 0 & 0 & 0 & 0 \\ 0 & 0 & 0 & 0 & 0 \end{pmatrix}$$

$$\xrightarrow{\text{(b)}} \begin{pmatrix} 1 & 0 & 0 & 0 & 0 \\ 0 & 1 & 0 & 0 & 0 \\ 0 & 0 & 0 & 0 & 0 \\ 0 & 0 & 0 & 0 & 0 \end{pmatrix}$$

ここで行った操作は次のとおりである.

(a)　第 3 列から第 1 列の 2 倍を引き，第 4 列から第 1 列を引き，第 5 列から第 1 列の 3 倍を引く.

(b)　第 3 列に第 2 列を足し，第 4 列から第 2 列の 3 倍を引き，第 5 列に第 2 列の 2 倍を足す. □

問 2　次の行列の階数を求めよ.

$$\begin{pmatrix} 1 & 2 & 1 & 2 \\ 1 & -1 & 1 & -1 \\ 1 & 2 & 2 & 1 \end{pmatrix} \qquad \begin{pmatrix} 1 & 2 & -1 & 4 \\ 3 & 2 & 0 & 2 \\ 0 & 1 & 3 & 2 \\ 3 & 3 & 3 & 4 \end{pmatrix}$$

定理 4.13　n 次正方行列に関して，次のことが成り立つ.

（1）　n 次正方行列 A が可逆であるための必要十分条件は，A の階数が n であることである．

（2）　可逆な n 次正方行列は，基本行列の積として表される．

[証明]

（1）　r を A の階数とすると，$A=PD(n,n;r)Q$ となる可逆行列 P,Q が存在する．$r<n$ とすると，$\det D(n,n;r)=0$．よって

$$\det A = \det P\cdot\det D(n,n;r)\cdot\det Q = 0$$

となり，A は可逆ではない．

$r=n$ のときは，$D(n,n;n)=I_n$ であることに注意．

$$PAQ = I_n$$

となるから，$A=P^{-1}I_nQ^{-1}=P^{-1}Q^{-1}$ となって，A は可逆である．

（2）　(1)の証明において，P,Q を基本行列の積として表される可逆行列にとることができるから(定理4.11)，$A=P^{-1}Q^{-1}$ は基本行列の積である(基本行列の逆行列も基本行列！)．　■

上の定理の(2)を言い換えれば，任意の可逆行列は左(または右)基本変形のみによって単位行列に変形できることを意味している($I=QPA$)．この事実を利用して，正方行列の可逆性の判定と，逆行列の計算法を次のように与えることができる．

n 次の正方行列 A に対して，$(n,2n)$ 型の行列 (A,I_n) を考える．P を基本行列の積とし，$PA=B$ とすると，$P(A,I_n)=(PA,PI_n)=(B,P)$ である．すなわち，A に施すのと同じ左基本変形(行の変形)の繰り返しで I_n は P に変形されるのである．とくに A が可逆行列であれば，$PA=I_n$ となる P が存在するから，$P=A^{-1}$ となって，A を I_n に変形するのと同じ操作で I_n が A の逆行列に変形されることになる．もし，A を変形していくときに，途中で操作が行き詰まれば A は可逆ではないことになる．

例 4.14　次の行列

$$\begin{pmatrix} 2 & -1 & 3 \\ 2 & 3 & 2 \\ -1 & 1 & -1 \end{pmatrix}$$

の逆行列を求めてみよう．

$$\begin{pmatrix} 2 & -1 & 3 & 1 & 0 & 0 \\ 2 & 3 & 2 & 0 & 1 & 0 \\ -1 & 1 & -1 & 0 & 0 & 1 \end{pmatrix} \longrightarrow \begin{pmatrix} -1 & 1 & -1 & 0 & 0 & 1 \\ 2 & 3 & 2 & 0 & 1 & 0 \\ 2 & -1 & 3 & 1 & 0 & 0 \end{pmatrix}$$

$$\longrightarrow \begin{pmatrix} 1 & -1 & 1 & 0 & 0 & -1 \\ 2 & 3 & 2 & 0 & 1 & 0 \\ 2 & -1 & 3 & 1 & 0 & 0 \end{pmatrix} \longrightarrow \begin{pmatrix} 1 & -1 & 1 & 0 & 0 & -1 \\ 0 & 5 & 0 & 0 & 1 & 2 \\ 0 & 1 & 1 & 1 & 0 & 2 \end{pmatrix}$$

$$\longrightarrow \begin{pmatrix} 1 & -1 & 1 & 0 & 0 & -1 \\ 0 & 1 & 1 & 1 & 0 & 2 \\ 0 & 5 & 0 & 0 & 1 & 2 \end{pmatrix} \longrightarrow \begin{pmatrix} 1 & 0 & 2 & 1 & 0 & 1 \\ 0 & 1 & 1 & 1 & 0 & 2 \\ 0 & 0 & -5 & -5 & 1 & -8 \end{pmatrix}$$

$$\longrightarrow \begin{pmatrix} 1 & 0 & 2 & 1 & 0 & 1 \\ 0 & 1 & 1 & 1 & 0 & 2 \\ 0 & 0 & 1 & 1 & -1/5 & 8/5 \end{pmatrix} \longrightarrow \begin{pmatrix} 1 & 0 & 0 & -1 & 2/5 & -11/5 \\ 0 & 1 & 0 & 0 & 1/5 & 2/5 \\ 0 & 0 & 1 & 1 & -1/5 & 8/5 \end{pmatrix}$$

よって逆行列は

$$\begin{pmatrix} -1 & 2/5 & -11/5 \\ 0 & 1/5 & 2/5 \\ 1 & -1/5 & 8/5 \end{pmatrix}.$$

□

問 3　次の行列の逆行列を求めよ．

$$\begin{pmatrix} 1 & 1 & 0 \\ 1 & 0 & 1 \\ 0 & 1 & 1 \end{pmatrix} \qquad \begin{pmatrix} 1 & 2 & -1 & 1 \\ 3 & 1 & 2 & -1 \\ 1 & -2 & 3 & 1 \\ 2 & 1 & 3 & -1 \end{pmatrix}$$

(c)　連立方程式の解の構造

ふたたび，連立方程式にもどろう．方程式 $A\boldsymbol{x} = \boldsymbol{u}$ の拡大係数行列 $\tilde{A}$ に，左基本変形と最後の列を除いた列の交換を有限回行うことによって，$\tilde{A}$ は定理 4.4 に述べたような行列 $\tilde{B}$ に変形されたが，$\tilde{B}$ の対角線上に並ぶ 1 の数 s

は A の階数に等しいことがわかる．実際，$\tilde{A}$ に対する基本変形により，$\tilde{A}$ の一部分である A にも同じ変形が施されているから，$\tilde{B}$ から最後の列を除いた (m,n) 行列を B' とおけば，$A \approx B'$．よって，A と B' の階数は等しい(定理4.8の系)．

$$B' = \begin{pmatrix} 1 & 0 & \cdots & 0 & b_{1,s+1} & \cdots & b_{1,n} \\ 0 & 1 & \cdots & 0 & b_{2,s+1} & \cdots & b_{2,n} \\ & & \ddots & & & & \\ 0 & 0 & \cdots & 1 & b_{s,s+1} & \cdots & b_{s,n} \\ 0 & 0 & \cdots & 0 & 0 & \cdots & 0 \\ & & & & & \ddots & \\ 0 & 0 & \cdots & 0 & 0 & \cdots & 0 \end{pmatrix}$$

ところで，この B' に今度は列の変形を行えば(すなわち，B' の第 $s+j$ 列 $(j=1,2,\ldots,n-s)$ から第 k 列 $(k=1,2,\ldots,s)$ の $b_{k,s+j}$ 倍を引くことにより)，標準形 $D(m,n;s)$ を得る．よって s は A の階数になる．

方程式 $A\boldsymbol{x}=\boldsymbol{u}$ において，$\boldsymbol{u}=\boldsymbol{0}$ であるとき，この方程式を**斉次連立方程式**という．斉次連立方程式に対して，$\boldsymbol{x}=\boldsymbol{0}$ は解である．これを自明な解という．次の定理が言うように，自明な解以外に解を持つかどうかは，A の階数で決まる．

定理 4.15　n 個の未知数についての m 個の方程式からなる斉次連立方程式 $A\boldsymbol{x}=\boldsymbol{0}$ が自明でない解を持つためには，A の階数 r が n より真に小さいことが必要十分条件である．

[証明]　$r \leqq \min\{m,n\}$ であるから，とくに $r \leqq n$．前節の始めで見たように，変形した方程式の解は，$t_{r+1}, t_{r+2}, \cdots, t_n$ を任意の数として

$$\begin{aligned} y_1 &= -b_{1,r+1}t_{r+1} - \cdots - b_{1,n}t_n \\ y_2 &= -b_{2,r+1}t_{r+1} - \cdots - b_{2,n}t_n \\ &\cdots\cdots\cdots \\ y_r &= -b_{r,r+1}t_{r+1} - \cdots - b_{r,n}t_n \\ y_{r+1} &= t_{r+1} \\ &\cdots\cdots\cdots \\ y_n &= t_n \end{aligned}$$

と表されるから，$r<n$ のときは，確かに自明でない解をもつ．$r=n$ のときは，$y_1=\cdots=y_n=0$ となって，自明な解しか持たないことがわかる． ∎

$n>m$ とすると，$r\leqq m<n$ であるから，次の系が成り立つ．

系 4.16 $n>m$ のときは，斉次方程式 $A\boldsymbol{x}=\boldsymbol{0}$ は少なくとも 1 つ自明でない解をもつ． □

系 4.17 $A\in M_n(\mathbb{F})$ に対して，$A\boldsymbol{x}=\boldsymbol{0}$ が自明な解のみをもつための必要十分条件は，A が可逆であることである． □

注意 4.18 斉次方程式 $A\boldsymbol{x}=\boldsymbol{0}$ の解全体のなす集合は，次の著しい性質をもつ:

$\boldsymbol{x}_1,\boldsymbol{x}_2$ が解であれば，$a\boldsymbol{x}_1+b\boldsymbol{x}_2$ $(a,b\in\mathbb{F})$ も解である．

《まとめ》

4.1 連立方程式の掃き出し法 $\Longleftrightarrow$ 行列の変形:

$$PAQ=\begin{pmatrix} I_r & B \\ O & O \end{pmatrix}$$

ただし，P は基本行列の積，Q は単位行列の列の置換を行って得られる行列．

4.2 行列の標準形への変形:

$$PAQ=\begin{pmatrix} I_r & O \\ O & O \end{pmatrix}$$

となる可逆行列 P,Q が存在する．

4.3 行列の階数は，標準形に現れる単位行列の次数のことである．

4.4 斉次方程式 $A\boldsymbol{x}=\boldsymbol{0}$ $(A\in M(m,n;\mathbb{F}))$ が自明でない解をもつ $\Longleftrightarrow$ A の階数が n より真に小さい．

とくに，$n>m$ のとき，$A\boldsymbol{x}=\boldsymbol{0}$ は少なくとも 1 つ自明でない解を持つ．

歴史から

中国の漢の時代(前 206–後 220)に編纂されたと言われる「九章算術」(編者は不明)において，具体的な問題に関連する連立方程式の解法が与えられているが，その方法は上で述べた掃き出し法によっている．例えば，現代の記号で表せば，次のような 3 元連立方程式の解法を与えている．

$$3x+2y+z=39$$
$$2x+3y+z=34$$
$$x+2y+3z=26$$

一般の連立方程式に対する掃き出し法を確立したのはガウス(F. Gauss, 1777–1855)であるが，それに先立つこと 1500 年以上も前に中国では(負の数の発見も含めて)高度な数学が発展していたのである．

「九章算術」では，他にも 2 次方程式の解法や面積・体積の計算，三平方の定理(ピタゴラスの定理)など，中国独自で創造した数学の成果が扱われている(「九章算術」の題名の由来は，扱われている問題の種類によって，9 章に分けられていることによる)．しかし，古代ギリシャで行われたような数学の論証的側面は皆無に近く，あくまで実用性を重んじた計算技術の傾向が強い．

なお,「方程式」という名前の由来は,「四角に割り当てる」という意味からきている．

演習問題

4.1 次の連立方程式を行列の基本変形を用いて解け．

(1)
$$3x-2y+z=-6$$
$$2x+5y-3z=2$$
$$4x-9y+5z=-14$$

(2)
$$x+2y+6z+7w=-1$$
$$3x+y+3z+16w=2$$
$$3x-4y-12z+11w=7$$

(3)
$$6x+4y+3z-84w=0$$
$$x+2y+3z-48w=0$$

(4)
$$-x+y+z+w=1$$
$$x-y+z+w=0$$

$$4x-4y-z-24w=0 \qquad x+y-z+w=0$$
$$x-2y+z-12w=0 \qquad x+y+z-w=0$$

4.2 次の行列が可逆かどうか判定し，可逆なときは逆行列を求めよ．

(1) $\begin{pmatrix} 1 & 1 & 2 & 1 \\ 2 & 3 & 4 & 1 \\ 3 & 3 & 3 & 1 \\ 1 & 2 & 3 & 1 \end{pmatrix}$ (2) $\begin{pmatrix} 1 & x & 0 & x \\ x & 1 & x & 0 \\ 0 & x & 1 & x \\ x & 0 & x & 1 \end{pmatrix}$

4.3 次の行列の階数を求めよ．

(1) $\begin{pmatrix} 1 & 2 & -3 & 4 & -5 \\ -2 & 3 & 5 & -7 & 8 \\ 4 & 19 & -7 & 7 & 2 \\ 5 & 7 & -8 & 9 & 1 \end{pmatrix}$ (2) $\begin{pmatrix} 1 & 1 & 1 & a \\ 1 & 1 & a & 1 \\ 1 & a & 1 & 1 \\ a & 1 & 1 & 1 \end{pmatrix}$ (3) $\begin{pmatrix} 1 & x & x & x \\ x & 1 & x & x \\ x & x & 1 & x \\ x & x & x & 1 \end{pmatrix}$

4.4 連立方程式 $A\boldsymbol{x}=\boldsymbol{u}$ が解をもつための必要十分条件は，$\mathrm{rank}(\tilde{A})=\mathrm{rank}(A)$ であることを証明せよ．ただし，$\tilde{A}$ は $A, \boldsymbol{u}$ から定まる拡大行列とする．

4.5

(1) 積 AB が意味を持つとき，
$$\mathrm{rank}(AB) \leqq \min\{\mathrm{rank}(A), \mathrm{rank}(B)\}$$
を示せ．

(2) A, B を n 次正方行列とする．
$$AX=B \text{ となる } n \text{ 次正方行列 } X \text{ が存在する} \iff \mathrm{rank}(A,B)=\mathrm{rank}(A)$$
を示せ．ただし，(A,B) は行列 A, B を並べて作った $(n, 2n)$ 型行列である．

4.6

(1) $\mathrm{rank}(A+B) \leqq \mathrm{rank}(A)+\mathrm{rank}(B)$ を証明せよ．

(2) A, B を n 次の正方行列とするとき
$$\mathrm{rank}(A)+\mathrm{rank}(B) \leqq \mathrm{rank}(AB)+n$$
となることを示せ．

(3) $A^2=A$ を満たす n 次正方行列 A に対して
$$\mathrm{rank}(A)+\mathrm{rank}(I-A)=n$$
を示せ．

4.7 $\mathrm{rank}(A)=r$ のとき，
$$A = A_1+A_2+\cdots+A_r$$
$$\mathrm{rank}(A_i)=1 \qquad (i=1,2,\cdots,r)$$
を満たす $A_1, A_2, \cdots, A_r$ が存在することを示せ．

5 線形空間と線形写像

線形空間とは，数を成分とする行列やベクトルの演算(加法および数との乗法)と同じ性質を満たす演算をもつ集合のことである．現代数学では，線形空間の例が数多く現れ，その１つ１つを個別に考察するより，すべての例を統一的な観点から扱うことが求められる．線形空間論は，この立場から構築された理論であり，整合的なその形式は数学的構造の代表的な例と言ってよい．

§5.1で線形空間および**線形写像**の定義と例を述べ，§5.2では**部分空間**の概念を与える．§5.3では，線形代数特有の概念であるベクトルの**線形独立性**について説明し，これをもとに線形空間の**基底**と**次元**について解説する．さらに，線形空間は**有限次元**と**無限次元**の２つのクラスに分けられること，有限次元線形空間の本質的構造は次元によって決まることをみる．§5.4では，**半単純変換**の概念を導入し，一般の線形変換を簡単なものに分解することを考える．§5.5において，線形写像を行列により表現する手段を与える．

§5.1 線形空間

(a) 体の定義

第１章§1.3で述べたように，加減乗除の演算をもつ集合が，有理数，実数あるいは複素数と同様の演算規則を満たすとき，これを体とよんだ．念のため，体の厳密な定義を与えよう．

集合$\mathbb{F}$が次の性質を満たすとき，$\mathbb{F}$を**体**(field)という．

（i）$\mathbb{F}$の2つの元a, bに対して，和とよばれる$\mathbb{F}$の元$a+b$が定まり，次の性質を満たす．

（i-1）$(a+b)+c=a+(b+c)$　（和の結合律）

（i-2）$a+b=b+a$　（和の交換律）

（i-3）$0+a=a$がすべての$a \in \mathbb{F}$に対して成り立つような元$0 \in \mathbb{F}$がただ1つ存在する．　（零元の存在）

（i-4）$\mathbb{F}$の任意の元aに対して，$a+a'=0$を満たす$\mathbb{F}$の元a'がただ1つ存在する．a'をaのマイナス元といい，$-a$により表す．　（マイナス元の存在）

（ii）$\mathbb{F}$の2つの元a, bに対して，積とよばれる$\mathbb{F}$の元abが定まり，次の性質を満たす．

（ii-1）$(ab)c=a(bc)$　（積の結合律）

（ii-2）$ab=ba$　（積の交換律）

（ii-3）$1a=a$がすべての$a \in \mathbb{F}$に対して成り立つような元$1 \in \mathbb{F}$がただ1つ存在する．　（単位元の存在）

（ii-4）$\mathbb{F}$の0と異なる任意の元aに対して，$aa'=1$を満たす$\mathbb{F}$の元a'がただ1つ存在する．a'をaの逆元といい，a^{-1}により表す．　（逆元の存在）

（iii）和と積について，次のことが成り立つ．

$$(a+b)c = ac+bc \qquad \text{（分配律）}$$

体$\mathbb{F}$の部分集合$\mathbb{F}'$が，加減乗除の演算で閉じているとき，$\mathbb{F}'$を$\mathbb{F}$の**部分体**という．$\mathbb{Q}, \mathbb{R}$は$\mathbb{C}$の部分体である．

$\mathbb{C}$の部分体は$\mathbb{Q}, \mathbb{R}$だけではない．たとえばdを平方因子をもたない整数$(\neq 1)$とするとき，

$$\mathbb{F} = \{a+b\sqrt{d} \mid a, b \in \mathbb{Q}\}$$

も $\mathbb{C}$ の部分体である．実際，$\mathbb{F}$ が加減乗の演算で閉じていることは明白で，

$$(a+b\sqrt{d})^{-1} = \frac{a}{a^2-b^2d} - \frac{b}{a^2-b^2d}\sqrt{d}$$

となるから除法についても閉じている（$\sqrt{d}$ は無理数であるから，$a+b\sqrt{d}=0 \Leftrightarrow a=b=0$ であることに注意）．$\mathbb{F}$ は 2 次体とよばれる体である．2 次体はもっと一般の代数体の特別な場合であり，代数体の理論は現代整数論の研究対象である．

(b)　線形空間の定義

$\mathbb{F}$ を一般の体とする．$\mathbb{F}$ は $\mathbb{Q}, \mathbb{R}$ または $\mathbb{C}$ と考えて差し支えない．

定義 5.1　集合 $\boldsymbol{L}$ が次の 2 条件(I), (II)を満たすとき，$\boldsymbol{L}$ を体 $\mathbb{F}$ 上の**線形**（あるいは**ベクトル**）**空間**(linear space, vector space)といい，$\boldsymbol{L}$ の元を**ベクトル**(vector)という．

(I)　$\boldsymbol{L}$ の 2 つのベクトル $\boldsymbol{x}, \boldsymbol{y}$ に対して，**和**とよばれる $\boldsymbol{L}$ のベクトル $\boldsymbol{x}+\boldsymbol{y}$ が定まり，次の規則を満たす．

(1)　（交換律）$\boldsymbol{x}+\boldsymbol{y}=\boldsymbol{y}+\boldsymbol{x}$

(2)　（結合律）$(\boldsymbol{x}+\boldsymbol{y})+\boldsymbol{z}=\boldsymbol{x}+(\boldsymbol{y}+\boldsymbol{z})$

(3)　（零ベクトルの存在）$\boldsymbol{0}+\boldsymbol{x}=\boldsymbol{x}$ がすべての $\boldsymbol{x}\in\boldsymbol{L}$ に対して成り立つような元 $\boldsymbol{0}$（**零ベクトル**）がただ 1 つ存在する．

(4)　（逆ベクトルの存在）$\boldsymbol{L}$ の任意のベクトル $\boldsymbol{x}$ に対して，$\boldsymbol{x}+\boldsymbol{x}'=\boldsymbol{0}$ となる $\boldsymbol{L}$ のベクトル $\boldsymbol{x}'$ がただ 1 つ存在する．$\boldsymbol{x}'$ を $\boldsymbol{x}$ の**逆ベクトル**といい，$-\boldsymbol{x}$ により表す．

(II)　任意の $a\in\mathbb{F}$ と $\boldsymbol{x}\in\boldsymbol{L}$ に対し，**スカラー倍**とよばれる $\boldsymbol{L}$ のベクトル $a\boldsymbol{x}$ が定まり，次の規則が成り立つ．

(5)　$a(b\boldsymbol{x})=(ab)\boldsymbol{x}$

(6)　$(a+b)\boldsymbol{x}=a\boldsymbol{x}+b\boldsymbol{x}$

(7)　$a(\boldsymbol{x}+\boldsymbol{y})=a\boldsymbol{x}+a\boldsymbol{y}$

(8)　$1\boldsymbol{x}=\boldsymbol{x}$　（1 は $\mathbb{F}$ の単位元）　□

任意のベクトル $\boldsymbol{x}$ に対して

$$0\boldsymbol{x}+\boldsymbol{x} = 0\boldsymbol{x}+1\boldsymbol{x} = (0+1)\boldsymbol{x} = \boldsymbol{x}$$

であり，零ベクトルはただ 1 つであることから $0\boldsymbol{x}=\boldsymbol{0}$ である．また

$$\boldsymbol{x}+(-1)\boldsymbol{x} = 1\boldsymbol{x}+(-1)\boldsymbol{x} = (1-1)\boldsymbol{x} = 0\boldsymbol{x} = \boldsymbol{0}$$

であるから，$(-1)\boldsymbol{x}=-\boldsymbol{x}$ を得る．

$\boldsymbol{x}+(-1)\boldsymbol{y}$ を $\boldsymbol{x}-\boldsymbol{y}$ により表すことにする．

零ベクトルだけからなる線形空間を，**自明な線形空間**といい，$\{\boldsymbol{0}\}$ で表す．線形空間の例は豊富である．

例 5.2　空間あるいは平面の幾何ベクトルの全体は，通常の和とスカラー倍により $\mathbb{R}$ 上の線形空間である(「幾何入門 2」参照)． □

例 5.3　$\mathbb{F}$ の元を成分にもつ (m,n) 型の行列の集合 $M(m,n;\mathbb{F})$ は，第 2 章 §2.3 で定義した和と $\mathbb{F}$ の元との積により，$\mathbb{F}$ 上の線形空間である．とくに列ベクトルの集合 $\mathbb{F}^n$ は $\mathbb{F}$ 上の線形空間である． □

例 5.4　X を集合とし，X 上の $\mathbb{F}$ に値をとる関数，すなわち写像 $f\colon X\to\mathbb{F}$ の全体を $C(X,\mathbb{F})$ により表す．$f,g\in C(X,\mathbb{F})$, $a\in\mathbb{F}$ に対して，$f+g$, $af\in C(X,\mathbb{F})$ を

$$(f+g)(x) = f(x)+g(x), \quad (af)(x) = af(x)$$

により定義する．この演算により，$C(X,\mathbb{F})$ は $\mathbb{F}$ 上の線形空間である． □

例 5.5　X を集合とし，X 上の $\mathbb{F}$ に値をとる関数 f で，X の有限個の元を除いて f の取る値が 0 である関数，すなわち，逆像 $f^{-1}(0)$ の補集合が X の有限部分集合となるもの全体を $C_0(X,\mathbb{F})$ により表す．このとき，上の例において定義した演算により，$C_0(X,\mathbb{F})$ は $\mathbb{F}$ 上の線形空間である． □

例 5.6　数列 $\{a_n\}_{n=1}^{\infty}(a_n\in\mathbb{F})$ は，次の演算により $\mathbb{F}$ 上の線形空間である．

$$\{a_n\}+\{b_n\} = \{a_n+b_n\}, \quad c\{a_n\} = \{ca_n\}.$$ □

例 5.7　$\mathbb{F}[x]$ により，文字 x を変数とし，$\mathbb{F}$ の元を係数とする多項式(整式)全体を表すことにする：

$$\mathbb{F}[x] = \{a_0x^n+a_1x^{n-1}+\cdots+a_{n-1}x+a_n \mid n=0,1,2,\cdots;\ a_i\in\mathbb{F}\}.$$

$\mathbb{F}[x]$ は，通常の演算(多項式の和と，$\mathbb{F}$ の元の掛け算)により，$\mathbb{F}$ 上の線形空間である． □

例 5.8　k を0または自然数とする．数直線 $\mathbb{R}$ 上で定義された実数値関数 f で，k 階導関数 $f^{(k)}(x)$ が存在して連続であるようなもの全体を $C^k(\mathbb{R})$ で表す．$C^k(\mathbb{R})$ は関数の和と実数の掛け算により $\mathbb{R}$ 上の線形空間である．同様に，無限回微分可能な関数の全体 $C^\infty(\mathbb{R})$ も $\mathbb{R}$ 上の線形空間である．□

例 5.9　$\boldsymbol{L}$ が $\mathbb{F}$ 上の線形空間であるとき，$\mathbb{F}$ の部分体 $\mathbb{F}'$ に対して，$\boldsymbol{L}$ は $\mathbb{F}'$ 上の線形空間と考えることができる．□

(c)　線形写像

線形空間の間の写像として，その構造を保つ写像を考えるのが自然である．

定義 5.10　$\boldsymbol{L}, \boldsymbol{L}'$ を $\mathbb{F}$ 上の線形空間とし，$T\colon \boldsymbol{L} \to \boldsymbol{L}'$ を写像とする．T が次の2条件を満たすとき，$\boldsymbol{L}$ から $\boldsymbol{L}'$ への**線形写像**(linear mapping)という．

（1）　$T(\boldsymbol{x}+\boldsymbol{y}) = T(\boldsymbol{x})+T(\boldsymbol{y}), \quad \boldsymbol{x}, \boldsymbol{y} \in \boldsymbol{L}$

（2）　$T(a\boldsymbol{x}) = aT(\boldsymbol{x}), \quad a \in \mathbb{F},\ \boldsymbol{x} \in \boldsymbol{L}$　□

注意 5.11　条件(1),(2)は，1つの条件

$$T(a\boldsymbol{x}+b\boldsymbol{y}) = aT(\boldsymbol{x})+bT(\boldsymbol{y}), \quad a, b \in \mathbb{F},\ \boldsymbol{x}, \boldsymbol{y} \in \boldsymbol{L}$$

と同値である．

線形写像について，次の事柄は明らかであろう．

（1）　線形空間 $\boldsymbol{L}$ の**恒等写像** $I\colon \boldsymbol{L} \to \boldsymbol{L}$ は線形写像である．

（2）　線形空間 $\boldsymbol{L}, \boldsymbol{L}'$ に対して，$\boldsymbol{L}$ のすべてのベクトルを $\boldsymbol{L}'$ の零ベクトルに写す写像 O は，線形写像である．O を**零写像**という．

（3）　$T\colon \boldsymbol{L} \to \boldsymbol{L}'$，$S\colon \boldsymbol{L}' \to \boldsymbol{L}''$ を線形写像とすると，合成写像 $ST\colon \boldsymbol{L} \to \boldsymbol{L}''$ も線形写像である．

（4）　T_1, T_2 を $\boldsymbol{L}$ から $\boldsymbol{L}'$ への線形写像とする．T_1 と T_2 の和 T_1+T_2 を，

$$(T_1+T_2)(\boldsymbol{x}) = T_1(\boldsymbol{x})+T_2(\boldsymbol{x}), \quad \boldsymbol{x} \in \boldsymbol{L}$$

によって定義するとき，T_1+T_2 も $\boldsymbol{L}$ から $\boldsymbol{L}'$ への線形写像である．

（5）　T を $\boldsymbol{L}$ から $\boldsymbol{L}'$ への線形写像とする．$a \in \mathbb{F}$ と T の積 aT を，

$$(aT)(\boldsymbol{x}) = aT(\boldsymbol{x}), \quad \boldsymbol{x} \in \boldsymbol{L}$$

により定義すると，aT も $\boldsymbol{L}$ から $\boldsymbol{L}'$ への線形写像である．

$\boldsymbol{L}$ から $\boldsymbol{L}$ 自身への線形写像を，とくに $\boldsymbol{L}$ の**線形変換**(linear transformation)という．

$\boldsymbol{L}$ から $\boldsymbol{L}'$ への線形写像全体のなす集合を $\mathrm{Hom}(\boldsymbol{L}, \boldsymbol{L}')$ と記す．上の(4)，(5)により，$\mathrm{Hom}(\boldsymbol{L}, \boldsymbol{L}')$ は零写像 O を零ベクトルとする $\mathbb{F}$ 上の線形空間の構造をもつ．

$\mathbb{F}$ 自身を $\mathbb{F}$ 上の線形空間とみなしたとき，$\mathrm{Hom}(\boldsymbol{L}, \mathbb{F})$ の元を $\boldsymbol{L}$ 上の**線形汎関数**(linear functional)ということがある．また，線形空間 $\mathrm{Hom}(\boldsymbol{L}, \mathbb{F})$ を $\boldsymbol{L}$ の**双対空間**(dual space)といい，$\boldsymbol{L}^*$ で表す．

例 5.12　$A \in M(m, n; \mathbb{F})$ に対して，$T_A(\boldsymbol{x}) = A\boldsymbol{x}$，$\boldsymbol{x} \in \mathbb{F}^n$ により定義される写像 $T_A \colon \mathbb{F}^n \to \mathbb{F}^m$ は線形写像である．逆に，任意の線形写像 $T \colon \mathbb{F}^n \to \mathbb{F}^m$ に対して，$T = T_A$ となる，ただ1つの行列 $A \in M(m, n; \mathbb{F})$ が存在する (第2章§2.5)． □

例 5.13　多項式 $f(x) = a_0x^n + a_1x^{n-1} + \cdots + a_n \in \mathbb{F}[x]$ の微分 $f'(x)$ を

$$f'(x) = a_0nx^{n-1} + a_1(n-1)x^{n-2} + \cdots + a_{n-1}$$

により定義する．$T(f) = f'$ とおいて，$T \colon \mathbb{F}[x] \to \mathbb{F}[x]$ を定めるとき，T は線形変換である． □

例 5.14　$a \in \mathbb{F}$ に対して，$T_a \colon \mathbb{F}[x] \to \mathbb{F}[x]$ を

$$(T_af)(x) = f(x+a)$$

とおいて定義すると，T_a は線形変換である． □

例 5.15　X, Y を集合とし，$\varphi \colon X \to Y$ を写像とする．写像 $T \colon C(Y, \mathbb{F}) \to C(X, \mathbb{F})$ を，

$$T(f) = f\varphi, \quad f \in C(Y, \mathbb{F})$$

により定義する．このとき T は線形写像である．実際 $f, g \in C(Y, \mathbb{F})$，$a \in \mathbb{F}$ に対して

$$\begin{aligned}(T(f+g))(x) &= ((f+g)\varphi)(x) = (f+g)(\varphi(x)) \\ &= f(\varphi(x)) + g(\varphi(x)) = (f\varphi)(x) + (g\varphi)(x) \\ &= (T(f))(x) + (T(g))(x) \\ &= (T(f) + T(g))(x)\,.\end{aligned}$$

よって，$T(f+g)=T(f)+T(g)$．さらに

$$\begin{aligned}(T(af))(x) &= ((af)\varphi)(x) = (af)(\varphi(x)) = a(f(\varphi(x))) \\ &= a((f\varphi)(x)) = (aT(f))(x)\,.\end{aligned}$$

よって，$T(af)=aT(f)$． □

線形写像 $T\colon \boldsymbol{L}\to\boldsymbol{L}'$ は，T が全単射であるとき**同型写像**(linear isomorphism)とよばれ，2 つの線形空間 $\boldsymbol{L},\boldsymbol{L}'$ は，ある同型写像 $T\colon \boldsymbol{L}\to\boldsymbol{L}'$ が存在するとき，**同型**であるといわれる．$\boldsymbol{L},\boldsymbol{L}'$ が同型であるとき，$\boldsymbol{L}\approx\boldsymbol{L}'$ と書く．明らかに

$\boldsymbol{L}\approx\boldsymbol{L}$ （恒等写像は同型写像）

$\boldsymbol{L}\approx\boldsymbol{L}' \Longrightarrow \boldsymbol{L}'\approx\boldsymbol{L}$ （同型写像の逆写像は同型写像）

$\boldsymbol{L}\approx\boldsymbol{L}',\ \boldsymbol{L}'\approx\boldsymbol{L}'' \Longrightarrow \boldsymbol{L}\approx\boldsymbol{L}''$ （同型写像の合成は同型写像）

が成り立つ．

例 5.16 空間の幾何ベクトルのなす線形空間と $\mathbb{R}^3$ は同型である．実際，幾何ベクトルにその成分表示を対応させる写像は同型写像である．同様に，平面の幾何ベクトルのなす線形空間は $\mathbb{R}^2$ と同型である(本シリーズ『幾何入門』参照)． □

例 5.17 $M(m,n;\mathbb{F})$ と $M(n,m;\mathbb{F})$ は $\mathbb{F}$ 上の線形空間として同型である．とくに，行ベクトルの空間 $\mathbb{F}_n$ は $\mathbb{F}^n$ と同型．実際，$A\in M(m,n;\mathbb{F})$ にその転置行列 ${}^tA\in M(n,m;\mathbb{F})$ を対応させる写像が同型写像になる． □

例 5.18 X を n 個の元からなる有限集合とするとき $C(X,\mathbb{F})$ $(=C_0(X,\mathbb{F}))$ は $M(1,n;\mathbb{F})=\mathbb{F}_n$ と同型(よって $\mathbb{F}^n$ と同型)である．これをみるため，$X=\{x_1,x_2,\cdots,x_n\}$ とする．$f\in C(X,\mathbb{F})$ に対して，$T(f)=(f(x_1),f(x_2),\cdots,f(x_n))\in\mathbb{F}_n$ とおく．T が同型写像であることを示そう．

$$\begin{aligned}T(f+g) &= ((f+g)(x_1),\ (f+g)(x_2),\ \cdots,\ (f+g)(x_n)) \\ &= (f(x_1)+g(x_1),\ f(x_2)+g(x_2),\ \cdots,\ f(x_n)+g(x_n)) \\ &= (f(x_1),f(x_2),\cdots,f(x_n))+(g(x_1),g(x_2),\cdots,g(x_n)) \\ &= T(f)+T(g)\,.\end{aligned}$$

$$\begin{aligned} T(af) &= ((af)(x_1),\ (af)(x_2),\ \cdots,\ (af)(x_n)) \\ &= (a(f(x_1)),\ a(f(x_2)),\ \cdots,\ a(f(x_n))) \\ &= a(f(x_1),\ f(x_2), \cdots, f(x_n)). \end{aligned}$$

よって T は線形写像である．

T は全射である．実際，任意の $(a_1, \cdots, a_n) \in \mathbb{F}_n$ に対して $f \in C(X, \mathbb{F})$ を

$$f(x_i) = a_i \qquad (i = 1,\ 2, \cdots, n)$$

により定めれば，$T(f) = (a_1, \cdots, a_n)$．

T は単射である．実際，$T(f) = T(g)$ であれば，$f(x_i) = g(x_i)$ がすべての i に対して成り立つから，$f = g$．　□

問1　$\mathbb{N}$ を自然数の集合とするとき，数列のなす線形空間(例5.6)は $C(\mathbb{N}, \mathbb{F})$(例5.4)と同型であることを示せ．

問2　X を集合 $\{0, 1, 2, \cdots\}$ とする．このとき，$C_0(X, \mathbb{F})$(例5.5)は $\mathbb{F}[x]$ と同型であることを示せ．

問3　$S, T \colon C^\infty(\mathbb{R}) \to C^\infty(\mathbb{R})$ を

$$(Sf)(x) = xf(x),$$
$$(Tf)(x) = f'(x)$$

により定義する (f' は f の導関数を表す)．このとき

$$[T, S] = I$$

となることを示せ．ただし，$[T, S] = TS - ST$ とする．

§5.2　線形部分空間

(a)　部分空間の定義

$\boldsymbol{L}$ を体 $\mathbb{F}$ 上の線形空間とし，$\boldsymbol{A}, \boldsymbol{B}$ を $\boldsymbol{L}$ の部分集合とする．$\boldsymbol{L}$ の部分集合 $\boldsymbol{A} + \boldsymbol{B}$, $a\boldsymbol{A}\ (a \in \mathbb{F})$ を

$$\boldsymbol{A} + \boldsymbol{B} = \{\boldsymbol{x} + \boldsymbol{y} \mid \boldsymbol{x} \in \boldsymbol{A},\ \boldsymbol{y} \in \boldsymbol{B}\},$$
$$a\boldsymbol{A} = \{a\boldsymbol{x} \mid \boldsymbol{x} \in \boldsymbol{A}\}$$

により定義する．

数学的構造主義

体および線形空間の定義は，数多くある例に共通な性質(構造)を抽出し，集合論を基礎としてそれらを公理化したものである．このような観点から，数学全体を再構成する立場を「数学的構造主義」という．

諸科学の著しい分化が起こった19世紀を引き継ぐ形で，20世紀初頭に抽象数学，公理主義が台頭した．この嚆矢となったのが，ヒルベルト(D. Hilbert, 1862–1943)による不変式論(この分野の大家であったゴルドンに「神学」と叫ばせた有限生成定理の証明)と幾何学の基礎付けの仕事である．

フランスでは，ポアンカレ(H. Poincaré, 1854–1912)，アダマール(J. Hadamard, 1865–1963)などによる古典数学の華々しい研究が行われたが，若手研究者の目から見れば，その後のフランス数学界は停滞の時期に陥ったように思われた．このような状況の中で生まれたのが，公理主義による「1つの数学」の旗印の下に結集した数学者集団「ブルバキ」である．

ブルバキは「数学的構造主義」を高らかに宣言し，数学の統一を目指して「数学原論」の出版を企画した．その思想は，30冊を越える出版物と個々のメンバーの業績を通じて，20世紀後半の数学の発展に大きな影響を与えたのである．

線形空間の部分集合で，線形空間の演算に関して閉じているものを考えよう．

定義 5.19 $\boldsymbol{L}$ の部分集合 $\boldsymbol{M}$ が，$\boldsymbol{L}$ の線形空間の演算(加法とスカラー倍)に関して $\mathbb{F}$ 上の線形空間になるとき，$\boldsymbol{M}$ を $\boldsymbol{L}$ の**線形部分空間**(linear subspace)(あるいは，単に**部分空間**)という．言い換えれば，次の2条件をみたすとき，$\boldsymbol{M}$ は $\boldsymbol{L}$ の線形部分空間である：

(1) $\boldsymbol{x}, \boldsymbol{y} \in \boldsymbol{M} \Longrightarrow \boldsymbol{x}+\boldsymbol{y} \in \boldsymbol{M}$

(2) $\boldsymbol{x} \in \boldsymbol{M},\ a \in \mathbb{F} \Longrightarrow a\boldsymbol{x} \in \boldsymbol{M}$

(上で定義した記号を用いれば，$\boldsymbol{M}+\boldsymbol{M} \subset \boldsymbol{M}$，$a\boldsymbol{M} \subset \boldsymbol{M}$ $(a \in \mathbb{F})$.) □

条件(1),(2)は，次の1つの条件で置き換えることができる．

$$\boldsymbol{x}, \boldsymbol{y} \in \boldsymbol{M},\ a, b \in \mathbb{F} \Longrightarrow a\boldsymbol{x}+b\boldsymbol{y} \in \boldsymbol{M}$$
$$(\Longleftrightarrow a\boldsymbol{M}+b\boldsymbol{M} \subset \boldsymbol{M}).$$

この定義によれば，$\{\boldsymbol{0}\}$ および $\boldsymbol{L}$ 自身は $\boldsymbol{L}$ の部分空間である．これ以外の部分空間，すなわち，$\{\boldsymbol{0}\} \subsetneqq \boldsymbol{M} \subsetneqq \boldsymbol{L}$ である部分空間 $\boldsymbol{M}$ を，**真の部分空間**という．

例 5.20　$C_0(X, \mathbb{F})$ は $C(X, \mathbb{F})$ の部分空間である(例 5.4，5.5 参照)．X が有限集合のときは，$C_0(X, \mathbb{F}) = C(X, \mathbb{F})$．$X$ が無限集合のときは，$C_0(X, \mathbb{F})$ は $C(X, \mathbb{F})$ の真の部分空間となる．□

例 5.21　多項式全体からなる線形空間 $\mathbb{F}[x]$ において，次数が n 以下の多項式の全体 $\mathbb{F}[x]_n$ は，$\mathbb{F}[x]$ の部分空間である．□

例 5.22　$a_1, a_2, \cdots, a_n \in \mathbb{R}$ に対して，$\{(x_1, x_2, \cdots, x_n) \in \mathbb{R}_n \mid a_1x_1+a_2x_2+\cdots+a_nx_n = 0\}$ は $\mathbb{R}_n$ の部分空間である．$\{(x_1, x_2, \cdots, x_n) \in \mathbb{R}_n \mid {x_1}^2+{x_2}^2+\cdots+{x_n}^2 = 1\}$ は $\mathbb{R}_n$ の部分空間ではない．□

部分空間の基本的性質を列挙しよう．

（1）$\boldsymbol{M}_1$ が $\boldsymbol{L}$ の部分空間であり，$\boldsymbol{M}_2$ が $\boldsymbol{M}_1$ の部分空間であれば，$\boldsymbol{M}_2$ は $\boldsymbol{L}$ の部分空間である．

（2）$\boldsymbol{M}_1, \boldsymbol{M}_2$ が $\boldsymbol{L}$ の部分空間であれば，共通部分 $\boldsymbol{M}_1 \cap \boldsymbol{M}_2$ も $\boldsymbol{L}$ の部分空間である．もっと一般に，$\{\boldsymbol{M}_i \mid i \in I\}$ を $\boldsymbol{L}$ の部分空間の族とするとき，それらの共通部分 $\bigcap_{i \in I} \boldsymbol{M}_i$ も $\boldsymbol{L}$ の部分空間である．

（3）$\boldsymbol{M}_1, \boldsymbol{M}_2$ が $\boldsymbol{L}$ の部分空間であれば，$\boldsymbol{M}_1+\boldsymbol{M}_2$ は $\boldsymbol{L}$ の部分空間である．しかも，$\boldsymbol{M}_1 \subset \boldsymbol{M}_1+\boldsymbol{M}_2$，$\boldsymbol{M}_2 \subset \boldsymbol{M}_1+\boldsymbol{M}_2$．

（4）$\boldsymbol{L}$ の部分空間 $\boldsymbol{M}$ に対して，包含写像 $i \colon \boldsymbol{M} \to \boldsymbol{L}$ は線形写像である．

$\boldsymbol{L}$ の空でない部分集合 $\boldsymbol{S}$ に対して，$\boldsymbol{S}$ を含むすべての部分空間の族の共通部分を，$\boldsymbol{S}$ によって**張られる部分空間**といい，$\langle\!\langle \boldsymbol{S} \rangle\!\rangle$ により表す．すなわち，$\langle\!\langle \boldsymbol{S} \rangle\!\rangle = \bigcap_{\boldsymbol{M}} \boldsymbol{M}$（$\boldsymbol{M}$ は $\boldsymbol{M} \supset \boldsymbol{S}$ となる部分空間をすべて動く）．

部分空間 $\langle\!\langle \boldsymbol{S} \rangle\!\rangle$ は次のように記述できる．

補題 5.23　$\langle\langle \boldsymbol{S} \rangle\rangle$ は，集合

$\{c_1\boldsymbol{x}_1+c_2\boldsymbol{x}_2+\cdots+c_k\boldsymbol{x}_k \mid \boldsymbol{x}_i \in \boldsymbol{S},\ c_i \in \mathbb{F}\ (i=1,2,\cdots,k),\ k$ は任意の自然数$\}$

と一致する．

［証明］　$\boldsymbol{M}=\{c_1\boldsymbol{x}_1+c_2\boldsymbol{x}_2+\cdots+c_k\boldsymbol{x}_k \mid \boldsymbol{x}_i \in \boldsymbol{S},\ c_i \in \mathbb{F}\ (i=1,2,\cdots,k),\ k$ は任意の自然数$\}$ とおく．$\boldsymbol{M}$ は $\boldsymbol{S}$ を含む $\boldsymbol{L}$ の部分空間である．実際，$\boldsymbol{M}$ が $\boldsymbol{S}$ を含むことは明らか．ベクトル $\boldsymbol{x},\boldsymbol{y}$ を $\boldsymbol{M}$ の元とすると，

$$\boldsymbol{x}=a_1\boldsymbol{x}_1+a_2\boldsymbol{x}_2+\cdots+a_l\boldsymbol{x}_l,$$
$$\boldsymbol{y}=b_1\boldsymbol{x}_1+b_2\boldsymbol{x}_2+\cdots+b_l\boldsymbol{x}_l$$

と書ける（ただし，係数 a_i, b_j は 0 であってもよい）．このとき

$$\boldsymbol{x}+\boldsymbol{y}=(a_1+b_1)\boldsymbol{x}_1+(a_2+b_2)\boldsymbol{x}_2+\cdots+(a_l+b_l)\boldsymbol{x}_l,$$
$$c\boldsymbol{x}=ca_1\boldsymbol{x}_1+ca_2\boldsymbol{x}_2+\cdots+ca_l\boldsymbol{x}_l \quad (c \in \mathbb{F}).$$

よって，$\boldsymbol{M}$ は $\boldsymbol{L}$ の部分空間である．$\langle\langle \boldsymbol{S} \rangle\rangle$ は $\boldsymbol{S}$ を含むすべての部分空間の族の共通部分であるから，$\langle\langle \boldsymbol{S} \rangle\rangle \subset \boldsymbol{M}$．一方，$\boldsymbol{M}'$ を $\boldsymbol{S}$ を含む任意の部分空間とすると，任意の $\boldsymbol{x}_i \in \boldsymbol{S}$，$c_i \in \mathbb{F}\ (i=1,2,\cdots,k)$ に対して

$$c_1\boldsymbol{x}_1+c_2\boldsymbol{x}_2+\cdots+c_k\boldsymbol{x}_k \in \boldsymbol{M}'.$$

よって $\boldsymbol{M} \subset \boldsymbol{M}'$ となり，$\boldsymbol{M}$ は $\boldsymbol{S}$ を含む任意の部分空間に含まれるから，それらの共通部分である $\langle\langle \boldsymbol{S} \rangle\rangle$ に属し，$\boldsymbol{M} \subset \langle\langle \boldsymbol{S} \rangle\rangle$ となることが分かる．ゆえに $\langle\langle \boldsymbol{S} \rangle\rangle = \boldsymbol{M}$．　■

$\boldsymbol{L}$ のベクトル $\boldsymbol{x}_1, \boldsymbol{x}_2, \cdots, \boldsymbol{x}_k$ に対して

$$a_1\boldsymbol{x}_1+a_2\boldsymbol{x}_2+\cdots+a_k\boldsymbol{x}_k, \quad a_i \in \mathbb{F}\ (i=1,2,\cdots,k)$$

の形のベクトルを，$\boldsymbol{x}_1, \boldsymbol{x}_2, \cdots, \boldsymbol{x}_k$ の**線形結合**(linear combination)という．

上の補題によって，$\langle\langle \boldsymbol{S} \rangle\rangle$ は $\boldsymbol{S}$ に属する有限個のベクトルの線形結合で表されるベクトルの全体である．

$\boldsymbol{S}=\{\boldsymbol{x}\}$, $\boldsymbol{x} \neq \boldsymbol{0}$ であるとき，$\langle\langle \boldsymbol{S} \rangle\rangle = \mathbb{F}\{\boldsymbol{x}\} = \{a\boldsymbol{x} \mid a \in \mathbb{F}\}$ である．$\mathbb{F}\{\boldsymbol{x}\}$ を，$\mathbb{F}\boldsymbol{x}$ と書くことにしよう．

$\boldsymbol{L}$ の部分集合 $\boldsymbol{S}, \boldsymbol{S}'$ について，$\boldsymbol{S}' \subset \langle\langle \boldsymbol{S} \rangle\rangle$ が成り立てば，$\langle\langle \boldsymbol{S}' \rangle\rangle \subset \langle\langle \boldsymbol{S} \rangle\rangle$ となることは明らか．とくに，$\boldsymbol{y}$ が $\boldsymbol{y}_1, \boldsymbol{y}_2, \cdots, \boldsymbol{y}_h$ の線形結合であり，各 $\boldsymbol{y}_i\ (i=1,2,\cdots,h)$ が $\boldsymbol{x}_1, \boldsymbol{x}_2, \cdots, \boldsymbol{x}_k$ の線形結合であれば，$\boldsymbol{y}$ は $\boldsymbol{x}_1, \boldsymbol{x}_2, \cdots, \boldsymbol{x}_k$ の線形結合である．この事実の直接証明は，次のように与えられる：

$$\boldsymbol{y}=\sum_{i=1}^{h}b_i\boldsymbol{y}_i,\ \boldsymbol{y}_i=\sum_{j=1}^{k}a_{ij}\boldsymbol{x}_j \Longrightarrow \boldsymbol{y}=\sum_{j=1}^{k}\left(\sum_{i=1}^{h}b_ia_{ij}\right)\boldsymbol{x}_j .$$

$T\colon \boldsymbol{L}\to\boldsymbol{L}'$ を線形写像とするとき

$$\mathrm{Image}\,T=\{T\boldsymbol{x}\mid \boldsymbol{x}\in\boldsymbol{L}\},$$
$$\mathrm{Ker}\,T=\{\boldsymbol{x}\mid \boldsymbol{x}\in\boldsymbol{L},\ T\boldsymbol{x}=\boldsymbol{0}\}$$

とおく．$\mathrm{Ker}\,T$ を T の核(kernel)といい，$\mathrm{Image}\,T$ を T の像という．

補題 5.24　$\mathrm{Image}\,T$, $\mathrm{Ker}\,T$ はそれぞれ $\boldsymbol{L}', \boldsymbol{L}$ の線形部分空間である．

[証明]　$aT\boldsymbol{x}+bT\boldsymbol{y}=T(a\boldsymbol{x}+b\boldsymbol{y})$ から，$\mathrm{Image}\,T$ が部分空間であることがわかる．$\mathrm{Ker}\,T$ についても，$T\boldsymbol{x}=\boldsymbol{0}$, $T\boldsymbol{y}=\boldsymbol{0}$ であるとき

$$T(a\boldsymbol{x}+b\boldsymbol{y})=aT\boldsymbol{x}+bT\boldsymbol{y}=\boldsymbol{0}$$

となるから，部分空間になる．■

例 5.25　$A\in M(m,n;\mathbb{F})$ に対して斉次方程式 $A\boldsymbol{x}=\boldsymbol{0}$, $\boldsymbol{x}\in\mathbb{F}^n$ の解の全体は，$\mathbb{F}^n$ の部分空間である．実際，これは $\mathrm{Ker}\,T_A$ と一致する．□

問 4　$\boldsymbol{M}$ を $\boldsymbol{L}$ の部分空間，$\boldsymbol{M}'$ を $\boldsymbol{L}'$ の部分空間とし，$T\colon\boldsymbol{L}\to\boldsymbol{L}'$ を線形写像とするとき，$T(\boldsymbol{M})$ は $\boldsymbol{L}'$ の部分空間であり，$\boldsymbol{M}'$ の T による逆像 $T^{-1}(\boldsymbol{M}')$ は $\boldsymbol{L}$ の部分空間であることを示せ．

補題 5.26　線形写像 $T\colon\boldsymbol{L}\to\boldsymbol{L}'$ が単射であるための必要十分条件は，$\mathrm{Ker}\,T=\{\boldsymbol{0}\}$ である．

[証明]　単射であれば，$\mathrm{Ker}\,T=T^{-1}(\boldsymbol{0})=\{\boldsymbol{0}\}$．逆に $\mathrm{Ker}\,T=\{\boldsymbol{0}\}$ としよう．$T\boldsymbol{x}=T\boldsymbol{y}$ であるとき，$\boldsymbol{0}=T\boldsymbol{x}-T\boldsymbol{y}=T(\boldsymbol{x}-\boldsymbol{y})$ であるから，$\boldsymbol{x}=\boldsymbol{y}$．よって T は単射である．■

問 5　$M_n(\mathbb{F})$ の次の部分集合は，部分空間であることを示せ．

(1)　$\boldsymbol{M}_1=\{A\in M_n(\mathbb{F})\mid \mathrm{tr}\,A=0\}$

(2)　$\boldsymbol{M}_2=\{A\in M_n(\mathbb{F})\mid {}^tA=A\}$

(3)　$\boldsymbol{M}_3=\{A\in M_n(\mathbb{F})\mid {}^tA=-A\}$

(b) 直　和

$\boldsymbol{L}$ の 2 つの部分空間 $\boldsymbol{M}_1, \boldsymbol{M}_2$ が，$\boldsymbol{L}=\boldsymbol{M}_1+\boldsymbol{M}_2$，$\boldsymbol{M}_1\cap\boldsymbol{M}_2=\{\boldsymbol{0}\}$ を満たすとき，$\boldsymbol{L}$ は $\boldsymbol{M}_1$ と $\boldsymbol{M}_2$ の**直和**(direct sum)であるといい，

$$\boldsymbol{L}=\boldsymbol{M}_1\oplus\boldsymbol{M}_2$$

と記す．

補題 5.27　$\boldsymbol{L}=\boldsymbol{M}_1\oplus\boldsymbol{M}_2$ であるための必要十分条件は，$\boldsymbol{L}$ の任意のベクトルが，$\boldsymbol{M}_1, \boldsymbol{M}_2$ のベクトルの和として，一意的に表されることである．

［証明］　$\boldsymbol{L}=\boldsymbol{M}_1\oplus\boldsymbol{M}_2$ であれば，$\boldsymbol{L}=\boldsymbol{M}_1+\boldsymbol{M}_2$ であるから，$\boldsymbol{L}$ の任意のベクトルは $\boldsymbol{M}_1, \boldsymbol{M}_2$ のベクトルの和として表される．その表し方の一意性を示すために，$\boldsymbol{x}\in\boldsymbol{L}$ が

$$\boldsymbol{x}=\boldsymbol{x}_1+\boldsymbol{x}_2=\boldsymbol{y}_1+\boldsymbol{y}_2,\quad \boldsymbol{x}_1,\boldsymbol{y}_1\in\boldsymbol{M}_1,\quad \boldsymbol{x}_2,\boldsymbol{y}_2\in\boldsymbol{M}_2$$

と表されるとしよう．このとき

$$\boldsymbol{x}_1-\boldsymbol{y}_1=\boldsymbol{y}_2-\boldsymbol{x}_2$$

であり，$\boldsymbol{x}_1-\boldsymbol{y}_1\in\boldsymbol{M}_1$, $\boldsymbol{y}_2-\boldsymbol{x}_2\in\boldsymbol{M}_2$ であるから

$$\boldsymbol{x}_1-\boldsymbol{y}_1=\boldsymbol{y}_2-\boldsymbol{x}_2\in\boldsymbol{M}_1\cap\boldsymbol{M}_2=\{\boldsymbol{0}\}$$

よって，$\boldsymbol{x}_1=\boldsymbol{y}_1$, $\boldsymbol{x}_2=\boldsymbol{y}_2$ となり，一意性が証明された．

次に，$\boldsymbol{L}$ の任意のベクトルが，$\boldsymbol{M}_1, \boldsymbol{M}_2$ のベクトルの和として，一意的に表されると仮定しよう．$\boldsymbol{L}=\boldsymbol{M}_1+\boldsymbol{M}_2$ であることは，仮定から明らか．$\boldsymbol{M}_1\cap\boldsymbol{M}_2\neq\{\boldsymbol{0}\}$ とすると，$\boldsymbol{0}$ と異なるベクトル $\boldsymbol{x}\in\boldsymbol{M}_1\cap\boldsymbol{M}_2$ が存在する．このとき，零ベクトルは

$$\boldsymbol{0}=\boldsymbol{0}+\boldsymbol{0}=\boldsymbol{x}+(-\boldsymbol{x})$$

のように，$\boldsymbol{M}_1, \boldsymbol{M}_2$ のベクトルの和として 2 通りに表されるから矛盾である．よって $\boldsymbol{M}_1\cap\boldsymbol{M}_2=\{\boldsymbol{0}\}$． ∎

定義 5.28　$\boldsymbol{L}=\boldsymbol{M}\oplus\boldsymbol{M}'$ であるとき，$\boldsymbol{M}'$ を $\boldsymbol{M}$ の**補空間**(complementary subspace)という．$\boldsymbol{M}$ の補空間は，一意的に定まるものではないことに注意．

例 5.29　$\boldsymbol{L}=M_n(\mathbb{F})$, $\boldsymbol{M}_1=\{A\mid A\in M_n(\mathbb{F}),\ {}^tA=A\}$, $\boldsymbol{M}_2=\{A\mid A\in M_n(\mathbb{F}),\ {}^tA=-A\}$ とおくと，$\boldsymbol{L}=\boldsymbol{M}_1\oplus\boldsymbol{M}_2$ である．実際，$A\in M_n(\mathbb{F})$ に対して

$$A_1=\frac{1}{2}(A+{}^tA),\quad A_2=\frac{1}{2}(A-{}^tA)$$

とおくと，$A_1\in\boldsymbol{M}_1$, $A_2\in\boldsymbol{M}_2$ であることは簡単に確かめられる．さらに，$A=A_1+A_2$ であるから，$\boldsymbol{L}=\boldsymbol{M}_1+\boldsymbol{M}_2$. $A\in\boldsymbol{M}_1\cap\boldsymbol{M}_2$ とすると $A={}^tA=-A$ となるから，$A=O$. よって，$\boldsymbol{M}_1\cap\boldsymbol{M}_2=\{\boldsymbol{0}\}$.

さらに，$\boldsymbol{M}_3=\{A=(a_{ij})\in M_n(\mathbb{F})\mid a_{ij}=0\ (j\leqq i)\}$ としよう．$\boldsymbol{M}_3$ も $\boldsymbol{L}=M_n(\mathbb{F})$ の部分空間であり，$\boldsymbol{L}=\boldsymbol{M}_1\oplus\boldsymbol{M}_3$ となることがわかる．実際，$\boldsymbol{M}_1\cap\boldsymbol{M}_3=\{\boldsymbol{0}\}$ は簡単に確かめることができる．$A=(a_{ij})\in M_n(\mathbb{F})$ に対して，$B=(b_{ij})$, $C=(c_{ij})$ を

$$b_{ij}=\begin{cases}a_{ij} & (j\leqq i)\\ a_{ji} & (j>i)\end{cases}$$

$$c_{ij}=\begin{cases}0 & (j\leqq i)\\ a_{ij}-a_{ji} & (j>i)\end{cases}$$

として定義すると，$B\in\boldsymbol{M}_1$, $C\in\boldsymbol{M}_3$, $A=B+C$ となるから，$\boldsymbol{L}=\boldsymbol{M}_1+\boldsymbol{M}_3$ であり，$\boldsymbol{L}=\boldsymbol{M}_1\oplus\boldsymbol{M}_3$ となる．こうして，$\boldsymbol{M}_2,\boldsymbol{M}_3$ はともに $\boldsymbol{M}_1$ の補空間となる． □

$\boldsymbol{L}$ の k 個の部分空間 $\boldsymbol{M}_1,\boldsymbol{M}_2,\cdots,\boldsymbol{M}_k$ についても，直和の概念が次のように定義される：

$$\boldsymbol{L}=\boldsymbol{M}_1+\boldsymbol{M}_2+\cdots+\boldsymbol{M}_k,$$
$$\boldsymbol{M}_i\cap(\boldsymbol{M}_1+\cdots+\boldsymbol{M}_{i-1}+\boldsymbol{M}_{i+1}+\cdots+\boldsymbol{M}_k)=\{\boldsymbol{0}\}\qquad(i=1,2,\cdots,k)$$

が成り立つとき，$\boldsymbol{L}$ は $\boldsymbol{M}_1,\boldsymbol{M}_2,\cdots,\boldsymbol{M}_k$ の**直和**であるといい，

$$\boldsymbol{L}=\boldsymbol{M}_1\oplus\boldsymbol{M}_2\oplus\cdots\oplus\boldsymbol{M}_k$$

と記す．$\boldsymbol{L}$ をいくつかの部分空間の直和で表すことを，$\boldsymbol{L}$ の**直和分解**(direct sum decomposition)という．

補題 5.30　$\boldsymbol{L}=\boldsymbol{M}_1\oplus\boldsymbol{M}_2\oplus\cdots\oplus\boldsymbol{M}_k$ であるための必要十分条件は，$\boldsymbol{L}$ の任意のベクトルが，$\boldsymbol{M}_1,\boldsymbol{M}_2,\cdots,\boldsymbol{M}_k$ のベクトルの和として，一意的に表されることである．

［証明］（必要性）$\boldsymbol{L}=\boldsymbol{M}_1\oplus\boldsymbol{M}_2\oplus\cdots\oplus\boldsymbol{M}_k$ と仮定する．まず，次のことが成り立つ:

$$\boldsymbol{x}_1+\boldsymbol{x}_2+\cdots+\boldsymbol{x}_k=\boldsymbol{0} \implies \boldsymbol{x}_1=\boldsymbol{x}_2=\cdots=\boldsymbol{x}_k=\boldsymbol{0}$$
$$\boldsymbol{x}_i\in\boldsymbol{M}_i \qquad (i=1,2,\cdots,k)$$

これは，直和の定義により，

$$\boldsymbol{x}_1=-(\boldsymbol{x}_2+\boldsymbol{x}_3+\cdots+\boldsymbol{x}_k)\in\boldsymbol{M}_1\cap(\boldsymbol{M}_2+\boldsymbol{M}_3+\cdots+\boldsymbol{M}_k)=\{\boldsymbol{0}\}$$
$$\boldsymbol{x}_2=-(\boldsymbol{x}_1+\boldsymbol{x}_3+\cdots+\boldsymbol{x}_k)\in\boldsymbol{M}_2\cap(\boldsymbol{M}_1+\boldsymbol{M}_3+\cdots+\boldsymbol{M}_k)=\{\boldsymbol{0}\}$$
$$\cdots\cdots\cdots$$
$$\boldsymbol{x}_k=-(\boldsymbol{x}_1+\boldsymbol{x}_2+\cdots+\boldsymbol{x}_{k-1})\in\boldsymbol{M}_k\cap(\boldsymbol{M}_1+\boldsymbol{M}_2+\cdots+\boldsymbol{M}_{k-1})=\{\boldsymbol{0}\}$$

となることから明らかである．

$$\boldsymbol{x}_1+\boldsymbol{x}_2+\cdots+\boldsymbol{x}_k=\boldsymbol{y}_1+\boldsymbol{y}_2+\cdots+\boldsymbol{y}_k$$
$$\boldsymbol{x}_i,\boldsymbol{y}_i\in\boldsymbol{M}_i \qquad (i=1,2,\cdots,k)$$

とすると，$(\boldsymbol{x}_1-\boldsymbol{y}_1)+(\boldsymbol{x}_2-\boldsymbol{y}_2)+\cdots+(\boldsymbol{x}_k-\boldsymbol{y}_k)=\boldsymbol{0}$ であり，いま示したことから，$\boldsymbol{x}_1=\boldsymbol{y}_1$，$\boldsymbol{x}_2=\boldsymbol{y}_2$，$\cdots$，$\boldsymbol{x}_k=\boldsymbol{y}_k$．よって，$\boldsymbol{L}$ の元の和の表し方は一意的である．

（十分性）$\boldsymbol{L}=\boldsymbol{M}_1+\cdots+\boldsymbol{M}_k$ は条件から明らか．$\boldsymbol{M}_i\cap(\boldsymbol{M}_1+\cdots+\boldsymbol{M}_{i-1}+\boldsymbol{M}_{i+1}+\cdots+\boldsymbol{M}_k)\neq\{\boldsymbol{0}\}$ となる i が存在したとする．左辺に属する $\boldsymbol{0}$ でないベクトルを $\boldsymbol{x}_i\,(\in\boldsymbol{M}_i)$ とすると

$$\boldsymbol{x}_i=\boldsymbol{x}_1+\cdots+\boldsymbol{x}_{i-1}+\boldsymbol{x}_{i+1}+\cdots+\boldsymbol{x}_k$$

を満たす $\boldsymbol{x}_1\in\boldsymbol{M}_1$，$\cdots$，$\boldsymbol{x}_{i-1}\in\boldsymbol{M}_{i-1}$，$\boldsymbol{x}_{i+1}\in\boldsymbol{M}_{i+1}$，$\cdots$，$\boldsymbol{x}_k\in\boldsymbol{M}_k$ が存在する．このとき

$$\boldsymbol{0}=\boldsymbol{x}_1+\cdots+\boldsymbol{x}_{i-1}+(-\boldsymbol{x}_i)+\boldsymbol{x}_{i+1}+\cdots+\boldsymbol{x}_k$$

となって，$\boldsymbol{0}$ が $\boldsymbol{M}_1,\boldsymbol{M}_2,\cdots,\boldsymbol{M}_k$ のベクトルの和として 2 通りに表されるから矛盾． ∎

例 5.31　$\mathbb{F}$ の元を成分とする n 次の正方行列において，$\boldsymbol{M}_0$ を対角行列の全体，$\boldsymbol{M}_+$ を対角成分がすべて 0 である上三角行列の全体，$\boldsymbol{M}_-$ を対角成分がすべて 0 である下三角行列の全体とすると，$M_n(\mathbb{F})=\boldsymbol{M}_0\oplus\boldsymbol{M}_+\oplus\boldsymbol{M}_-$ である． □

(c)　射影作用素

部分空間とその補空間を記述するのに便利な概念を述べよう．

線形変換 $P\colon \boldsymbol{L}\to\boldsymbol{L}$ は，$P^2=P$ を満たすとき，**射影作用素**(projection)といわれる．射影作用素 P に対して，

$$P(I-P)=P-P^2=O$$

であるから，$\mathrm{Image}(I-P)\subset\mathrm{Ker}\,P$．一方，$\boldsymbol{x}\in\mathrm{Ker}\,P$ とすると

$$P\boldsymbol{x}=\boldsymbol{0},\quad \boldsymbol{x}=\boldsymbol{x}-P\boldsymbol{x}=(I-P)\boldsymbol{x}$$

となって，$\boldsymbol{x}\in\mathrm{Image}(I-P)$ となる．こうして

$$\mathrm{Image}(I-P)=\mathrm{Ker}\,P$$

である．任意のベクトル $\boldsymbol{x}\in\boldsymbol{L}$ について，$\boldsymbol{x}=P\boldsymbol{x}+(I-P)\boldsymbol{x}$ と表されるから，いま示したことにより $\boldsymbol{L}=\mathrm{Image}\,P+\mathrm{Ker}\,P$ となることがわかる．さらに，$\boldsymbol{x}\in\mathrm{Image}\,P\cap\mathrm{Ker}\,P$ とすると $\boldsymbol{x}=P\boldsymbol{y}$ となる元 $\boldsymbol{y}\in\boldsymbol{L}$ が存在するが，$P\boldsymbol{x}=\boldsymbol{0}$ であるから

$$\boldsymbol{0}=P\boldsymbol{x}=P(P\boldsymbol{y})=P^2\boldsymbol{y}=P\boldsymbol{y}=\boldsymbol{x}$$

となって，$\boldsymbol{x}=\boldsymbol{0}$ となる．よって $\mathrm{Image}\,P\cap\mathrm{Ker}\,P=\{\boldsymbol{0}\}$ となり，結局

$$\boldsymbol{L}=\mathrm{Image}\,P\oplus\mathrm{Ker}\,P$$

を得る．

例題 5.32　P を射影作用素とすると，$I-P$ も射影作用素であり，$\mathrm{Ker}(I-P)=\mathrm{Image}\,P$ であることを示せ．

［解］　$(I-P)^2=(I-P)(I-P)=I-P-P+P^2=I-P$．

$$\boldsymbol{x}\in\mathrm{Ker}(I-P)\iff P\boldsymbol{x}=\boldsymbol{x}$$

であるから，$\mathrm{Ker}(I-P)\subset\mathrm{Image}\,P$．$\boldsymbol{x}\in\mathrm{Image}\,P$ とすると，$\boldsymbol{x}=P\boldsymbol{y}$ となる $\boldsymbol{y}$ が存在するから，$P\boldsymbol{x}=P^2\boldsymbol{y}=P\boldsymbol{y}=\boldsymbol{x}$．よって $\mathrm{Image}\,P\subset\mathrm{Ker}(I-P)$ となり，$\mathrm{Ker}(I-P)=\mathrm{Image}\,P$ を得る．∎

$\boldsymbol{L}=\boldsymbol{M}_1\oplus\boldsymbol{M}_2$ において，$\boldsymbol{x}\in\boldsymbol{L}$ を，$\boldsymbol{x}=\boldsymbol{x}_1+\boldsymbol{x}_2$, $\boldsymbol{x}_1\in\boldsymbol{M}_1$, $\boldsymbol{x}_2\in\boldsymbol{M}_2$ と表したとき，表示の一意性から $P_1(\boldsymbol{x})=\boldsymbol{x}_1$, $P_2(\boldsymbol{x})=\boldsymbol{x}_2$ とおいて写像 $P_1,P_2\colon\boldsymbol{L}\to\boldsymbol{L}$ を定めることができる．このとき，P_1,P_2 は射影作用素であり，

$$P_1+P_2=I,\quad P_1P_2=P_2P_1=O,\quad \mathrm{Image}\,P_1=\boldsymbol{M}_1,\quad \mathrm{Image}\,P_2=\boldsymbol{M}_2$$

を満たす．P_1, P_2 をそれぞれ，直和 $\boldsymbol{L}=\boldsymbol{M}_1\oplus\boldsymbol{M}_2$ により定まる $\boldsymbol{M}_1, \boldsymbol{M}_2$ の上への射影作用素という．

次の補題は容易に証明される．

補題 5.33　$P_1, P_2, \cdots, P_k$ を $\boldsymbol{L}$ の射影作用素とし，

$$P_iP_j=O\quad (i\neq j),\quad I=P_1+P_2+\cdots+P_k$$

であるとき，$\boldsymbol{M}_i=\mathrm{Image}\,P_i$ とおくと

$$\boldsymbol{L}=\boldsymbol{M}_1\oplus\boldsymbol{M}_2\oplus\cdots\oplus\boldsymbol{M}_k$$

となる．逆に，直和分解 $\boldsymbol{L}=\boldsymbol{M}_1\oplus\boldsymbol{M}_2\oplus\cdots\oplus\boldsymbol{M}_k$ に対して

$$\boldsymbol{x}=\boldsymbol{x}_1+\boldsymbol{x}_2+\cdots+\boldsymbol{x}_k,\quad \boldsymbol{x}_i\in\boldsymbol{M}_i\quad (i=1,2,\cdots,k)$$

と表したとき，$P_i(\boldsymbol{x})=\boldsymbol{x}_i$ により，$P_i\colon \boldsymbol{L}\to\boldsymbol{L}$ を定義すると，P_i は射影作用素であり，

$$P_iP_j=O\quad (i\neq j),\quad I=P_1+P_2+\cdots+P_k,\quad \boldsymbol{M}_i=\mathrm{Image}\,P_i$$

が成り立つ．　□

§5.3　基底と次元

(a)　線形独立性

$\mathbb{F}$ 上の線形空間 $\boldsymbol{L}$ の(必ずしも異なるとは限らない)ベクトル $\boldsymbol{x}_1, \boldsymbol{x}_2, \cdots, \boldsymbol{x}_k$ の間の関係

$$a_1\boldsymbol{x}_1+a_2\boldsymbol{x}_2+\cdots+a_k\boldsymbol{x}_k=\boldsymbol{0},\quad a_i\in\mathbb{F}\quad (i=1,2,\cdots,k)$$

を**線形関係**(linear relation)という．$\boldsymbol{x}_1, \boldsymbol{x}_2, \cdots, \boldsymbol{x}_k$ の間には $a_1=a_2=\cdots=a_k=0$ とおけば線形関係が成り立つが，これを**自明な**(trivial)**線形関係**という．

$\boldsymbol{x}_1, \boldsymbol{x}_2, \cdots, \boldsymbol{x}_k$ の間に自明でない線形関係が存在するとき，$\boldsymbol{x}_1, \boldsymbol{x}_2, \cdots, \boldsymbol{x}_k$ は**線形従属**(linearly dependent)であるといい，自明でない線形関係が存在しないとき，$\boldsymbol{x}_1, \boldsymbol{x}_2, \cdots, \boldsymbol{x}_k$ は**線形独立**(linearly independent)であるという．

例 5.34　第1章で述べた，$\mathbb{F}^2$ の2つのベクトルの線形独立性は，上の特別な場合である．

問6　$\mathbb{F}^n$ の基本ベクトル $\boldsymbol{e}_1, \boldsymbol{e}_2, \cdots, \boldsymbol{e}_n$ は線形独立であることを示せ.

線形独立(従属)性に関する基本的性質を述べよう.

（1）　1つのベクトル $\boldsymbol{x}$ が線形独立であることと，$\boldsymbol{x} \neq \boldsymbol{0}$ であることとは同値である.

（2）　$\boldsymbol{x}_1, \boldsymbol{x}_2, \cdots, \boldsymbol{x}_k$ が線形独立であれば，その一部である $\boldsymbol{x}_{i_1}, \boldsymbol{x}_{i_2}, \cdots, \boldsymbol{x}_{i_s}$ $(1 \leqq i_1 < i_2 < \cdots < i_s \leqq k)$ も線形独立である．とくに，$\boldsymbol{x}_i \neq \boldsymbol{0}$ $(i = 1, 2, \cdots, k)$.

（3）　$\boldsymbol{x}_1, \boldsymbol{x}_2, \cdots, \boldsymbol{x}_k$ が線形独立であれば，それらは互いに相異なる．実際，もし $\boldsymbol{x}_i = \boldsymbol{x}_j$ $(i \neq j)$ となるものが存在すれば $\boldsymbol{x}_i - \boldsymbol{x}_j = \boldsymbol{0}$ が自明でない線形関係を与える.

（4）　$\boldsymbol{x}_1, \boldsymbol{x}_2, \cdots, \boldsymbol{x}_k$ が線形従属であるためには，そのうちのある1つが，他の $k-1$ 個のベクトルの線形結合として表されることが必要十分条件である．実際，自明でない線形関係

$$a_1\boldsymbol{x}_1 + a_2\boldsymbol{x}_2 + \cdots + a_k\boldsymbol{x}_k = \boldsymbol{0}$$

があるとき，$a_s \neq 0$ となる s が存在するから，

$$\boldsymbol{x}_s = -(a_1/a_s)\boldsymbol{x}_1 - \cdots - (a_{s-1}/a_s)\boldsymbol{x}_{s-1} - (a_{s+1}/a_s)\boldsymbol{x}_{s+1} - \cdots - (a_k/a_s)\boldsymbol{x}_k$$

となる．逆に，ある s について

$$\boldsymbol{x}_s = b_1\boldsymbol{x}_1 + \cdots + b_{s-1}\boldsymbol{x}_{s-1} + b_{s+1}\boldsymbol{x}_{s+1} + \cdots + b_k\boldsymbol{x}_k$$

が成り立てば，$\boldsymbol{x}_1, \boldsymbol{x}_2, \cdots, \boldsymbol{x}_s, \cdots, \boldsymbol{x}_k$ の間の自明でない線形関係

$$b_1\boldsymbol{x}_1 + \cdots + b_{s-1}\boldsymbol{x}_{s-1} + (-1)\boldsymbol{x}_s + b_{s+1}\boldsymbol{x}_{s+1} + \cdots + b_k\boldsymbol{x}_k = \boldsymbol{0}$$

が成り立つ.

（5）　$\boldsymbol{x}_1, \boldsymbol{x}_2, \cdots, \boldsymbol{x}_k$ が線形独立であり，$\boldsymbol{x}$ が $\boldsymbol{x}_1, \boldsymbol{x}_2, \cdots, \boldsymbol{x}_k$ の線形結合で表されない $(\boldsymbol{x} \notin \langle\langle\{\boldsymbol{x}_1, \boldsymbol{x}_2, \cdots, \boldsymbol{x}_k\}\rangle\rangle)$ ならば，$k+1$ 個のベクトル $\boldsymbol{x}, \boldsymbol{x}_1, \boldsymbol{x}_2, \cdots, \boldsymbol{x}_k$ も線形独立である.

これを確かめるために，$\boldsymbol{x}, \boldsymbol{x}_1, \boldsymbol{x}_2, \cdots, \boldsymbol{x}_k$ の間に線形関係

$$a\boldsymbol{x} + a_1\boldsymbol{x}_1 + a_2\boldsymbol{x}_2 + \cdots + a_k\boldsymbol{x}_k = \boldsymbol{0}$$

が成り立つとしよう．$a \neq 0$ とすると，$\boldsymbol{x}$ は $\boldsymbol{x}_1, \boldsymbol{x}_2, \cdots, \boldsymbol{x}_k$ の線形結合として表されるから仮定に反する．よって $a = 0$ であるが，このとき，$a_1\boldsymbol{x}_1 + a_2\boldsymbol{x}_2 + \cdots + a_k\boldsymbol{x}_k = \boldsymbol{0}$ であり，仮定により $a_1 = a_2 = \cdots = a_k = 0$．したがって，

$\boldsymbol{x}, \boldsymbol{x}_1, \boldsymbol{x}_2, \cdots, \boldsymbol{x}_k$ は線形独立である.

問7 $\boldsymbol{x}_1, \boldsymbol{x}_2, \cdots, \boldsymbol{x}_k$ が線形独立であるとき，$\boldsymbol{x}_1$, $\boldsymbol{x}_1+\boldsymbol{x}_2$, $\cdots$, $\boldsymbol{x}_1+\boldsymbol{x}_2+\cdots+\boldsymbol{x}_k$ も線形独立であることを示せ.

線形独立性と直和の概念は，次のように結び付く.

定理 5.35 線形空間 $\boldsymbol{L}$ とその部分空間 $\boldsymbol{M}_1, \boldsymbol{M}_2, \cdots, \boldsymbol{M}_k$ について，$\boldsymbol{L}=\boldsymbol{M}_1+\boldsymbol{M}_2+\cdots+\boldsymbol{M}_k$ であるとき，次の 2 条件は同値である.

(1) $\boldsymbol{L}=\boldsymbol{M}_1 \oplus \boldsymbol{M}_2 \oplus \cdots \oplus \boldsymbol{M}_k$

(2) $\boldsymbol{x}_1 \in \boldsymbol{M}_1$, $\boldsymbol{x}_2 \in \boldsymbol{M}_2$, $\cdots$, $\boldsymbol{x}_k \in \boldsymbol{M}_k$ を任意に取ったとき，そのうち $\boldsymbol{0}$ でないベクトルは線形独立である.

[証明] (1)⇒(2) を示す: $\boldsymbol{x}_{i_1}, \boldsymbol{x}_{i_2}, \cdots, \boldsymbol{x}_{i_s}$ $(1 \leqq i_1 < i_2 < \cdots < i_s \leqq k)$ を $\boldsymbol{0}$ でないものとし，

$$a_1\boldsymbol{x}_{i_1}+a_2\boldsymbol{x}_{i_2}+\cdots+a_s\boldsymbol{x}_{i_s}=\boldsymbol{0}$$

とすると，和としての表示の一意性により $a_1\boldsymbol{x}_{i_1}=\boldsymbol{0}$, $a_2\boldsymbol{x}_{i_2}=\boldsymbol{0}$, $\cdots$, $a_s\boldsymbol{x}_{i_s}=\boldsymbol{0}$ であるから，$a_1=a_2=\cdots=a_s=0$.

(2)⇒(1) を示す: $\boldsymbol{L}$ が $\boldsymbol{M}_1, \boldsymbol{M}_2, \cdots, \boldsymbol{M}_k$ の直和でないとすると，

$$\boldsymbol{y}_1+\boldsymbol{y}_2+\cdots+\boldsymbol{y}_k=\boldsymbol{0}$$

を満たす $\boldsymbol{y}_1 \in \boldsymbol{M}_1$, $\boldsymbol{y}_2 \in \boldsymbol{M}_2$, $\cdots$, $\boldsymbol{y}_k \in \boldsymbol{M}_k$ で，すべてが零ベクトルではないものが存在する. $\boldsymbol{y}_1, \boldsymbol{y}_2, \cdots, \boldsymbol{y}_k$ のうち，$\boldsymbol{0}$ でないベクトルを $\boldsymbol{y}_{i_1}, \boldsymbol{y}_{i_2}, \cdots, \boldsymbol{y}_{i_s}$ $(1 \leqq i_1 < i_2 < \cdots < i_s \leqq k)$ とすると，

$$\boldsymbol{y}_{i_1}+\boldsymbol{y}_{i_2}+\cdots+\boldsymbol{y}_{i_s}=\boldsymbol{0}$$

となり，これは $\boldsymbol{y}_{i_1}, \boldsymbol{y}_{i_2}, \cdots, \boldsymbol{y}_{i_s}$ の間の自明でない線形関係を与えるから矛盾. ∎

$\boldsymbol{L}=\mathbb{F}^n$ の場合を考える. $\boldsymbol{x}_1, \boldsymbol{x}_2, \cdots, \boldsymbol{x}_k$ を $\mathbb{F}^n$ のベクトルとするとき

$$a_1\boldsymbol{x}_1+a_2\boldsymbol{x}_2+\cdots+a_k\boldsymbol{x}_k=(\boldsymbol{x}_1, \boldsymbol{x}_2, \cdots, \boldsymbol{x}_k)\begin{pmatrix} a_1 \\ a_2 \\ \vdots \\ a_k \end{pmatrix}$$

と書けることに注意しよう. よって A を (n,k) 型の行列 $(\boldsymbol{x}_1, \boldsymbol{x}_2, \cdots, \boldsymbol{x}_k)$ とす

ると，$\boldsymbol{x}_1, \boldsymbol{x}_2, \cdots, \boldsymbol{x}_k$ の間に自明でない線形関係が存在するための条件は，未知数 $a_1, a_2, \cdots, a_k$ に関する斉次連立方程式

$$A\boldsymbol{a} = \boldsymbol{0}, \quad \boldsymbol{a} = \begin{pmatrix} a_1 \\ a_2 \\ \vdots \\ a_k \end{pmatrix}$$

が自明でない解をもつことである．こうして，次の定理を得る(第4章の定理4.15とその系4.17)．

代数的関係

線形関係があるのなら,「非線形関係」というものも考えられるのだろうか．この設問自身曖昧だが，扱うものを特定すればそのような関係を考えることができる．その代表的なものが,「代数的関係」である．k 個の n 変数多項式 $f_1, f_2, \cdots, f_k \in \mathbb{F}[x_1, x_2, \cdots, x_n]$ に対して，0と異なる k 変数多項式 $g \in \mathbb{F}[y_1, y_2, \cdots, y_k]$ で，g の変数 y_i に f_i を代入して得られる多項式が0になるものが存在するとき，$f_1, f_2, \cdots, f_k$ は代数的に従属であるといい，このような g が存在しないとき，代数的に独立であるという．

たとえば，単項式 $x_1, x_2, \cdots, x_n$ は代数的に独立であり，x_1+x_2，x_1x_2 は $\mathbb{F}[x_1, x_2]$ において代数的に独立である．さらに，n 個の1次式 $f_i = \sum_{j=1}^{n} a_{ij}x_j$ が代数的に独立であるための必要十分条件は，行列 $A=(a_{ij})$ が可逆であることがわかる．

「代数的関係」は，代数学の重要な分野である代数幾何学の文脈の中で扱われる概念である．ちなみに，代数幾何学は，整数論と並んで，我が国において強力な研究者をもつ領域であり，数学のノーベル賞といわれるフィールズ賞の日本人受賞者は3人(小平邦彦，広中平祐，森重文)とも，代数幾何学ないしは関連分野の研究者である．

このほか，多変数の微分可能な関数の間の関数的(従属)独立性などの非線形関係が考えられる．

定理 5.36

（1）　$\boldsymbol{x}_1, \boldsymbol{x}_2, \cdots, \boldsymbol{x}_n$ を $\mathbb{F}^n$ のベクトルとするとき，$\boldsymbol{x}_1, \boldsymbol{x}_2, \cdots, \boldsymbol{x}_n$ が線形独立であるための必要十分条件は

$$\det(\boldsymbol{x}_1, \boldsymbol{x}_2, \cdots, \boldsymbol{x}_n) \neq 0$$

となることである．

（2）　$k > n$ であるとき，$\boldsymbol{x}_1, \boldsymbol{x}_2, \cdots, \boldsymbol{x}_k$ は線形従属である．　□

問 8　$A = (\boldsymbol{x}_1, \boldsymbol{x}_2, \cdots, \boldsymbol{x}_n) \in \boldsymbol{M}(m, n; \mathbb{F})$ とするとき，$\mathrm{Image}\, T_A = \langle\!\langle \{\boldsymbol{x}_1, \boldsymbol{x}_2, \cdots, \boldsymbol{x}_n\} \rangle\!\rangle$ であることを示せ．

(b)　基　　底

定義 5.37　線形空間 $\boldsymbol{L}$ の部分集合 $\boldsymbol{S}$ が，次の条件を満たすとき，$\boldsymbol{S}$ を**線形独立系**という：

$\boldsymbol{S}$ から有限個のベクトルを任意にとったとき，それらは線形独立である．□

定義から，線形独立系の部分集合は線形独立系である．

定義 5.38　線形空間 $\boldsymbol{L}$ の部分集合 $\boldsymbol{S}$ が，次の 2 条件を満たすとき，$\boldsymbol{L}$ の(代数的)**基底**(basis, base)であるという：

（1）　$\boldsymbol{S}$ は線形独立系である，

（2）　$\boldsymbol{L} = \langle\!\langle \boldsymbol{S} \rangle\!\rangle$．　□

例 5.39　$\mathbb{F}^n$ の基本ベクトル $\{\boldsymbol{e}_1, \boldsymbol{e}_2, \cdots, \boldsymbol{e}_n\}$ は $\mathbb{F}^n$ の基底である．　□

例 5.40　$\mathbb{F}^n$ の n 個の線形独立なベクトル $\{\boldsymbol{x}_1, \boldsymbol{x}_2, \cdots, \boldsymbol{x}_n\}$ は $\mathbb{F}^n$ の基底である．実際，定理 5.36 の証明で使う記号を用いれば，連立方程式 $A\boldsymbol{a} = \boldsymbol{x}$ が任意の $\boldsymbol{x} \in \mathbb{F}^n$ に対して解 $\boldsymbol{a}$ をもつことから，$\mathbb{F}^n = \langle\!\langle \{\boldsymbol{x}_1, \boldsymbol{x}_2, \cdots, \boldsymbol{x}_n\} \rangle\!\rangle$．　□

例 5.41　E_{ij} を (m, n) 型行列で，(i, j) 成分だけが 1，その他の成分がすべて 0 である (m, n) 型行列とする $(1 \leqq i \leqq m;\ 1 \leqq j \leqq n)$．$\{E_{ij} \mid 1 \leqq i \leqq m;\ 1 \leqq j \leqq n\}$ は，$M(m, n; \mathbb{F})$ の基底である．　□

例 5.42　線形空間 $C_0(X, \mathbb{F})$ の元 $f_x\ (x \in X)$ を

$$f_x(y) = \begin{cases} 1 & (y = x) \\ 0 & (y \neq x) \end{cases}$$

として定義する．このとき，$\{f_x \mid x \in X\}$ は $C_0(X, \mathbb{F})$ の基底である．実際，$x_1, x_2, \cdots, x_k$ を X の互いに相異なる元とすると，

$$a_1 f_{x_1} + a_2 f_{x_2} + \cdots + a_k f_{x_k} = 0\,.$$

x_i $(i = 1, 2, \cdots, k)$ を左辺に代入すれば $a_i = 0$ を得るから，$\{f_x \mid x \in X\}$ は線形独立系である．さらに，任意の元 $f \in C_0(X, \mathbb{F})$ に対して，$X - f^{-1}(0) = \{x_1, x_2, \cdots, x_k\}$ とすると

$$f = \sum_{i=1}^{k} f(x_i) f_{x_i}$$

となるから，$C_0(X, \mathbb{F}) = \langle\langle \{f_x \mid x \in X\} \rangle\rangle$．　□

例 5.43　多項式のなす線形空間 $\mathbb{F}[x]$ において，$\{1, x, x^2, \cdots\}$ は基底である．　□

例 5.44　n 次以下の多項式のなす線形空間 $\mathbb{F}[x]_n$ において，$\{1, x, x^2, \cdots, x^n\}$ は基底である．　□

任意の線形空間は常に基底をもつことを証明できるが，ここでは次の仮定の下で存在を示す．

仮定　$\boldsymbol{L}$ の有限部分集合 $\boldsymbol{S}$ で，$\boldsymbol{L} = \langle\langle \boldsymbol{S} \rangle\rangle$ となるものが存在する．換言すれば，$\boldsymbol{L}$ の有限個のベクトルが存在して，$\boldsymbol{L}$ の任意のベクトルがこれらのベクトルの線形結合として表される．

この仮定を満たす $\boldsymbol{L}$ を，**有限次元**(finite dimensional)線形空間という．有限次元でないとき，$\boldsymbol{L}$ は**無限次元**(infinite dimensional)であるという．

例 5.45　$\mathbb{F}^n$, $M(m, n; \mathbb{F})$, $\mathbb{F}[x]_n$, 空間(平面)の幾何ベクトルの全体は有限次元である．　□

定理 5.46　$\boldsymbol{L}$ の有限部分集合 $\boldsymbol{T}$ が，$\boldsymbol{L} = \langle\langle \boldsymbol{T} \rangle\rangle$ を満たしていれば，$\boldsymbol{T}$ の部分集合 $\boldsymbol{S}$ で，$\boldsymbol{L}$ の基底となるものが存在する．とくに，有限次元線形空間は

基底をもつ.

［証明］ $\boldsymbol{x}_1 \neq \boldsymbol{0}$ となる元を $\boldsymbol{T}$ から1つとり，$\boldsymbol{S}_1 = \{\boldsymbol{x}_1\}$ とおく．$\boldsymbol{x}_2 \in \boldsymbol{T}$ で，$\boldsymbol{x}_1, \boldsymbol{x}_2$ が線形独立なものが存在すれば，$\boldsymbol{S}_2 = \{\boldsymbol{x}_1, \boldsymbol{x}_2\}$ とおく．これを続けて，$\boldsymbol{S}_k = \{\boldsymbol{x}_1, \boldsymbol{x}_2, \cdots, \boldsymbol{x}_k\}$, $\boldsymbol{x}_i \in \boldsymbol{T}$ $(i = 1, 2, \cdots, k;\ k \geqq 1)$ が線形独立系であるようにとれたとする．このとき，

(a) $\boldsymbol{T} \subset \langle\!\langle \boldsymbol{S}_k \rangle\!\rangle$,

(b) $\boldsymbol{x} \in \boldsymbol{T}$ で $\langle\!\langle \boldsymbol{S}_k \rangle\!\rangle$ に属さないものが存在する，

のいずれか一方が成り立つ.

(a)が成り立つ場合，$\boldsymbol{L} = \langle\!\langle \boldsymbol{T} \rangle\!\rangle \subset \langle\!\langle \boldsymbol{S}_k \rangle\!\rangle$ となるから，$\boldsymbol{L} = \langle\!\langle \boldsymbol{S}_k \rangle\!\rangle$ となって，$\boldsymbol{S}_k$ は $\boldsymbol{L}$ の基底である.

(b)が成り立つ場合，$\boldsymbol{x}$ は $\boldsymbol{x}_1, \boldsymbol{x}_2, \cdots, \boldsymbol{x}_k$ の線形結合として表されないから，$\boldsymbol{x}, \boldsymbol{x}_1, \boldsymbol{x}_2, \cdots, \boldsymbol{x}_k$ は線形独立である．$\boldsymbol{x} = \boldsymbol{x}_{k+1}$ とおいて，$\boldsymbol{S}_{k+1} = \{\boldsymbol{x}_1, \boldsymbol{x}_2, \cdots, \boldsymbol{x}_k, \boldsymbol{x}_{k+1}\}$ とすれば，$\boldsymbol{S}_{k+1}$ は線形独立系である.

この操作を続けていけば，$\boldsymbol{T}$ が有限集合であることから，いつかは(a)の場合が成り立ち，$\boldsymbol{T}$ の部分集合 $\boldsymbol{S}$ で，$\boldsymbol{L}$ の基底となるものが見つかる. ∎

定理 5.47 $\boldsymbol{L}$ を有限次元とする．$\boldsymbol{x}_1, \boldsymbol{x}_2, \cdots, \boldsymbol{x}_k$ を線形独立とすれば，これにいくつかのベクトルを付け加えることによって，$\boldsymbol{L}$ の基底が得られる(この基底を，$\boldsymbol{x}_1, \boldsymbol{x}_2, \cdots, \boldsymbol{x}_k$ を**拡大して得られる基底**という).

［証明］ $\boldsymbol{L} = \langle\!\langle \boldsymbol{T}' \rangle\!\rangle$ を満たす有限部分集合 $\boldsymbol{T}'$ をとり，

$$\boldsymbol{T} = \boldsymbol{T}' \cup \{\boldsymbol{x}_1, \boldsymbol{x}_2, \cdots, \boldsymbol{x}_k\}$$

とおく．もちろん，$\boldsymbol{L} = \langle\!\langle \boldsymbol{T} \rangle\!\rangle$．上の定理の証明を見れば，$\{\boldsymbol{x}_1, \boldsymbol{x}_2, \cdots, \boldsymbol{x}_k\}$ に $\boldsymbol{T}'$ の元をいくつか付加することによって，$\boldsymbol{L}$ の基底が得られることがわかる. ∎

例題 5.48 $\boldsymbol{L}$ を無限次元とすると，任意の自然数 k に対して，$\boldsymbol{L}$ の線形独立なベクトル $\boldsymbol{x}_1, \boldsymbol{x}_2, \cdots, \boldsymbol{x}_k$ が存在する.

［解］ $\langle\!\langle \boldsymbol{T} \rangle\!\rangle = \boldsymbol{L}$ となる $\boldsymbol{L}$ の部分集合 $\boldsymbol{T}$ をとる($\boldsymbol{T} = \boldsymbol{L}$ でもよい)．この $\boldsymbol{T}$ について，定理 5.46 の証明と同じ操作で，線形独立系 $\boldsymbol{S}_k = \{\boldsymbol{x}_1, \boldsymbol{x}_2, \cdots, \boldsymbol{x}_k\}$ を取っていく．このとき，場合(a)は起こらない．実際，$\boldsymbol{T} \subset \langle\!\langle \boldsymbol{S}_k \rangle\!\rangle$ とすると，

$\langle\!\langle \boldsymbol{S}_k \rangle\!\rangle = \boldsymbol{L}$ となって，$\boldsymbol{L}$ は有限次元になってしまう．よって，この操作は，任意の k まで続けることができて，結論が正しいことがわかる． ∎

(c) 次　元

$\boldsymbol{e}_1, \boldsymbol{e}_2, \cdots, \boldsymbol{e}_n$ を有限次元線形空間 $\boldsymbol{L}$ の基底としよう．基底の定義から

（1）　$\boldsymbol{e}_1, \boldsymbol{e}_2, \cdots, \boldsymbol{e}_n$ は線形独立である，

（2）　$\boldsymbol{L}$ の任意のベクトルは $\boldsymbol{e}_1, \boldsymbol{e}_2, \cdots, \boldsymbol{e}_n$ の線形結合として表される，

が成り立つ．(2)において，線形結合による表し方は1通りであることに注意しよう．

基底の取り方は一意的ではない．しかし，基底をなすベクトルの個数は，基底の取り方によらず一定であることを証明できる．これを示すため，次の補題から始めよう．

補題 5.49　$\boldsymbol{L}, \boldsymbol{L}'$ を $\mathbb{F}$ 上の線形空間とし，$T\colon \boldsymbol{L} \to \boldsymbol{L}'$ を同型写像とする．$\boldsymbol{L}$ のベクトル $\boldsymbol{x}_1, \boldsymbol{x}_2, \cdots, \boldsymbol{x}_k$ が線形独立(従属)ならば，$\boldsymbol{L}'$ のベクトル $T\boldsymbol{x}_1, T\boldsymbol{x}_2, \cdots, T\boldsymbol{x}_k$ も線形独立(従属)である．

［証明］　$\boldsymbol{x}_1, \boldsymbol{x}_2, \cdots, \boldsymbol{x}_k$ が線形独立とする．$a_1T\boldsymbol{x}_1 + a_2T\boldsymbol{x}_2 + \cdots + a_kT\boldsymbol{x}_k = \boldsymbol{0}$ とすると，

$$T(a_1\boldsymbol{x}_1 + a_2\boldsymbol{x}_2 + \cdots + a_k\boldsymbol{x}_k) = a_1T\boldsymbol{x}_1 + a_2T\boldsymbol{x}_2 + \cdots + a_kT\boldsymbol{x}_k = \boldsymbol{0}.$$

T は単射であるから $a_1\boldsymbol{x}_1 + a_2\boldsymbol{x}_2 + \cdots + a_k\boldsymbol{x}_k = \boldsymbol{0}$．仮定から $a_1 = a_2 = \cdots = a_k = 0$． ∎

系 5.50　$\mathbb{F}^n$ と $\mathbb{F}^m$ が同型であれば，$m = n$．

［証明］　$T\colon \mathbb{F}^n \to \mathbb{F}^m$ を同型写像とする．$n > m$ とすると，上の補題により，$\mathbb{F}^n$ の基本ベクトル $\boldsymbol{e}_1, \boldsymbol{e}_2, \cdots, \boldsymbol{e}_n$ の像 $T\boldsymbol{e}_1, T\boldsymbol{e}_2, \cdots, T\boldsymbol{e}_n$ は $\mathbb{F}^m$ の線形独立なベクトルとなって矛盾(定理 5.36(2))．よって $n \leqq m$．T の代わりに T^{-1} を考えれば，同様に $m \leqq n$ となるから，$m = n$． ∎

問 9　$T\colon \boldsymbol{L} \to \boldsymbol{L}'$ を線形写像とする．$\boldsymbol{L}'$ のベクトル $T\boldsymbol{x}_1, T\boldsymbol{x}_2, \cdots, T\boldsymbol{x}_k$ が線形独立ならば，$\boldsymbol{L}$ のベクトル $\boldsymbol{x}_1, \boldsymbol{x}_2, \cdots, \boldsymbol{x}_k$ も線形独立であることを示せ．

定理 5.51　$\boldsymbol{L}$ が n 個のベクトルからなる基底をもてば，$\boldsymbol{L}$ は $\mathbb{F}^n$ と同型である．

［証明］　$\boldsymbol{e}_1, \boldsymbol{e}_2, \cdots, \boldsymbol{e}_n$ を $\boldsymbol{L}$ の基底とする．ベクトル $\boldsymbol{x} \in \boldsymbol{L}$ は一意的に

$$\boldsymbol{x} = x_1\boldsymbol{e}_1 + x_2\boldsymbol{e}_2 + \cdots + x_n\boldsymbol{e}_n$$

と表されるから，

$$T\boldsymbol{x} = \begin{pmatrix} x_1 \\ x_2 \\ \vdots \\ x_n \end{pmatrix}$$

とおくと，T は $\boldsymbol{L}$ から $\mathbb{F}^n$ への同型写像となる．■

上の証明で構成した同型写像は，基底 $\boldsymbol{e}_1, \boldsymbol{e}_2, \cdots, \boldsymbol{e}_n$ によることはもちろんであるが，$\boldsymbol{e}_1, \boldsymbol{e}_2, \cdots, \boldsymbol{e}_n$ の並べ方(順序)にもよっている．以下，基底をなすベク

線形空間の意義

定理 5.51 から，任意の自明でない有限次元線形空間は $\mathbb{F}^n$(n は自然数)と同一視されるが，当然の疑問として，有限次元線形空間として $\mathbb{F}^n$ を扱えば十分なのに，なぜ抽象的な線形空間を設定するのかを問いたくなるであろう．これに対する答えは 2 つある．

(1)　線形空間を列ベクトルの線形空間 $\mathbb{F}^n$ と同一視するには，基底を 1 つ選ぶ必要があり，むしろ基底の選択とは無関係な構造や概念を調べることが必要なこともある．幾何学的空間においては，基底を選ぶことと，(斜交)座標系を選ぶことは同じことである．座標系は，問題を解くのに技術的に有効であることは間違いないが，座標系の選択とは独立な幾何学的命題を確立するには，座標系を使わない考え方も重要である．さらに，古典物理学(ガリレイやアインシュタインの相対性理論)においては，(慣性)座標系の取り方によらない理論形式がことのほか重要なのである．

(2)　無限次元空間の理論では，基底を選ぶことはさらに人工的なものになり，理論構成に本質的な役割を果たさないことが多い(むしろ，基底の定義を変更する方が，得策であることがわかる)．

トルの順序を考慮するとき，ベクトルの集合と区別するため，$\langle \boldsymbol{e}_1, \boldsymbol{e}_2, \cdots, \boldsymbol{e}_n \rangle$ のように表す．

$E = \langle \boldsymbol{e}_1, \boldsymbol{e}_2, \cdots, \boldsymbol{e}_n \rangle$ に対して，上の定理の証明で構成した同型写像を

$$\varphi_E\colon \boldsymbol{L} \longrightarrow \mathbb{F}^n, \quad \varphi_E(x_1\boldsymbol{e}_1 + x_2\boldsymbol{e}_2 + \cdots + x_n\boldsymbol{e}_n) = \begin{pmatrix} x_1 \\ x_2 \\ \vdots \\ x_n \end{pmatrix}$$

により表す．この同型写像は，§5.5 で重要な役割を果たすことになる．

定理 5.52　$\mathbb{F}$ 上の線形空間 $\boldsymbol{L}$ は n 個のベクトルからなる基底をもつならば，n 個より多くのベクトルは線形従属である．とくに，$\boldsymbol{L}$ の任意の基底は n 個のベクトルからなる．

［証明］　$\boldsymbol{L}$ は $\mathbb{F}^n$ と同型であり（定理 5.51），定理 5.36 (2) により，$\mathbb{F}^n$ においては n 個より多くのベクトルは線形従属であるから，補題 5.49 を適用して定理の前半の主張を得る．

$\boldsymbol{L}$ が m 個のベクトルからなる基底をもてば，$\boldsymbol{L}$ は $\mathbb{F}^m$ と同型であり，$\mathbb{F}^n$ が $\mathbb{F}^m$ と同型になるから，$m = n$．　■

系 5.53（例題 5.48 の逆）　任意の自然数 k に対して，線形独立なベクトル $\boldsymbol{x}_1, \boldsymbol{x}_2, \cdots, \boldsymbol{x}_k$ が存在すれば，$\boldsymbol{L}$ は無限次元である．　□

例 5.54　X が無限集合であるとき，$C_0(X, \mathbb{F})$, $C(X, \mathbb{F})$ は無限次元である．　□

例 5.55　$\mathbb{F}[x]$ は無限次元である．　□

定理 5.52 から，次の定義は意味をもつ．

定義 5.56　有限次元線形空間 $\boldsymbol{L}$ の**次元**(dimension)は，$\boldsymbol{L}$ の基底に含まれるベクトルの個数として定義する．$\boldsymbol{L}$ の次元を $\dim \boldsymbol{L}$ で表す．　□

系 5.57　$\mathbb{F}$ 上の，次元の等しい 2 つの線形空間は互いに同型である．また，$\boldsymbol{L}_1$ と $\boldsymbol{L}_2$ が同型であり，$\boldsymbol{L}_1$ が有限次元であれば，$\boldsymbol{L}_2$ も有限次元であり，$\dim \boldsymbol{L}_1 = \dim \boldsymbol{L}_2$．　□

例 5.58　$\dim \mathbb{F}^n = n$.　□

例 5.59　$\dim M(m,n;\mathbb{F}) = mn$（例 5.41 参照）.　□

例 5.60　空間の幾何ベクトルのなす線形空間は $\mathbb{R}^3$ と同型であるから，次元は 3 であり，平面の幾何ベクトルのなす線形空間は $\mathbb{R}^2$ と同型であるから，次元は 2 である.　□

例 5.61　$\dim \mathbb{F}[x]_n = n+1$.　□

問 10　$\dim \boldsymbol{L} = n$, $\boldsymbol{L} = \langle\langle \{\boldsymbol{x}_1, \boldsymbol{x}_2, \cdots, \boldsymbol{x}_n\} \rangle\rangle$ であれば，$\{\boldsymbol{x}_1, \boldsymbol{x}_2, \cdots, \boldsymbol{x}_n\}$ は $\boldsymbol{L}$ の基底であることを示せ.（ヒント：結論を否定すると，$\boldsymbol{x}_1, \cdots, \boldsymbol{x}_n$ は線形従属となり，$\dim \boldsymbol{L} < n$ となって矛盾する.）

(d)　部分空間と次元

定理 5.62　有限次元線形空間 $\boldsymbol{L}$ の部分空間 $\boldsymbol{M}$ は有限次元であり，

$$\dim \boldsymbol{M} \leqq \dim \boldsymbol{L}.$$

［証明］　もし，$\boldsymbol{M}$ が無限次元とすると，任意の自然数 k に対して，線形独立なベクトル $\boldsymbol{x}_1, \boldsymbol{x}_2, \cdots, \boldsymbol{x}_k$ を $\boldsymbol{M}$ からとることができるが(例題 5.48)，それらは $\boldsymbol{L}$ のベクトルとしても線形独立であるから，$\boldsymbol{L}$ の有限次元性に反する.　■

定理 5.63　有限次元線形空間 $\boldsymbol{L}$ の部分空間 $\boldsymbol{M}$ に対して，$\boldsymbol{M}$ の補空間 $\boldsymbol{M}'$，すなわち $\boldsymbol{L} = \boldsymbol{M} \oplus \boldsymbol{M}'$ となる部分空間 $\boldsymbol{M}'$ が存在する.

［証明］　$\boldsymbol{M}$ の基底 $\langle \boldsymbol{x}_1, \boldsymbol{x}_2, \cdots, \boldsymbol{x}_s \rangle$ を 1 つとり，これを拡大した $\boldsymbol{L}$ の基底 $\langle \boldsymbol{x}_1, \boldsymbol{x}_2, \cdots, \boldsymbol{x}_s, \boldsymbol{x}_{s+1}, \cdots, \boldsymbol{x}_n \rangle$ を考える.

$$\boldsymbol{M}' = \langle\langle \boldsymbol{x}_{s+1}, \cdots, \boldsymbol{x}_n \rangle\rangle$$

とおけば，$\boldsymbol{L} = \boldsymbol{M} \oplus \boldsymbol{M}'$ となる.　■

$\boldsymbol{M}_1, \boldsymbol{M}_2$ が $\boldsymbol{L}$ の有限次元部分空間であるとき，

$$\boldsymbol{M}_1 \subset \boldsymbol{M}_2 \Longrightarrow \dim \boldsymbol{M}_1 \leqq \dim \boldsymbol{M}_2,$$

$$\boldsymbol{M}_1 \subset \boldsymbol{M}_2,\ \dim \boldsymbol{M}_1 = \dim \boldsymbol{M}_2 \Longrightarrow \boldsymbol{M}_1 = \boldsymbol{M}_2.$$

実際，$\dim \boldsymbol{M}_1 = \dim \boldsymbol{M}_2$ であれば，$\boldsymbol{M}_1$ の基底は $\boldsymbol{M}_2$ の基底になるから，$\boldsymbol{M}_1 = \boldsymbol{M}_2$.

補題 5.64　$\boldsymbol{x}_1, \boldsymbol{x}_2, \cdots, \boldsymbol{x}_k$ を $\boldsymbol{L}$ のベクトルとする．$\boldsymbol{M} = \langle\!\langle \{\boldsymbol{x}_1, \boldsymbol{x}_2, \cdots, \boldsymbol{x}_k\} \rangle\!\rangle$ とするとき，$\dim \boldsymbol{M}$ は，$\boldsymbol{x}_1, \boldsymbol{x}_2, \cdots, \boldsymbol{x}_k$ のうちで線形独立なものの最大数に等しい．

［証明］　最大数を r とすると，明らかに $r \leqq \dim \boldsymbol{M}$ である．$\boldsymbol{M}$ の任意のベクトルは，$\boldsymbol{x}_1, \boldsymbol{x}_2, \cdots, \boldsymbol{x}_k$ の線形結合として表されるから，$\boldsymbol{x}_1, \boldsymbol{x}_2, \cdots, \boldsymbol{x}_k$ の中から適当なベクトルを選んで，$\boldsymbol{M}$ の基底とすることができる(定理 5.46)．それを $\boldsymbol{x}_{i_1}, \boldsymbol{x}_{i_2}, \cdots, \boldsymbol{x}_{i_s}$ とする．次元の定義から $s = \dim \boldsymbol{M}$ である．よって $r \leqq s$．一方，r の最大性により，$s \leqq r$ であるから，$r = \dim \boldsymbol{M}$ となる．　■

次の定理は，線形写像の研究において基本的なものである．

定理 5.65　$T\colon \boldsymbol{L} \to \boldsymbol{L}'$ を線形写像とするとき

$$\dim \boldsymbol{L} = \dim \operatorname{Ker} T + \dim \operatorname{Image} T\,.$$

［証明］　$\operatorname{Ker} T$ の基底を $\boldsymbol{x}_1, \boldsymbol{x}_2, \cdots, \boldsymbol{x}_k$ とし，これを拡張して $\boldsymbol{x}_1, \boldsymbol{x}_2, \cdots, \boldsymbol{x}_k, \boldsymbol{x}_{k+1}, \cdots, \boldsymbol{x}_n$ を $\boldsymbol{L}$ の基底とする．$\operatorname{Image} T$ の任意の元 $\boldsymbol{x}'$ に対して $T\boldsymbol{x} = \boldsymbol{x}'$ となる $\boldsymbol{L}$ の元 $\boldsymbol{x}$ が存在するから，

$$\boldsymbol{x} = a_1\boldsymbol{x}_1 + \cdots + a_k\boldsymbol{x}_k + a_{k+1}\boldsymbol{x}_{k+1} + \cdots + a_n\boldsymbol{x}_n$$

とすれば，

$$\begin{aligned}\boldsymbol{x}' = T\boldsymbol{x} &= a_1T\boldsymbol{x}_1 + \cdots + a_kT\boldsymbol{x}_k + a_{k+1}T\boldsymbol{x}_{k+1} + \cdots + a_nT\boldsymbol{x}_n \\ &= a_{k+1}T\boldsymbol{x}_{k+1} + \cdots + a_nT\boldsymbol{x}_n\end{aligned}$$

である．$T\boldsymbol{x}_{k+1}, \cdots, T\boldsymbol{x}_n$ が線形独立であることを見るために

$$c_{k+1}T\boldsymbol{x}_{k+1} + \cdots + c_nT\boldsymbol{x}_n = \boldsymbol{0}$$

としよう．

$$T(c_{k+1}\boldsymbol{x}_{k+1} + \cdots + c_n\boldsymbol{x}_n) = c_{k+1}T\boldsymbol{x}_{k+1} + \cdots + c_nT\boldsymbol{x}_n = \boldsymbol{0}$$

であるから，$c_{k+1}\boldsymbol{x}_{k+1} + \cdots + c_n\boldsymbol{x}_n \in \operatorname{Ker} T$ となり，

$$c_{k+1}\boldsymbol{x}_{k+1} + \cdots + c_n\boldsymbol{x}_n = c_1\boldsymbol{x}_1 + \cdots + c_k\boldsymbol{x}_k$$

と書ける．$\boldsymbol{x}_1, \boldsymbol{x}_2, \cdots, \boldsymbol{x}_k, \boldsymbol{x}_{k+1}, \cdots, \boldsymbol{x}_n$ は線形独立であるから，$c_{k+1} = \cdots = c_n = 0$ である．こうして，$T\boldsymbol{x}_{k+1}, \cdots, T\boldsymbol{x}_n$ は $\operatorname{Image} T$ の基底であることがわかる．よって

$$\dim \operatorname{Ker} T + \dim \operatorname{Image} T = k + (n-k) = n = \dim \boldsymbol{L}$$

である．　■

系 5.66 線形写像 $T: \boldsymbol{L} \to \boldsymbol{L}'$ に対して $\dim \boldsymbol{L} = \dim \boldsymbol{L}'$ であるとき，次の 3 条件は同値である．

(1) T は同型写像

(2) $\operatorname{Ker} T = \{\boldsymbol{0}\}$

(3) $\operatorname{Image} T = \boldsymbol{L}'$

［証明］ (1) ⇒ (2) は明らか．

(2) ⇒ (3): $\dim \boldsymbol{L}' = \dim \boldsymbol{L} = \dim \operatorname{Image} T$ から，$\operatorname{Image} T = \boldsymbol{L}'$．

(3) ⇒ (1): $\dim \boldsymbol{L} = \dim \operatorname{Ker} T + \dim \boldsymbol{L}'$ から，$\operatorname{Ker} T = \{\boldsymbol{0}\}$． ∎

問 11 $\boldsymbol{L}_1 = \{A \in M_n(\mathbb{F}) \mid \operatorname{tr} A = 0\}$, $\boldsymbol{L}_2 = \{A \in M_n(\mathbb{F}) \mid {}^tA = A\}$, $\boldsymbol{L}_3 = \{A \in M_n(\mathbb{F}) \mid {}^tA = -A\}$ の次元を求めよ．

例題 5.67 有限次元線形空間 $\boldsymbol{L}$ とその部分空間 $\boldsymbol{M}_1, \boldsymbol{M}_2$ について，$\boldsymbol{L} = \boldsymbol{M}_1 + \boldsymbol{M}_2$ であるとき，次の 2 条件は同値である．

(1) $\boldsymbol{L} = \boldsymbol{M}_1 \oplus \boldsymbol{M}_2$

(2) $\dim \boldsymbol{L} = \dim \boldsymbol{M}_1 + \dim \boldsymbol{M}_2$

［解］ $\boldsymbol{M}_1$ と $\boldsymbol{M}_2$ の基底をそれぞれ $\langle \boldsymbol{x}_1, \boldsymbol{x}_2, \cdots, \boldsymbol{x}_s \rangle$, $\langle \boldsymbol{y}_1, \boldsymbol{y}_2, \cdots, \boldsymbol{y}_t \rangle$ とする．$\boldsymbol{L} = \boldsymbol{M}_1 + \boldsymbol{M}_2$ であるから，$\boldsymbol{L} = \langle\langle \boldsymbol{x}_1, \boldsymbol{x}_2, \cdots, \boldsymbol{x}_s, \boldsymbol{y}_1, \boldsymbol{y}_2, \cdots, \boldsymbol{y}_t \rangle\rangle$．

(1) ⇒ (2): $\boldsymbol{x}_1, \boldsymbol{x}_2, \cdots, \boldsymbol{x}_s, \boldsymbol{y}_1, \boldsymbol{y}_2, \cdots, \boldsymbol{y}_t$ は線形独立である．よって，$\dim \boldsymbol{L} = s+t = \dim \boldsymbol{M}_1 + \dim \boldsymbol{M}_2$．

(2) ⇒ (1): $\boldsymbol{L} = \langle\langle \boldsymbol{x}_1, \boldsymbol{x}_2, \cdots, \boldsymbol{x}_s, \boldsymbol{y}_1, \boldsymbol{y}_2, \cdots, \boldsymbol{y}_t \rangle\rangle$ において，$\boldsymbol{x}_1, \boldsymbol{x}_2, \cdots, \boldsymbol{x}_s, \boldsymbol{y}_1, \boldsymbol{y}_2, \cdots, \boldsymbol{y}_t$ は線形独立である．実際，線形従属とすると，$\dim \boldsymbol{L} < s+t = \dim \boldsymbol{M}_1 + \dim \boldsymbol{M}_2$ となって矛盾．よって，$\langle \boldsymbol{x}_1, \boldsymbol{x}_2, \cdots, \boldsymbol{x}_s, \boldsymbol{y}_1, \boldsymbol{y}_2, \cdots, \boldsymbol{y}_t \rangle$ は $\boldsymbol{L}$ の基底であり，$\boldsymbol{L} = \boldsymbol{M}_1 \oplus \boldsymbol{M}_2$ となる． ∎

注意 5.68 上の例題は，k 個の直和 $\boldsymbol{L} = \boldsymbol{M}_1 \oplus \boldsymbol{M}_2 \oplus \cdots \oplus \boldsymbol{M}_k$ に対して容易に一般化される．

§5.4　線形変換の直和分解

$\boldsymbol{L}$ は体 $\mathbb{F}$ 上の有限次元線形空間とする．

(a)　不変部分空間

$T\colon \boldsymbol{L}\to\boldsymbol{L}$ を線形変換とする．$\boldsymbol{L}$ の部分空間 $\boldsymbol{M}$ に対して，$T(\boldsymbol{M})\subset\boldsymbol{M}$ が成り立つとき，$\boldsymbol{M}$ は T の**不変部分空間**(invariant subspace)であるといわれる．

例 5.69　$m<n$ のとき，$\mathbb{F}[x]_m$ は $\mathbb{F}[x]_n$ の部分空間であり，線形変換

$$T_a\colon\ \mathbb{F}[x]_n \longrightarrow \mathbb{F}[x]_n \qquad ((T_af)(x)=f(x+a))$$

の不変部分空間になっている．　□

$\boldsymbol{L}$ の直和分解 $\boldsymbol{L}=\boldsymbol{M}_1\oplus\boldsymbol{M}_2\oplus\cdots\oplus\boldsymbol{M}_k$ において，すべての $\boldsymbol{M}_i$ が T の不変部分空間になっているとき，$T_i=T\,|\,\boldsymbol{M}_i$ とおいて

$$T=T_1\oplus T_2\oplus\cdots\oplus T_k$$

と表し，T の**直和分解**という．明らかに，自然数 l に対して，

$$T^l={T_1}^l\oplus{T_2}^l\oplus\cdots\oplus{T_k}^l$$

が成り立つ．ただし，$T^1=T,\ T^l=TT^{l-1}$ とする．

線形変換の研究においては，与えられた線形変換を直和分解して，なるべく簡単な変換に帰着することが必要となる．最も簡単な線形変換の候補は，その不変部分空間が，$\{\boldsymbol{0}\}$ または $\boldsymbol{L}$ のみに限るような変換であろう．このような線形変換を**単純**(simple)であるという．また，T の不変部分空間 $\boldsymbol{M}$ について，$T\,|\,\boldsymbol{M}$ が単純であるとき，$\boldsymbol{M}$ を T の**単純な不変部分空間**という．

T の自明でない不変部分空間の全体の中で最小の次元をもつものは，単純な不変部分空間である．

例 5.70　$A=\begin{pmatrix} 0 & 1 \\ -1 & 0 \end{pmatrix}$ とすると，$T_A\colon\mathbb{R}^2\to\mathbb{R}^2$ は単純である．実際，T_A が $\{\boldsymbol{0}\}$ と $\mathbb{R}^2$ 以外の不変部分空間 $\boldsymbol{M}$ をもつとすると，それは1次元部分

空間でなければならない．$\boldsymbol{M}=\mathbb{R}\boldsymbol{x}\ (\boldsymbol{x}\in\mathbb{R}^2,\ \boldsymbol{x}\neq\boldsymbol{0})$ とおくと，$T_A(\boldsymbol{x})\in\mathbb{R}\boldsymbol{x}$ であるから，

$$T_A(\boldsymbol{x})=A\boldsymbol{x}=\lambda\boldsymbol{x}$$

を満たす実数 λ が存在することになる．ところが，A の固有値は特性方程式 $x^2+1=0$ の解であり(第1章§1.4参照)，これは矛盾である．

A を複素行列とみなし，$T_A\colon \mathbb{C}^2\to\mathbb{C}^2$ を考えれば，T_A は単純ではない．実際，A の $\mathbb{C}$ 上の固有値(=特性解)は $\pm i$ であり，$\boldsymbol{x}_1,\boldsymbol{x}_2$ をそれぞれ $i,-i$ に対する固有ベクトルとすると，$\mathbb{C}\boldsymbol{x}_1,\mathbb{C}\boldsymbol{x}_2$ は T_A の不変部分空間である．このように，正方行列の定める線形変換の単純性は，どの体の上で行列を考えているのかによって異なることに注意すべきである．　□

T が単純でなければ，T を直和分解して単純なものに帰着できるかが問題になる．そこで次の定義を与える．

定義 5.71　$\boldsymbol{L}$ の線形変換 T が直和分解 $T=T_1\oplus T_2\oplus\cdots\oplus T_k$ をもち，しかも各 T_i が単純であるとき，T を**半単純**(semisimple)であるという．　□

もし，すべての線形変換が半単純であれば，ことは簡単なのだが，残念ながら半単純ではない線形変換が存在する．例えば，線形変換 T が，$T^l=O\ (l\geqq 2),\ T\neq O$ を満たせば，T は半単純ではない．これをみるのに，T が半単純と仮定して，$T=T_1\oplus T_2\oplus\cdots\oplus T_k$ を単純な線形変換への直和分解としよう．仮定から，$T_i\neq O$ となる i が存在し，$T_i^l=O$ である．$T_i^h=O$ となる最小の h を改めて l とおこう．$\boldsymbol{M}_i$ の部分空間 $\operatorname{Ker}T_i^{l-1}$ は $\boldsymbol{M}_i$ とは一致しない(一致するときは，$T_i^{l-1}=O$ となって，l の最小性に矛盾)．また，$\operatorname{Ker}T_i^{l-1}=\{\boldsymbol{0}\}$ とすると，任意の $\boldsymbol{x}\in\boldsymbol{M}_i$ に対して，

$$T_i^{l-1}T_i\boldsymbol{x}=T_i^l\boldsymbol{x}=\boldsymbol{0}$$

となるから，$T_i\boldsymbol{x}=\boldsymbol{0}$．よって $T_i=O$ となり矛盾．こうして，$\operatorname{Ker}T_i^{l-1}$ は $\boldsymbol{M}_i$ の真の部分空間である．$\boldsymbol{x}\in\operatorname{Ker}T_i^{l-1}$ に対して $T_i^{l-1}T_i\boldsymbol{x}=\boldsymbol{0}$ であるから，$T_i\boldsymbol{x}\in\operatorname{Ker}T_i^{l-1}$．これは $\operatorname{Ker}T_i^{l-1}$ が T_i の不変部分空間であることを意味し，T_i が単純であることに反する．

$T^l=O\ (l\geqq 1)$ となるような線形変換 T を**ベキ零**(nilpotent)であるという．

いま示したことにより，半単純なベキ零変換は O (零変換)のみである．

例 5.72　n 次の正方行列

$$A = \begin{pmatrix} 0 & 1 & 0 & \cdots & 0 & 0 \\ 0 & 0 & 1 & \cdots & 0 & 0 \\ & & & \ddots & & \\ 0 & 0 & 0 & \cdots & 1 & 0 \\ 0 & 0 & 0 & \cdots & 0 & 1 \\ 0 & 0 & 0 & \cdots & 0 & 0 \end{pmatrix}$$

が定める線形変換 $T_A : \mathbb{F}^n \to \mathbb{F}^n$ はベキ零である．第6章において，ベキ零変換の中でこの行列が「標準的」であることをみる． □

問 12　$T_1T_2 = T_2T_1$ が成り立つ $\boldsymbol{L}$ のベキ零変換 T_1, T_2 に対して，T_1+T_2 もベキ零であることを示せ．(ヒント：$(T_1+T_2)^l = \sum_{h=0}^{l} {}_l\mathrm{C}_h {T_1}^h {T_2}^{l-h}$.)

(b)　半単純性の判別

次の定理は，半単純性の判別に役に立つ(別の判別法は第6章で与える)．

定理 5.73　$\boldsymbol{L}$ の線形変換 T の任意の不変部分空間 $\boldsymbol{M}$ に対して，$\boldsymbol{M}$ の補空間 $\boldsymbol{M}'$ で，しかも T の不変部分空間になるものが存在するとき，T は半単純である．逆も成り立つ．

[証明]　T の単純な不変部分空間全体で張られる $\boldsymbol{L}$ の部分空間を $\boldsymbol{M}$ とする．$\boldsymbol{L} = \boldsymbol{M}$ を示そう．仮定により，$\boldsymbol{L} = \boldsymbol{M} \oplus \boldsymbol{M}'$ となる不変部分空間 $\boldsymbol{M}'$ が存在するが，$\boldsymbol{M}$ の定義により，$\boldsymbol{M}'$ は単純な不変部分空間を含まない．よって $\boldsymbol{M}' \neq \{\boldsymbol{0}\}$ とすれば，$\boldsymbol{M}'$ 自身は単純ではありえない．また，$\boldsymbol{M}_1$ を $\boldsymbol{M}'$ に含まれる最小の次元をもつ自明でない不変部分空間とすれば，$\boldsymbol{M}_1$ は単純な不変部分空間である．これは矛盾である．よって $\boldsymbol{M}'$ は自明であり，$\boldsymbol{L} = \boldsymbol{M}$ である．

単純な不変部分空間 $\boldsymbol{M}_1, \boldsymbol{M}_2, \cdots, \boldsymbol{M}_k$ で，

$$\boldsymbol{L} = \boldsymbol{M}_1 + \boldsymbol{M}_2 + \cdots + \boldsymbol{M}_k$$

となるものが存在する．実際，いま示したことにより，$\boldsymbol{L}$ は単純な不変部

分空間の全体 $\{\boldsymbol{M}_\alpha \mid \alpha \in A\}$ で張られるが，$\boldsymbol{L}$ は有限次元であるから，そのうちの有限個で張られることがわかる($\boldsymbol{M}_\alpha$ の基底を $\boldsymbol{S}_\alpha$ とし，$\boldsymbol{S}_\alpha$ たちの和集合を $\boldsymbol{S}$ とすると，$\boldsymbol{L} = \langle\!\langle \boldsymbol{S} \rangle\!\rangle$ である．$\boldsymbol{S}$ の中から $\boldsymbol{L}$ の基底となるベクトル $\boldsymbol{x}_1, \boldsymbol{x}_2, \cdots, \boldsymbol{x}_n$ を選べば，各 i に対して，$\boldsymbol{x}_i \in \boldsymbol{S}_{\alpha_i}$ となる α_i が存在するから，$\boldsymbol{M}_{\alpha_1}, \boldsymbol{M}_{\alpha_2}, \cdots, \boldsymbol{M}_{\alpha_k}$ たちが $\boldsymbol{L}$ を張る)．

$$\boldsymbol{M}_i \subset \boldsymbol{M}_1 + \boldsymbol{M}_2 + \cdots + \boldsymbol{M}_{i-1} + \boldsymbol{M}_{i+1} + \cdots + \boldsymbol{M}_k$$

であるときは，$\boldsymbol{M}_1, \boldsymbol{M}_2, \cdots, \boldsymbol{M}_k$ から $\boldsymbol{M}_i$ を取り去ったものも $\boldsymbol{L}$ を張るから，$\boldsymbol{M}_1, \boldsymbol{M}_2, \cdots, \boldsymbol{M}_k$ は，次の条件を満たしているとしてよい．

数学を学ぶ醍醐味

「ものごとは，より単純なものに分解され，究極的に単純なものごとの合成になっている．」　このような考え方は，「自然現象の法則」を「ものごと」に当てはめれば，科学の法則に対する基本的立場を表明しているし，「ものごと」を「物質」に置き換えれば，古代ギリシャの哲学者から現代の素粒子の研究者まで綿々と続く，物質の成り立ちについての確固たる信念を表している．

数学においても，多くの概念がこの考え方に沿った形で研究されている．古くから知られ，しかも現代数学でも重要な概念は素数である．素数は，1 とそれ自身しか約数をもたない自然数という意味で最も「単純」な数であるが，任意の自然数が素数の積で表されることを主張する素因数分解定理は，まさに上に述べたことを体現しているといえる．同様に，多項式も因数分解を行うことにより，それ以上分解されない多項式(既約な多項式)の積で表される(第 6 章 §6.2)．すなわち，既約多項式が「単純」なものと考えられる．新しい例では単純群がある．これは群という代数的対象の中で，ある意味で究極的に「単純」なものである．

本節で述べた単純変換や半単純変換の概念は，上の考え方に沿ったものといえる．しかも，次章で見るように，線形変換の直和分解は，実は多項式の因数分解と関連するのである．まったく異なる 2 つの対象が出会うのを見るのは，数学を学び研究する上での醍醐味と言える．

$$\boldsymbol{L} = \boldsymbol{M}_1 + \boldsymbol{M}_2 + \cdots + \boldsymbol{M}_k,$$
$$\boldsymbol{M}_i \not\subset \boldsymbol{M}_1 + \boldsymbol{M}_2 + \cdots + \boldsymbol{M}_{i-1} + \boldsymbol{M}_{i+1} + \cdots + \boldsymbol{M}_k \quad (i = 1, 2, \cdots, k).$$

このとき，すべての i について

$$\boldsymbol{M}_i \cap (\boldsymbol{M}_1 + \boldsymbol{M}_2 + \cdots + \boldsymbol{M}_{i-1} + \boldsymbol{M}_{i+1} + \cdots + \boldsymbol{M}_k)$$

は $\boldsymbol{M}_i$ に含まれる不変部分空間であるから，いま述べた条件により，

$$\boldsymbol{M}_i \cap (\boldsymbol{M}_1 + \boldsymbol{M}_2 + \cdots + \boldsymbol{M}_{i-1} + \boldsymbol{M}_{i+1} + \cdots + \boldsymbol{M}_k) = \{\boldsymbol{0}\}$$

である．こうして，直和の定義から

$$\boldsymbol{L} = \boldsymbol{M}_1 \oplus \boldsymbol{M}_2 \oplus \cdots \oplus \boldsymbol{M}_k$$

を得る．

逆を証明する．T を半単純とし，$\boldsymbol{L} = \boldsymbol{M}_1 \oplus \boldsymbol{M}_2 \oplus \cdots \oplus \boldsymbol{M}_k$ を T の単純な不変部分空間への直和分解とする．$\boldsymbol{M}$ を T の不変部分空間としよう．

$$\boldsymbol{V}_0 = \boldsymbol{M}, \quad \boldsymbol{V}_1 = \boldsymbol{V}_0 + \boldsymbol{M}_1, \quad \cdots, \quad \boldsymbol{V}_k = \boldsymbol{V}_{k-1} + \boldsymbol{M}_k$$

とおく．明らかに，$\boldsymbol{V}_k = \boldsymbol{L}$ である．各 $\boldsymbol{V}_i$ は T の不変部分空間であり，$\boldsymbol{V}_{i-1} \cap \boldsymbol{M}_i$ も不変部分空間となる．$\boldsymbol{M}_i$ の単純性から $\boldsymbol{V}_{i-1} \cap \boldsymbol{M}_i = \{\boldsymbol{0}\}$ または $\boldsymbol{V}_{i-1} \cap \boldsymbol{M}_i = \boldsymbol{M}_i$ が成り立つ．$\boldsymbol{V}_{i-1} \cap \boldsymbol{M}_i = \{\boldsymbol{0}\}$ となるような i を $i_1 < i_2 < \cdots < i_s$ として

$$\boldsymbol{M}' = \boldsymbol{M}_{i_1} + \boldsymbol{M}_{i_2} + \cdots + \boldsymbol{M}_{i_s}$$

とおく．$\boldsymbol{M} \cap \boldsymbol{M}' = \{\boldsymbol{0}\}$ を示そう．$\boldsymbol{M} \cap \boldsymbol{M}'$ の元 $\boldsymbol{x}$ は

$$\boldsymbol{x} = \boldsymbol{x}_1 + \boldsymbol{x}_2 + \cdots + \boldsymbol{x}_s,\ \boldsymbol{x}_h \in \boldsymbol{M}_{i_h} \qquad (h = 1, 2, \cdots, s)$$

と書けるが，$\boldsymbol{x} - \boldsymbol{x}_1 - \boldsymbol{x}_2 - \cdots - \boldsymbol{x}_{s-1} = \boldsymbol{x}_s$ は $\boldsymbol{V}_{i_s - 1} \cap \boldsymbol{M}_{i_s}$ に属するから，$\boldsymbol{x}_s = \boldsymbol{0}$．これを続ければ，結局すべての h について，$\boldsymbol{x}_h = \boldsymbol{0}$ となることがわかり，$\boldsymbol{x} = \boldsymbol{0}$．

$\boldsymbol{L} = \boldsymbol{M} + \boldsymbol{M}'$ を示そう．$\boldsymbol{V}_{i-1} \cap \boldsymbol{M}_i = \boldsymbol{M}_i$ となる i については，

$$\boldsymbol{M}_i \subset \boldsymbol{V}_{i-1} = \boldsymbol{M} + \boldsymbol{M}_1 + \cdots + \boldsymbol{M}_{i-1}$$

であるから，このような $\boldsymbol{M}_i$ たちを $\boldsymbol{M}_1, \boldsymbol{M}_2, \cdots, \boldsymbol{M}_k$ から取り除いた $\boldsymbol{M}_{i_1}, \boldsymbol{M}_{i_2}, \cdots, \boldsymbol{M}_{i_s}$ と $\boldsymbol{M}$ は $\boldsymbol{L}$ を張る．よって，$\boldsymbol{L} = \boldsymbol{M} + \boldsymbol{M}'$．

こうして，$\boldsymbol{L} = \boldsymbol{M} \oplus \boldsymbol{M}'$ となり，$\boldsymbol{M}'$ は T の不変部分空間であるから，主張が証明された．∎

§5.5　線形写像の行列表示

(a)　線形写像の空間

$\boldsymbol{L}, \boldsymbol{L}'$ を $\mathbb{F}$ 上の有限次元線形空間とする．$\boldsymbol{L}$ から $\boldsymbol{L}'$ への線形写像の全体のなす線形空間 $\mathrm{Hom}(\boldsymbol{L}, \boldsymbol{L}')$ から，(m, n) 型の行列のなす線形空間 $M(m, n; \mathbb{F})$ への同型写像を構成しよう．ただし，$m = \dim \boldsymbol{L}'$, $n = \dim \boldsymbol{L}$ とする．このため，まず $\mathrm{Hom}(\mathbb{F}^n, \mathbb{F}^m)$ が $M(m, n; \mathbb{F})$ に同型であることを示す．これは，本質的には，第2章§2.5で述べたことの言い換えである．すなわち，$A \in M(m, n; \mathbb{F})$ に対して $T_A\colon \mathbb{F}^n \to \mathbb{F}^m$ を，$T_A\boldsymbol{x} = A\boldsymbol{x}$ により定義すると，$T_A \in \mathrm{Hom}(\mathbb{F}^n, \mathbb{F}^m)$ となり，対応 $A \mapsto T_A$ は $M(m, n; \mathbb{F})$ から $\mathrm{Hom}(\mathbb{F}^n, \mathbb{F}^m)$ への全単射であった．あとは，この対応が線形写像であることを示せばよい．これは，任意の $\boldsymbol{x} \in \mathbb{F}^n$ に対して

$$
\begin{aligned}
T_{aA+bB}(\boldsymbol{x}) &= (aA+bB)\boldsymbol{x} = aA\boldsymbol{x} + bB\boldsymbol{x} \\
&= aT_A(\boldsymbol{x}) + bT_B(\boldsymbol{x}) = (aT_A + bT_B)(\boldsymbol{x})
\end{aligned}
$$

であることからわかる．

$\boldsymbol{L}$ の基底 $E = \langle \boldsymbol{e}_1, \boldsymbol{e}_2, \cdots, \boldsymbol{e}_n \rangle$ と $\boldsymbol{L}'$ の基底 $E' = \langle \boldsymbol{e}'_1, \boldsymbol{e}'_2, \cdots, \boldsymbol{e}'_m \rangle$ に対して，それらから定まる同型写像(p. 194)

$$
\varphi_E\colon \boldsymbol{L} \longrightarrow \mathbb{F}^n, \quad \varphi_{E'}\colon \boldsymbol{L}' \longrightarrow \mathbb{F}^m
$$

を考える．

$$
\Phi_{E,E'}(T) = \varphi_{E'} T \varphi_E^{-1}
$$

とおくと，$\Phi_{E,E'}\colon \mathrm{Hom}(\boldsymbol{L}, \boldsymbol{L}') \to \mathrm{Hom}(\mathbb{F}^n, \mathbb{F}^m)$ は同型写像である．よって，$T \in \mathrm{Hom}(\boldsymbol{L}, \boldsymbol{L}')$ に対して，$T_A = \Phi_{E,E'}(T)$ となる $A \in M(m, n; \mathbb{F})$ がただ1つ存在し，対応 $T \mapsto A$ は $\mathrm{Hom}(\boldsymbol{L}, \boldsymbol{L}')$ から $M(m, n; \mathbb{F})$ への同型写像を与える．A を，T の基底 E, E' に関する**行列表示**という．行列表示を具体的に調べてみよう．

$$
\begin{aligned}
T(\boldsymbol{e}_j) &= a_{1j}\boldsymbol{e}'_1 + a_{2j}\boldsymbol{e}'_2 + \cdots + a_{mj}\boldsymbol{e}'_m \\
&= \sum_{i=1}^{m} a_{ij}\boldsymbol{e}'_i \qquad (j = 1, 2, \cdots, n)
\end{aligned}
$$

とおく(添字の順序に注意). このとき,

$$A = \begin{pmatrix} a_{11} & a_{12} & \cdots & a_{1n} \\ a_{21} & a_{22} & \cdots & a_{2n} \\ & \cdots\cdots\cdots & & \\ a_{m1} & a_{m2} & \cdots & a_{mn} \end{pmatrix}$$

である. これは, $A=(a_{ij})$ とおいたとき, $T(\boldsymbol{e}_j)=\varphi_{E'}^{-1}T_A\varphi_E(\boldsymbol{e}_j)$, および $\varphi_E(\boldsymbol{e}_1), \varphi_E(\boldsymbol{e}_2), \cdots, \varphi_E(\boldsymbol{e}_n)$ が $\mathbb{F}^n$ の基本ベクトルであることに注意して,

$$T_A\varphi_E(\boldsymbol{e}_j) = \begin{pmatrix} a_{1j} \\ a_{2j} \\ \vdots \\ a_{mj} \end{pmatrix}, \quad \varphi_{E'}^{-1}T_A\varphi_E(\boldsymbol{e}_j) = \sum_{i=1}^{m} a_{ij}\boldsymbol{e}'_i$$

が成り立つことからわかる.

例題 5.74　$T \in \mathrm{Hom}(\boldsymbol{L}, \boldsymbol{L}')$ が同型写像であれば, $m=n$ であり, T の行列表示 $A \in M_n(\mathbb{F})$ は可逆行列である. 逆も成り立つ. さらに

$$\varPhi_{E',E}(T^{-1}) = (T_A)^{-1} = T_{A^{-1}}\,.$$

［解］　前半は明らか.

$$\begin{aligned}(T_A)^{-1} &= (\varPhi_{E,E'}(T))^{-1} = (\varphi_{E'}T\varphi_E^{-1})^{-1} \\ &= (\varphi_E^{-1})^{-1}T^{-1}\varphi_{E'}^{-1} = \varphi_E T^{-1}\varphi_{E'}^{-1} \\ &= \varPhi_{E',E}(T^{-1})\,. \end{aligned}$$

∎

$E=\langle \boldsymbol{e}_1, \boldsymbol{e}_2, \cdots, \boldsymbol{e}_n\rangle$, $F=\langle \boldsymbol{f}_1, \boldsymbol{f}_2, \cdots, \boldsymbol{f}_n\rangle$ を $\boldsymbol{L}$ の 2 つの基底とし, 恒等写像 $I\colon \boldsymbol{L} \to \boldsymbol{L}$ の E, F に関する行列表示を $P \in M_n(\mathbb{F})$ とすると

$$T_P = \varphi_F I \varphi_E^{-1} = \varphi_F\varphi_E^{-1}$$

である. $P=(p_{ij})$ とすると,

$$\boldsymbol{e}_j = I(\boldsymbol{e}_j) = \sum_{i=1}^{n} p_{ij}\boldsymbol{f}_i$$

となる. P を基底 E から F への**変換行列**という.

$\boldsymbol{L}, \boldsymbol{L}'$ の基底を取り替えたとき, T の行列表示がどう変わるか調べてみよう. $F=\langle \boldsymbol{f}_1, \boldsymbol{f}_2, \cdots, \boldsymbol{f}_n\rangle$, $F'=\langle \boldsymbol{f}'_1, \boldsymbol{f}'_2, \cdots, \boldsymbol{f}'_m\rangle$ をそれぞれ $\boldsymbol{L}, \boldsymbol{L}'$ の他の基底とし

て，B を T の F, F' に関する行列表示とする．このとき

$$T = \varphi_{E'}^{-1} T_A \varphi_E = \varphi_{F'}^{-1} T_B \varphi_F$$

が成り立つから

$$\varphi_{F'}^{-1} T_B \varphi_F = \varphi_{E'}^{-1} T_A \varphi_E .$$

したがって，P を E から F への変換行列，P' を E' から F' への変換行列とすれば

$$T_P = \varphi_F \varphi_E^{-1}, \quad T_{P'} = \varphi_{F'} \varphi_{E'}^{-1}$$

であるから

$$\begin{aligned} T_B &= \varphi_{F'} \varphi_{E'}^{-1} T_A \varphi_E \varphi_F^{-1} \\ &= \varphi_{F'} \varphi_{E'}^{-1} T_A (\varphi_F \circ \varphi_E^{-1})^{-1} \\ &= T_{P'} T_A (T_P)^{-1} = T_{P'AP^{-1}} . \end{aligned}$$

こうして

$$B = P'AP^{-1}$$

を得る．

例題 5.75 線形写像 $T\colon \boldsymbol{L} \to \boldsymbol{L}'$, $S\colon \boldsymbol{L}' \to \boldsymbol{L}''$ を考える．E, E', E'' をそれぞれ $\boldsymbol{L}, \boldsymbol{L}', \boldsymbol{L}''$ の基底とする．A を，T の E と E' に対する行列表示，B を，S の E', E'' に対する行列表示とするとき，合成 ST の E, E'' に対する行列表示は，BA である．

［解］ $\varphi_{E'} T \varphi_E^{-1} = T_A$, $\varphi_{E''} S \varphi_{E'}^{-1} = T_B$ であるから

$$T_{BA} = T_B T_A = \varphi_{E''} S \varphi_{E'}^{-1} \varphi_{E'} T \varphi_E^{-1} = \varphi_{E''} ST \varphi_E^{-1} .$$ ∎

(b) 線形変換の行列表示

線形写像の行列表示の特別な場合として，$\boldsymbol{L} = \boldsymbol{L}'$, $E = E'$ の場合を扱おう．このとき，線形変換 $T\colon \boldsymbol{L} \to \boldsymbol{L}$ の，基底 E, E に対する行列表示 A を，簡単のため E に関する行列表示という：

$$T_A = \varphi_E T \varphi_E^{-1} .$$

A は n 次の正方行列であることに注意．

基底 E から基底 F への変換行列を P とすると，F に対する T の行列表示 B は

$$B = PAP^{-1} \tag{5.1}$$

を満たす．一般に，2つの正方行列 $A, B \in M_n(\mathbb{F})$ に対して，可逆行列 P が存在して，(5.1)を満たしているとき，B は A に**相似**(similar)であるという．

問 13　n 次正方行列に関する相似について，次の性質が成り立つことを示せ．

(1) A は A に相似である．

(2) A が B に相似であれば，B は A に相似である．

(3) A が B に相似であり，B が C に相似であれば，A は C に相似である．

（ヒント：(3)において，$B = PAP^{-1}$，$C = QBQ^{-1} \Rightarrow C = Q(PAP^{-1})Q^{-1} = (QP)A(QP)^{-1}$．）

例題 5.75 により，2つの線形変換 $T_1, T_2 \colon \boldsymbol{L} \to \boldsymbol{L}$ の基底 E に関する行列表示を A_1, A_2 としたとき，合成 T_1T_2 の行列表示は A_1A_2 であることがわかる．

例 5.76　n 次以下の多項式のなす線形空間 $\mathbb{F}[x]_n$ において，線形変換

$$T_a \colon \mathbb{F}[x]_n \longrightarrow \mathbb{F}[x]_n \qquad ((T_af)(x) = f(x+a))$$

を考える．T_a の基底 $\langle 1, x, x^2, \cdots, x^n \rangle$ に関する行列表示を求めよう．

$$T_a(1) = 1, \quad T_a(x) = a1 + x, \quad T_a(x^2) = a^2 1 + 2ax + x^2,$$
$$T_a(x^k) = (x+a)^k = a^k 1 + {}_k\mathrm{C}_1 a^{k-1}x + {}_k\mathrm{C}_2 a^{k-2}x^2 + \cdots + x^k.$$

よって，T_a の行列表示は

$$\begin{pmatrix} 1 & a & a^2 & \cdots & a^k & \cdots & a^n \\ 0 & 1 & 2a & \cdots & {}_k\mathrm{C}_1 a^{k-1} & \cdots & {}_n\mathrm{C}_1 a^{n-1} \\ & \cdots & 1 & \cdots & {}_k\mathrm{C}_2 a^{k-2} & \cdots & {}_n\mathrm{C}_2 a^{n-2} \\ & & & \ddots & \vdots & & \\ & & & & 1 & & \vdots \\ & & & & \vdots & \ddots & \\ 0 & 0 & 0 & \cdots & 0 & \cdots & 1 \end{pmatrix}$$

である．　□

$\boldsymbol{M}$ を T の不変部分空間とするとき，$\boldsymbol{M}$ の基底 $\langle \boldsymbol{e}_1, \boldsymbol{e}_2, \cdots, \boldsymbol{e}_k \rangle$ を拡大して，$\boldsymbol{L}$ の基底 $\langle \boldsymbol{e}_1, \boldsymbol{e}_2, \cdots, \boldsymbol{e}_k, \boldsymbol{e}_{k+1}, \cdots, \boldsymbol{e}_n \rangle$ を得たとする．$A_{11} \in M_k(\mathbb{F})$ を $\langle \boldsymbol{e}_1, \boldsymbol{e}_2, \cdots, \boldsymbol{e}_k \rangle$ に関する $T|\boldsymbol{M}$ の行列表示とすると，$\langle \boldsymbol{e}_1, \boldsymbol{e}_2, \cdots, \boldsymbol{e}_n \rangle$ に関する T の行列表示 A は，

$$A = \begin{pmatrix} A_{11} & A_{12} \\ O & A_{22} \end{pmatrix}$$

の形に区分けされる．

$\boldsymbol{L}$ が直和分解 $\boldsymbol{L} = \boldsymbol{M} \oplus \boldsymbol{M}'$ をもち，$\boldsymbol{M}, \boldsymbol{M}'$ が T の不変部分空間であるとき，$\boldsymbol{M}$ の基底 $\langle \boldsymbol{e}_1, \boldsymbol{e}_2, \cdots, \boldsymbol{e}_k \rangle$ と $\boldsymbol{M}'$ の基底 $\langle \boldsymbol{e}_{k+1}, \cdots, \boldsymbol{e}_n \rangle$ を合わせた $\boldsymbol{L}$ の基底 $\langle \boldsymbol{e}_1, \boldsymbol{e}_2, \cdots, \boldsymbol{e}_k, \boldsymbol{e}_{k+1}, \cdots, \boldsymbol{e}_n \rangle$ を考えると，この基底に対する T の行列表示は

$$A = \begin{pmatrix} A_{11} & O \\ O & A_{22} \end{pmatrix} = A_{11} \oplus A_{22}$$

である．ここで A_{22} は，$T|\boldsymbol{M}'$ の基底 $\langle \boldsymbol{e}_{k+1}, \cdots, \boldsymbol{e}_n \rangle$ に対する行列表示である．これは，直ちに k 個の直和にも一般化される．すなわち，直和 $\boldsymbol{L} = \boldsymbol{M}_1 \oplus \boldsymbol{M}_2 \oplus \cdots \oplus \boldsymbol{M}_k$ において，各 $\boldsymbol{M}_i$ が T の不変部分空間であるとき，各 $\boldsymbol{M}_i$ の基底を選び，それらを合わせて $\boldsymbol{L}$ の基底と考えたとき，T のこの基底に関する行列表示 A は，$T|\boldsymbol{M}_i$ の行列表示 A_i の直和行列である：

$$A = A_1 \oplus A_2 \oplus \cdots \oplus A_k.$$

問14 P を $\boldsymbol{L}$ の部分空間 $\boldsymbol{M}$ への射影作用素とするとき，$\boldsymbol{L}$ の適当な基底により，P は

$$\begin{pmatrix} I_m & O \\ O & O \end{pmatrix} \qquad (m = \dim \boldsymbol{M})$$

の形の行列表示をもつことを示せ．（ヒント：$\boldsymbol{M}$ の基底を $\langle \boldsymbol{e}_1, \cdots, \boldsymbol{e}_m \rangle$, $\mathrm{Ker}\, P$ の基底を $\langle \boldsymbol{e}_{m+1}, \cdots, \boldsymbol{e}_n \rangle$ とすれば $E = \langle \boldsymbol{e}_1, \cdots, \boldsymbol{e}_n \rangle$ は $\boldsymbol{L}$ の基底である(p. 184)．この E に関する P の行列表示を考える.）

(c) 線形変換の行列式と跡

$T: \boldsymbol{L} \to \boldsymbol{L}$ を線形変換とする．$\boldsymbol{L}$ の基底 E に対する T の行列表示を $A \in M_n(\mathbb{F})$ として，T の**行列式**と**跡**を

$$\det T = \det A,$$
$$\operatorname{tr} T = \operatorname{tr} A$$

とおいて定義する．これらが，基底の取り方によらないことは，別の基底 F に関する T の行列表示を B としたとき

$$B = PAP^{-1} \qquad (P \text{ は } E \text{ から } F \text{ への変換行列})$$

であるから

$$\det B = \det PAP^{-1} = \det A,$$
$$\operatorname{tr} B = \operatorname{tr} PAP^{-1} = \operatorname{tr} A$$

となることからわかる．

問 15　$\operatorname{tr}(ST)^k = \operatorname{tr}(TS)^k$ を示せ．（ヒント：$(ST)^k = (ST)(ST)\cdots(ST) = S(TS)(TS)\cdots(TS)T$.）

T が全単射であるためには，$\det T \neq 0$ が必要十分条件であることが，T の行列表示を考えれば直ちに示される．

T の**特性多項式**(characteristic polynomial) $\chi_T(x)$ を

$$\det(xI - T)$$

により定義しよう．T の行列表示を A としたとき，これは明らかに

$$\det(xI_n - A)$$

に等しい．とくに，特性多項式は，$\mathbb{F}$ の元を係数とする n 次の多項式である $(n = \dim \boldsymbol{L})$(多項式についての一般論は §6.2 参照)．特性多項式は，次章で扱う固有値問題において重要な役割を果たす．

例 5.77　$T = \lambda I$ の特性多項式は $(x - \lambda)^n$ $(n = \dim \boldsymbol{L})$ である．　□

問 16　特性多項式 χ_T の x^n の係数は 1 であり，x^{n-1} の係数は $-\operatorname{tr} T$ であることを示せ．（ヒント：行列式の定義から，$\chi_T(x) = (x - a_{11})\cdots(x - a_{nn}) + $(高々 $n-2$ 次の多項式).）

例題 5.78　$\boldsymbol{M}$ を T の不変部分空間とするとき，$T|\boldsymbol{M}$ の特性多項式は，

T の特性多項式を割り切る.

［解］ 前に見たように，T の行列表示で

$$A=\begin{pmatrix} A_{11} & A_{12} \\ O & A_{22} \end{pmatrix} \qquad (A_{11}\text{ は }T\,|\,\boldsymbol{M}\text{ の行列表示})$$

の形のものが存在するから,

$$xI-A=\begin{pmatrix} xI-A_{11} & -A_{12} \\ O & xI-A_{22} \end{pmatrix}$$

であることに注意.

$$\begin{aligned}\det(xI-T)&=\det(xI-A)=\det(xI-A_{11})\det(xI-A_{22})\\&=\det(xI-(T\,|\,\boldsymbol{M}))\det(xI-A_{22})\end{aligned}$$

を得る. ∎

系 5.79 $T=T_1\oplus T_2\oplus\cdots\oplus T_k$ であるとき，$\chi_T=\chi_{T_1}\chi_{T_2}\cdots\chi_{T_k}$. □

(d) 線形写像の階数

線形写像 $T\colon \boldsymbol{L}\to\boldsymbol{L}'$ に対して，$\boldsymbol{L},\boldsymbol{L}'$ の適当な基底 $E=\langle \boldsymbol{e}_1,\boldsymbol{e}_2,\cdots,\boldsymbol{e}_n\rangle$, $E'=\langle \boldsymbol{e}_1',\boldsymbol{e}_2',\cdots,\boldsymbol{e}_m'\rangle$ を取ることによって，T の E,E' に対する行列表示が標準形

$$D(m,n;r)=\begin{pmatrix} I_r & O_{r,n-r} \\ O_{m-r,r} & O_{m-r,n-r} \end{pmatrix},\quad r=\dim(\mathrm{Image}\,T)$$

となるようにできることを示そう.

まず，$\mathrm{Image}\,T$ の基底 $\langle \boldsymbol{e}_1',\boldsymbol{e}_2',\cdots,\boldsymbol{e}_r'\rangle$ をとり，これを拡大して得られる $\boldsymbol{L}'$ の基底を $E'=\langle \boldsymbol{e}_1',\boldsymbol{e}_2',\cdots,\boldsymbol{e}_m'\rangle$ とする．各 $\boldsymbol{e}_i'$ $(1\leqq i\leqq r)$ に対し，$T(\boldsymbol{e}_i)=\boldsymbol{e}_i'$ となる $\boldsymbol{e}_i\in\boldsymbol{L}$ を選べば，$\boldsymbol{e}_1,\boldsymbol{e}_2,\cdots,\boldsymbol{e}_r$ は線形独立である．一方，$\dim(\mathrm{Ker}\,T)=\dim\boldsymbol{L}-\dim(\mathrm{Image}\,T)=n-r$ であるから，$\mathrm{Ker}\,T$ の基底 $\langle \boldsymbol{e}_{r+1},\cdots,\boldsymbol{e}_n\rangle$ を選べる．このとき $\langle \boldsymbol{e}_1,\boldsymbol{e}_2,\cdots,\boldsymbol{e}_r,\boldsymbol{e}_{r+1},\cdots,\boldsymbol{e}_n\rangle$ は $\boldsymbol{L}$ の基底である．実際

$$a_1\boldsymbol{e}_1+a_2\boldsymbol{e}_2+\cdots+a_r\boldsymbol{e}_r+a_{r+1}\boldsymbol{e}_{r+1}+\cdots+a_n\boldsymbol{e}_n=\boldsymbol{0} \qquad (5.2)$$

とすると

$$\begin{aligned}\boldsymbol{0}&=T(a_1\boldsymbol{e}_1+a_2\boldsymbol{e}_2+\cdots+a_r\boldsymbol{e}_r+a_{r+1}\boldsymbol{e}_{r+1}+\cdots+a_n\boldsymbol{e}_n)\\&=a_1T\boldsymbol{e}_1+\cdots+a_rT\boldsymbol{e}_r\end{aligned}$$

となり，$T\boldsymbol{e}_1, \cdots, T\boldsymbol{e}_r$ は線形独立であるから，$a_1 = \cdots = a_r = 0$. (5.2)にこれを代入すれば，

$$a_{r+1}\boldsymbol{e}_{r+1} + \cdots + a_n\boldsymbol{e}_n = \boldsymbol{0}$$

となって，$a_{r+1} = \cdots = a_n = 0$ を得るから，$\langle \boldsymbol{e}_1, \boldsymbol{e}_2, \cdots, \boldsymbol{e}_r, \boldsymbol{e}_{r+1}, \cdots, \boldsymbol{e}_n \rangle$ は $\boldsymbol{L}$ の基底である.

$$T(\boldsymbol{e}_i) = \boldsymbol{e}_i', \quad 1 \leqq i \leqq n-r$$
$$T(\boldsymbol{e}_i) = \boldsymbol{0}, \quad n-r+1 \leqq i \leqq n$$

であるから，T の E, E' に対する行列表示は，$D(m, n; r)$ となる.

(m, n) 型の行列 A に対して，いまの結果を T_A に適用すれば，任意の $A \in M(m, n; \mathbb{F})$ に対して，

$$P'AP^{-1} = D(m, n; r)$$

となる可逆行列 $P' \in M_m(\mathbb{F})$, $P \in M_n(\mathbb{F})$ が存在することになる(第4章の定理4.8の別証).

定義 5.80　線形写像 $T\colon \boldsymbol{L} \to \boldsymbol{L}'$ の像 $\mathrm{Image}\, T$ の次元を T の**階数**(rank)といい，$\mathrm{rank}(T)$ で表す. □

行列の階数の定義を思い出そう(第4章§4.2). $A \in M(m, n; \mathbb{F})$ に対して，$PAQ = D(m, n; r)$ となる $P \in M_m(\mathbb{F}), Q \in M_n(\mathbb{F})$ が存在するとき，r を A の階数とよんだ. 上の結果をみると，$\mathrm{rank}(T)$ は T の行列表示 A の階数にほかならない. とくに

$$\mathrm{rank}(A) = \mathrm{rank}(T_A) = \dim(\mathrm{Image}\, T_A)$$

である.

例題 5.81　$A \in M(m, n; \mathbb{F})$ の階数は，列ベクトルによる区分けを使って $A = (\boldsymbol{a}_1, \boldsymbol{a}_2, \cdots, \boldsymbol{a}_n)$ と表したとき，列ベクトル $\boldsymbol{a}_1, \boldsymbol{a}_2, \cdots, \boldsymbol{a}_n$ のうちで線形独立なものの最大数に等しい.

[解]　$\mathrm{Image}\, T_A = \langle\!\langle \{\boldsymbol{a}_1, \boldsymbol{a}_2, \cdots, \boldsymbol{a}_n\} \rangle\!\rangle$ であるから，補題5.64を使えば明らか. ∎

注意 5.82　A を行ベクトルによる区分け

$$A=\begin{pmatrix} \boldsymbol{b}_1 \\ \boldsymbol{b}_2 \\ \vdots \\ \boldsymbol{b}_m \end{pmatrix}, \quad \boldsymbol{b}_i \in \mathbb{F}_n$$

で表したとき，線形独立な行ベクトルの最大数が A の階数に等しいこともわかる．これをみるには，$\mathrm{rank}({}^tA)=\mathrm{rank}(A)$ を使えばよい．

注意 5.83 $A\in M(m,n;\mathbb{F})$ の階数を r とし，$\mathrm{Ker}\,T_A$ の基底を $\langle \boldsymbol{x}_1, \boldsymbol{x}_2, \cdots, \boldsymbol{x}_{n-r}\rangle$ とする．連立方程式 $A\boldsymbol{x}=\boldsymbol{u}$ が 1 つの解 $\boldsymbol{x}_0$ をもてば，任意の解 $\boldsymbol{x}$ は一意的に

$$\boldsymbol{x}=\boldsymbol{x}_0+t_1\boldsymbol{x}_1+t_2\boldsymbol{x}_2+\cdots+t_{n-r}\boldsymbol{x}_{n-r}$$

と表される．実際，

$$\boldsymbol{x} \text{ が解} \Longleftrightarrow \boldsymbol{x}-\boldsymbol{x}_0 \in \mathrm{Ker}\,T_A$$

に注意すればよい．

《まとめ》

5.1 $\boldsymbol{L}$ が体 $\mathbb{F}$ 上の線形空間とは：集合 $\boldsymbol{L}$ に加法 $(\boldsymbol{x}+\boldsymbol{y})$ とスカラー倍 $(a\boldsymbol{x})$ が定義されていて，

$$\begin{aligned}
&\boldsymbol{x}+\boldsymbol{y}=\boldsymbol{y}+\boldsymbol{x}, \quad (\boldsymbol{x}+\boldsymbol{y})+\boldsymbol{z}=\boldsymbol{x}+(\boldsymbol{y}+\boldsymbol{z}),\\
&\boldsymbol{0}+\boldsymbol{x}=\boldsymbol{x}, \quad \boldsymbol{x}+(-\boldsymbol{x})=\boldsymbol{0},\\
&a(b\boldsymbol{x})=(ab)\boldsymbol{x}, \quad (a+b)\boldsymbol{x}=a\boldsymbol{x}+b\boldsymbol{x},\\
&a(\boldsymbol{x}+\boldsymbol{y})=a\boldsymbol{x}+a\boldsymbol{y}, \quad 1\boldsymbol{x}=\boldsymbol{x}
\end{aligned}$$

を満たす．

5.2 $T\colon \boldsymbol{L}\to\boldsymbol{L}'$ が線形写像とは：$\boldsymbol{L}, \boldsymbol{L}'$ が線形空間で，

$$T(a\boldsymbol{x}+b\boldsymbol{y})=aT(\boldsymbol{x})+bT(\boldsymbol{y})$$

を満たす．

5.3 $\boldsymbol{x}_1, \boldsymbol{x}_2, \cdots, \boldsymbol{x}_k$ が線形独立とは：

$$a_1\boldsymbol{x}_1+a_2\boldsymbol{x}_2+\cdots+a_k\boldsymbol{x}_k=\boldsymbol{0} \Longrightarrow a_1=a_2=\cdots=a_k=0\,.$$

5.4 $\boldsymbol{e}_1, \boldsymbol{e}_2, \cdots, \boldsymbol{e}_n$ が $\boldsymbol{L}$ の基底とは：線形独立であり，$\boldsymbol{L}$ の任意の元が $\boldsymbol{e}_1, \boldsymbol{e}_2, \cdots, \boldsymbol{e}_n$ の線形結合で表される．

5.5 （次元の定義） $\boldsymbol{e}_1, \boldsymbol{e}_2, \cdots, \boldsymbol{e}_n$ が $\boldsymbol{L}$ の基底であるとき，$\boldsymbol{L}$ の次元は n であり，$\dim\boldsymbol{L}=n$ と記す．次元は基底の取り方にはよらない．

5.6　n 次元の線形空間 $\boldsymbol{L}$ は $\mathbb{F}^n$ と同型である．$\boldsymbol{L}$ の基底 $E=\langle \boldsymbol{e}_1, \boldsymbol{e}_2, \cdots, \boldsymbol{e}_n \rangle$ を選ぶことにより，同型写像 $\varphi_E \colon \boldsymbol{L} \to \mathbb{F}^n$ は

$$\langle \varphi_E(\boldsymbol{e}_1), \varphi_E(\boldsymbol{e}_2), \cdots, \varphi_E(\boldsymbol{e}_n) \rangle$$

が $\mathbb{F}^n$ の基本ベクトルからなる基底となるような写像として定義される．

5.7　E, F をそれぞれ $\boldsymbol{L}, \boldsymbol{L}'$ の基底とするとき，$T \colon \boldsymbol{L} \to \boldsymbol{L}'$ の E, F に関する行列表示は，

$$T_A = \varphi_F T \varphi_E^{-1}$$

を満たす行列 A のことである．

5.8　線形変換 $T \colon \boldsymbol{L} \to \boldsymbol{L}$ の基底 E に関する行列表示は，$T_A = \varphi_E T \varphi_E^{-1}$ となる正方行列 A のことである．

5.9　線形変換 $T \colon \boldsymbol{L} \to \boldsymbol{L}$ の特性多項式は，$\chi_T(x) = \det(xI - T)$ である．

演習問題

5.1　$\varphi \colon X \to Y$ を，Y のすべての有限部分集合 A に対して，$\varphi^{-1}(A)$ が X の有限部分集合となるような写像とする．このとき，$T(f) = f\varphi$ $(f \in C_0(Y, \mathbb{F}))$ により定義される写像 T は，$C_0(Y, \mathbb{F})$ から $C_0(X, \mathbb{F})$ への線形写像であることを示せ．（ヒント：例 5.15 参照．$f\varphi \in C(X, \mathbb{F})$ が，X の有限個の元を除いて 0 になることを示せば十分．）

5.2　線形空間 $\boldsymbol{L}$ の部分空間 $\boldsymbol{M}_1, \boldsymbol{M}_2$ に対して，$\boldsymbol{M}_1 \cup \boldsymbol{M}_2$ が部分空間になるための必要十分条件は，$\boldsymbol{M}_1 \subset \boldsymbol{M}_2$ または $\boldsymbol{M}_2 \subset \boldsymbol{M}_1$ となることである．これを証明せよ．

5.3　$\boldsymbol{L}$ を $\mathbb{F}$ 上の有限次元線形空間とし，双対空間 $\boldsymbol{L}^* = \mathrm{Hom}(\boldsymbol{L}, \mathbb{F})$ を考える．

(1)　$\boldsymbol{L}$ の基底 $\langle \boldsymbol{e}_1, \boldsymbol{e}_2, \cdots, \boldsymbol{e}_n \rangle$ と $\mathbb{F}$ の元 $a_1, a_2, \cdots, a_n$ に対して，$\boldsymbol{f}(\boldsymbol{e}_i) = a_i$ となる $\boldsymbol{f} \in \boldsymbol{L}^*$ が存在することを示せ．

(2)　$\boldsymbol{L}^*$ の元 $\boldsymbol{f}_1, \boldsymbol{f}_2, \cdots, \boldsymbol{f}_n$ を，$\boldsymbol{f}_i(\boldsymbol{e}_j) = \delta_{ij}$ により定義すると，$\langle \boldsymbol{f}_1, \boldsymbol{f}_2, \cdots, \boldsymbol{f}_n \rangle$ は $\boldsymbol{L}^*$ の基底であることを示せ．（これを $\langle \boldsymbol{e}_1, \boldsymbol{e}_2, \cdots, \boldsymbol{e}_n \rangle$ の**双対基底**という．）

(3)　写像 $T \colon \boldsymbol{L} \to (\boldsymbol{L}^*)^*$ $(= \mathrm{Hom}(\boldsymbol{L}^*, \mathbb{F}))$ を，

$$(T(\boldsymbol{x}))(\boldsymbol{f}) = \boldsymbol{f}(\boldsymbol{x}), \quad \boldsymbol{f} \in \boldsymbol{L}^*$$

により定義する．このとき T は同型写像であることを示せ．

5.4　次のベクトルの組は線形独立かどうか調べよ．

(1) $\begin{pmatrix}1\\2\\3\end{pmatrix}, \begin{pmatrix}4\\5\\6\end{pmatrix}, \begin{pmatrix}7\\8\\9\end{pmatrix}$　(2) $\begin{pmatrix}1\\-1\\0\end{pmatrix}, \begin{pmatrix}0\\1\\-1\end{pmatrix}, \begin{pmatrix}-1\\0\\1\end{pmatrix}$

5.5　$\boldsymbol{x}_1, \boldsymbol{x}_2, \cdots, \boldsymbol{x}_n$ を線形独立なベクトルとするとき

$$\boldsymbol{x}_1-\boldsymbol{x}_2,\ \boldsymbol{x}_2-\boldsymbol{x}_3,\ \cdots,\ \boldsymbol{x}_{n-1}-\boldsymbol{x}_n,\ \boldsymbol{x}_n$$

も線形独立であることを示せ.

5.6　$\boldsymbol{x}_1, \boldsymbol{x}_2, \cdots, \boldsymbol{x}_n$ を線形独立なベクトルとする. $A=(a_{ij})\in M_n(\mathbb{F})$ に対して, $\boldsymbol{y}_1, \boldsymbol{y}_2, \cdots, \boldsymbol{y}_n$ を

$$\boldsymbol{y}_j = \sum_{i=1}^{n} a_{ij}\boldsymbol{x}_i \qquad (j=1,2,\cdots,n)$$

により定義する. $\boldsymbol{y}_1, \boldsymbol{y}_2, \cdots, \boldsymbol{y}_n$ が線形独立であるための必要十分条件は, A が可逆となることである. これを証明せよ.

5.7　有限次元線形空間 $\boldsymbol{L}$ の部分空間 $\boldsymbol{M}_1, \boldsymbol{M}_2$ について,

$$\dim \boldsymbol{M}_1 + \dim \boldsymbol{M}_2 = \dim(\boldsymbol{M}_1+\boldsymbol{M}_2)+\dim(\boldsymbol{M}_1\cap \boldsymbol{M}_2)$$

が成り立つことを示せ.

5.8　線形写像 $T\colon \boldsymbol{L}\to \boldsymbol{L}'$ と $\boldsymbol{L}'$ の部分空間 $\boldsymbol{M}'$ に対して,

$$\dim(T^{-1}(\boldsymbol{M}')) = \dim(\mathrm{Ker}\,T)+\dim(\mathrm{Image}\,T\cap \boldsymbol{M}')$$

が成り立つことを示せ.

5.9　線形写像 $T\colon \boldsymbol{L}\to \boldsymbol{L}'$ と $\boldsymbol{L}$ の部分空間 $\boldsymbol{M}$ に対して,

$$\dim(T(\boldsymbol{M}))+\dim(\mathrm{Ker}\,T\cap \boldsymbol{M}) = \dim \boldsymbol{M}$$

が成り立つことを示せ.

5.10　線形写像 $T\colon \boldsymbol{L}\to \boldsymbol{L}'$, $S:\boldsymbol{L}'\to \boldsymbol{L}''$ に対して,

(1) $\mathrm{rank}(S)+\mathrm{rank}(T)-\dim \boldsymbol{L}' \leqq \mathrm{rank}(ST) \leqq \min(\mathrm{rank}(S), \mathrm{rank}(T))$

(2) $\dim(\mathrm{Ker}\,ST) \leqq \dim(\mathrm{Ker}\,S)+\dim(\mathrm{Ker}\,T)$

が成り立つことを示せ.

5.11　$T\colon \boldsymbol{L}\to \boldsymbol{L}$ がベキ零変換であれば, $I-T$ は同型写像であることを示せ.

5.12　線形変換 $T\colon \mathbb{F}[x]_n\to \mathbb{F}[x]_n$ を

$$(Tf)(x) = \frac{df}{dx}$$

により定義するとき, 基底 $\langle 1, x, x^2, \cdots, x^n\rangle$ に対する T の行列表示を求めよ.

5.13　$(T_a f)(x) = f(x+a)$ で定義される $\mathbb{F}[x]_n$ の線形変換と上の演習問題で定義した線形変換 T について

$$T_a = I + \frac{a}{1!}T + \frac{a^2}{2!}T^2 + \cdots + \frac{a^n}{n!}T^n$$

が成り立つことを示せ.

6

固有値と ジョルダン標準形

第1章の§1.4で，2次の正方行列の特性根と固有値について学んだが，ここでは一般の正方行列について同じ問題を扱う．すなわち

$$A\boldsymbol{x} = \lambda \boldsymbol{x}, \quad A \in M_n(\mathbb{F}), \quad \boldsymbol{x} \in \mathbb{F}^n, \quad \boldsymbol{x} \neq \boldsymbol{0}$$

となる $\lambda \in \mathbb{F}$ と $\boldsymbol{x}$ を求めることが，本章の1つの主題である．このためには，正方行列を線形空間の線形変換と考えると見やすい．このとき，固有値と固有ベクトルを求めることは，線形変換をもっとも簡単な変換 λI に分解する問題と考えられる．

§6.1では，線形変換の固有値および特性根について基本的な事柄を述べる．§6.2において，1変数多項式の**素因数分解**について説明し，§6.3では，線形変換 T の**最小多項式**（$f(T) = O$ となる最小次数をもつ多項式 f）の素因数分解 $f(x) = p_1(x)^{k_1} p_2(x)^{k_2} \cdots p_m(x)^{k_m}$ に応じて，T の自然な直和分解 $T = T_1 \oplus T_2 \oplus \cdots \oplus T_m$ が与えられることをみる．そして，T が半単純変換であるための条件は，すべての指数 k_i が1であることを証明する．とくに $\mathbb{F} = \mathbb{C}$ の場合は，「代数学の基本定理」のもとで理論はいちじるしく簡単になり，固有値問題と半単純変換の理論が直接に結び付くことがわかる．この観察に基づいて，§6.4において，一般次数の複素正方行列に対する**ジョルダンの標準形**を求める．

§6.1　固有空間

(a)　特性根と固有値

$\mathbb{F}$ を体とする(いつものように $\mathbb{Q}$, $\mathbb{R}$, $\mathbb{C}$ のいずれかと思ってもよい).

$\boldsymbol{L}$ を $\mathbb{F}$ 上の有限次元線形空間，$T\colon \boldsymbol{L}\to\boldsymbol{L}$ を線形変換とする．$\lambda\in\mathbb{F}$ に対して，$T\boldsymbol{x}=\lambda\boldsymbol{x}$ を満たす $\boldsymbol{0}$ でないベクトル $\boldsymbol{x}\in\boldsymbol{L}$ が存在するときに，λ を T の**固有値**(eigenvalue)といい，$\boldsymbol{x}$ を λ に対する**固有ベクトル**(eigenvector)という.

正方行列 $A\in M_n(\mathbb{F})$ の固有値と固有ベクトルは，A を $\mathbb{F}^n$ の線形変換(すなわち $T_A\colon \mathbb{F}^n\to\mathbb{F}^n$)と考えたときの固有値と固有ベクトルとして定義する．すなわち，$A\boldsymbol{x}=\lambda\boldsymbol{x}$, $\boldsymbol{x}\neq\boldsymbol{0}$ となる $\boldsymbol{x}\in\mathbb{F}^n$ が存在するとき，$\lambda\in\mathbb{F}$ を A の固有値といい，$\boldsymbol{x}$ を固有ベクトルという．行列の場合は，どの体 $\mathbb{F}$ で考えているかが紛らわしいことがあるから，λ を $\mathbb{F}$ **上の固有値**，$\boldsymbol{x}$ を $\mathbb{F}$ **上の固有ベクトル**ということがある.

固有値と固有ベクトルについての基本的性質をいくつか述べよう.

定義 6.1　T の特性多項式 $\chi_T(x)=\det(xI-T)$ に関する方程式 $\chi_T(x)=0$ を T の**特性方程式**といい，その解を T の**特性根**(characteristic root)という. $A\in M_n(\mathbb{F})$ の特性多項式は，T_A の特性多項式，すなわち $\det(xI_n-A)$ として定義する.　□

問1　T が全単射であり，λ が T の特性根であるとき，λ^{-1} は T^{-1} の特性根であることを示せ．(ヒント：$T\boldsymbol{x}=\lambda\boldsymbol{x}$ の両辺に $\lambda^{-1}T^{-1}$ を作用させる.)

定理 6.2　$\lambda\in\mathbb{F}$ が T の固有値であるためには，λ が $\mathbb{F}$ に属する特性根となることが必要十分条件である.

［証明］　ある $\boldsymbol{x}\in\boldsymbol{L}$, $\boldsymbol{x}\neq\boldsymbol{0}$ について $T\boldsymbol{x}=\lambda\boldsymbol{x}$

$\iff(\lambda I-T)\boldsymbol{x}=\boldsymbol{0}$ が自明でない解 $\boldsymbol{x}\in\boldsymbol{L}$ をもつ

$\iff\det(\lambda I-T)=0$

により明らか. ∎

注意 6.3　一般には，特性根で $\mathbb{F}$ に属さないものもあるので，特性根が固有値とは限らない．$\mathbb{F}=\mathbb{C}$ のときは，代数学の基本定理により，特性根は $\mathbb{C}$ の元であり，よってすべて固有値である．すなわち，この場合には，固有値と特性根は一致する．このことは，$\mathbb{F}=\mathbb{C}$ の場合の議論をいちじるしく簡単にする．実は，一般の体 $\mathbb{F}$ に対しても，$\mathbb{F}$ を部分体として含む体 $\mathbb{F}'$ で，(重複度も込めて) n 個の特性根が $\mathbb{F}'$ に属するようなものが存在する．

例 6.4　$A=\begin{pmatrix} 3 & 1 \\ 2 & 1 \end{pmatrix}$ の特性多項式は x^2-4x+1 であり，特性根は $2\pm\sqrt{3}$ である．よって，A を $M_2(\mathbb{Q})$ の元と考えると，$T_A\colon \mathbb{Q}^2\to\mathbb{Q}^2$ は固有値を持たない．しかし，A を $M_2(\mathbb{R})$ の元と考えると，$T_A\colon \mathbb{R}^2\to\mathbb{R}^2$ は $\mathbb{R}$ 上の固有値 $2\pm\sqrt{3}$ を持つ． □

定理 6.5　T の相異なる固有値に対する固有ベクトルは線形独立である．

［証明］　$\lambda_1,\lambda_2,\cdots,\lambda_m$ が T の相異なる固有値とし，$\boldsymbol{x}_1,\boldsymbol{x}_2,\cdots,\boldsymbol{x}_m$ を対応する固有ベクトルとする．m に関する帰納法で証明しよう．$m=1$ の場合は，固有ベクトルの定義から $\boldsymbol{x}_1\neq\boldsymbol{0}$，よって，$\boldsymbol{x}_1$ は線形独立．$m-1$ まで正しいと仮定する．もし，$\boldsymbol{x}_1,\boldsymbol{x}_2,\cdots,\boldsymbol{x}_m$ が線形独立でなければ

$$\boldsymbol{x}_m = c_1\boldsymbol{x}_1+c_2\boldsymbol{x}_2+\cdots+c_{m-1}\boldsymbol{x}_{m-1}$$

となる $c_1,c_2,\cdots,c_{m-1}$ が存在する．この両辺に T を施して

$$\begin{aligned}\lambda_m\boldsymbol{x}_m = T\boldsymbol{x}_m &= c_1T\boldsymbol{x}_1+c_2T\boldsymbol{x}_2+\cdots+c_{m-1}T\boldsymbol{x}_{m-1}\\ &= c_1\lambda_1\boldsymbol{x}_1+c_2\lambda_2\boldsymbol{x}_2+\cdots+c_{m-1}\lambda_{m-1}\boldsymbol{x}_{m-1}\end{aligned}$$

を得る．一方

$$\lambda_m\boldsymbol{x}_m = c_1\lambda_m\boldsymbol{x}_1+c_2\lambda_m\boldsymbol{x}_2+\cdots+c_{m-1}\lambda_m\boldsymbol{x}_{m-1}$$

であるから，

$$0 = c_1(\lambda_1-\lambda_m)\boldsymbol{x}_1+c_2(\lambda_2-\lambda_m)\boldsymbol{x}_2+\cdots+c_{m-1}(\lambda_{m-1}-\lambda_m)\boldsymbol{x}_{m-1}.$$

$\boldsymbol{x}_1,\boldsymbol{x}_2,\cdots,\boldsymbol{x}_{m-1}$ は線形独立であるから

$$c_1(\lambda_1-\lambda_m) = c_2(\lambda_2-\lambda_m) = \cdots = c_{m-1}(\lambda_{m-1}-\lambda_m) = 0.$$

$\lambda_m\neq\lambda_i\ (i=1,2,\cdots,m-1)$ であるから，$c_1=c_2=\cdots=c_{m-1}=0$ となって，$\boldsymbol{x}_m$

$=\mathbf{0}$ となり矛盾である. ∎

$\lambda \in \mathbb{F}$ に対して,

$$\boldsymbol{E}(\lambda) = \{\boldsymbol{x} \in \boldsymbol{L} \mid T\boldsymbol{x} = \lambda\boldsymbol{x}\} = \mathrm{Ker}(T-\lambda I)$$

とおくと, $\boldsymbol{E}(\lambda)$ は $\boldsymbol{L}$ の線形部分空間である. λ が T の固有値であるための条件は $\boldsymbol{E}(\lambda) \neq \{\mathbf{0}\}$ となることである. このとき, $\boldsymbol{E}(\lambda)$ を固有値 λ の**固有空間**(eigenspace)という.

上の定理により, $\lambda_1, \lambda_2, \cdots, \lambda_m$ を A の相異なるすべての固有値とするとき

$$\boldsymbol{E}(\lambda_1) + \cdots + \boldsymbol{E}(\lambda_m)$$

は直和になる. 一般には次の例が示すように, これは $\boldsymbol{L}$ と一致しない.

例 6.6　$T_A \colon \mathbb{F}^2 \to \mathbb{F}^2$ を, 行列

$$A = \begin{pmatrix} \lambda & 1 \\ 0 & \lambda \end{pmatrix}$$

に対する線形写像とするとき, T の固有値は λ のみであり

$$\boldsymbol{E}(\lambda) = \{{}^t(x, 0) \in \mathbb{F}^2 \mid x \in \mathbb{F}\} \neq \mathbb{F}^2$$

となる. □

(b)　対角化可能な変換

定義 6.7　$T \colon \boldsymbol{L} \to \boldsymbol{L}$ の相異なるすべての固有値 $\lambda_1, \lambda_2, \cdots, \lambda_m$ に対して

$$\boldsymbol{L} = \boldsymbol{E}(\lambda_1) + \cdots + \boldsymbol{E}(\lambda_m)$$

となるとき(定理 6.5 により, このときは $\boldsymbol{L} = \boldsymbol{E}(\lambda_1) \oplus \cdots \oplus \boldsymbol{E}(\lambda_m)$ となる), T を($\mathbb{F}$ 上)**対角化可能**(diagonalizable)であるという.

$A \in M_n(\mathbb{F})$ について, $T_A \colon \mathbb{F}^n \to \mathbb{F}^n$ が対角化可能であるときは, A は($\mathbb{F}$ 上)対角化可能であるという. □

T が対角化可能であるとき, T の固有ベクトルからなる $\boldsymbol{L}$ の基底が存在する. 実際, 各 $\boldsymbol{E}(\lambda_i)$ に基底 $\boldsymbol{x}_{i1}, \boldsymbol{x}_{i2}, \cdots, \boldsymbol{x}_{il_i}$ $(l_i = \dim \boldsymbol{E}(\lambda_i))$ をとり, それらをあわせたもの

$$\boldsymbol{x}_{11}, \cdots, \boldsymbol{x}_{1l_1}, \boldsymbol{x}_{21}, \cdots, \boldsymbol{x}_{2l_2}, \cdots, \boldsymbol{x}_{m1}, \cdots, \boldsymbol{x}_{ml_m}$$

を考えれば, $\boldsymbol{L}$ の基底となる. このような基底に対する T の行列表示は対角

行列 $\mathrm{diag}(\lambda_1, \cdots, \lambda_1, \lambda_2, \cdots, \lambda_2, \cdots, \lambda_m, \cdots, \lambda_m)$ となる．ここで，各 λ_i は l_i 個対角成分上に並ぶものとする．

定理 6.8 T が対角化可能であるためには，T が対角行列による行列表示をもつことが必要十分条件である．

［証明］ T が対角化可能であるとき，対角行列による表示をもつことは既にみた．逆に，$\boldsymbol{L}$ の基底 $\boldsymbol{e}_1, \boldsymbol{e}_2, \cdots, \boldsymbol{e}_n$ による行列表示が対角行列 $\mathrm{diag}(\alpha_1, \alpha_2, \cdots, \alpha_n)$ であると仮定しよう．このとき，

$$T\boldsymbol{e}_i = \alpha_i \boldsymbol{e}_i, \quad i = 1, 2, \cdots, n$$

であるから，$\boldsymbol{e}_1, \boldsymbol{e}_2, \cdots, \boldsymbol{e}_n$ は T の固有ベクトルである．したがって，$\alpha_1, \cdots, \alpha_n$ のうち相異なるものを $\lambda_1, \cdots, \lambda_m$ とすれば，各 $\boldsymbol{e}_i$ はある $\boldsymbol{E}(\lambda_j)$ の元であり，$\boldsymbol{L} = \boldsymbol{E}(\lambda_1) + \cdots + \boldsymbol{E}(\lambda_m)$ となる． ∎

系 6.9 $A \in M_n(\mathbb{F})$ が $\mathbb{F}$ 上対角化可能であるためには，ある可逆行列 $P \in M_n(\mathbb{F})$ により，PAP^{-1} が対角行列になることが必要十分条件である． □

系 6.10 $A \in M_n(\mathbb{F})$ が，固有ベクトルからなる基底 $\langle \boldsymbol{p}_1, \boldsymbol{p}_2, \cdots, \boldsymbol{p}_n \rangle$ ($\boldsymbol{p}_i \in \mathbb{F}^n$) をもつとき，$P = (\boldsymbol{p}_1, \boldsymbol{p}_2, \cdots, \boldsymbol{p}_n)$ とおくと，$P^{-1}AP = \mathrm{diag}(\alpha_1, \alpha_2, \cdots, \alpha_n)$．ただし，$A\boldsymbol{p}_i = \alpha_i \boldsymbol{p}_i$ $(i = 1, 2, \cdots, n)$ である．

［証明］ $AP = (A\boldsymbol{p}_1, A\boldsymbol{p}_2, \cdots, A\boldsymbol{p}_n) = (\alpha_1\boldsymbol{p}_1, \alpha_2\boldsymbol{p}_2, \cdots, \alpha_n\boldsymbol{p}_n) = P \cdot \mathrm{diag}(\alpha_1, \alpha_2, \cdots, \alpha_n)$． ∎

固有値が特性根になることを，定理 6.2 で示したが，固有値 λ の特性方程式の解としての重複度と $\dim \boldsymbol{E}(\lambda)$ の関係はどのようなものであろうか．

補題 6.11 線形変換 $T \colon \boldsymbol{L} \to \boldsymbol{L}$ の $\mathbb{F}$ に属する特性根 λ の重複度を $m(\lambda)$ とすると，$\dim \boldsymbol{E}(\lambda) \leqq m(\lambda)$ である．

［証明］ $\boldsymbol{M} = \boldsymbol{E}(\lambda_1) + \cdots + \boldsymbol{E}(\lambda_m)$ とおくと，$T(\boldsymbol{M}) \subset \boldsymbol{M}$ である．第5章例題 5.78 で示したように，T の特性多項式 $\chi_T(x) = \det(xI - T)$ は $T \mid \boldsymbol{M}$ の特性多項式 $\chi_{T \mid \boldsymbol{M}}(x) = \det(xI - (T \mid \boldsymbol{M}))$ で割り切れる．

$T \mid \boldsymbol{M} = (T \mid \boldsymbol{E}(\lambda_1)) \oplus (T \mid \boldsymbol{E}(\lambda_2)) \oplus \cdots \oplus (T \mid \boldsymbol{E}(\lambda_m))$ に注意して，$\dim \boldsymbol{E}(\lambda_i) = l_i$ $(i = 1, 2, \cdots, m)$ とおけば

$$\chi_{T \mid \boldsymbol{M}}(x) = (x - \lambda_1)^{l_1} (x - \lambda_2)^{l_2} \cdots (x - \lambda_m)^{l_m}$$

となるから，$\dim \boldsymbol{E}(\lambda_i) = l_i \leqq m(\lambda_i)$ となる． ∎

定理 6.12　線形変換 $T\colon \boldsymbol{L}\to\boldsymbol{L}$ が対角化可能であるためには，T の特性根がすべて $\mathbb{F}$ に属し，各特性根 λ の重複度 $m(\lambda)$ が，λ の固有空間の次元と一致することが必要十分条件である．

［証明］ $\lambda_1,\lambda_2,\cdots,\lambda_m$ を T の相異なる特性根とする．$T\colon \boldsymbol{L}\to\boldsymbol{L}$ が対角化可能であれば，$\lambda_i\in\mathbb{F}$．ここで $T_i=T\,|\,\boldsymbol{E}(\lambda_i)$ とおいたとき，$T_i=\lambda_i I\ (i=1,2,\cdots,m)$，$T=T_1\oplus T_2\oplus\cdots\oplus T_m$ である．$l_i=\dim\boldsymbol{E}(\lambda_i)$ とおくと，

$$\begin{aligned}\chi_T(x)&=\det(xI-T_1)\det(xI-T_2)\cdots\det(xI-T_m)\\&=(x-\lambda_1)^{l_1}(x-\lambda_2)^{l_2}\cdots(x-\lambda_m)^{l_m}.\end{aligned}$$

よって，$l_i=m(\lambda_i)$．

逆に

$$\chi_T(x)=(x-\lambda_1)^{k_1}(x-\lambda_2)^{k_2}\cdots(x-\lambda_m)^{k_m},$$
$$\lambda_i\in\mathbb{F},\ k_i=\dim\boldsymbol{E}(\lambda_i)$$

であれば，$\chi_T(x)$ の次数は n（$\boldsymbol{L}$ の次元）であるから，

$$\dim\boldsymbol{E}(\lambda_1)+\dim\boldsymbol{E}(\lambda_2)+\cdots+\dim\boldsymbol{E}(\lambda_m)=k_1+k_2+\cdots+k_m=n.$$

こうして

$$\boldsymbol{L}=\boldsymbol{E}(\lambda_1)+\boldsymbol{E}(\lambda_2)+\cdots+\boldsymbol{E}(\lambda_m)$$

となって，上の定理から T は対角化可能． ∎

とくに，特性根がすべて $\mathbb{F}$ の元であり，重複度が1であれば，$1=m(\lambda_i)=\dim\boldsymbol{E}(\lambda_i)$ だから，次の対角化可能であるための十分条件を得る．

系 6.13　T の特性根が $\mathbb{F}$ の元であり，すべて相異なるならば，T は対角化可能である． □

例 6.14　$\mathbb{F}=\mathbb{Q}$ とし，次の行列 $A\in M_n(\mathbb{Q})$ に対して $P^{-1}AP$ が対角行列になるような $P\in M_n(\mathbb{Q})$ を求めてみよう．

$$A=\begin{pmatrix}4&0&-6\\3&-2&-3\\3&0&-5\end{pmatrix}.$$

$\det(xI-A)=(x+2)^2(x-1)$．よって，A の固有値は，-2(重複度 2), 1 である．連立方程式 $A\boldsymbol{x}=-2\boldsymbol{x}$ は線形独立な解

$$\boldsymbol{p}_1 = \begin{pmatrix} 1 \\ 0 \\ 1 \end{pmatrix}, \quad \boldsymbol{p}_2 = \begin{pmatrix} 0 \\ 1 \\ 0 \end{pmatrix}$$

を持つから，$m(-2) = \dim \boldsymbol{E}(-2)$（補題 6.11），$\boldsymbol{E}(-2) = \langle\!\langle \boldsymbol{p}_1, \boldsymbol{p}_2 \rangle\!\rangle$．$A\boldsymbol{x} = \boldsymbol{x}$ については，

$$\boldsymbol{p}_3 = \begin{pmatrix} 2 \\ 1 \\ 1 \end{pmatrix}$$

は 1 つの解であり，$\boldsymbol{E}(1) = \langle\!\langle \boldsymbol{p}_3 \rangle\!\rangle$．よって，$A$ は対角化可能であり，

$$P = (\boldsymbol{p}_1, \boldsymbol{p}_2, \boldsymbol{p}_3) = \begin{pmatrix} 1 & 0 & 2 \\ 0 & 1 & 1 \\ 1 & 0 & 1 \end{pmatrix}$$

とおくと，

$$P^{-1}AP = \begin{pmatrix} -2 & 0 & 0 \\ 0 & -2 & 0 \\ 0 & 0 & 1 \end{pmatrix}.$$

□

定理 6.15　次の 2 条件は同値である．

（1）　$T\colon \boldsymbol{L} \to \boldsymbol{L}$ は対角化可能である．

（2）　互いに相異なる $\lambda_1, \lambda_2, \cdots, \lambda_m \in \mathbb{F}$ と $\boldsymbol{L}$ の射影作用素 $P_1, P_2, \cdots, P_m$ で

　（a）　$I = P_1 + P_2 + \cdots + P_m, \quad P_i P_j = O\ (i \neq j)$

　（b）　$T = \lambda_1 P_1 + \lambda_2 P_2 + \cdots + \lambda_m P_m$

を満たすものが存在する．

さらに，(2)における射影作用素 $P_1, P_2, \cdots, P_m$ は，T により一意的に定まる．

［証明］　T が対角化可能であるとき，$\lambda_1, \lambda_2, \cdots, \lambda_m$ を T の固有値として，$\boldsymbol{E}(\lambda_i)$ への射影作用素を P_i とすれば，(a), (b)を満たす．逆に，(a), (b)を満たす $P_1, P_2, \cdots, P_m$ に対して，すべての i に対して $\mathrm{Image}\, P_i \subset \boldsymbol{E}(\lambda_i)$ となることがわかるから，$\boldsymbol{L} = \boldsymbol{E}(\lambda_1) + \cdots + \boldsymbol{E}(\lambda_m)$，$\mathrm{Image}\, P_i = \boldsymbol{E}(\lambda_i)$．一意性も，こ

のことから明らか. ∎

§6.2　多項式の性質

この節では, 線形変換の標準的な直和分解を行うための準備として, 多項式(整式)の素因数分解について述べるが, 常に, 整数の場合との類似を考えながら読み進んでもらいたい(本シリーズ『代数入門』も参照のこと).

(a)　商と余り

これまでのように, 体 $\mathbb{F}$ に属する元を係数にもつ1変数の多項式の全体からなる集合を $\mathbb{F}[x]$ で表す. $f\in\mathbb{F}[x]$ の次数を $\deg f$ と書くことにしよう: すなわち

$$f(x)=a_nx^n+a_{n-1}x^{n-1}+\cdots+a_0 \qquad (a_n\neq 0)$$

と表されるとき, n を f の次数といい, $\deg f=n$ とする. $\mathbb{F}$ の元0には, 次数は定義しない. a_0 を f の定数項という.

多項式 f,g について, $f=h\cdot g$ となる多項式 h が存在するとき(すなわち, f が g で割り切れる, あるいは g が f を割り切るとき), g を f の**約数**という. 次の補題は, この後の議論を通じて基本的なものである.

補題 6.16　多項式 f,g に対して, $g\neq 0$ であれば

$$f=h\cdot g+r,$$
$$\deg r<\deg g \quad \text{または} \quad r=0$$

となる多項式 h,r がただ1組存在する. (h は, f を g で割った**商**, r は**余り**とよばれる.)

［証明］　まず存在から示す. $f=0$ ならば, $h=0$, $r=0$ とすればよい. $f\neq 0$ として, $\deg f$ についての帰納法を使おう.

(1)　$\deg f=0$ のとき, $\deg g=0$ であれば, g はある定数 a であるから, $h=a^{-1}f$, $r=0$ とすればよい.

(2)　$\deg f=n>0$ で, $n-1$ 次以下の多項式 f については補題の主張が正しいと仮定する.

$$f(x) = a_n x^n + a_{n-1}x^{n-1} + \cdots + a_0 \qquad (a_n \neq 0)$$
$$g(x) = b_m x^m + b_{m-1}x^{m-1} + \cdots + b_0 \qquad (b_m \neq 0)$$

とおく．$\deg f < \deg g$ のときは，$h=0, r=f$ とおけばよい．$\deg f \geqq \deg g$ のときは，

$$f_1(x) = f(x) - \frac{a_n}{b_m}x^{n-m}g(x)$$

とおくと，$\deg f_1 \leqq n-1$ となる．f_1 に帰納法の仮定を使えば $f_1 = h_1 \cdot g + r_1$ となる多項式 h_1 と $\deg r_1 < \deg g$ となる多項式 r_1 が存在する．

$$\begin{aligned} f(x) &= f_1(x) + \frac{a_n}{b_m}x^{n-m}g(x) \\ &= \left(h_1(x) + \frac{a_n}{b_m}x^{n-m}\right)g(x) + r_1(x) \end{aligned}$$

であるから，

$$h(x) = h_1(x) + \frac{a_n}{b_m}x^{n-m}, \quad r(x) = r_1(x)$$

とおけばよい．

次に h, r の一意性を示そう．もう 1 組の h_1, r_1 で

$$f = h_1 \cdot g + r_1,$$
$$\deg r_1 < \deg g \quad \text{または} \quad r_1 = 0$$

を満たすものがあったと仮定する．このときに，$g(h-h_1) = r_1 - r$ であり，$h-h_1 \neq 0$ とすると，左辺の多項式は 0 ではなく，その次数は $\deg g$ より小さくはない．一方，右辺の多項式の次数は $\deg g$ より小さいから，これは矛盾．よって $h=h_1$ であり，その結果 $r=r_1$ となる．∎

注意 6.17　補題 6.16 は，整数に関するユークリッドの除法

$a = bq + r, \quad 0 \leqq r < |b|$　　（a を b で割ったときの商が q で，余りが r）

の類似である．

問 2　$P_n(x) = x^{n-1} + x^{n-2} + \cdots + x + 1$ とおく（ただし，$P_0(x) = 0$，$P_1(x) = 1$ とする）．$P_n(x)$ を $P_m(x)$ で割った商は $x^r P_q(x^m)$，余りは $P_r(x)$ であることを示せ．

ここで，$n=mq+r,\ 0\leqq r<m$ とする．

(b) イデアル

$\mathbb{F}[x]$ の部分集合 $\mathfrak{a}$ が次の性質を満たすとき，$\mathfrak{a}$ を $\mathbb{F}[x]$ の**イデアル**(ideal)という．

（1） $\mathfrak{a}$ は 0 を含む．

（2） $f,g\in\mathfrak{a} \implies f+g\in\mathfrak{a}$.

（3） $f\in\mathfrak{a},\ g\in\mathbb{F}[x] \implies f\cdot g\in\mathfrak{a}$. □

m 個の多項式 $f_1,\cdots,f_m$ について

$$\mathfrak{a}=\{h_1f_1+\cdots+h_mf_m \mid h_i\in\mathbb{F}[x],\ i=1,2,\cdots,m\}$$

とおこう．明らかに $\mathfrak{a}$ は $f_1,\cdots,f_m$ を含むイデアルである．このイデアルを，$\mathfrak{a}(f_1,\cdots,f_m)$ と書くことにする．とくに $\mathfrak{a}(f)$ は，f で割り切れる多項式の全体である．

f,g を 0 でない多項式とし，$\mathfrak{a}(f)=\mathfrak{a}(g)$ とすると，f は g の約数であり，g は f の約数であるから，$f=cg$ となる定数 c が存在する．

次の補題は重要である．

補題 6.18 イデアル $\mathfrak{a}\neq\{0\}$ に対して，$\mathfrak{a}$ に属する 0 でない多項式で最小次数をもつものを f とすると，$\mathfrak{a}$ に属する g は f で割り切れる．換言すれば，$\mathfrak{a}=\mathfrak{a}(f)\ (=\{hf \mid h\in\mathbb{F}[x]\})$ である．f は定数倍を除いて一意的に決まる．

［証明］ g を f で割った商を h，余りを r とする：

$$g=h\cdot f+r,$$

$$\deg r<\deg f \quad \text{または} \quad r=0.$$

$r=g-h\cdot f$ と書くとき，性質(2),(3)から r は $\mathfrak{a}$ の元であることがわかる．$r\neq 0$ とすると，$\deg r<\deg f$ であり，$\mathfrak{a}$ は f より小さい次数の 0 でない多項式を含むことになるから，f の取り方に矛盾．よって $r=0$ となり，$\mathfrak{a}=\mathfrak{a}(f)$ が証明された．f の一意性は，この補題の直前に述べたことから明らかである． ∎

とくに，$\mathfrak{a}=\mathbb{F}[x]$ はイデアルであるが，このときは $\mathfrak{a}=\mathfrak{a}(1)$ である．

多項式 h が $f_1,\cdots,f_m$ のすべての約数であるとき，h は $f_1,\cdots,f_m$ の**公約多**

項式であるという．また，次数の最も大きい公約多項式を**最大公約多項式**という．最大公約多項式が定数であるとき，$f_1, \cdots, f_m$ は**互いに素**であるといわれる．

補題 6.19　g を $f_1, \cdots, f_m$ の最大公約多項式とすると

$$g = h_1 f_1 + \cdots + h_m f_m$$

となる多項式 $h_1, \cdots, h_m$ が存在する．とくに，$f_1, \cdots, f_m$ が互いに素であるとき，

$$1 = h_1 \cdot f_1 + \cdots + h_m \cdot f_m \qquad (6.1)$$

となる多項式 $h_1, \cdots, h_m$ が存在する．逆に，(6.1)を満たす $h_1, \cdots, h_m$ が存在するとき，$f_1, \cdots, f_m$ が互いに素である．

［証明］　$\mathfrak{a}(f_1, \cdots, f_m) = \mathfrak{a}(f_0)$ となる多項式 f_0 を選ぶ．このとき，$f_i \in \mathfrak{a}(f_0)$ であるから，f_0 は f_i を割り切ることになり，f_0 は $f_1, \cdots, f_m$ の公約多項式である．とくに，$\deg f_0 \leqq \deg g$．また，$f_0 \in \mathfrak{a}(f_1, \cdots, f_m)$ により

$$f_0 = k_1 f_1 + \cdots + k_m f_m$$

となる多項式 $k_1, \cdots, k_m$ が存在する．よって，f_0 は g で割り切れるから $\deg f_0 \geqq \deg g$．こうして，$\deg f_0 = \deg g$ となることがわかり，$g = cf_0$ (c は定数) であるから，$h_i = ck_i$ とおけばよい．最後の主張は自明であろう．∎

注意 6.20　上の証明から，

$$g \text{ が } f_1, \cdots, f_m \text{ の最大公約多項式} \Longleftrightarrow \mathfrak{a}(f_1, \cdots, f_m) = \mathfrak{a}(g)$$

となり，とくに最大公約多項式は定数倍を除いて一意的に決まることがわかる．さらに，任意の公約多項式は最大公約多項式を割り切る．

0 でない多項式 h が $f_1, \cdots, f_m$ のおのおので割り切れるとき，h を $f_1, \cdots, f_m$ の**公倍多項式**という．最小の次数をもつ公倍多項式を**最小公倍多項式**という．すべての公倍多項式は最小公倍多項式で割り切れる(証明は読者に委ねる)．

補題 6.21

(1)　f と g が互いに素であり，f と h が互いに素であれば，f と $g \cdot h$ も互いに素である．

(2)　h が $f \cdot g$ の約数，f と h が互いに素であれば，h は g の約数である．

（3）　互いに素な g と h がそれぞれ f の約数であれば，$g\cdot h$ は f の約数である．

［証明］（1）　上の補題により，

$$u_1\cdot f+v_1\cdot g=1,\quad u_2\cdot f+v_2\cdot h=1$$

となる多項式 u_1,v_1,u_2,v_2 が存在する．よってこの両辺を掛け合わせて整理すれば，

$$(u_1\cdot u_2\cdot f+u_1\cdot v_2\cdot h+v_1\cdot u_2\cdot g)f+v_1\cdot v_2\cdot(g\cdot h)=1$$

となるから，f と $g\cdot h$ は互いに素である．

（2）　$u\cdot f+v\cdot h=1$ となる u,v をとれば，$u\cdot f\cdot g+v\cdot h\cdot g=g$ であり，この左辺は h で割り切れるから，g は h で割り切れる．

（3）　$f=u\cdot g$ とすると，h は $u\cdot g$ を割り切るから，(2)により h は u を割り切る．よって，f は $g\cdot h$ で割り切れる．　∎

補題の(1),(3)を使えば，多項式 $f_1,f_2,\cdots,f_n$ のうちどの2つも互いに素であるとき，それらの最小公倍多項式は積 $f_1f_2\cdots f_n$ に等しいことがわかる．

（c）　素因数分解

多項式 f の約数が，定数および自分自身の定数倍だけしかないとき，f は**既約**(irreducible)（あるいは**素**）であるといわれる．

例 6.22　x^2+1 は，$\mathbb{R}[x]$ の元としては既約であるが，$\mathbb{C}[x]$ の元としては既約ではない．実際，$x^2+1=(x+i)(x-i)$．多項式の既約性は，どの体で考えるかで異なるのである．$\mathbb{C}[x]$ においては，任意の既約多項式は1次である（代数学の基本定理）．　□

問3　$\mathbb{R}[x]$ においては，既約多項式は高々2次であることを示せ．（ヒント：$f\in\mathbb{R}[x]$ に対して，$f(x)=0$ の根を α とすると，$\overline{\alpha}$ も根であることを使う．）

定理 6.23（**多項式に対する素因数分解定理**）　0でない多項式は，有限個の既約多項式の積に分解される．この分解は，定数倍と順序の違いを除けば一意的である．

類似性の追求

整数の全体を $\mathbb{Z}$ とするとき，$\mathbb{Z}$ においても素因数分解定理が成り立つことはよく知られている(既約多項式のかわりに素数を考える)．実際，これまで多項式について述べたことは，すべて整数についての結果の類似なのである．整数と多項式のこのような類似性は，現代数学において究極な形にまで調べられている．

整数の理論は，ガウスが「数学の女王」とよんだ代数的数論につながり，多項式のそれは代数幾何学に直結するが，この2つの分野の相互作用は数学史の上からも興味深いものがある．例えば，現代数論の創始者の一人であるヒルベルト(D. Hilbert，1862–1943)は，この類似性に着目することによって数論の1つの頂点とも言える類体論の構想を得た(類体論は高木貞治(1875–1960)により，一般化した形で完成された)．1994年にA. Wilesによって証明されたフェルマの予想($n \geqq 3$ のとき，$a^n + b^n = c^n$ を満たす自然数解は存在しない)でも，整数論と代数幾何学の結び付きが見られる．

数学では，このほかにも異なる概念の間の類似性を見ることがしばしばある．そして，このような類似性の追求は，数学の発展に寄与することも多いのである．

［証明］ 各因数が既約になるまで分解を行えば，少なくとも1つの分解が存在することがわかる．f に対して2通りの分解があったとしよう：

$$f = p_1 p_2 \cdots p_h = q_1 q_2 \cdots q_k\,. \tag{6.2}$$

補題6.21の(2)を使えば，p_1 はある q_i を割り切る．q_i は既約であるから，$p_1 = c_1 q_i$ となる定数 c_1 が存在する．p_1 で(6.2)の各辺を割り，残った因数について同様のことを行えば，$p_2 = c_2 q_j$ となる $q_j\ (j \neq i)$ が存在する．これを続ければ，主張が得られる． ∎

$f \in \mathbb{F}[x]$ を既約多項式の積

$$f = p_1 p_2 \cdots p_h, \quad p_i \in \mathbb{F}[x]$$

に分解したとき，p_i を f の**既約因子**という．

多項式 f を変数 x で微分した多項式を f' で表そう(例5.13)．通常の微分と同様，$(fg)' = f'g + fg'$ が成り立つ．

補題 6.24　$\mathbb{F}$ を $\mathbb{C}$ の部分体とし，$f \in \mathbb{F}[x]$ を既約多項式とする．このとき，方程式 $f(x) = 0$ は重根をもたない．

［証明］　もし $f(x) = 0$ が重根 $\alpha \in \mathbb{C}$ をもてば，

$$f(x) = (x-\alpha)^2 q(x), \quad q \in \mathbb{C}[x]$$

と書けるが，このとき

$$f'(x) = (x-\alpha)(2q(x) + (x-\alpha)q'(x)).$$

よって，$f(\alpha) = f'(\alpha) = 0$．一方，$f$ の既約性により，f, f' は $\mathbb{F}[x]$ において互いに素であるから，

$$u \cdot f + v \cdot f' = 1$$

となる $u, v \in \mathbb{F}[x]$ が存在する．こうして

$$1 = u(\alpha)f(\alpha) + v(\alpha)f'(\alpha) = 0$$

となって矛盾である． ∎

注意 6.25　上の証明で仮定した $\mathbb{F}$ が $\mathbb{C}$ の部分体であることは，$f'(x)$ が零でないことのみに使う．一般の体では，これが成り立たないことがある．

§6.3　最小多項式と半単純変換

(a)　最小多項式

以下では，$\mathbb{F}$ 上の有限次元線形空間 $\boldsymbol{L}$ と線形変換 $T\colon \boldsymbol{L} \to \boldsymbol{L}$ を考える．$\dim \boldsymbol{L} = n$ としよう．

多項式 $f(x) = a_m x^m + a_{m-1}x^{m-1} + \cdots + a_1 x + a_0 \ (\in \mathbb{F}[x])$ に対して，T の多項式 $f(T)$ を

$$f(T) = a_m T^m + a_{m-1}T^{m-1} + \cdots + a_1 T + a_0 I$$

により定義する．$f(T)$ も $\boldsymbol{L}$ の線形変換である．

$f, g \in \mathbb{F}[x]$ とするとき，

$$(f+g)(T) = f(T) + g(T), \quad (fg)(T) = f(T)g(T)$$

である．$f(T)g(T) = g(T)f(T)$，すなわち，写像 $f(T), g(T)$ は互いに可換であることに注意．さらに，$\boldsymbol{M}$ が T の不変部分空間であるとき，任意の $f \in$

$\mathbb{F}[x]$ に対して $\boldsymbol{M}$ は $f(T)$ の不変部分空間である.

問4　$\boldsymbol{L}$ のある基底に関する T の行列表示が A であるとき, $f(T)$ の行列表示は $f(A)$ であることを示せ. ただし, f に対して $f(A)=a_mA^m+\cdots+a_0I$ とする.

次の補題はこれからの議論でたびたび使われる.

補題6.26　f,g が互いに素な多項式とし, $\boldsymbol{x}\in\boldsymbol{L}$ に対して $f(T)\boldsymbol{x}=g(T)\boldsymbol{x}=\boldsymbol{0}$ とすると, $\boldsymbol{x}=\boldsymbol{0}$ である.

［証明］　補題6.19より, $h\cdot f+k\cdot g=1$ となる多項式 h,k が存在するから

$$h(T)f(T)+k(T)g(T)=I\,.$$

よって

$$\boldsymbol{x}=(h(T)f(T)+k(T)g(T))\boldsymbol{x}=h(T)f(T)\boldsymbol{x}+k(T)g(T)\boldsymbol{x}=\boldsymbol{0}\,.$$ ∎

$\mathbb{F}[x]$ の部分集合 $\mathfrak{a}(T)=\{f\in\mathbb{F}[x]\mid f(T)=O\}$ を考える. $\mathfrak{a}\neq\{0\}$ である, すなわち, $f(T)=O$ となる, 0ではない多項式 f が存在する. これをみるために, 線形写像の列 $I,T,T^2,\cdots,T^k,\cdots$ を考える. これらは $\boldsymbol{L}$ の線形変換のなす線形空間 $\mathrm{Hom}(\boldsymbol{L},\boldsymbol{L})$ のベクトルの列と見なせる. $\mathrm{Hom}(\boldsymbol{L},\boldsymbol{L})$ が有限次元(実際, $\dim\mathrm{Hom}(\boldsymbol{L},\boldsymbol{L})=(\dim\boldsymbol{L})^2$)であることを使うと, $k>\dim\mathrm{Hom}(\boldsymbol{L},\boldsymbol{L})$ とすれば, $I,T,T^2,\cdots,T^k$ は線形従属になる. よって, すべてが0ではない $\mathbb{F}$ の元 $a_0,a_1,\cdots,a_k$ が存在して

$$a_kT^k+\cdots+a_1T+a_0I=O$$

となる. $f(x)=a_kx^k+\cdots+a_1x+a_0$ とおけば, $f\neq 0$ であって, $f(T)=O$.

$\mathfrak{a}(T)$ は明らかにイデアルである. よって, $\mathfrak{a}(T)=\mathfrak{a}(g)$ となる多項式 g が存在する. g は $g(T)=O$ となる最小な次数をもつ多項式である(補題6.18). このような g で最高次数の係数が1であるものは一意的に定まるから, これを Φ_T で表し, T の**最小多項式**(minimal polynomial)とよぶ. $f(T)=O$ であれば, Φ_T は f の約数である.

$T=O$ の最小多項式は $\Phi_T(x)=x$ である. $\boldsymbol{L}=\{\boldsymbol{0}\}$ のときは, $\Phi_T=1$ と規約する.

正方行列 $A\in M_n(\mathbb{F})$ に対して, $T_A\,(\in\mathrm{Hom}(\mathbb{F}^n,\mathbb{F}^n))$ の最小多項式を A の最

小多項式という.

例 6.27　T をベキ零($T^k=O,\ T^{k-1}\neq O$)とすると，T の最小多項式は x^k である．この例からもわかるように，一般に T の最小多項式は既約とは限らない. □

問 5　$\boldsymbol{M}$ が T の不変部分空間であるとき，$\Phi_{T|\boldsymbol{M}}$ は Φ_T の約数であることを示せ.
（ヒント：$\Phi_T(T\,|\,\boldsymbol{M})=O$.）

2 次の行列に対するハミルトン–ケイリーの定理(第 1 章例題 1.41)は次のように一般化される.

定理 6.28（**ハミルトン–ケイリーの定理**）　T の特性多項式

$$\chi_T(x) = \det(xI-T)$$

に対して，$\chi_T(T)=O$.

とくに，χ_T は最小多項式 Φ_T で割り切れ，$\deg\Phi_T \leqq \deg\chi_T = n$.

［証明］　T の行列表示を A として，$\chi_A(x)=\det(xI-A)$ とおいたとき，$\chi_A(A)=O$ を示せばよい．$xI-A$ の余因子行列を $B(x)$ とおくと，

$$B(x)(xI-A) = (xI-A)B(x) = \det(xI-A)\cdot I = \chi_A(x)I$$

である(第 3 章系 3.41(p. 117))．余因子行列の定義から，

$$B(x) = B_0x^{n-1}+B_1x^{n-2}+\cdots+B_{n-1}, \quad B_i \in M_n(\mathbb{F}) \quad (n=\dim \boldsymbol{L})$$

と書ける.

$$B(x)(xI-A) = B_0x^n+(B_1-B_0A)x^{n-1}+\cdots+(B_{n-1}-B_{n-2}A)x-B_{n-1}A,$$

$$(xI-A)B(x) = B_0x^n+(B_1-AB_0)x^{n-1}+\cdots+(B_{n-1}-AB_{n-2})x-AB_{n-1}$$

であるから，A と B_i $(i=0,1,\cdots,n-1)$ は可換である．一般に $C(x)=C_0x^n+C_1x^{n-1}+\cdots+C_n$ を A と可換な行列を係数とする x の多項式とするとき，

$$C(A) = C_0A^n+C_1A^{n-1}+\cdots+C_n$$

と定義する．$D(x)$ もこのような多項式とすると，明らかに

$$(C\cdot D)(A) = C(A)D(A)$$

である．とくに，

$$O = B(A)(AI-A) = \chi_A(A)I = \chi_A(A)\,. \qquad \blacksquare$$

注意 6.29　$\chi_A(A)=\det(AI-A)=\det O=0$ と早合点してはいけない．行列を係数とする多項式の演算については，係数の非可換性に注意しなければならない．

系 6.30　ベキ零変換 T の最小多項式 x^k において，$k \leqq \dim \boldsymbol{L}$ である．とくに，$T^n=O$．　□

補題 6.31　$T=S_1\oplus S_2\oplus\cdots\oplus S_l$ とするとき，$\boldsymbol{\Phi}_T$ は $\boldsymbol{\Phi}_{S_1},\boldsymbol{\Phi}_{S_2},\cdots,\boldsymbol{\Phi}_{S_l}$ の最小公倍多項式である．

［証明］　$\boldsymbol{\Phi}_{S_1},\boldsymbol{\Phi}_{S_2},\cdots,\boldsymbol{\Phi}_{S_l}$ の最小公倍多項式を f とする．$f(T)=f(S_1\oplus S_2\oplus\cdots\oplus S_l)=f(S_1)\oplus f(S_2)\oplus\cdots\oplus f(S_l)$ であるから，$f(T)=O$．すなわち f は $\boldsymbol{\Phi}_T$ で割り切れる．一方

$$O=\boldsymbol{\Phi}_T(S_1\oplus S_2\oplus\cdots\oplus S_l)=\boldsymbol{\Phi}_T(S_1)\oplus\boldsymbol{\Phi}_T(S_2)\oplus\cdots\oplus\boldsymbol{\Phi}_T(S_l)$$

により，$\boldsymbol{\Phi}_T(S_1)=O,\ \boldsymbol{\Phi}_T(S_2)=O,\cdots,\boldsymbol{\Phi}_T(S_l)=O$ であるから，$\boldsymbol{\Phi}_T$ は $\boldsymbol{\Phi}_{S_1},\boldsymbol{\Phi}_{S_2},\cdots,\boldsymbol{\Phi}_{S_l}$ のおのおので割り切れる．よって，$\boldsymbol{\Phi}_T$ は f で割り切れる．　▮

補題 6.32　直和分解 $T=S_1\oplus S_2\oplus\cdots\oplus S_l$ において，$S_1,S_2,\cdots,S_l$ の最小多項式のうちどの 2 つも互いに素であるとする．もし，$U_i\ (i=1,2,\cdots,l)$ が S_i の多項式であれば $(U_i=f_i(S_i))$，$U_1\oplus U_2\oplus\cdots\oplus U_l$ は T の多項式である．

［証明］　まず，$l=2$ の場合に示す．

$$u_1\cdot\boldsymbol{\Phi}_{S_1}+u_2\cdot\boldsymbol{\Phi}_{S_2}=1$$

となる多項式 u_1,u_2 が存在するから，$U_1=f_1(S_1)$，$U_2=f_2(S_2)$ であるとき，

$$f=f_2\cdot u_1\cdot\boldsymbol{\Phi}_{S_1}+f_1\cdot u_2\cdot\boldsymbol{\Phi}_{S_2}$$

とおけば，

$$\begin{aligned} f(S_1)&=f_2(S_1)u_1(S_1)\boldsymbol{\Phi}_{S_1}(S_1)+f_1(S_1)u_2(S_1)\boldsymbol{\Phi}_{S_2}(S_1)\\ &=f_1(S_1)u_2(S_1)\boldsymbol{\Phi}_{S_2}(S_1)\\ &=f_1(S_1)(I-u_1(S_1)\boldsymbol{\Phi}_{S_1}(S_1))=f_1(S_1)=U_1, \end{aligned}$$

同様に，

$$f(S_2)=f_2(S_2)(I-u_2(S_2)\boldsymbol{\Phi}_{S_2}(S_2))=f_2(S_2)=U_2\,.$$

よって，

$$f(T)=f(S_1\oplus S_2)=f(S_1)\oplus f(S_2)=U_1\oplus U_2\,.$$

$l>2$ のときは，補題 6.31 を用いて帰納法を使えばよい．

実際，$S_2'=S_2\oplus\cdots\oplus S_l$, $U_2'=U_2\oplus\cdots\oplus U_l$ とおけば，$T=S_1\oplus S_2'$ であり，S_1 の最小多項式と S_2' の最小多項式$(=\Phi_{S_2}\cdots\Phi_{S_l})$は互いに素である．$l-1$ のとき主張が正しいと仮定すれば U_2' は S_2' の多項式である．よって，$U_1\oplus U_2'$ は $T=S_1\oplus S_2'$ の多項式である． ∎

注意 6.33　上の補題において，すべての f_i の定数部分が 0 であれば，$U_1\oplus\cdots\oplus U_l=f(T)$ となる多項式 f として，定数部分が 0 であるものをとることができる(証明をみよ)．

(b)　最小多項式の素因数分解と線形変換の標準的直和分解

線形変換 $T\colon \boldsymbol{L}\to\boldsymbol{L}$ の最小多項式 Φ_T の素因数分解

$$\Phi_T={p_1}^{k_1}{p_2}^{k_2}\cdots{p_m}^{k_m},\quad k_i\geqq 1,\quad p_i\in\mathbb{F}[x]$$

を考えよう．ここで，既約多項式 $p_1,p_2,\cdots,p_m$ のうちどの 2 つを取っても互いに素であるとする．また，各因数 p_i の最高次の係数は 1 と仮定して差し支えない．

この節の 1 つの目標は，T の直和分解 $T=T_1\oplus T_2\oplus\cdots\oplus T_m$ で，T_i の最小多項式が ${p_i}^{k_i}$ であるものが存在することを示すことである．

$$q_i={p_i}^{k_i}\qquad(i=1,2,\cdots,m)$$

とおこう．さらに

$$f_i=q_1\cdots q_{i-1}\cdot q_{i+1}\cdots q_m\qquad(i=1,2,\cdots,m)$$

とおく．$q_i\cdot f_i=\Phi_T$ であることに注意．$f_1,\cdots,f_m$ は互いに素であるから

$$1=h_1\cdot f_1+\cdots+h_m\cdot f_m$$

となる $h_i\in\mathbb{F}[x]$ が存在する．$h_i\cdot f_i=g_i\ (i=1,2,\cdots,m)$ とおこう．ここで $\boldsymbol{M}_i=\mathrm{Image}\,g_i(T)$ とおくと，$\boldsymbol{M}_i$ は $\boldsymbol{L}$ の部分空間である．

$\boldsymbol{L}$ の線形写像 S が $g_i(T)$ と互いに可換ならば，

$$Sg_i(T)\boldsymbol{x}=g_i(T)S\boldsymbol{x}$$

となるから $S(\boldsymbol{M}_i)\subset\boldsymbol{M}_i$ であることに注意しよう．とくに，$\boldsymbol{M}_i$ は T の不変部分空間である．

$\boldsymbol{M}_i\subset\mathrm{Ker}\,q_i(T)$ である．実際，$\boldsymbol{x}\in\boldsymbol{M}_i$ に対して，$\boldsymbol{x}=g_i(T)\boldsymbol{y}$ となる $\boldsymbol{y}\in\boldsymbol{L}$

が存在するから

$$\begin{aligned} q_i(T)\boldsymbol{x} &= q_i(T)g_i(T)\boldsymbol{y} = q_i(T)h_i(T)f_i(T)\boldsymbol{y} \\ &= h_i(T)q_i(T)f_i(T)\boldsymbol{y} = h_i(T)\Phi_T(T)\boldsymbol{y} = \mathbf{0}. \end{aligned}$$

補題 6.34

$$\boldsymbol{L} = \boldsymbol{M}_1 \oplus \boldsymbol{M}_2 \oplus \cdots \oplus \boldsymbol{M}_m$$

［証明］　まず $\boldsymbol{L}=\boldsymbol{M}_1+\boldsymbol{M}_2+\cdots+\boldsymbol{M}_m$ となることをみる．$1=g_1+g_2+\cdots+g_m$ であるから，

$$I = g_1(T)+\cdots+g_m(T).$$

よって，任意の $\boldsymbol{x}\in\boldsymbol{L}$ に対して，

$$\boldsymbol{x} = g_1(T)\boldsymbol{x}+\cdots+g_m(T)\boldsymbol{x}$$

が成り立つ．$g_i(T)\boldsymbol{x}\in\boldsymbol{M}_i$ であるから，$\boldsymbol{L}=\boldsymbol{M}_1+\boldsymbol{M}_2+\cdots+\boldsymbol{M}_m$ である．

次に，$\boldsymbol{x}_i\in\boldsymbol{M}_i$ とし，$\boldsymbol{x}_1+\boldsymbol{x}_2+\cdots+\boldsymbol{x}_m=\mathbf{0}$ と仮定しよう．このとき，すべての $\boldsymbol{x}_i$ が $\mathbf{0}$ であることを示せばよい．$-\boldsymbol{x}_1=\boldsymbol{x}_2+\cdots+\boldsymbol{x}_m$ と書くと，$\boldsymbol{M}_1\subset\operatorname{Ker} q_1(T)$ であるから $q_1(T)\boldsymbol{x}_1=\mathbf{0}$ となり

$$q_1(T)(\boldsymbol{x}_2+\cdots+\boldsymbol{x}_m) = \mathbf{0}.$$

一方，$q_2(T),\cdots,q_m(T)$ は互いに可換であるから，やはり同じ理由により

$$q_2(T)\cdots q_m(T)(\boldsymbol{x}_2+\cdots+\boldsymbol{x}_m) = \mathbf{0}.$$

q_1 と $q_2\cdots q_m$ は互いに素であるから，補題 6.26 により，

$$\boldsymbol{x}_2+\cdots+\boldsymbol{x}_m = \mathbf{0}, \quad \boldsymbol{x}_1 = \mathbf{0}$$

となる．同様にして，$\boldsymbol{x}_2=\cdots=\boldsymbol{x}_m=\mathbf{0}$ となる． ∎

補題 6.35

$$\boldsymbol{M}_i = \operatorname{Ker} q_i(T)$$

［証明］　$\boldsymbol{M}_i\subset\operatorname{Ker} q_i(T)$ は既に示したから，$q_i(T)\boldsymbol{x}=\mathbf{0}$ を満たす $\boldsymbol{x}$ が $\boldsymbol{M}_i$ に属することを示せば十分である．$\boldsymbol{x}=\boldsymbol{x}_1+\boldsymbol{x}_2+\cdots+\boldsymbol{x}_m$，$\boldsymbol{x}_i\in\boldsymbol{M}_i$ とする．

$$\mathbf{0} = q_i(T)\boldsymbol{x} = q_i(T)\boldsymbol{x}_1+q_i(T)\boldsymbol{x}_2+\cdots+q_i(T)\boldsymbol{x}_m$$

となるが，$g_j(T)$ と $q_i(T)$ は互いに可換であるから

$$q_i(T)\boldsymbol{x}_j \in \boldsymbol{M}_j.$$

したがって，補題 6.34 により $q_i(T)\boldsymbol{x}_j=\mathbf{0}$．一方，$q_j(T)\boldsymbol{x}_j=\mathbf{0}$ であり，$i\neq j$ のとき q_i と q_j は互いに素であるから，補題 6.26 により $\boldsymbol{x}_j=\mathbf{0}$．ゆえに $\boldsymbol{x}=$

$\boldsymbol{x}_i \in \boldsymbol{M}_i$. ∎

注意 6.36　ここまでは Φ_T が最小多項式であることを使わなかった．Φ_T の代りに，$f(T)=O$ となる任意の多項式 f の素因数分解に対して成り立つのである．

定理 6.37　$T_i = T \mid \boldsymbol{M}_i$ の最小多項式は

$$q_i = {p_i}^{k_i}$$

である(とくに $\boldsymbol{M}_i \neq \{\boldsymbol{0}\}$)．

[証明]　上の補題により，$q_i(T_i)=O$．よって T_i の最小多項式は ${p_i}^k$ $(k \leqq k_i)$ の形である．$k<k_i$ とすると

$$q_1(T)\cdots q_{i-1}(T)p_i(T)^k q_{i+1}(T)\cdots q_m(T) = O\,.$$

実際，任意の $\boldsymbol{x} \in \boldsymbol{L}$ を $\boldsymbol{x} = \boldsymbol{x}_1 + \boldsymbol{x}_2 + \cdots + \boldsymbol{x}_m$，$\boldsymbol{x}_j \in \boldsymbol{M}_j$ と表すと，$p_i(T)^k \boldsymbol{x}_i = p_i(T_i)^k \boldsymbol{x}_i = \boldsymbol{0}$ であるから

$$\begin{aligned} &q_1(T)\cdots q_{i-1}(T)p_i(T)^k q_{i+1}(T)\cdots q_m(T)\boldsymbol{x} \\ &\quad = q_1(T)\cdots q_{i-1}(T)q_{i+1}(T)\cdots q_m(T)p_i(T)^k \boldsymbol{x}_i = \boldsymbol{0} \end{aligned}$$

となり，最小多項式 Φ_T より低い次数の多項式

$$q_1\cdots q_{i-1}\cdot {p_i}^k \cdot q_{i+1}\cdots q_m$$

に T を代入したものが O になるから矛盾する． ∎

こうして，T の直和分解 $T = T_1 \oplus T_2 \oplus \cdots \oplus T_m$ で，

$$\Phi_T = \Phi_{T_1}\Phi_{T_2}\cdots\Phi_{T_m},\quad \Phi_{T_i} \text{ は既約多項式のベキ乗}$$

$$\Phi_{T_i} \text{ と } \Phi_{T_j}\ (i \neq j) \text{ は互いに素}$$

となるものを得たことになる．このような直和分解を，T の**標準的直和分解**ということにする．

(c)　最小多項式による半単純性の判定*

最小多項式の因数分解と半単純性の関連をみよう．

定理 6.38　T が単純であれば，T の最小多項式は既約である．

[証明]　T により不変な真の部分空間は存在しないから，T の標準的直和分解 $T_1 \oplus T_2 \oplus \cdots \oplus T_m$ において，$m=1$ でなければならない．よって $\Phi_T = p^k$

(p は既約)と書ける．$k=1$ を示したい．背理法を使うため，$k \geqq 2$ と仮定しよう．$p(T)^{k-1} \neq O$ であるから，$\operatorname{Ker} p(T)^{k-1} \neq \boldsymbol{L}$．$\operatorname{Ker} p(T)^{k-1}$ は T の不変部分空間であるから，T の単純性により $\operatorname{Ker} p(T)^{k-1} = \{\mathbf{0}\}$．明らかに

$$\operatorname{Ker} p(T) \subset \operatorname{Ker} p(T)^{k-1}$$

なので，$\operatorname{Ker} p(T) = \{\mathbf{0}\}$，すなわち $p(T)$ は全単射である(系 5.66)．すると $p(T)^k$ も全単射となるから，これは $p(T)^k = O$ に矛盾する．■

半単純線形変換の単純変換による直和分解に補題 6.31 を適用して，次の系を得る．

系 6.39　T が半単純であれば，$k_i = 1\ (i=1,2,\cdots,m)$，すなわち最小多項式は重複因子を持たない．□

この系の逆が成り立つ．

定理 6.40　T の最小多項式が重複因子を持たなければ，T は半単純である．

［証明］　素因数分解 $\Phi_T = {q_1}^{k_1} \cdots {q_m}^{k_m}$ において $k_i = 1\ (i=1,2,\cdots,m)$ であるから，各 T_i の最小多項式は既約である．よって，最初から，T の最小多項式 Φ_T が既約と仮定しても一般性を失わない．

$\boldsymbol{M} \subset \boldsymbol{L}$ を T の任意の不変部分空間としよう．T の不変部分空間 $\boldsymbol{M}_0$ で，$\boldsymbol{M}$ の補空間となるものが存在することを示せばよい(定理 5.73)．$\boldsymbol{M} = \boldsymbol{L}$ のときは，$\boldsymbol{M}_0 = \{\mathbf{0}\}$ とすればよいから，$\boldsymbol{M} \neq \boldsymbol{L}$ とする．$\boldsymbol{M} \cap \boldsymbol{M}' = \{\mathbf{0}\}$ となる不変部分空間 $\boldsymbol{M}'$ の全体を考えよう．まず，少なくとも 1 つ $\boldsymbol{M}' \neq \{\mathbf{0}\}$ となるものが存在することをみる．このため，$\boldsymbol{x} \notin \boldsymbol{M}$ として，

$$\boldsymbol{M}' = \{f(T)\boldsymbol{x} \mid f \in \mathbb{F}[x]\}$$

とおく．$\boldsymbol{M}'$ は明らかに不変部分空間である．$\boldsymbol{M} \cap \boldsymbol{M}' \neq \{\mathbf{0}\}$ と仮定すると，$f(T)\boldsymbol{x} \in \boldsymbol{M}$，$f(T)\boldsymbol{x} \neq \mathbf{0}$ となる f が存在する．f と Φ_T は互いに素であるから，$u \cdot f + v \cdot \Phi_T = 1$ となる多項式 u, v をとることができる．このとき

$$u(T)f(T)\boldsymbol{x} = \boldsymbol{x}$$

となるが，$u(T)f(T)\boldsymbol{x} = u(T)(f(T)\boldsymbol{x})$ は $\boldsymbol{M}$ に属するから($\boldsymbol{M}$ の不変性)，$\boldsymbol{x}$ が $\boldsymbol{M}$ の元となって矛盾である．よって，$\boldsymbol{M} \cap \boldsymbol{M}' = \{\mathbf{0}\}$．

$\boldsymbol{M} \cap \boldsymbol{M}' = \{\mathbf{0}\}$ となる不変部分空間 $\boldsymbol{M}'$ の中で，最大次元のものを 1 つと

って，それを $\boldsymbol{M}_0$ とする．もし，$\boldsymbol{M}+\boldsymbol{M}_0 \neq \boldsymbol{L}$ とすると，上の議論を不変部分空間 $\boldsymbol{M}+\boldsymbol{M}_0$ に適用すれば，$(\boldsymbol{M}+\boldsymbol{M}_0)\cap \boldsymbol{M}''=\{\boldsymbol{0}\}$ となる不変部分空間 $\boldsymbol{M}''\neq\{\boldsymbol{0}\}$ が存在し，$\boldsymbol{M}_0+\boldsymbol{M}''$ は $\boldsymbol{M}_0$ を真に含む不変部分空間となる．さらに $\boldsymbol{M}\cap(\boldsymbol{M}_0+\boldsymbol{M}'')=\{\boldsymbol{0}\}$ となることも容易に確かめられるから，これは $\boldsymbol{M}_0$ の次元の最大性に反する．よって，$\boldsymbol{L}=\boldsymbol{M}\oplus\boldsymbol{M}_0$ である．∎

注意 6.41　一般には，線形変換は半単純ではないが(ベキ零変換がそのような例である; p.199)，下で示すように半単純変換とベキ零変換の和として表される．

以下，この小節の終りまで $\mathbb{F}$ は $\mathbb{C}$ の部分体とする．

定理 6.42　$\mathbb{F}$ 上の線形空間 $\boldsymbol{L}$ の線形変換 T に対して，次の条件を満たす $\boldsymbol{L}$ の線形変換 S, N が存在する．

（1）　$T=S+N,\ SN=NS$

（2）　S は半単純

（3）　N はベキ零

（4）　S, N は T の(定数部分が 0 の)多項式である．

（5）　$\boldsymbol{L}$ の部分空間 $\boldsymbol{M}\supset\boldsymbol{M}'$ について，$T(\boldsymbol{M})\subset\boldsymbol{M}'$ であれば，$S(\boldsymbol{M})\subset\boldsymbol{M}'$, $N(\boldsymbol{M})\subset\boldsymbol{M}'$ である．

［証明］　(5)は(4)の帰結である．$T=T_1\oplus T_2\oplus\cdots\oplus T_m$ を T の標準的直和分解とする．各 T_i に対して，定理の主張を示せばよい(実際，半単純変換の直和は半単純であり，ベキ零変換の直和はベキ零である．(4)は補題 6.32 に帰着)．よって，最初から T の最小多項式 Φ_T は，既約多項式のベキ乗 p^k と仮定してよい．

証明には，次の補題が必要である．

補題 6.43　x と素な $p(x)\in\mathbb{F}[x]$ が既約であるとき，$p(x-u(x)p(x))$ が $p(x)^k$ で割り切れるような $u\in\mathbb{F}[x]$ が存在する．しかも，u として $u(0)=0$ となるものをとることができる．

［証明］

$$
\begin{aligned}
&p(x-y)=p(x)-yp'(x)+y^2R(x,y)\\
&R(x,y)\ \text{は}\ x,y\ \text{についての多項式}
\end{aligned}
\tag{6.3}
$$

と表しておく．k についての帰納法で示そう．$k=1$ のときは

$$Q(x,y) = -p'(x)+yR(x,y)$$

とおくと,

$$p(x-u(x)p(x)) = p(x)+u(x)p(x)Q(x,u(x)p(x))$$

であるから，$u(0)=0$ となる任意の $u(x)$ をとればよい．$k-1\,(k \geqq 2)$ のとき正しいと仮定しよう．すなわち,

$$p(x-u_1(x)p(x)) = p(x)^{k-1}v(x)$$

となる $u_1(x)\,(u_1(0)=0)$, $v(x)$ が存在すると仮定する．$u(x)$ を求めるのに,

$$u(x) = u_1(x)+u_2(x)p(x)^{k-2}$$

とおいてみる．(6.3)から

$$\begin{aligned}
p(x-u(x)p(x)) &= p(x-u_1(x)p(x)-u_2(x)p(x)^{k-1}) \\
&= p(x-u_1(x)p(x))-u_2(x)p(x)^{k-1}p'(x-u_1(x)p(x)) \\
&\quad +(u_2(x)p(x)^{k-1})^2R(x-u_1(x)p(x),\ u_2(x)p(x)^{k-1}) \\
&= p(x)^{k-1}\{v(x)-u_2(x)p'(x-u_1(x)p(x))\} \\
&\quad +p(x)^k u_2(x)^2 p(x)^{k-2}R(x-u_1(x)p(x),\ u_2(x)p(x)^{k-1}).
\end{aligned}$$

よって，$v(x)-u_2(x)p'(x-u_1(x)p(x))$ が $p(x)$ で割り切れるような $u_2(x)$ を探せばよい．$p'(x)$ と $p(x)$ は互いに素であるから($\mathbb{F}$ が $\mathbb{C}$ の部分体であることは $p'\neq 0$ を保証するためにのみ利用)，$p'(x-u_1(x)p(x))$ と $p(x)$ も互いに素である(実際，$p'(x-u_1(x)p(x))-p'(x)$ は $p(x)$ で割り切れる)．したがって

$$f(x)p'(x-u_1(x)p(x))+g(x)p(x) = 1$$

となる $f(x), g(x)$ が存在する．$p(x)$ と x も互いに素であるから，$\varphi(x)p(x)+\psi(x)x=1$ を満たす多項式 $\varphi(x), \psi(x)$ が存在する．

$$f_0(x) = f(x)\psi(x)x, \quad g_0(x) = \varphi(x)+\psi(x)xg(x)$$

とおくと,

$$\begin{aligned}
&f_0(x)p'(x-u_1(x)p(x))+g_0(x)p(x) \\
&\quad = \{f(x)p'(x-u_1(x)p(x))+g(x)p(x)\}\psi(x)x+\varphi(x)p(x) = 1.
\end{aligned}$$

$u_2(x)=f_0(x)v(x)$ とおけば，$u_2(0)=0$, $u(0)=0$,

$$\begin{aligned}
v(x)-u_2(x)p'(x-u_1(x)p(x)) &= v(x)(1-f_0(x)p'(x-u_1(x)p(x))) \\
&= v(x)g_0(x)p(x)
\end{aligned}$$

となる．　■

補題 6.43 の性質を満たす $u(x)\in\mathbb{F}[x]$ を選び，$S=T-u(T)p(T)$，$N=u(T)p(T)$ とおこう．明らかに，$T=S+N$ である．

$N^k=u(T)^k p(T)^k=u(T)^k\Phi_T(T)=O$ であるから，N はベキ零である．さらに $p(x-u(x)p(x))=p(x)^k w(x)$ とおくと，

$$p(S)=p(T-u(T)p(T))=p(T)^k w(T)=O$$

であるから，S の最小多項式は p を割り切る．しかし，p は既約であるから，S の最小多項式は p に等しい．よって，S は半単純である．u の取り方 $(u(0)=0)$ から，$x-u(x)p(x)$，$u(x)p(x)$ の定数項は 0 である．（定理 6.42 証明終り） ∎

注意 6.44　証明から，一般の T に対して S の最小多項式は T の最小多項式の素因数を重複度 1 で掛け合わせたものであることがわかる．

上の定理において，S,N は一意的に決まる．もっと正確に言えば，

$$T=S_1+N_1,\quad S_1N_1=N_1S_1,$$
$$S_1 \text{ は半単純}, N_1 \text{ はベキ零}$$

を満たす S_1,N_1 が存在すれば，$S=S_1,N=N_1$ である．

これを見るためには，次の定理を示せばよい．

定理 6.45　T_1,T_2 を $\boldsymbol{L}$ の半単純線形変換とするとき，$T_1T_2=T_2T_1$ であれば，T_1+T_2 も半単純である． □

実際，S_1,N_1 は T と可換であるから $(TS_1=(S_1+N_1)S_1=S_1(S_1+N_1)=S_1T,\ TN_1=(S_1+N_1)N_1=N_1(S_1+N_1)=N_1T)$，$T$ の多項式である S,N とも可換である．とくに $SS_1=S_1S$ であり，定理 6.45 を認めれば，$S-S_1=N_1-N$ は半単純かつベキ零であるから，$S-S_1=N_1-N=O$.

［証明］　定理 6.45 の証明．標準的直和分解を考えることにより，T_1,T_2 の最小多項式は既約と仮定してもよいことを示そう．まず T_1 の標準的直和分解 $T_1=T_{11}\oplus T_{12}\oplus\cdots\oplus T_{1m}$，$\boldsymbol{L}=\boldsymbol{M}_1\oplus\boldsymbol{M}_2\oplus\cdots\oplus\boldsymbol{M}_m$ を考えると，T_1 と T_2 の可換性により，$T_2(\boldsymbol{M}_i)\subset\boldsymbol{M}_i\ (i=1,2,\cdots,m)$ である．$T_2\,|\,\boldsymbol{M}_i=T_{2i}$ とおくと，T_{2i} は半単純で（補題 6.31），$T_{1i}T_{2i}=T_{2i}T_{1i}$ となる．T_{2i} の標準的直和分解 $T_{2i}=S_{i1}\oplus S_{i2}\oplus\cdots\oplus S_{il}$，$\boldsymbol{M}_i=\boldsymbol{M}_{i1}\oplus\boldsymbol{M}_{i2}\oplus\cdots\oplus\boldsymbol{M}_{il}$ を考えると，$T_{1i}(\boldsymbol{M}_{ij})$

$\subset \boldsymbol{M}_{ij}$ であり，$T_{1i} \mid \boldsymbol{M}_{ij} = T_{1ij}$ とおくと，T_{1ij} は半単純かつ $T_{1ij}S_{ij} = S_{ij}T_{1ij}$ となる．$\Phi_{T_{1ij}} = \Phi_{T_{1i}}$ であるから，$\Phi_{T_{1ij}}$ は既約．S_{ij} も既約である．よって，$T_{1ij}+S_{ij}$ が半単純であることが示されれば，$T+S$ が半単純となる．

T_1, T_2 の最小多項式が既約と仮定する．T_1, T_2 の最小多項式をそれぞれ Φ_1, Φ_2 としよう．

方程式 $\Phi_1(x)=0$ の根を1つとり，それを $\alpha_1 \in \mathbb{C}$ とする．

補題 6.46

（1） $f(\alpha_1)=0$ を満たす多項式 $f \in \mathbb{F}[x]$ は，Φ_1 で割り切れる．

（2） $\mathbb{F}_1 = \{g(\alpha_1) \mid g \in \mathbb{F}[x]\}$ は，$\mathbb{F}$ を含む $\mathbb{C}$ の部分体である．

［証明］（1） $f_0 \in \mathbb{F}[x]$ を，$f_0(\alpha_1)=0$ を満たす最小次数をもつ多項式とする．$f(\alpha_1)=0$ を満たす任意の多項式 f は f_0 で割り切れる（最小多項式に対する性質の証明と同様; p. 229）．よって，f_0 は Φ_1 の約数である．しかし，Φ_1 は既約であるから，$f_0 = c\Phi_1$ となる $c \in \mathbb{F}$ が存在する．

（2） $\mathbb{F}_1$ が加減乗の演算で閉じていることは明らか．$g(\alpha_1) \neq 0$ とする．$f \cdot g + h \cdot \Phi_1 = 1$ を満たす $g, h \in \mathbb{F}[x]$ をとると，$f(\alpha_1)g(\alpha_1)=1$ となるから，$g(\alpha_1)^{-1} = f(\alpha_1) \in \mathbb{F}_1$． ∎

$\boldsymbol{L}$ は $\mathbb{F}_1$ 上の線形空間とみなせる．実際，ベクトルの加法はもとのままとする．$a = g(\alpha_1) \in \mathbb{F}_1$，$\boldsymbol{x} \in \boldsymbol{L}$ に対して，スカラー倍 $a\boldsymbol{x} \in \boldsymbol{L}$ を

$$a\boldsymbol{x} = g(T_1)\boldsymbol{x} \tag{6.4}$$

により定義する．$a = g(\alpha_1) = f(\alpha_1)$ であるとき，

$$(g-f)(\alpha_1) = g(\alpha_1) - f(\alpha_1) = 0$$

であるから，$g-f$ は Φ_1 で割り切れる．よって，$g(T_1) = f(T_1)$ となり，(6.4) は $a = g(\alpha_1)$ となる g の取り方によらず，一意的に定まる．

これらの演算により，$\boldsymbol{L}$ が $\mathbb{F}_1$ 上の線形空間になることは明らかであろう．また，定義から，

$$\alpha_1 \boldsymbol{x} = T_1 \boldsymbol{x}, \quad \boldsymbol{x} \in \boldsymbol{L}$$

である．

$T_2 g(T_1) = g(T_1) T_2$ であるから，$T_2(a\boldsymbol{x}) = aT_2(\boldsymbol{x})$ $(a \in \mathbb{F}_1)$ となって，T_2 は，$\mathbb{F}_1$ 上の線形空間 $\boldsymbol{L}$ の線形変換と見なせる（$T_2(\boldsymbol{x}+\boldsymbol{y}) = T_2\boldsymbol{x} + T_2\boldsymbol{y}$ は，$\mathbb{F}$ 上の

線形性による).

$\mathbb{F}_1$ 上の線形変換として，T_2 は半単純である．実際，T_2 の最小多項式 $\Phi_2' \in \mathbb{F}_1[x]$ は Φ_2 の約数であり，Φ_2 は既約であるから，Φ_2' の素因数分解は重複因子をもたない(補題 6.24).

$\mathbb{F}_1$ 上の線形変換として，T_2 の標準的直和分解 $T_2 = T_{21} \oplus T_{22} \oplus \cdots \oplus T_{2m}$，$\boldsymbol{L} = \boldsymbol{M}_1 \oplus \boldsymbol{M}_2 \oplus \cdots \oplus \boldsymbol{M}_m$ を考えよう．$\boldsymbol{M}_i\ (i = 1, 2, \cdots, m)$ は明らかに T_1 の不変部分空間である．$T_{2i}\ (i = 1, 2, \cdots, m)$ の最小多項式 $\Phi_{2i} \in \mathbb{F}_1[x]$ は既約であるから，$\mathbb{F}_1$ 上の線形変換 $T_{2i}\colon \boldsymbol{M}_i \to \boldsymbol{M}_i$ について，上に述べたことと同様のことを行う．すなわち，方程式 $\Phi_{2i}(x) = 0$ の 1 つの解を α_2 として，$\mathbb{C}$ の部分体

$$\mathbb{F}_2 = \{g(\alpha_2) \mid g \in \mathbb{F}_1[x]\}$$

を考えると，$\boldsymbol{M}_i$ は $\mathbb{F}_2$ 上の線形空間になり，

$$(T_1 + T_2)\boldsymbol{x} = (\alpha_1 + \alpha_2)\boldsymbol{x}, \quad \boldsymbol{x} \in \boldsymbol{M}_i$$

を得る．

$g(\alpha_1 + \alpha_2) = 0$ を満たす多項式 $g \in \mathbb{F}[x]$ の中で，最小次数をもつ多項式を g_0 (最高次数の係数は 1)とすれば，g_0 は $(T_1 + T_2) \mid \boldsymbol{M}_i$ の最小多項式である．g_0 は既約であるから(既約でなければ，g_0 より小さい次数の多項式 $g \in \mathbb{F}[x]$ で，$g(\alpha_1 + \alpha_2) = 0$ となるものが存在することになり矛盾)，$(T_1 + T_2) \mid \boldsymbol{M}_i$ は半単純である．したがって，$T_1 + T_2$ は半単純である．(定理 6.45 証明終り)　∎

$T = S + N$ を定理 6.42 で述べた線形変換の分解とするとき，S を T の**半単純部分**，N を**ベキ零部分**といい，それぞれ T_s, T_n により表す．このような分解を，**ジョルダン分解**(Jordan decomposition)という．

系 6.47　$T_1 T_2 = T_2 T_1$ であるとき，

$$(T_1 + T_2)_s = (T_1)_s + (T_2)_s, \quad (T_1 + T_2)_n = (T_1)_n + (T_2)_n. \qquad \square$$

(d)　$\mathbb{F} = \mathbb{C}$ の場合

この項では，$\mathbb{F} = \mathbb{C}$ としよう．前に述べたように，この場合には，特性根はすべて固有値である．

$T = T_1 \oplus T_2 \oplus \cdots \oplus T_m$ を T の標準的直和分解とし，$\boldsymbol{L} = \boldsymbol{M}_1 \oplus \boldsymbol{M}_2 \oplus \cdots \oplus \boldsymbol{M}_m$ を対応する $\boldsymbol{L}$ の直和分解，$\Phi_T = {p_1}^{k_1} {p_2}^{k_2} \cdots {p_m}^{k_m}$ を対応する素因数分解とする．

$\mathbb{C}$ では既約多項式は1次であるから，$p_i(x)=x-\lambda_i$ と書ける．$\lambda_1, \lambda_2, \cdots, \lambda_m$ は，最小多項式 $\boldsymbol{\Phi}_T$ に対する方程式 $\boldsymbol{\Phi}_T(x)=0$ の異なる根全体である(λ_i の重複度は k_i)．さらに，$\boldsymbol{M}_i=\mathrm{Ker}(T-\lambda_i I)^{k_i}$ である(補題6.35)．

複素数 λ に対して，$\boldsymbol{L}$ の部分集合

$$\boldsymbol{M}(\lambda)=\{\boldsymbol{x}\in\boldsymbol{L}\mid \text{ある自然数}\,k\,\text{により}\,(T-\lambda I)^k\boldsymbol{x}=\boldsymbol{0}\}$$

を考える．$\boldsymbol{M}(\lambda)$ は $\boldsymbol{L}$ の部分空間である．実際

$$(T-\lambda I)^h\boldsymbol{x}=\boldsymbol{0}, \quad (T-\lambda I)^k\boldsymbol{y}=\boldsymbol{0}$$

であれば，$s=\max\{h,k\}$ とおけば

$$(T-\lambda I)^s(a\boldsymbol{x}+b\boldsymbol{y})=\boldsymbol{0}$$

となる．また，明らかに $\boldsymbol{E}(\lambda)\subset\boldsymbol{M}(\lambda)$ である．

定理6.48　λ が T の特性根(固有値)であるための必要十分条件は $\boldsymbol{M}(\lambda)\neq\{\boldsymbol{0}\}$ となることである．

［証明］　λ が固有値であれば，λ に対する固有ベクトルは $\boldsymbol{M}(\lambda)$ の元であるから，$\boldsymbol{M}(\lambda)\neq(0)$．逆に，$\boldsymbol{x}\in\boldsymbol{M}(\lambda)$ を $\boldsymbol{0}$ でないベクトルとすると

$$(T-\lambda I)^k\boldsymbol{x}=\boldsymbol{0}, \quad (T-\lambda I)^{k-1}\boldsymbol{x}\neq\boldsymbol{0}$$

となる自然数 k が存在するから($(T-\lambda I)^k\boldsymbol{x}=\boldsymbol{0}$ となる最小の自然数を k とすればよい)，$\boldsymbol{y}=(T-\lambda I)^{k-1}\boldsymbol{x}$ とおけば，$(T-\lambda I)\boldsymbol{y}=\boldsymbol{0}$，すなわち $T\boldsymbol{y}=\lambda\boldsymbol{y}$，$\boldsymbol{y}\neq\boldsymbol{0}$ となって，λ は固有値となる．∎

系6.49　T の最小多項式 $\boldsymbol{\Phi}_T$ に対する方程式 $\boldsymbol{\Phi}_T(x)=0$ の根 $\lambda_1, \cdots, \lambda_m$ は，T の特性根(固有値)である．□

実は，T の特性根は $\lambda_1, \cdots, \lambda_m$ で尽くされることが分かる．もっと精密には次の定理が成り立つ．

定理6.50　T の特性根は，T の最小多項式に対する方程式 $\boldsymbol{\Phi}_T(x)=0$ の根 $\lambda_1, \lambda_2, \cdots, \lambda_m$ に限り，しかも $\boldsymbol{M}(\lambda_i)=\boldsymbol{M}_i$ となる．

［証明］　λ を T の特性根とする．$\boldsymbol{x}$ を λ に対する固有ベクトルとし，

$$\boldsymbol{x}=\boldsymbol{x}_1+\boldsymbol{x}_2+\cdots+\boldsymbol{x}_m, \quad \boldsymbol{x}_i\in\boldsymbol{M}_i$$

と表す．1次の多項式 $\varphi(x)=x-\lambda$ を考えよう．

$$\boldsymbol{0}=\varphi(T)\boldsymbol{x}=\varphi(T)\boldsymbol{x}_1+\varphi(T)\boldsymbol{x}_2+\cdots+\varphi(T)\boldsymbol{x}_m, \quad \varphi(T)\boldsymbol{x}_i\in\boldsymbol{M}_i$$

であるから，$\varphi(T)\boldsymbol{x}_i=\boldsymbol{0}$．もし λ が $\lambda_1, \cdots, \lambda_m$ のいずれとも異なるとすると，

φ は $p_1{}^{k_1}, p_2{}^{k_2}, \cdots, p_m{}^{k_m}$ のいずれとも互いに素となる．$p_i(T)^{k_i}\boldsymbol{x}_i = \boldsymbol{0}$ であるから，補題6.26により，$\boldsymbol{x}_i = \boldsymbol{0}$ がすべての i について成り立ち，$\boldsymbol{x} = \boldsymbol{0}$ となる．これは $\boldsymbol{x} \neq \boldsymbol{0}$ に矛盾する．よって，λ は $\lambda_1, \cdots, \lambda_m$ のいずれかに等しいことになる．

次に $\boldsymbol{M}(\lambda_i) = \boldsymbol{M}_i$ を示そう．$\boldsymbol{M}_i \subset \boldsymbol{M}(\lambda_i)$ は明らか．逆に，$\boldsymbol{x} \in \boldsymbol{M}(\lambda_i)$ とすると，$\boldsymbol{M}(\lambda_i)$ の定義により $(T-\lambda_i I)^k \boldsymbol{x} = \boldsymbol{0}$ となる自然数 k が存在する．$\psi(x) = (x-\lambda_i)^k$ とおこう．ψ と $p_j{}^{k_j}$ $(j \neq i)$ は互いに素である．再び $\boldsymbol{x} = \boldsymbol{x}_1 + \boldsymbol{x}_2 + \cdots + \boldsymbol{x}_m$，$\boldsymbol{x}_i \in \boldsymbol{M}_i$ と表せば，

$$\boldsymbol{0} = \psi(T)\boldsymbol{x} = \psi(T)\boldsymbol{x}_1 + \psi(T)\boldsymbol{x}_2 + \cdots + \psi(T)\boldsymbol{x}_m, \quad \psi(T)\boldsymbol{x}_j \in \boldsymbol{M}_j$$

であるから，$\psi(T)\boldsymbol{x}_j = \boldsymbol{0}$．したがって，$j \neq i$ のとき $\boldsymbol{x}_j = \boldsymbol{0}$ となり，$\boldsymbol{x} = \boldsymbol{x}_i \in \boldsymbol{M}_i$．ゆえに，$\boldsymbol{M}(\lambda_i) \subset \boldsymbol{M}_i$． ▮

$\boldsymbol{M}_i\ (=\boldsymbol{M}(\lambda_i))$ を**一般化された固有空間**(generalized eigenspace)という．

系6.51　T をベキ零とすると，T の特性根は0であり，$\chi_T(x) = x^n$ である．

［証明］　T の最小多項式は $x^k\ (k \geqq 1)$ であるから，特性根は0のみである．さらに，χ_T は n 次であるから，$\chi_T(x) = x^n$． ▮

定理6.52　$\dim \boldsymbol{M}_i$ は T の特性根 λ_i の重複度 $m(\lambda_i)$ に一致する．

［証明］

$$\begin{aligned}\chi_T(x) &= \chi_{T_1}(x) \cdots \chi_{T_m}(x), \\ \chi_{T_i}(x) &= \det(xI - T) = \det((x-\lambda_i)I + (\lambda_i I - T_i)) \\ &= (x-\lambda_i)^{h_i}, \quad h_i = \dim \boldsymbol{M}_i\end{aligned}$$

($\lambda_i I - T_i$ はベキ零であることに注意して，上の系を使う.)　よって

$$\chi_T(x) = (x-\lambda_1)^{h_1} \cdots (x-\lambda_m)^{h_m}$$

となり，$\boldsymbol{M}_i$ の次元は，特性根 λ_i の重複度に一致することがわかる． ▮

定理6.53　線形変換 $T\colon \boldsymbol{L} \to \boldsymbol{L}$ が対角化可能であるための必要十分条件は，$\Phi_T(x) = 0$ のすべての根が単純 $(k_i = 1;\ i = 1, 2, \cdots, m)$ であることである．とくに，T の半単純性と対角化可能性は一致する．

［証明］　$k_i = 1\ (i = 1, 2, \cdots, m)$ と仮定しよう．T_i の最小多項式は $x - \lambda_i$ であるから，$T_i = \lambda_i I$．よって T_i は対角化可能であり，T も対角化可能である．逆に，T が対角化可能であれば，$\boldsymbol{L} = \boldsymbol{E}(\lambda_1) \oplus \boldsymbol{E}(\lambda_2) \oplus \cdots \oplus \boldsymbol{E}(\lambda_m)$，$T \mid \boldsymbol{E}(\lambda_i) =$

$\lambda_i I$ であるから，$\Phi_T(x)=(x-\lambda_1)\cdots(x-\lambda_m)$（補題 6.31）．よって $\Phi_T(x)=0$ のすべての根は単純である． ∎

(e) 半単純性と対角化可能性(一般の場合)*

$A\in M_n(\mathbb{F})$ に対して，いつものように $T_A\colon \mathbb{F}^n\to\mathbb{F}^n$ を A により定まる変換とする．考えている体 $\mathbb{F}$ を明示するため，A の最小多項式($=T_A$ の最小多項式)を $\Phi_A^{\mathbb{F}}$ で表す．

定理 6.54 $\mathbb{F}$ を $\mathbb{C}$ に含まれる体とし，$A\in M_n(\mathbb{F})$ に対して $T_A\colon \mathbb{F}^n\to\mathbb{F}^n$ が半単純とする．このとき，A を $M_n(\mathbb{C})$ の元と考えると，$T_A\colon \mathbb{C}^n\to\mathbb{C}^n$ は対角化可能である．逆も成り立つ．

[証明] $\Phi_A^{\mathbb{C}}$ が重複因子をもたないことを示す(定理 6.53)．$\Phi_A^{\mathbb{F}}$ を $\mathbb{C}[x]$ の元と思えば，$\Phi_A^{\mathbb{F}}(T_A)=O$ が $M_n(\mathbb{C})$ において成り立つから，$\Phi_A^{\mathbb{C}}$ は $\Phi_A^{\mathbb{F}}$ の約数である．仮定により，$\Phi_A^{\mathbb{F}}$ の $\mathbb{F}[x]$ における素因数分解は重複する因子をもたない．

$p\in\mathbb{F}[x]$ を $\Phi_A^{\mathbb{F}}$ の既約因子とするとき，$p(x)=0$ が重根をもたないことは補題 6.24 による．あとは，p,q が $\Phi_A^{\mathbb{F}}$ の異なる既約因子とするとき，2 つの方程式 $p(x)=0$, $q(x)=0$ が共通根をもたないことを示せばよい．これも，$u\cdot p+v\cdot q=1$ となる多項式 $u,v\in\mathbb{F}[x]$ が存在することから明らかである．こうして，$\Phi_A^{\mathbb{C}}$ の $\mathbb{C}[x]$ における素因数分解において，重複因子を持たないことがわかるから，$T_A\colon \mathbb{C}^n\to\mathbb{C}^n$ は半単純，すなわち対角化可能である(定理 6.53)．

逆を証明しよう．$\mathbb{F}^n\subset\mathbb{C}^n$ に注意．$\boldsymbol{M}\subset\mathbb{F}^n$ を T_A の不変部分空間とする．$\boldsymbol{M}^{\mathbb{C}}$ を $\mathbb{C}^n$ の中で $\boldsymbol{M}$ の元たちによって張られる部分空間としよう．$T_A\colon \mathbb{C}^n\to\mathbb{C}^n$ は半単純であるから，

$$\mathbb{C}^n=\boldsymbol{M}^{\mathbb{C}}\oplus\boldsymbol{N}$$

となる，$\mathbb{C}^n$ の不変部分空間 $\boldsymbol{N}$ が存在する．この直和分解に対する $\boldsymbol{M}^{\mathbb{C}}$ への射影作用素を $P\colon \mathbb{C}^n\to\mathbb{C}^n$ としよう．このとき，$PT_A=T_AP$ である．

$\mathbb{F}^n$ の基底 $\langle \boldsymbol{x}_1,\boldsymbol{x}_2,\cdots,\boldsymbol{x}_p,\cdots,\boldsymbol{x}_n\rangle$ を，$\langle \boldsymbol{x}_1,\boldsymbol{x}_2,\cdots,\boldsymbol{x}_p\rangle$ が $\boldsymbol{M}$ の基底になるように選ぶ．これら 2 つの基底はそれぞれ $\mathbb{C}^n,\boldsymbol{M}^{\mathbb{C}}$ における基底でもある(実際，$\mathbb{C}^n$ においても $\boldsymbol{x}_1,\boldsymbol{x}_2,\cdots,\boldsymbol{x}_p,\cdots,\boldsymbol{x}_n$ は $\mathbb{C}^n$ を張り，$\mathbb{C}^n$ の次元は n であるから，

これらは $\mathbb{C}^n$ の基底となる).

$$P(\boldsymbol{x}_k) = \sum_{i=1}^{n} p_{ik}\boldsymbol{x}_i, \quad T_A(\boldsymbol{x}_k) = \sum_{i=1}^{n} t_{ik}\boldsymbol{x}_i$$

とおこう．$A \in M_n(\mathbb{F})$ であるから $t_{ik} \in \mathbb{F}$．$P(\boldsymbol{x}_k) = \boldsymbol{x}_k\ (1 \leqq k \leqq p)$，$P(\boldsymbol{x}_k) \in \boldsymbol{M}^{\mathbb{C}}$ であるから $p_{ik} = \delta_{ik}\ (1 \leqq k \leqq p;\ 1 \leqq i \leqq n)$，$p_{ik} = 0\ (p+1 \leqq i \leqq n;\ k = 1, 2, \cdots, n)$．$PT_A = T_AP$ から

$$\sum_{i=1}^{n} t_{ji}p_{ik} = \sum_{i=1}^{n} p_{ji}t_{ik}$$

が導かれる．未知数 $z_{ik}\ (i, k = 1, 2, \cdots, n)$ に関する連立1次方程式

$$\begin{aligned} & z_{ik} = \delta_{ik} && (k = 1, 2, \cdots, p;\ i = 1, 2, \cdots, n) \\ & z_{ik} = 0 && (k = 1, 2, \cdots, n;\ i = p+1, \cdots, n) \\ & \sum_{i=1}^{n} t_{ji}z_{ik} = \sum_{i=1}^{n} z_{ji}t_{ik} && \end{aligned}$$

を考えよう．係数は $\mathbb{F}$ の元であり，$\mathbb{C}$ に属する解 (p_{ik}) をもつから，$\mathbb{F}$ に属する解 (z_{ik}) が存在する(下の注意参照)．$P_0 : \mathbb{F}^n \to \mathbb{F}^n$ を

$$P_0(\boldsymbol{x}_k) = \sum_{i=1}^{n} z_{ik}\boldsymbol{x}_i$$

により定義しよう．P_0 は次の性質をもつ:

$$\begin{aligned} & P_0(\boldsymbol{x}) = \boldsymbol{x}, \quad \boldsymbol{x} \in \boldsymbol{M}, \\ & P_0(\boldsymbol{x}) \in \boldsymbol{M}, \quad \boldsymbol{x} \in \mathbb{F}^n. \end{aligned}$$

よって，${P_0}^2 = P_0$ となり，P_0 は $\boldsymbol{M}$ への射影作用素．さらに $P_0T_A = T_AP_0$ となる．ここで，$\boldsymbol{N}_0 = \mathrm{Image}(I - P_0)$ とおこう．$\boldsymbol{N}_0$ は $\mathbb{F}^n$ の T_A の部分空間であり，しかも

$$\mathbb{F}^n = \boldsymbol{M} \oplus \boldsymbol{N}$$

となる． ∎

注意 6.55　$\mathbb{F}$ を $\mathbb{C}$ の部分体とする．$A \in M(m, n;\ \mathbb{F})$ と $\boldsymbol{u} \in \mathbb{F}^m$ に対して $A\boldsymbol{z} = \boldsymbol{u}$ を満たす $\boldsymbol{z} \in \mathbb{C}^n$ が存在するとき，$A\boldsymbol{x} = \boldsymbol{u}$ となる $\boldsymbol{x} \in \mathbb{F}^n$ が存在することを示そう．$PAQ = D(m, n;\ r)\ (r = \mathrm{rank}\, A)$ となる可逆行列 $P \in M_m(\mathbb{F})$，$Q \in M_n(\mathbb{F})$ を選んだとき(定理4.8)，

$$D(m,n;\,r)Q^{-1}\boldsymbol{z} = PAQQ^{-1}\boldsymbol{z} = P\boldsymbol{u}$$

であるから，$P\boldsymbol{u}=\boldsymbol{u}'={}^t(u'_1,\cdots,u'_m)$ とおけば

$$u'_{r+1} = \cdots = u'_m = 0$$

である．$\boldsymbol{x}'={}^t(u'_1,\cdots,u'_r,0,\cdots,0)\in\mathbb{F}^n$ とおけば

$$D(m,n;\,r)\boldsymbol{x}' = \boldsymbol{u}'$$

を得る．$\boldsymbol{x}=Q\boldsymbol{x}'$ とおくと $\boldsymbol{x}\in\mathbb{F}^n$ であり

$$A\boldsymbol{x} = P^{-1}PAQQ^{-1}\boldsymbol{x} = P^{-1}D(m,n;\,r)\boldsymbol{x}' = P^{-1}\boldsymbol{u}' = \boldsymbol{u}$$

となるから，$\boldsymbol{x}$ が求めるベクトルである．

定理6.54から，次の定理を得る．

定理6.56　$\mathbb{F}$ を $\mathbb{C}$ の部分体とし，$\boldsymbol{L}$ を $\mathbb{F}$ 上の線形空間とする．線形変換 $T\colon \boldsymbol{L}\to\boldsymbol{L}$ が半単純であるための必要十分条件は，T の行列表示が，$\mathbb{C}$ 上対角化可能なことである．□

§6.4　ジョルダンの標準形

前節の結果を詳しく分析することにより，線形変換の行列表示として特別なものが得られることをみよう．

(a)　ベキ零変換の行列表示

$\mathbb{F}$ を一般の体として，$N\,(\neq O)$ を $\mathbb{F}$ 上の線形空間 $\boldsymbol{L}$ の O と異なるベキ零変換とする．$N^k=0$, $N^{k-1}\neq 0$ となる $k\geqq 2$ と，$1\leqq p\leqq k$ となる各 p に対し，$\boldsymbol{L}^p=\operatorname{Ker} N^p$ とおく．このとき

$$\{\boldsymbol{0}\} = \boldsymbol{L}^0 \subset \boldsymbol{L}^1 \subset \boldsymbol{L}^2 \subset\cdots\subset \boldsymbol{L}^k = \boldsymbol{L},$$
$$N(\boldsymbol{L}^p) \subset \boldsymbol{L}^{p-1} \quad (p=1,2,\cdots,k),$$
$$\boldsymbol{L}^{k-1} \neq \boldsymbol{L}, \quad \boldsymbol{L}^1 \neq \{\boldsymbol{0}\}$$

である．

補題6.57　$p\geqq 2$ とする．$\boldsymbol{L}^p=\boldsymbol{L}^{p-1}\oplus\boldsymbol{W}$ となる，$\boldsymbol{L}^p$ の任意の部分空間 $\boldsymbol{W}$ に対して，

(1)　$N(\boldsymbol{W})\subset\boldsymbol{L}^{p-1}$ であり，$N\,|\,\boldsymbol{W}\colon \boldsymbol{W}\to\boldsymbol{L}^{p-1}$ は単射である．

（2）　さらに，$N(\boldsymbol{W})\cap\boldsymbol{L}^{p-2}=\{\boldsymbol{0}\}$.

［証明］　$N(\boldsymbol{W})\subset\boldsymbol{L}^{p-1}$ は明らか．$N(\boldsymbol{x})=\boldsymbol{0}$, $\boldsymbol{x}\in\boldsymbol{W}$ とすると，$\boldsymbol{x}\in\operatorname{Ker}N\cap\boldsymbol{W}=\boldsymbol{L}^1\cap\boldsymbol{W}\subset\boldsymbol{L}^{p-1}\cap\boldsymbol{W}=\{\boldsymbol{0}\}$．よって，$N|\boldsymbol{W}$ は単射である．

$\boldsymbol{x}\in N(\boldsymbol{W})\cap\boldsymbol{L}^{p-2}$ に対して，$\boldsymbol{x}=N(\boldsymbol{y})$，$\boldsymbol{y}\in\boldsymbol{W}$ とすると，$\boldsymbol{0}=N^{p-2}\boldsymbol{x}=N^{p-1}\boldsymbol{y}$ であるから，$\boldsymbol{y}\in\boldsymbol{L}^{p-1}\cap\boldsymbol{W}=\{\boldsymbol{0}\}$．よって，$\boldsymbol{x}=\boldsymbol{0}$．　■

この補題を使って，$\boldsymbol{L}$ の部分空間 $\boldsymbol{W}_1,\boldsymbol{W}_2,\cdots,\boldsymbol{W}_k$ を次のようにして順次選んで行くことができる．

$$
\begin{aligned}
\boldsymbol{L}^k &= \boldsymbol{L}^{k-1}\oplus\boldsymbol{W}_1,\quad \boldsymbol{W}_1\neq\{\boldsymbol{0}\},\\
\boldsymbol{L}^{k-1} &= \boldsymbol{L}^{k-2}\oplus N(\boldsymbol{W}_1)\oplus\boldsymbol{W}_2,\\
\boldsymbol{L}^{k-2} &= \boldsymbol{L}^{k-3}\oplus N^2(\boldsymbol{W}_1)\oplus N(\boldsymbol{W}_2)\oplus\boldsymbol{W}_3,\\
&\cdots\cdots\cdots\\
\boldsymbol{L}^1 &= \boldsymbol{L}^0\oplus N^{k-1}(\boldsymbol{W}_1)\oplus N^{k-2}(\boldsymbol{W}_2)\oplus\cdots\oplus N(\boldsymbol{W}_{k-1})\oplus\boldsymbol{W}_k\\
&\quad(=N^{k-1}(\boldsymbol{W}_1)\oplus N^{k-2}(\boldsymbol{W}_2)\oplus\cdots\oplus N(\boldsymbol{W}_{k-1})\oplus\boldsymbol{W}_k).
\end{aligned}
$$

補題6.57の(1)により，N の制限

$$
\begin{aligned}
N:\quad & N^i(\boldsymbol{W}_1)\oplus N^{i-1}(\boldsymbol{W}_2)\oplus\cdots\oplus N(\boldsymbol{W}_i)\oplus\boldsymbol{W}_{i+1}\longrightarrow\\
& N^{i+1}(\boldsymbol{W}_1)\oplus N^i(\boldsymbol{W}_2)\oplus\cdots\oplus N(\boldsymbol{W}_{i+1})
\end{aligned}
$$

は同型写像 $(i=0,1,\cdots,k-2)$ である．ただし $N^0=I$ とする．$N^{k-i}|\boldsymbol{W}_i\ (i=0,1,\cdots,k)$ は単射であり，$N^k(\boldsymbol{W}_1)=\{\boldsymbol{0}\}$，$N^{k-1}(\boldsymbol{W}_2)=\{\boldsymbol{0}\}$，…，$N(\boldsymbol{W}_k)=\{\boldsymbol{0}\}$ であることに注意．こうして

$$
\begin{aligned}
\boldsymbol{L}=\ & N^{k-1}(\boldsymbol{W}_1)\oplus N^{k-2}(\boldsymbol{W}_2)\oplus\cdots\oplus N(\boldsymbol{W}_{k-1})\oplus\boldsymbol{W}_k\\
&\oplus N^{k-2}(\boldsymbol{W}_1)\oplus N^{k-3}(\boldsymbol{W}_2)\oplus\cdots\oplus N(\boldsymbol{W}_{k-2})\oplus\boldsymbol{W}_{k-1}\\
&\cdots\cdots\cdots\\
&\oplus N(\boldsymbol{W}_1)\oplus\boldsymbol{W}_2\\
&\oplus\boldsymbol{W}_1
\end{aligned}
$$

となるが，直和の順序を変更すれば，

$$
\begin{aligned}
\boldsymbol{L}=\ & N^{k-1}(\boldsymbol{W}_1)\oplus N^{k-2}(\boldsymbol{W}_1)\oplus\cdots\oplus N(\boldsymbol{W}_1)\oplus\boldsymbol{W}_1\\
&\oplus N^{k-2}(\boldsymbol{W}_2)\oplus N^{k-3}(\boldsymbol{W}_2)\oplus\cdots\oplus N(\boldsymbol{W}_2)\oplus\boldsymbol{W}_2\\
&\cdots\cdots\cdots\\
&\oplus N(\boldsymbol{W}_{k-1})\oplus\boldsymbol{W}_{k-1}
\end{aligned}
$$

$$\oplus \boldsymbol{W}_k$$

を得る.

問 6　$\dim \boldsymbol{L}^p - \dim \boldsymbol{L}^{p-1} = n(i)\ (p=1,2,\cdots,k)$ とおくと，$1 \leqq n(k) \leqq n(k-1) \leqq \cdots \leqq n(1)$，とくに $\boldsymbol{L}^{p-1} \neq \boldsymbol{L}^p$ となることを示せ.

さて，$\boldsymbol{W}_i$ の基底 $\langle \boldsymbol{b}_{i1}, \boldsymbol{b}_{i2}, \cdots, \boldsymbol{b}_{is_i} \rangle\ (s_i = \dim \boldsymbol{W}_i)$ をとり，

$$\boldsymbol{U}_1^i = \langle\!\langle N^{k-i}(\boldsymbol{b}_{i1}), N^{k-i-1}(\boldsymbol{b}_{i1}),\ \cdots,\ N(\boldsymbol{b}_{i1}),\ \boldsymbol{b}_{i1} \rangle\!\rangle,$$

$$\boldsymbol{U}_2^i = \langle\!\langle N^{k-i}(\boldsymbol{b}_{i2}), N^{k-i-1}(\boldsymbol{b}_{i2}),\ \cdots,\ N(\boldsymbol{b}_{i2}),\ \boldsymbol{b}_{i2} \rangle\!\rangle,$$

$$\cdots\cdots\cdots$$

$$\boldsymbol{U}_{s_i}^i = \langle\!\langle N^{k-i}(\boldsymbol{b}_{is_i}), N^{k-i-1}(\boldsymbol{b}_{is_i}),\ \cdots,\ N(\boldsymbol{b}_{is_i}),\ \boldsymbol{b}_{is_i} \rangle\!\rangle$$

とおくと，

$$\begin{aligned} &N^{k-i}(\boldsymbol{W}_i) \oplus N^{k-i-1}(\boldsymbol{W}_i) \oplus \cdots \oplus N(\boldsymbol{W}_i) \oplus \boldsymbol{W}_i \\ &\quad = \boldsymbol{U}_1^i \oplus \boldsymbol{U}_2^i \oplus \cdots \oplus \boldsymbol{U}_{s_i}^i, \quad N(\boldsymbol{U}_h^i) \subset \boldsymbol{U}_h^i \quad (i=1,2,\cdots,k;\ h=1,2,\cdots,s_i) \end{aligned}$$

である. $N \mid \boldsymbol{U}_h^i$ の，基底 $\langle N^{k-i}(\boldsymbol{b}_{ih}), N^{k-i-1}(\boldsymbol{b}_{ih}),\ \cdots,\ N(\boldsymbol{b}_{ih}),\ \boldsymbol{b}_{ih} \rangle$ に関する行列表示は，

$$N(k-i+1) = \begin{pmatrix} 0 & 1 & 0 & \cdots & 0 \\ 0 & 0 & 1 & \cdots & 0 \\ & & & \ddots & \\ 0 & 0 & \cdots & 0 & 1 \\ 0 & 0 & \cdots & 0 & 0 \end{pmatrix} \in M_{k-i+1}(\mathbb{F})$$

により与えられる. よって，N の行列表示として，

$$\begin{aligned} &N(k) \oplus N(k) \oplus \cdots \oplus N(k) && (s_1\ \text{個の直和}) \\ &\oplus N(k-1) \oplus N(k-1) \oplus \cdots \oplus N(k-1) && (s_2\ \text{個の直和}) \\ &\cdots\cdots\cdots \\ &\oplus N(1) \oplus N(1) \oplus \cdots \oplus N(1) && (s_k\ \text{個の直和}) \end{aligned}$$

を得る. ここで，$N(1) = (0)$ であることに注意. $N(i)$ を i 次の**標準的ベキ零行列**とよぼう.

簡単な計算により

$$s_i = 2\dim \boldsymbol{L}^{k-i+1} - \dim \boldsymbol{L}^{k-i+2} - \dim \boldsymbol{L}^{k-i} \qquad (i = 1, 2, \cdots, k),$$

$$s_1 + s_2 + \cdots + s_k = \dim \boldsymbol{L}^1$$

となることがわかる．よって，上の行列表示に現れる標準的ベキ零行列の個数は $\dim \boldsymbol{L}^1 = \dim(\mathrm{Ker}\, N)$ に等しい．

(b)　ジョルダン標準形

$\mathbb{F} = \mathbb{C}$ とし，$T\colon \boldsymbol{L} \to \boldsymbol{L}$ を $\mathbb{C}$ 上の線形空間の線形変換とする．$\lambda_1, \lambda_2, \cdots, \lambda_m$ を T の特性根(固有値)とし，T の標準的直和分解

$$\boldsymbol{L} = \boldsymbol{M}_1 \oplus \boldsymbol{M}_2 \oplus \cdots \oplus \boldsymbol{M}_m,$$

$$\boldsymbol{M}_i = \{\boldsymbol{x} \in \boldsymbol{L} \mid (T - \lambda_i I)^{k_i} \boldsymbol{x} = \boldsymbol{0}\}$$

を考える．$T(\boldsymbol{M}_i) \subset \boldsymbol{M}_i$ であったから，T の行列表示を求めるには，T を $\boldsymbol{M}_i$ へ制限して得られる線形写像の行列表示を調べればよい．$N_i = T - \lambda_i I$ とおけば，N_i はベキ零であるから，$\boldsymbol{M}_i$ の適当な基底に関して，N_i は標準的ベキ零行列の直和を行列表示としてもつ．よって，この基底に関する $T_i = \lambda_i I + N_i$ の行列表示は，次のような行列のいくつかの直和になる．

$$J(\lambda, k) = \begin{pmatrix} \lambda & 1 & \cdots & 0 & 0 \\ 0 & \lambda & & 0 & 0 \\ & & \ddots & & \\ 0 & 0 & \cdots & \lambda & 1 \\ 0 & 0 & \cdots & 0 & \lambda \end{pmatrix} \in M_k(\mathbb{C}), \quad (\lambda = \lambda_i).$$

k 次の行列 $J(\lambda, k)$ を，固有値 λ に対する k 次の**ジョルダン細胞**という．ジョルダン細胞の個数は，

$$\dim \boldsymbol{E}(\lambda_i) = \dim(\mathrm{Ker}\, N_i) = n - \mathrm{rank}(T_i - \lambda_i I)$$

に等しい．

まとめると，次の定理が得られる．

定理 6.58（ジョルダンの標準形定理）　$\mathbb{C}$ 上の線形変換 $T\colon \boldsymbol{L} \to \boldsymbol{L}$ は，適当な基底を取ることにより，行列表示 $J(\alpha_1, k_1) \oplus J(\alpha_2, k_2) \oplus \cdots \oplus J(\alpha_s, k_s)$ をもつ．ここで，T の固有値 λ に対して，$\alpha_i = \lambda$ となる α_i の個数は $\dim \boldsymbol{M}(\lambda)$ に等しい．さらに，λ に対するジョルダン細胞の個数 s は，$\dim \boldsymbol{E}(\lambda)$ に等しい．　□

いくつかのジョルダン細胞の直和として表される行列を**ジョルダン行列**(Jordan matrix)という．正方行列により定まる線形変換に，この定理を適用すれば，次の系を得る．

系 6.59　任意の行列 $A\in M_n(\mathbb{C})$ は，あるジョルダン行列 J に相似である．すなわち，ある可逆行列 $P\in M_n(\mathbb{C})$ により，PAP^{-1} がジョルダン行列になる．　□

J を A の**ジョルダン標準形**(Jordan normal form)という．

例 6.60　$A=\begin{pmatrix}1&0&2\\0&1&1\\0&0&2\end{pmatrix}$ の最小多項式とジョルダン標準形を求めてみよう．特性多項式は $\chi_A(x)=(x-1)^2(x-2)$ であるから，最小多項式 $\Phi_A(x)$ は，$(x-1)(x-2)$ または $(x-1)^2(x-2)$ である．

$$(A-I)(A-2I)=\begin{pmatrix}0&0&2\\0&0&1\\0&0&1\end{pmatrix}\begin{pmatrix}-1&0&2\\0&-1&1\\0&0&0\end{pmatrix}=O$$

であるから，

$$\Phi_A(x)=(x-1)(x-2).$$

よって，A は対角化可能であり，そのジョルダン標準形は

$$\begin{pmatrix}1&0&0\\0&1&0\\0&0&2\end{pmatrix}$$

となる．　□

例 6.61　$A=\begin{pmatrix}2&-1&1\\2&2&-1\\1&2&-1\end{pmatrix}$ の特性多項式は $(x-1)^3$．$(A-I)^2\neq O$ であるから，最小多項式は $(x-1)^3$．簡単な計算で，$A-I$ の階数は 2 であることがわかる．よって，ジョルダン細胞の数は 1 つ$(=3-2)$である．こうして，A のジョルダン標準形は

$$\begin{pmatrix}1&1&0\\0&1&1\\0&0&1\end{pmatrix}$$

となる. □

《まとめ》

$\boldsymbol{L}$ を $\mathbb{F}$ 上の有限次元線形空間とする.

6.1 線形変換 $T\colon \boldsymbol{L}\to\boldsymbol{L}$ の特性根は，特性方程式 $\chi_T(x)=\det(xI-T)=0$ の根である.

6.2 $\lambda\in\mathbb{F}$ に対して，$\boldsymbol{E}(\lambda)=\mathrm{Ker}(T-\lambda I)$ とおく．線形変換 T の固有値は，$\boldsymbol{E}(\lambda)\neq\{\boldsymbol{0}\}$ となる λ のことである．固有値は常に特性根である．T の相異なる固有値 $\lambda_1,\lambda_2,\cdots,\lambda_m$ に対して，$\boldsymbol{E}(\lambda_1)+\boldsymbol{E}(\lambda_2)+\cdots+\boldsymbol{E}(\lambda_m)$ は直和である.

6.3 T が対角化可能 $\Longleftrightarrow$ $\boldsymbol{L}=\boldsymbol{E}(\lambda_1)\oplus\boldsymbol{E}(\lambda_2)\oplus\cdots\oplus\boldsymbol{E}(\lambda_m)$ $\Longleftrightarrow$ T は，$\boldsymbol{L}$ のある基底に関して，対角行列を行列表示にもつ.

6.4 T の最小多項式 Φ_T は，$f(T)=O$ となる多項式 $f\in\mathbb{F}[x]$ で，最小次数をもち，最高次の係数が1であるもの.

6.5 $\Phi_T={p_1}^{k_1}{p_2}^{k_2}\cdots{p_m}^{k_m}$ を素因数分解とするとき，T の直和分解 $T=T_1\oplus T_2\oplus\cdots\oplus T_m$ で，$\Phi_{T_i}={p_i}^{k_i}\ (i=1,2,\cdots,m)$ となるものが存在する．$\boldsymbol{M}_i=\mathrm{Ker}\,p_i(T)^{k_i}$ とおくと，$\boldsymbol{L}=\boldsymbol{M}_1\oplus\boldsymbol{M}_2\oplus\cdots\oplus\boldsymbol{M}_m$.

6.6 T が半単純 $\Longleftrightarrow$ Φ_T の素因数分解において重複因子がない $(k_i=1;\ i=1,2,\cdots,m)$.

6.7 $\mathbb{F}$ を $\mathbb{C}$ の部分体とする．T が半単純 $\Longleftrightarrow$ $A\in M_n(\mathbb{F})(\subset M_n(\mathbb{C}))$ を T の行列表示とするとき，A が $\mathbb{C}$ 上対角化可能.

6.8 $\mathbb{F}=\mathbb{C}$ とするとき，$A\in M_n(\mathbb{C})$ はジョルダン行列に相似である.

演習問題

6.1 $T^2=-I$ を満たす $\mathbb{C}$ 上の線形変換 T の固有値を求めよ．さらに，T は対角化可能であることを示せ.

6.2 $f,g\in\mathbb{F}[x]$, $\deg f\geqq\deg g$ として，次のような割り算を(割り切れるまで)行う.

$$
\begin{aligned}
&f = g\cdot q + r_1, && \deg r_1 < \deg g\\
&g = r_1\cdot q_1 + r_2, && \deg r_2 < \deg r_1\\
&r_1 = r_2\cdot q_2 + r_3, && \deg r_3 < \deg r_2\\
&\cdots\cdots\cdots\\
&r_{k-2} = r_{k-1}\cdot q_{k-1} + r_k, && \deg r_k < \deg r_{k-1}\\
&r_{k-1} = r_k\cdot q_k
\end{aligned}
$$

このとき，r_k は f と g の最大公約多項式であることを示せ.（最大公約多項式を求めるこのような方法を，**ユークリッドの互除法**という．整数の割り算でも同様のことが成り立つ.）

6.3 $p_1, p_2, \cdots, p_k \in \mathbb{F}[x]$ のうち，どの2つをとっても互いに素と仮定する．このとき，任意の $f_1, f_2, \cdots, f_k \in \mathbb{F}[x]$ に対して，$f - f_i \in \mathfrak{a}(p_i)\ (i = 1, 2, \cdots, k)$ を満たす $f \in \mathbb{F}[x]$ が存在することを示せ.

6.4 $T\colon \boldsymbol{L} \to \boldsymbol{L}$ を単純な線形変換とする.

(1) T の最小多項式 $\varPhi_T$ の次数は $\dim \boldsymbol{L}$ に等しいことを示せ．さらに $\chi_T = \varPhi_T$ となることを示せ.

(2) $\varPhi_T(x) = x^k + a_1 x^{k-1} + \cdots + a_k$ とするとき，T は行列表示

$$
\begin{pmatrix}
0 & 0 & \cdots & 0 & -a_k\\
1 & 0 & \cdots & 0 & -a_{k-1}\\
 & & \ddots & & \\
0 & 0 & \cdots & 0 & -a_2\\
0 & 0 & \cdots & 1 & -a_1
\end{pmatrix}
$$

をもつことを示せ.

6.5 2つの線形変換 $S, T\colon \boldsymbol{L} \to \boldsymbol{L}$ の最小多項式 $\varPhi_S, \varPhi_T$ が互いに素であるとき，$\varPhi_S(T)$, $\varPhi_T(S)$ は全単射であることを示せ.

6.6 線形変換 T が全単射であれば，T^{-1} は T の多項式として表されることを示せ.

6.7 $S, T\colon \boldsymbol{L} \to \boldsymbol{L}$ が半単純であり，$TS = ST$ が成り立つとき，ST も半単純であることを示せ.

6.8 $\mathbb{F}$ を $\mathbb{C}$ の部分体とし，$\mathbb{F}$ 上の線形空間 $\boldsymbol{L}$ の任意の全単射な線形変換 T に対して，次の条件を満たす $\boldsymbol{L}$ の線形変換 U, S が存在することを示せ.

(1) $T = US$, $US = SU$

(2) U の半単純成分は I

(3) S は半単純

さらに，これらの性質を満たす U, S は一意的に定まることを示せ．((2)を満たす変換をベキ単(unipotent)という．)

6.9　$A \in M_n(\mathbb{F})$ に対して，$\mathrm{ad}(A)\colon M_n(\mathbb{F}) \to M_n(\mathbb{F})$ を $\mathrm{ad}(A)B = [A, B]\ (= AB - BA)$ により定義するとき，

(1)　A がベキ零($A^k = O$)であるとき，$\mathrm{ad}(A)$ はベキ零変換であることを示せ．

(2)　A が半単純($\Leftrightarrow T_A$ が半単純)であるとき，$\mathrm{ad}(A)$ は半単純変換であることを示せ．

6.10　ジョルダン細胞 $J = J(\alpha, k)$ の最小多項式と特性多項式は一致することを示せ．

6.11　次の行列のジョルダン標準形を求めよ．

$$A = \begin{pmatrix} 2 & 3 & -1 & -2 \\ 2 & 1 & -2 & 0 \\ 3 & 3 & -2 & -2 \\ 2 & 2 & -2 & -1 \end{pmatrix}, \quad B = \begin{pmatrix} -5 & 4 & -6 & 3 & 8 \\ -2 & 3 & -2 & 1 & 2 \\ 4 & -3 & 4 & -1 & -6 \\ 4 & -2 & 4 & 0 & -4 \\ -1 & 0 & -2 & 1 & 2 \end{pmatrix}$$

6.12　2つの行列 $A, B \in M_n(\mathbb{F})$ が相似であるとき，A, B の最小多項式は一致することを示せ．また，逆は成り立つかどうか調べよ．

7 内積を持つ線形空間

本シリーズ『幾何入門』で学ぶように，平面および空間の幾何ベクトル $\boldsymbol{x}, \boldsymbol{y}$ には，内積 $\langle \boldsymbol{x}, \boldsymbol{y} \rangle (= \|\boldsymbol{x}\| \|\boldsymbol{y}\| \cos\theta;\ \|\boldsymbol{x}\|, \|\boldsymbol{y}\|$ はベクトルの大きさ，θ は $\boldsymbol{x}$ と $\boldsymbol{y}$ のなす角)が定義されていた．実は幾何ベクトルのなす線形空間に内積を付加したものが，我々の目の前にある空間(正確に言えば，平行線の公理を満たす幾何学的空間)を完全に特徴付けるのである．この内積の性質を列挙すると次のようになる．

$$\langle \boldsymbol{x}, \boldsymbol{y} \rangle = \langle \boldsymbol{y}, \boldsymbol{x} \rangle$$

$$\langle \boldsymbol{x}+\boldsymbol{y}, \boldsymbol{z} \rangle = \langle \boldsymbol{x}, \boldsymbol{z} \rangle + \langle \boldsymbol{y}, \boldsymbol{z} \rangle$$

$$\langle c\boldsymbol{x}, \boldsymbol{y} \rangle = c\langle \boldsymbol{x}, \boldsymbol{y} \rangle, \quad c \in \mathbb{R}$$

$\langle \boldsymbol{x}, \boldsymbol{x} \rangle$ は0または正であり，$\langle \boldsymbol{x}, \boldsymbol{x} \rangle = 0$ となるのは $\boldsymbol{x} = \boldsymbol{0}$ のときに限る．

本章ではこれらの性質を抽象化して，内積をもつ線形空間(**ユニタリ空間**)を定義し，その性質を詳しく調べる．

第5章§5.5でみたように，線形空間の基底は，線形写像の研究を行列の理論に還元する．ユニタリ空間の場合は特別な基底として，**正規直交基底**を考えるのが自然である．§7.1において，有限次元ユニタリ空間が正規直交基底をもつことを示す．§7.2では，ユニタリ空間の線形変換として，**正規写像**の概念を導入し，その基本的性質を述べる．§7.3が本章の核心部である．ここでは正規写像の固有値問題を取り上げ，とくに**エルミート変換**と**対称変**

換の固有値を詳しく論じる．§7.4 では，§7.3 の応用として，**2 次形式の標準形**を求める．

本章を通じて，$\mathbb{F}$ は $\mathbb{R}$ (実数体) または $\mathbb{C}$ (複素数体) とする．

§7.1　内積とユニタリ空間

(a)　内　　積

定義 7.1　$\mathbb{F}$ 上の線形空間 $\boldsymbol{L}$ において，各 $(\boldsymbol{x},\boldsymbol{y})\in\boldsymbol{L}\times\boldsymbol{L}$ に $\mathbb{F}$ の元 $\langle\boldsymbol{x},\boldsymbol{y}\rangle$ を対応させる写像

$$\langle\ ,\ \rangle\colon\ \boldsymbol{L}\times\boldsymbol{L}\longrightarrow\mathbb{F}$$

があって，次の性質をみたすとき，$\langle\ ,\ \rangle$ を $\boldsymbol{L}$ の**内積**(inner product) といい，$\boldsymbol{L}$ を**ユニタリ空間**(unitary space) (あるいは計量線形空間) という．

$\boldsymbol{L}$ の元 $\boldsymbol{x},\boldsymbol{y},\boldsymbol{z}$ と $\mathbb{F}$ の元 a に対し

(1)　$\langle\boldsymbol{y},\boldsymbol{x}\rangle=\overline{\langle\boldsymbol{x},\boldsymbol{y}\rangle}$

(2)　$\langle\boldsymbol{x}+\boldsymbol{y},\boldsymbol{z}\rangle=\langle\boldsymbol{x},\boldsymbol{z}\rangle+\langle\boldsymbol{y},\boldsymbol{z}\rangle$

(3)　$\langle a\boldsymbol{x},\boldsymbol{y}\rangle=a\langle\boldsymbol{x},\boldsymbol{y}\rangle$

(4)　$\langle\boldsymbol{x},\boldsymbol{x}\rangle$ は 0 または正であり，$\langle\boldsymbol{x},\boldsymbol{x}\rangle=0$ となるのは $\boldsymbol{x}=\boldsymbol{0}$ のときに限る (正値性)．　□

注意 7.2　記号 $\langle\ ,\ \rangle$ は順序のついた基底を表す記号と紛らわしいが，誤解は生じないであろう．

(2), (3) は，$\boldsymbol{y}$ を留めたときの対応 $\boldsymbol{x}\mapsto\langle\boldsymbol{x},\boldsymbol{y}\rangle$ の線形性を表している．(1), (2), (3) から，ただちに次の性質が得られる．

$$\langle\boldsymbol{x},\boldsymbol{y}+\boldsymbol{z}\rangle=\langle\boldsymbol{x},\boldsymbol{y}\rangle+\langle\boldsymbol{x},\boldsymbol{z}\rangle,$$
$$\langle\boldsymbol{x},a\boldsymbol{y}\rangle=\overline{a}\langle\boldsymbol{x},\boldsymbol{y}\rangle\,.$$

$\mathbb{F}=\mathbb{R}$ のときは，(1) は

(1)′　$\langle\boldsymbol{x},\boldsymbol{y}\rangle=\langle\boldsymbol{y},\boldsymbol{x}\rangle$

となる．$\mathbb{F}=\mathbb{R}$ の場合，とくに $\boldsymbol{L}$ を**実ユニタリ空間**(あるいは**ユークリッド空間**) という．

$\langle \boldsymbol{x}, \boldsymbol{y} \rangle$ を $\boldsymbol{x}$ と $\boldsymbol{y}$ の内積といい，$\sqrt{\langle \boldsymbol{x}, \boldsymbol{x} \rangle}$ を $\boldsymbol{x}$ の(内積により定まる)ノルム(norm)といい，$\|\boldsymbol{x}\|$ で表す．

$$\|a\boldsymbol{x}\| = |\boldsymbol{a}|\|\boldsymbol{x}\|, \quad a \in \mathbb{F},\ \boldsymbol{x} \in \boldsymbol{L}$$

となることは，定義から明白である．

幾何ベクトルの場合に因んで，$\langle \boldsymbol{x}, \boldsymbol{y} \rangle = 0$ を満たすベクトル $\boldsymbol{x}, \boldsymbol{y}$ は**直交する**(または**垂直**である)という．また，$\|\boldsymbol{x}\| = 1$ を満たすベクトルを**単位ベクトル**という．

$\langle \boldsymbol{0}, \boldsymbol{x} \rangle = \langle \boldsymbol{x}, \boldsymbol{0} \rangle = 0$ となることは，(3)と(1)からわかる．

ユニタリ空間 $\boldsymbol{L}$ の部分空間 $\boldsymbol{M}$ は，内積を $\boldsymbol{M}$ の元に制限することにより，ユニタリ空間と考えることができる．

補題 7.3　$\boldsymbol{L}$ のベクトル $\boldsymbol{x}$ に対して，すべての $\boldsymbol{y} \in \boldsymbol{L}$ について

$$\langle \boldsymbol{x}, \boldsymbol{y} \rangle = 0 \qquad (\text{または } \langle \boldsymbol{y}, \boldsymbol{x} \rangle = 0)$$

が成り立つためには，$\boldsymbol{x} = \boldsymbol{0}$ であることが必要十分条件である．

［証明］　$\boldsymbol{x} = \boldsymbol{0}$ であれば，$\langle \boldsymbol{x}, \boldsymbol{y} \rangle = 0$ は明らか．逆に $\langle \boldsymbol{x}, \boldsymbol{y} \rangle = 0$ がすべての $\boldsymbol{y} \in \boldsymbol{L}$ について成り立てば，とくに $\boldsymbol{y} = \boldsymbol{x}$ について $\langle \boldsymbol{x}, \boldsymbol{x} \rangle = 0$．内積の性質(4)から，$\boldsymbol{x} = \boldsymbol{0}$ でなければならない．　∎

系 7.4　$\boldsymbol{y}_1, \boldsymbol{y}_2 \in \boldsymbol{L}$ に対して，すべての $\boldsymbol{x} \in \boldsymbol{L}$ について

$$\langle \boldsymbol{x}, \boldsymbol{y}_1 \rangle = \langle \boldsymbol{x}, \boldsymbol{y}_2 \rangle \qquad (\text{または } \langle \boldsymbol{y}_1, \boldsymbol{x} \rangle = \langle \boldsymbol{y}_2, \boldsymbol{x} \rangle)$$

が成り立てば，$\boldsymbol{y}_1 = \boldsymbol{y}_2$．

例 7.5　$\boldsymbol{L} = \mathbb{F}^n$ とし，$\boldsymbol{x} = (x_i)$，$\boldsymbol{y} = (y_i)$ に対して

$$\langle \boldsymbol{x}, \boldsymbol{y} \rangle = x_1\overline{y}_1 + x_2\overline{y}_2 + \cdots + x_n\overline{y}_n$$

とおくと，$\langle\ ,\ \rangle$ は $\mathbb{F}^n$ の内積である．これを $\mathbb{F}^n$ の**自然な内積**という．とくに，

$$\|\boldsymbol{x}\|^2 = |x_1|^2 + |x_2|^2 + \cdots + |x_n|^2$$

である．　□

例 7.6　X を集合，$C_0(X, \mathbb{F})$ により，X 上で定義された，$\mathbb{F}$ に値をもつ関数で，有限個の元を除いて 0 をとるもの全体のなす線形空間とする．$f, g \in C_0(X, \mathbb{F})$ に対して

$$\langle f, g\rangle = \sum_{x\in X} f(x)\overline{g(x)} \qquad (f, g \text{ についての仮定から，これは有限和})$$

とおくと，$\langle\ ,\ \rangle$ は $C_0(X, \mathbb{F})$ の内積である．□

例 7.7　実数区間 $[a, b]$ 上で定義された複素数値連続関数の全体を $C^0([a, b])$ とすると，これは複素数体上の線形空間になる．

$$\langle f, g\rangle = \int_a^b f(x)\overline{g(x)}dx$$

とおくと，$\langle\ ,\ \rangle$ は $C^0([a, b])$ の内積である．□

例題 7.8　$M(m, n; \mathbb{F})$ の元 A, B に対して

$$\langle A, B\rangle = \mathrm{tr}\, B^*A$$

とおくと，$\langle\ ,\ \rangle$ は $M(m, n; \mathbb{F})$ の内積である（B^*A は n 次の正方行列であることに注意）．この内積を，**ヒルベルト–シュミットの内積**という．

［解］

（1）　$\langle B, A\rangle = \mathrm{tr}\, A^*B = \mathrm{tr}(B^*A)^* = \overline{\mathrm{tr}\, B^*A} = \overline{\langle A, B\rangle}$．

（2）　$\langle A+B, C\rangle = \mathrm{tr}\, C^*(A+B) = \mathrm{tr}(C^*A + C^*B) = \mathrm{tr}(C^*A) + \mathrm{tr}(C^*B)$
$= \langle A, C\rangle + \langle B, C\rangle$．

（3）　$\langle cA, B\rangle = \mathrm{tr}\, B^*cA = \mathrm{tr}\, cB^*A = c\cdot\mathrm{tr}\, B^*A = c\langle A, B\rangle$．

（4）　$A = (a_{ij})$ とすると，A^*A の (k, k) 成分 $(k = 1, 2, \cdots, n)$ は

$$\sum_{i=1}^{m} \overline{a}_{ik}a_{ik} = \sum_{i=1}^{m} |a_{ik}|^2$$

である．よって

$$\langle A, A\rangle = \mathrm{tr}\, A^*A = \sum_{k=1}^{n}\sum_{i=1}^{m} |a_{ik}|^2$$

となって，$\langle A, A\rangle \geqq 0$．$\langle A, A\rangle = 0$ となるのは，すべての i, k について $|a_{ik}|^2 = 0$，すなわち，$a_{ik} = 0$ のときであるから，$A = O$ である．▮

定理 7.9　ユニタリ空間のベクトル $\boldsymbol{x}, \boldsymbol{y}$ に対して次の不等式が成り立つ．

$$|\langle \boldsymbol{x}, \boldsymbol{y}\rangle| \leqq \|\boldsymbol{x}\|\|\boldsymbol{y}\| \qquad \text{（シュヴァルツの不等式）}$$

$$\|\boldsymbol{x}+\boldsymbol{y}\| \leqq \|\boldsymbol{x}\| + \|\boldsymbol{y}\| \qquad \text{（三角不等式）}$$

［証明］　シュヴァルツの不等式を示そう．$\boldsymbol{x}=\boldsymbol{0}$ の場合は自明．$\boldsymbol{x}\neq\boldsymbol{0}$ として，次のような複素数変数 z の関数 $f(z)$ を考える：

$$\begin{aligned} f(z) &= \langle z\boldsymbol{x}+\boldsymbol{y}, z\boldsymbol{x}+\boldsymbol{y}\rangle \\ &= |z|^2\|\boldsymbol{x}\|^2+(z\langle\boldsymbol{x},\boldsymbol{y}\rangle+\overline{z}\langle\boldsymbol{y},\boldsymbol{x}\rangle)+\|\boldsymbol{y}\|^2. \end{aligned}$$

$z=-\langle\boldsymbol{y},\boldsymbol{x}\rangle/\|\boldsymbol{x}\|^2$ とおくと

$$\begin{aligned} 0 \leqq f(z) &= \frac{|\langle\boldsymbol{y},\boldsymbol{x}\rangle|^2}{\|\boldsymbol{x}\|^2}-\frac{\langle\boldsymbol{y},\boldsymbol{x}\rangle\langle\boldsymbol{x},\boldsymbol{y}\rangle}{\|\boldsymbol{x}\|^2}-\frac{\langle\boldsymbol{x},\boldsymbol{y}\rangle\langle\boldsymbol{y},\boldsymbol{x}\rangle}{\|\boldsymbol{x}\|^2}+\|\boldsymbol{y}\|^2 \\ &= \|\boldsymbol{x}\|^{-2}\{\|\boldsymbol{y}\|^2\|\boldsymbol{x}\|^2-|\langle\boldsymbol{y},\boldsymbol{x}\rangle|^2\}. \end{aligned}$$

これから，求める不等式 $|\langle\boldsymbol{x},\boldsymbol{y}\rangle|\leqq\|\boldsymbol{x}\|\|\boldsymbol{y}\|$ が得られる．

三角不等式の証明については，次のようにすればよい．

$$\begin{aligned} \|\boldsymbol{x}+\boldsymbol{y}\|^2 &= \|\boldsymbol{x}\|^2+\langle\boldsymbol{x},\boldsymbol{y}\rangle+\langle\boldsymbol{y},\boldsymbol{x}\rangle+\|\boldsymbol{y}\|^2 \\ &\leqq \|\boldsymbol{x}\|^2+2|\langle\boldsymbol{x},\boldsymbol{y}\rangle|+\|\boldsymbol{y}\|^2 \\ &\leqq \|\boldsymbol{x}\|^2+2\|\boldsymbol{x}\|\|\boldsymbol{y}\|+\|\boldsymbol{y}\|^2 \\ &\leqq (\|\boldsymbol{x}\|+\|\boldsymbol{y}\|)^2. \end{aligned}$$

∎

例 7.10　自然な内積をもつユニタリ空間 $\mathbb{F}^n$ において，シュヴァルツの不等式を書き下すと，

$$\left|\sum_{k=1}^n a_k\bar{b}_k\right|^2 \leqq \left(\sum_{k=1}^n |a_k|^2\right)\left(\sum_{k=1}^n |b_k|^2\right)$$

となる．□

例 7.11　$C^0([a,b])$ におけるシュヴァルツの不等式は，次のように書き表される．

$$\left|\int_a^b f(x)\overline{g(x)}dx\right|^2 \leqq \int_a^b |f(x)|^2dx\int_a^b |g(x)|^2dx.$$

□

一般に，対応 $\|\ \|\colon \boldsymbol{L}\to\mathbb{R}$ が，次の性質を満たすとき，$\|\ \|$ を $\boldsymbol{L}$ の**ノルム**(norm)という：

（1）　$\|\boldsymbol{x}\|\geqq 0$, $\|\boldsymbol{x}\|=0 \iff \boldsymbol{x}=\boldsymbol{0}$

（2）　$\|a\boldsymbol{x}\|=|a|\|\boldsymbol{x}\|$,　$a\in\mathbb{F}$, $\boldsymbol{x}\in\boldsymbol{L}$

数学の「形式性」

本章の最初でも述べたように，内積をもつ線形空間は我々の目の前にある空間をモデルにしたものである．すなわち，「平行線の公理」に由来する「線形性」と，線分の長さや角の大きさを背景にもつ「内積」の概念を結びつけたものがユニタリ空間なのであった．

このように初等幾何学から発生したユニタリ空間の考え方は，その抽象化された構造を通して，関数の空間(例 7.7)のような無限次元空間もそのカテゴリーに含むことになる．そして 20 世紀前半に台頭した量子力学において，この無限次元のユニタリ空間(精確に言えばヒルベルト空間)が本質的な役割をはたしたのである．2500 年以上前に古代ギリシャで確立した幾何学と 20 世紀の現代物理学が同じ構造のもとで結びつくことは，数学の概念のもつ普遍性を表している．もっと言えば，数学の「形式性」が，2500 年の時を越えて数学的「概念」が生き残ることを可能にしているのである．

(3) $\|\boldsymbol{x}+\boldsymbol{y}\| \leqq \|\boldsymbol{x}\|+\|\boldsymbol{y}\|$

ノルムをもつ線形空間を，**ノルム空間**という．

問 1 $\boldsymbol{x}={}^t(x_1, x_2, \cdots, x_n) \in \mathbb{F}^n$ に対して，

$$\|\boldsymbol{x}\|_1 = |x_1|+|x_2|+\cdots+|x_n|$$
$$\|\boldsymbol{x}\|_2 = \max\{|x_1|, |x_2|, \cdots, |x_n|\}$$

とおけば，$\| \ \|_1$, $\| \ \|_2$ は $\mathbb{F}$ のノルムであることを示せ．

問 2 内積から定まるノルムは $\|\boldsymbol{x}+\boldsymbol{y}\|^2+\|\boldsymbol{x}-\boldsymbol{y}\|^2=2(\|\boldsymbol{x}\|^2+\|\boldsymbol{y}\|^2)$ を満たすことを示せ．(実は，$\boldsymbol{L}$ のノルム $\| \ \|$ がこの性質を満たせば，$\| \ \|$ は，$\boldsymbol{L}$ のある内積から定まるノルムであることが証明できる(演習問題 7.11).)

(b) 正規直交系

$\boldsymbol{L}$ をユニタリ空間とする．$\boldsymbol{L}$ の $\boldsymbol{0}$ でないベクトル $\boldsymbol{x}_1, \boldsymbol{x}_2, \cdots, \boldsymbol{x}_n$ が互いに直

交するとき，それらは線形独立である．これを示すため

$$a_1\boldsymbol{x}_1+a_2\boldsymbol{x}_2+\cdots+a_n\boldsymbol{x}_n=\boldsymbol{0}$$

とする．このとき

$$\begin{aligned}0=\langle\boldsymbol{0},\boldsymbol{x}_i\rangle&=\langle a_1\boldsymbol{x}_1+a_2\boldsymbol{x}_2+\cdots+a_n\boldsymbol{x}_n,\ \boldsymbol{x}_i\rangle\\&=a_1\langle\boldsymbol{x}_1,\boldsymbol{x}_i\rangle+a_2\langle\boldsymbol{x}_2,\boldsymbol{x}_i\rangle+\cdots+a_n\langle\boldsymbol{x}_n,\boldsymbol{x}_i\rangle\\&=a_i\langle\boldsymbol{x}_i,\boldsymbol{x}_i\rangle\qquad(1\leqq i\leqq n).\end{aligned}$$

$\langle\boldsymbol{x}_i,\boldsymbol{x}_i\rangle\neq 0$ であるから，$a_i=0\,(1\leqq i\leqq n)$．よって $\boldsymbol{x}_1,\boldsymbol{x}_2,\cdots,\boldsymbol{x}_n$ は線形独立である．

例題 7.12　$\boldsymbol{x}_1,\boldsymbol{x}_2,\cdots,\boldsymbol{x}_k$ が互いに直交するとき，

$$\|\boldsymbol{x}_1+\boldsymbol{x}_2+\cdots+\boldsymbol{x}_k\|^2=\|\boldsymbol{x}_1\|^2+\|\boldsymbol{x}_2\|^2+\cdots+\|\boldsymbol{x}_k\|^2.$$

［解］

$$\begin{aligned}\|\boldsymbol{x}_1+\boldsymbol{x}_2+\cdots+\boldsymbol{x}_k\|^2&=\sum_{i,j=1}^{k}\langle\boldsymbol{x}_i,\boldsymbol{x}_j\rangle=\sum_{i=1}^{k}\langle\boldsymbol{x}_i,\boldsymbol{x}_i\rangle\\&=\|\boldsymbol{x}_1\|^2+\|\boldsymbol{x}_2\|^2+\cdots+\|\boldsymbol{x}_k\|^2.\end{aligned}$$

∎

ユニタリ空間 $\boldsymbol{L}$ の部分集合 $\boldsymbol{S}$ は次の性質を満たす**正規直交系**(orthonormal system)という：

$$\begin{aligned}\langle\boldsymbol{x},\boldsymbol{x}\rangle&=1,\qquad \boldsymbol{x}\in\boldsymbol{S},\\\langle\boldsymbol{x},\boldsymbol{y}\rangle&=0,\qquad \boldsymbol{x},\boldsymbol{y}\in\boldsymbol{S},\ \boldsymbol{x}\neq\boldsymbol{y}.\end{aligned}$$

上の例題により，正規直交系は線形独立系である．

有限部分集合 $\boldsymbol{S}=\{\boldsymbol{e}_1,\boldsymbol{e}_2,\cdots,\boldsymbol{e}_k\}$ が正規直交系であることと

$$\langle\boldsymbol{e}_i,\boldsymbol{e}_j\rangle=\delta_{ij}\qquad(i,j=1,2,\cdots,k)$$

が成り立つことは同じことである．ここで δ_{ij} はクロネッカーの記号である(p.57 参照)．とくに，$\|\boldsymbol{e}_i\|^2=1\,(i=1,2,\cdots,k)$．

例題 7.13（**ベッセルの不等式**）　$\{\boldsymbol{e}_1,\boldsymbol{e}_2,\cdots,\boldsymbol{e}_k\}$ を正規直交系とすると，任意のベクトル $\boldsymbol{x}$ に対して

$$|\langle\boldsymbol{x},\boldsymbol{e}_1\rangle|^2+|\langle\boldsymbol{x},\boldsymbol{e}_2\rangle|^2+\cdots+|\langle\boldsymbol{x},\boldsymbol{e}_k\rangle|^2\leqq\|\boldsymbol{x}\|^2$$

が成り立つ．等号は，$\boldsymbol{x}$ が $\boldsymbol{e}_1,\boldsymbol{e}_2,\cdots,\boldsymbol{e}_k$ の線形結合で表されるときに限る．

［解］　$\boldsymbol{y}=\langle\boldsymbol{x},\boldsymbol{e}_1\rangle\boldsymbol{e}_1+\cdots+\langle\boldsymbol{x},\boldsymbol{e}_k\rangle\boldsymbol{e}_k$ とおく．このとき，例題 7.12 により

$$\begin{aligned}\langle\boldsymbol{x}-\boldsymbol{y},\boldsymbol{y}\rangle &= \langle\boldsymbol{x},\boldsymbol{y}\rangle-\langle\boldsymbol{y},\boldsymbol{y}\rangle\\ &= \langle\boldsymbol{x},\langle\boldsymbol{x},\boldsymbol{e}_1\rangle\boldsymbol{e}_1\rangle+\cdots+\langle\boldsymbol{x},\langle\boldsymbol{x},\boldsymbol{e}_k\rangle\boldsymbol{e}_k\rangle-\|\boldsymbol{y}\|^2\\ &= |\langle\boldsymbol{x},\boldsymbol{e}_1\rangle|^2+|\langle\boldsymbol{x},\boldsymbol{e}_2\rangle|^2+\cdots+|\langle\boldsymbol{x},\boldsymbol{e}_k\rangle|^2\\ &\quad -\{|\langle\boldsymbol{x},\boldsymbol{e}_1\rangle|^2+|\langle\boldsymbol{x},\boldsymbol{e}_2\rangle|^2+\cdots+|\langle\boldsymbol{x},\boldsymbol{e}_k\rangle|^2\}\\ &= 0.\end{aligned}$$

よって，$\boldsymbol{x}-\boldsymbol{y}$ と $\boldsymbol{y}$ は直交するから，再び例題 7.12 を利用して

$$\begin{aligned}\|\boldsymbol{x}\|^2 &= \|(\boldsymbol{x}-\boldsymbol{y})+\boldsymbol{y}\|^2 = \|\boldsymbol{x}-\boldsymbol{y}\|^2+\|\boldsymbol{y}\|^2\\ &\geqq \|\boldsymbol{y}\|^2 = |\langle\boldsymbol{x},\boldsymbol{e}_1\rangle|^2+|\langle\boldsymbol{x},\boldsymbol{e}_2\rangle|^2+\cdots+|\langle\boldsymbol{x},\boldsymbol{e}_k\rangle|^2.\end{aligned}$$

ここで，等号は $\|\boldsymbol{x}-\boldsymbol{y}\|^2=0$，すなわち

$$\boldsymbol{x} = \langle\boldsymbol{x},\boldsymbol{e}_1\rangle\boldsymbol{e}_1+\cdots+\langle\boldsymbol{x},\boldsymbol{e}_k\rangle\boldsymbol{e}_k$$

のときにのみ成り立つ．とくに，$\boldsymbol{x}$ は $\boldsymbol{e}_1,\boldsymbol{e}_2,\cdots,\boldsymbol{e}_k$ の線形結合で表される．逆に，$\boldsymbol{x}$ が $\boldsymbol{e}_1,\boldsymbol{e}_2,\cdots,\boldsymbol{e}_k$ の線形結合で表されるときには，

$$\boldsymbol{x} = a_1\boldsymbol{e}_1+a_2\boldsymbol{e}_2+\cdots+a_k\boldsymbol{e}_k$$

とおくと，

$$\begin{aligned}\langle\boldsymbol{x},\boldsymbol{e}_i\rangle &= \langle a_1\boldsymbol{e}_1+a_2\boldsymbol{e}_2+\cdots+a_k\boldsymbol{e}_k,\ \boldsymbol{e}_i\rangle\\ &= a_i\langle\boldsymbol{e}_i,\boldsymbol{e}_i\rangle = a_i \qquad (i=1,2,\cdots,n)\end{aligned}$$

となるから

$$\boldsymbol{x} = \langle\boldsymbol{x},\boldsymbol{e}_1\rangle\boldsymbol{e}_1+\cdots+\langle\boldsymbol{x},\boldsymbol{e}_k\rangle\boldsymbol{e}_k.$$

■

例 7.14*　$C^0([0,1])$ において，各整数 k に対して，関数 $e_k(x)\in C^0([0,1])$ を

$$e_k(x) = \exp(2\pi kix) \qquad (i=\sqrt{-1})$$

により定義すると，$\{e_0(x),e_{\pm1}(x),\cdots,e_{\pm n}(x),\cdots\}$ は $C^0([0,1])$ の正規直交系である．$f\in C^0([0,1])$ に対して，内積

$$\langle f,e_k\rangle = \int_0^1 f(x)\exp(-2\pi kix)dx$$

は，f の第 k 番目のフーリエ係数とよばれる．この例は，フーリエ解析学において重要である．　□

(c) 正規直交基底

有限次元線形空間には必ず基底が存在したが，ユニタリ空間では，さらに特別な性質を満たす基底が存在する．

$\boldsymbol{L}$ を有限次元のユニタリ空間とする．正規直交系 $\{\boldsymbol{e}_1, \boldsymbol{e}_2, \cdots, \boldsymbol{e}_n\}$ が $\boldsymbol{L}$ の基底になっているとき($n=\dim \boldsymbol{L}$)，それを**正規直交基底**(orthonormal basis)という．以下，ベクトルの順序も考慮するときは，第5章の記号を踏襲して，正規直交基底を $\langle \boldsymbol{e}_1, \boldsymbol{e}_2, \cdots, \boldsymbol{e}_n\rangle$ により表す．

例 7.15 $\boldsymbol{L}=\mathbb{F}^n$ の基本ベクトル $\langle \boldsymbol{e}_1, \boldsymbol{e}_2, \cdots, \boldsymbol{e}_n\rangle$ は $\mathbb{F}^n$ の自然な内積に関して正規直交基底である． □

例 7.16 X を有限集合とし，ユニタリ空間 $C(X,\mathbb{F})\,(=C_0(X,\mathbb{F}))$ において(例 7.6)

$$\{f_x \mid x\in X\} \qquad f_x(y)=\begin{cases} 1 & (y=x) \\ 0 & (y\neq x) \end{cases}$$

は正規直交基底である． □

$\langle \boldsymbol{e}_1, \boldsymbol{e}_2, \cdots, \boldsymbol{e}_n\rangle$ を正規直交基底とし，$\boldsymbol{L}$ のベクトル $\boldsymbol{x}, \boldsymbol{y}$ に対して，$\boldsymbol{x}=a_1\boldsymbol{e}_1+a_2\boldsymbol{e}_2+\cdots+a_n\boldsymbol{e}_n$，$\boldsymbol{y}=b_1\boldsymbol{e}_1+b_2\boldsymbol{e}_2+\cdots+b_n\boldsymbol{e}_n$ とおくと，

$$\langle \boldsymbol{x}, \boldsymbol{y}\rangle = a_1\bar{b}_1+a_2\bar{b}_2+\cdots+a_n\bar{b}_n$$

となる．

定理 7.17 有限次元のユニタリ空間には，正規直交基底が常に存在する．

[証明] $\boldsymbol{L}$ の基底 $\boldsymbol{x}_1, \boldsymbol{x}_2, \cdots, \boldsymbol{x}_n$ を1つとろう．これを使って，正規直交基底 $\boldsymbol{e}_1, \boldsymbol{e}_2, \cdots, \boldsymbol{e}_n$ を次のように構成する．まず，$\boldsymbol{e}_1=\boldsymbol{x}_1/\|\boldsymbol{x}_1\|$ とおく．

$$\boldsymbol{f}_2=\boldsymbol{x}_2-\langle \boldsymbol{x}_2, \boldsymbol{e}_1\rangle \boldsymbol{e}_1$$

とおくと，$\boldsymbol{f}_2\neq \boldsymbol{0}$, $\langle \boldsymbol{f}_2, \boldsymbol{e}_1\rangle=0$ である．

$$\boldsymbol{e}_2=\boldsymbol{f}_2/\|\boldsymbol{f}_2\|$$

とおくと，$\boldsymbol{e}_1, \boldsymbol{e}_2$ は正規直交系である．

$\boldsymbol{e}_1, \boldsymbol{e}_2, \cdots, \boldsymbol{e}_k$ が，次の性質を満たすように構成されたとする．

(1) $\boldsymbol{e}_1, \boldsymbol{e}_2, \cdots, \boldsymbol{e}_k$ は正規直交系，

（2）　$\boldsymbol{e}_1, \boldsymbol{e}_2, \cdots, \boldsymbol{e}_k$ の各ベクトルは，$\boldsymbol{x}_1, \boldsymbol{x}_2, \cdots, \boldsymbol{x}_k$ の線形結合で表される．

$\boldsymbol{f}_{k+1} = \boldsymbol{x}_{k+1} - \langle \boldsymbol{x}_{k+1}, \boldsymbol{e}_1 \rangle \boldsymbol{e}_1 - \cdots - \langle \boldsymbol{x}_{k+1}, \boldsymbol{e}_k \rangle \boldsymbol{e}_k$ とおくと，(1)により $\langle \boldsymbol{f}_{k+1}, \boldsymbol{e}_i \rangle = 0\ (i = 1, 2, \cdots, k)$ であり，$\boldsymbol{f}_{k+1} \neq \boldsymbol{0}$．（実際，$\boldsymbol{f}_{k+1} = \boldsymbol{0}$ とすると，$\boldsymbol{x}_{k+1}$ は $\boldsymbol{e}_1, \boldsymbol{e}_2, \cdots, \boldsymbol{e}_k$ の線形結合であり，(2)により $\boldsymbol{x}_1, \boldsymbol{x}_2, \cdots, \boldsymbol{x}_k$ の線形結合で表される．これは $\boldsymbol{x}_1, \boldsymbol{x}_2, \cdots, \boldsymbol{x}_n$ が線形独立であることに矛盾する．）

$\boldsymbol{e}_{k+1} = \boldsymbol{f}_{k+1} / \|\boldsymbol{f}_{k+1}\|$ とおくと，明らかに

（1）　$\boldsymbol{e}_1, \boldsymbol{e}_2, \cdots, \boldsymbol{e}_k, \boldsymbol{e}_{k+1}$ は正規直交系，

（2）　$\boldsymbol{e}_1, \boldsymbol{e}_2, \cdots, \boldsymbol{e}_k, \boldsymbol{e}_{k+1}$ の各ベクトルは，$\boldsymbol{x}_1, \boldsymbol{x}_2, \cdots, \boldsymbol{x}_k, \boldsymbol{x}_{k+1}$ の線形結合で表される．

帰納法により，正規直交系 $\boldsymbol{e}_1, \boldsymbol{e}_2, \cdots, \boldsymbol{e}_n$ が構成されるが，これらが求める $\boldsymbol{L}$ の基底になる．∎

注意 7.18　上のような操作で基底 $\boldsymbol{x}_1, \boldsymbol{x}_2, \cdots, \boldsymbol{x}_n$ から正規直交基底 $\boldsymbol{e}_1, \boldsymbol{e}_2, \cdots, \boldsymbol{e}_n$ を構成する方法を，**シュミットの直交化法**という．とくに，正規直交系 $\boldsymbol{e}_1, \boldsymbol{e}_2, \cdots, \boldsymbol{e}_k$ が与えられたとき，これにいくつかのベクトルを付け加えて，$\boldsymbol{L}$ の正規直交基底を作ることができる．

注意 7.19　$\mathbb{F} = \mathbb{R}$ とすると，上の構成において，$\boldsymbol{e}_1, \boldsymbol{e}_2, \cdots, \boldsymbol{e}_k$ を定めたとき，$\boldsymbol{e}_{k+1}$ は $\boldsymbol{x}_1, \boldsymbol{x}_2, \cdots, \boldsymbol{x}_k, \boldsymbol{x}_{k+1}$ の線形結合として，符号を除いて一意的に決まる．これは，次の補題による．

補題 7.20　$\mathbb{F} = \mathbb{R}$ とする．$\dim \boldsymbol{M} = \dim \boldsymbol{L} - 1$ となる $\boldsymbol{L}$ の部分空間 $\boldsymbol{M}$ が与えられたとき，すべての $\boldsymbol{x} \in \boldsymbol{M}$ に対して $\langle \boldsymbol{e}, \boldsymbol{x} \rangle = 0$ となる単位ベクトル $\boldsymbol{e}$ は，符号を除いて一意的に決まる．

［証明］　$\boldsymbol{e}$ は $\boldsymbol{M}$ に属さないから（もし $\boldsymbol{e} \in \boldsymbol{M}$ とすると，$\langle \boldsymbol{e}, \boldsymbol{e} \rangle = 0$ となって矛盾である），$\boldsymbol{M}$ の基底 $\langle \boldsymbol{x}_1, \boldsymbol{x}_2, \cdots, \boldsymbol{x}_{n-1} \rangle\ (n = \dim \boldsymbol{L})$ に対して，$\langle \boldsymbol{e}, \boldsymbol{x}_1, \boldsymbol{x}_2, \cdots, \boldsymbol{x}_{n-1} \rangle$ が $\boldsymbol{L}$ の基底になる．$\boldsymbol{f}$ を同じ条件を満たす単位ベクトルとする．$\boldsymbol{f} = a\boldsymbol{e} + a_1 \boldsymbol{x}_1 + a_2 \boldsymbol{x}_2 + \cdots + a_{n-1} \boldsymbol{x}_{n-1}$ となる $a, a_1, a_2, \cdots, a_{n-1} \in \mathbb{F}$，$\boldsymbol{x} \in \boldsymbol{M}$ が存在するから，$\boldsymbol{f} - a\boldsymbol{e}$ は $\boldsymbol{M}$ の元である．

$$\langle \boldsymbol{f} - a\boldsymbol{e}, \boldsymbol{f} - a\boldsymbol{e} \rangle = \langle \boldsymbol{f} - a\boldsymbol{e}, \boldsymbol{f} \rangle - a \langle \boldsymbol{f} - a\boldsymbol{e}, \boldsymbol{e} \rangle = 0$$

となるから，$\boldsymbol{f} = a\boldsymbol{e}$．$\boldsymbol{f}, \boldsymbol{e}$ は単位ベクトルであるから，$a = \pm 1$ である．∎

問3 $\mathbb{R}^3$ の基底

$$\begin{pmatrix} 2 \\ 2 \\ -1 \end{pmatrix}, \quad \begin{pmatrix} -2 \\ 3 \\ 1 \end{pmatrix}, \quad \begin{pmatrix} 4 \\ 2 \\ -1 \end{pmatrix}$$

に対して，シュミットの直交化法により，$\mathbb{R}^3$ の正規直交基底を構成せよ．

問4 $\mathbb{C}^{2m}$ の m 個のベクトル $\boldsymbol{e}_1, \boldsymbol{e}_2, \cdots, \boldsymbol{e}_m$ に対して，$\langle \boldsymbol{e}_1, \boldsymbol{e}_2, \cdots, \boldsymbol{e}_m, \overline{\boldsymbol{e}}_1, \overline{\boldsymbol{e}}_2, \cdots, \overline{\boldsymbol{e}}_m \rangle$ が $\mathbb{C}^{2m}$ の自然な内積に関して正規直交基底になっていると仮定する($\overline{\boldsymbol{e}}_k$ は $\boldsymbol{e}_k$ の複素共役ベクトルを表す)．$\sqrt{2}\,\boldsymbol{e}_k = \boldsymbol{x}_k + i\boldsymbol{y}_k\ (\boldsymbol{x}_k, \boldsymbol{y}_k \in \mathbb{R}^{2m})$ とおいたとき，$\langle \boldsymbol{x}_1, \boldsymbol{x}_2, \cdots, \boldsymbol{x}_m, \boldsymbol{y}_1, \boldsymbol{y}_2, \cdots, \boldsymbol{y}_m \rangle$ は $\mathbb{R}^{2m}$ の正規直交基底であることを示せ．

(d) ユニタリ空間の同型

$\boldsymbol{L}, \boldsymbol{L}'$ をユニタリ空間とする．$T\colon \boldsymbol{L} \to \boldsymbol{L}'$ が同型写像であり，さらに

$$\langle T\boldsymbol{x}, T\boldsymbol{y} \rangle = \langle \boldsymbol{x}, \boldsymbol{y} \rangle, \quad \boldsymbol{x}, \boldsymbol{y} \in \boldsymbol{L}$$

を満たしているとき，T を $\boldsymbol{L}$ から $\boldsymbol{L}'$ への内積を保つ同型写像，あるいは**ユニタリ同型写像**という($\boldsymbol{L}, \boldsymbol{L}'$ の内積を，共通の記号で表す)．また，このような T が存在するとき，$\boldsymbol{L}$ と $\boldsymbol{L}'$ はユニタリ同型であるという．

明らかに，恒等写像や2つのユニタリ同型写像の合成はユニタリ同型写像であり，ユニタリ同型写像の逆写像もユニタリ同型写像である．

正規直交基底の存在は，次の事柄と同値である．

定理7.21 n 次元ユニタリ空間は，自然な内積をもつ $\mathbb{F}^n$ とユニタリ同型である．とくに，$\mathbb{F}$ 上の次元の等しいユニタリ空間は，すべてユニタリ同型である．

［証明］ 正規直交基底 $E = \langle \boldsymbol{e}_1, \boldsymbol{e}_2, \cdots, \boldsymbol{e}_n \rangle$ を1つとる．この基底により定まる同型写像を $\varphi_E\colon \boldsymbol{L} \to \mathbb{F}^n$ としよう(p.193)．φ_E がユニタリ同型写像であることをみればよい．

$$\boldsymbol{x} = x_1\boldsymbol{e}_1 + x_2\boldsymbol{e}_2 + \cdots + x_n\boldsymbol{e}_n,$$
$$\boldsymbol{y} = y_1\boldsymbol{e}_1 + y_2\boldsymbol{e}_2 + \cdots + y_n\boldsymbol{e}_n$$

に対して，

$$\langle \boldsymbol{x}, \boldsymbol{y} \rangle = x_1\overline{y}_1 + x_2\overline{y}_2 + \cdots + x_n\overline{y}_n\,.$$

一方，φ_E の定義から

$$\varphi_E(\boldsymbol{x}) = (x_i), \quad \varphi_E(\boldsymbol{y}) = (y_i)$$

であるから，$\mathbb{F}^n$ の自然な内積の定義により

$$\langle \varphi_E(\boldsymbol{x}), \varphi_E(\boldsymbol{y}) \rangle = x_1\overline{y}_1 + x_2\overline{y}_2 + \cdots + x_n\overline{y}_n\,.$$

よって

$$\langle \varphi_E(\boldsymbol{x}), \varphi_E(\boldsymbol{y}) \rangle = \langle \boldsymbol{x}, \boldsymbol{y} \rangle$$

となり，φ_E はユニタリ同型である. ■

問5　$T\colon \boldsymbol{L} \to \boldsymbol{L}'$ をユニタリ同型とし，$\langle \boldsymbol{e}_1, \boldsymbol{e}_2, \cdots, \boldsymbol{e}_n \rangle$ を $\boldsymbol{L}$ の正規直交基底とすると，$\langle T\boldsymbol{e}_1, T\boldsymbol{e}_2, \cdots, T\boldsymbol{e}_n \rangle$ は $\boldsymbol{L}'$ の正規直交基底であることを示せ.

例題 7.22　$E = \langle \boldsymbol{e}_1, \boldsymbol{e}_2, \cdots, \boldsymbol{e}_n \rangle$，$F = \langle \boldsymbol{f}_1, \boldsymbol{f}_2, \cdots, \boldsymbol{f}_n \rangle$ を $\boldsymbol{L}$ の 2 つの正規直交基底とする．P を E から F への変換行列とすると，P は n 次のユニタリ行列($\mathbb{F} = \mathbb{R}$ の場合は直交行列)である.

［解］　$T_P = \varphi_F \varphi_E^{-1}$ であり($T_P\boldsymbol{x} = P\boldsymbol{x}$)，$\varphi_E, \varphi_F$ はユニタリ同型であるから，$T_P\colon \mathbb{F}^n \to \mathbb{F}^n$ もユニタリ同型である．よって

$$\langle P\boldsymbol{x}, P\boldsymbol{y} \rangle = \langle T_P\boldsymbol{x}, T_P\boldsymbol{y} \rangle = \langle \boldsymbol{x}, \boldsymbol{y} \rangle\,.$$

一方，第2章の例題 2.12 により，

$$\langle P\boldsymbol{x}, P\boldsymbol{y} \rangle = \langle \boldsymbol{x}, P^*P\boldsymbol{y} \rangle$$

であるから，

$$\langle \boldsymbol{x}, P^*P\boldsymbol{y} \rangle = \langle \boldsymbol{x}, \boldsymbol{y} \rangle$$

がすべての $\boldsymbol{x}, \boldsymbol{y} \in \mathbb{F}^n$ に対して成り立つ．よって

$$P^*P\boldsymbol{y} = \boldsymbol{y}, \quad \boldsymbol{y} \in \boldsymbol{L},$$
$$P^*P = I_n$$

となって，P はユニタリ行列になる. ■

ユニタリ空間 $\boldsymbol{L}$ の線形変換 $T\colon \boldsymbol{L} \to \boldsymbol{L}$ がユニタリ同型であるとき，T を**ユニタリ変換**(unitary transformation)という．実ユニタリ空間の場合は，**直交変換**(orthogonal transformation)という.

例題 7.23 T がユニタリ変換 $\Longleftrightarrow$ T の(任意の)正規直交基底に対する行列表示がユニタリ行列.

［解］ 正規直交基底 E に対する行列表示を A とする. $T_A=\varphi_E T\varphi_E^{-1}$ であるから, T をユニタリ変換とすると, T_A はユニタリ同型. よって,

$$\langle A\boldsymbol{x}, A\boldsymbol{y}\rangle = \langle T_A\boldsymbol{x}, T_A\boldsymbol{y}\rangle = \langle \boldsymbol{x}, \boldsymbol{y}\rangle, \quad \boldsymbol{x}, \boldsymbol{y}\in\mathbb{F}^n .$$

前の例題と同様に, $A^*A=I_n$ となり, A はユニタリ行列である. 逆は $T=\varphi_E^{-1}T_A\varphi_E$ から明らか. ∎

問 6 $\mathbb{F}^n$ の基底 $\langle \boldsymbol{e}_1, \boldsymbol{e}_2, \cdots, \boldsymbol{e}_n\rangle$ が正規直交基底であるための必要十分条件は, n 次の正方行列 $(\boldsymbol{e}_1, \boldsymbol{e}_2, \cdots, \boldsymbol{e}_n)$ がユニタリ行列となることである. これを示せ. (ヒント : $A=(\boldsymbol{e}_1, \boldsymbol{e}_2, \cdots, \boldsymbol{e}_n)$ とすると, ${}^*AA=(\langle \boldsymbol{e}_i, \boldsymbol{e}_j\rangle)$.)

(e) 直交補空間

第5章で, 部分空間の補空間について述べたが, それは一意的には決まらないものであった. いまから述べるように, ユニタリ空間では, 与えられた部分空間の補空間を自然に定めることができる.

ユニタリ空間 $\boldsymbol{L}$ の部分集合 $\boldsymbol{S}$ に対して, $\boldsymbol{S}$ のすべての元と直交するような $\boldsymbol{L}$ の元全体を $\boldsymbol{S}^\perp$ で表す:

$$\boldsymbol{S}^\perp = \{\boldsymbol{x}\in\boldsymbol{L} \mid \langle \boldsymbol{x}, \boldsymbol{y}\rangle = 0,\ \boldsymbol{y}\in\boldsymbol{S}\} .$$

明らかに, $\boldsymbol{S}'\subset\boldsymbol{S}$ であるとき, $\boldsymbol{S}^\perp\subset\boldsymbol{S}'^\perp$.

補題 7.24 $\boldsymbol{S}^\perp$ は $\boldsymbol{L}$ の部分空間である.

［証明］ $\boldsymbol{x}_1, \boldsymbol{x}_2\in\boldsymbol{S}^\perp$, $\boldsymbol{y}\in\boldsymbol{S}$ に対して,

$$\langle a\boldsymbol{x}_1+b\boldsymbol{x}_2, \boldsymbol{y}\rangle = a\langle \boldsymbol{x}_1, \boldsymbol{y}\rangle + b\langle \boldsymbol{x}_2, \boldsymbol{y}\rangle = 0 .$$ ∎

問 7 $\boldsymbol{S}^\perp = \langle\!\langle \boldsymbol{S}\rangle\!\rangle^\perp$ を示せ.

補題 7.25 有限次元ユニタリ空間 $\boldsymbol{L}$ の部分空間 $\boldsymbol{M}$ に対して, 次のことが成り立つ.

(1) $\boldsymbol{L}$ は $\boldsymbol{M}$ と $\boldsymbol{M}^\perp$ の直和である.

（2）　$(\boldsymbol{M}^{\perp})^{\perp}=\boldsymbol{M}$.

[証明]

（1）　$\boldsymbol{M}$ の正規直交基底 $\langle \boldsymbol{e}_1, \boldsymbol{e}_2, \cdots, \boldsymbol{e}_k \rangle$ $(k=\dim \boldsymbol{M})$ を拡張して，$\boldsymbol{L}$ の正規直交基底 $\langle \boldsymbol{e}_1, \boldsymbol{e}_2, \cdots, \boldsymbol{e}_k, \boldsymbol{e}_{k+1}, \cdots, \boldsymbol{e}_n \rangle$ を構成したとき，

$$\boldsymbol{M}^{\perp} = \langle\langle \boldsymbol{e}_{k+1}, \cdots, \boldsymbol{e}_n \rangle\rangle$$

であることは容易に確かめられる.

（2）　この(1)から，直ちに従う. ∎

$\boldsymbol{M}^{\perp}$ を $\boldsymbol{M}$ の**直交補空間**という.

$\boldsymbol{L}$ の2つの部分空間 $\boldsymbol{M}_1, \boldsymbol{M}_2$ について，$\boldsymbol{M}_1$ の任意の元と $\boldsymbol{M}_2$ の任意の元が直交しているとき，$\boldsymbol{M}_1, \boldsymbol{M}_2$ は互いに**直交**しているといい，$\boldsymbol{M}_1 \perp \boldsymbol{M}_2$ と書く.

$$\begin{aligned} \boldsymbol{M}_1 \perp \boldsymbol{M}_2 &\iff \boldsymbol{M}_1 \subset \boldsymbol{M}_2^{\perp} \\ &\iff \boldsymbol{M}_2 \subset \boldsymbol{M}_1^{\perp}. \end{aligned}$$

問8　次の式を示せ.

（1）　$\boldsymbol{M}_1 \subset \boldsymbol{M}_2 \implies \boldsymbol{M}_2^{\perp} \subset \boldsymbol{M}_1^{\perp}$

（2）　$(\boldsymbol{M}_1+\boldsymbol{M}_2)^{\perp}=\boldsymbol{M}_1^{\perp}\cap \boldsymbol{M}_2^{\perp}$,　$(\boldsymbol{M}_1\cap \boldsymbol{M}_2)^{\perp}=\boldsymbol{M}_1^{\perp}+\boldsymbol{M}_2^{\perp}$

直和分解 $\boldsymbol{L}=\boldsymbol{M}_1\oplus\boldsymbol{M}_2\oplus\cdots\oplus\boldsymbol{M}_k$ において

$$\boldsymbol{M}_i \perp (\boldsymbol{M}_1+\cdots+\boldsymbol{M}_{i-1}+\boldsymbol{M}_{i+1}+\cdots+\boldsymbol{M}_k) \qquad (i=1,2,\cdots,k)$$

が成り立つとき，この直和分解を**直交分解**という.

§7.2　正規変換

この節では，有限次元ユニタリ空間の線形変換で特別なものを考える.

(a)　随伴写像

(m, n) 型の複素行列 A に対して，A の随伴行列 $A^* \,(={}^t\overline{A})$ は (n, m) 型の行列であり，$\mathbb{F}^m, \mathbb{F}^n$ の自然な内積に関して，

$$\langle A\boldsymbol{x}, \boldsymbol{y}\rangle = \langle \boldsymbol{x}, A^*\boldsymbol{y}\rangle, \qquad \boldsymbol{x} \in \mathbb{F}^n,\ \boldsymbol{y} \in \mathbb{F}^m$$

を満たす(第2章§2.4)．有限次元ユニタリ空間の一般の線形変換に対しても，その随伴写像を定義しよう．まず，次の定理から始める．

定理 7.26　線形汎関数 $T\colon \boldsymbol{L} \to \mathbb{F}$ に対して，

$$\langle \boldsymbol{x}, \boldsymbol{y}\rangle = T\boldsymbol{x}, \quad \boldsymbol{x} \in \boldsymbol{L}$$

が成り立つようなただ1つの $\boldsymbol{y} \in \boldsymbol{L}$ が存在する．

［証明］（$\boldsymbol{y}$ の一意性）

$$\langle \boldsymbol{x}, \boldsymbol{y}_1\rangle = T\boldsymbol{x}, \quad \boldsymbol{x} \in \boldsymbol{L}$$

とすると，$\langle \boldsymbol{x}, \boldsymbol{y}_1\rangle = \langle \boldsymbol{x}, \boldsymbol{y}\rangle$ がすべての $\boldsymbol{x}$ について成り立つから，$\boldsymbol{y}_1 = \boldsymbol{y}$.

（$\boldsymbol{y}$ の存在）$\langle \boldsymbol{e}_1, \boldsymbol{e}_2, \cdots, \boldsymbol{e}_n\rangle$ を $\boldsymbol{L}$ の正規直交基底とする．

$$T\boldsymbol{e}_i = a_i\ (\in \mathbb{F})$$

とおく．$\boldsymbol{x} = x_1\boldsymbol{e}_1 + x_2\boldsymbol{e}_2 + \cdots + x_n\boldsymbol{e}_n$ に対して

$$\begin{aligned} T\boldsymbol{x} &= x_1T\boldsymbol{e}_1 + x_2T\boldsymbol{e}_2 + \cdots + x_nT\boldsymbol{e}_n \\ &= x_1a_1 + x_2a_2 + \cdots + x_na_n\,. \end{aligned}$$

一方，$y = \bar{a}_1\boldsymbol{e}_1 + \bar{a}_2\boldsymbol{e}_2 + \cdots + \bar{a}_n\boldsymbol{e}_n$ とおけば，

$$\langle \boldsymbol{x}, \boldsymbol{y}\rangle = x_1a_1 + x_2a_2 + \cdots + x_na_n$$

であるから，$\langle \boldsymbol{x}, \boldsymbol{y}\rangle = T\boldsymbol{x}$ となることがわかる．∎

$\boldsymbol{L}, \boldsymbol{L}'$ を $\mathbb{F}$ 上のユニタリ空間，$T\colon \boldsymbol{L} \to \boldsymbol{L}'$ を線形写像とする．T の**随伴写像**(adjoint mapping) $T^*\colon \boldsymbol{L}' \to \boldsymbol{L}$ を

$$\langle T\boldsymbol{x}, \boldsymbol{y}\rangle = \langle \boldsymbol{x}, T^*\boldsymbol{y}\rangle, \quad \boldsymbol{x} \in \boldsymbol{L},\ \boldsymbol{y} \in \boldsymbol{L}' \tag{7.1}$$

を満たす線形写像として定義する．(7.1)は，条件

$$\langle T^*\boldsymbol{y}, \boldsymbol{x}\rangle = \langle \boldsymbol{y}, T\boldsymbol{x}\rangle, \quad \boldsymbol{x} \in \boldsymbol{L},\ \boldsymbol{y} \in \boldsymbol{L}'$$

と同じことである(両辺の複素共役をとればよい)．

随伴写像 T^* の存在と一意性は，次のようにして証明される．

対応 $\boldsymbol{x} \mapsto \langle T\boldsymbol{x}, \boldsymbol{y}\rangle$ は $\boldsymbol{L}$ から $\mathbb{F}$ への線形写像である．よって，上の定理により

$$\langle T\boldsymbol{x}, \boldsymbol{y}\rangle = \langle \boldsymbol{x}, \boldsymbol{y}^*\rangle, \quad \boldsymbol{x} \in \boldsymbol{L}$$

を満たす $\boldsymbol{y}^* \in \boldsymbol{L}$ がただ1つ存在する．$T^*\boldsymbol{y} = \boldsymbol{y}^*$ とおいて，写像 $T^*\colon \boldsymbol{L}' \to \boldsymbol{L}$ を定義する．このとき

$$\langle T\boldsymbol{x}, \boldsymbol{y}\rangle = \langle \boldsymbol{x}, \boldsymbol{y}^*\rangle = \langle \boldsymbol{x}, T^*\boldsymbol{y}\rangle .$$

あとは，T^* が線形写像であることをみればよい．すべての $\boldsymbol{x}$ について

$$\begin{aligned}\langle \boldsymbol{x},\, T^*(a_1\boldsymbol{y}_1 + a_2\boldsymbol{y}_2)\rangle &= \langle T\boldsymbol{x},\, a_1\boldsymbol{y}_1 + a_2\boldsymbol{y}_2\rangle \\ &= \overline{a}_1\langle T\boldsymbol{x}, \boldsymbol{y}_1\rangle + \overline{a}_2\langle T\boldsymbol{x}, \boldsymbol{y}_2\rangle \\ &= \overline{a}_1\langle \boldsymbol{x}, T^*\boldsymbol{y}_1\rangle + \overline{a}_2\langle \boldsymbol{x}, T^*\boldsymbol{y}_2\rangle \\ &= \langle \boldsymbol{x},\, a_1T^*\boldsymbol{y}_1 + a_2T^*\boldsymbol{y}_2\rangle\end{aligned}$$

が成り立つから，

$$T^*(a_1\boldsymbol{y}_1 + a_2\boldsymbol{y}_2) = a_1T^*\boldsymbol{y}_1 + a_2T^*\boldsymbol{y}_2$$

となって，T^* は線形写像である．

T^* の一意性を見るために，$S\colon \boldsymbol{L}' \to \boldsymbol{L}$ を

$$\langle T\boldsymbol{x}, \boldsymbol{y}\rangle = \langle \boldsymbol{x}, S\boldsymbol{y}\rangle, \quad \boldsymbol{x} \in \boldsymbol{L},\ \boldsymbol{y} \in \boldsymbol{L}'$$

が成り立つような線形写像とする．このとき

$$\begin{aligned}&\langle \boldsymbol{x}, S\boldsymbol{y}\rangle = \langle \boldsymbol{x}, T^*\boldsymbol{y}\rangle, \quad \boldsymbol{x} \in \boldsymbol{L},\ \boldsymbol{y} \in \boldsymbol{L}' \\ &\Longrightarrow \langle \boldsymbol{x},\, (S - T^*)\boldsymbol{y}\rangle = 0 \\ &\Longrightarrow (S - T^*)\boldsymbol{y} = 0 \\ &\Longrightarrow S = T^*\end{aligned}$$

となるから，T^* の一意性がわかる．

定義から明らかに，恒等写像 I に対して，$I^* = I$.

随伴写像の基本的性質をいくつかあげよう．

補題 7.27

（1）　$(T^*)^* = T$.

（2）　2 つの線形写像 $S, T\colon \boldsymbol{L} \to \boldsymbol{L}'$ に対して，

$$(aS + bT)^* = \overline{a}S^* + \overline{b}T^*, \quad a, b \in \mathbb{F} .$$

（3）　$T\colon \boldsymbol{L} \to \boldsymbol{L}'$, $S\colon \boldsymbol{L}' \to \boldsymbol{L}''$ に対して，

$$(ST)^* = T^*S^*$$

が成り立つ．

［証明］

(1)　$\boldsymbol{x} \in \boldsymbol{L}'$, $\boldsymbol{y} \in \boldsymbol{L}$ に対して，

$$\langle \boldsymbol{x}, (T^*)^*\boldsymbol{y}\rangle = \langle T^*\boldsymbol{x}, \boldsymbol{y}\rangle = \langle \boldsymbol{x}, T\boldsymbol{y}\rangle$$

であるから，$(T^*)^*\boldsymbol{y}=T\boldsymbol{y}$. よって，$(T^*)^*=T$.

(2)　$\boldsymbol{x}\in\boldsymbol{L}$, $\boldsymbol{y}\in\boldsymbol{L}'$ に対して，

$$\begin{aligned}\langle\boldsymbol{x},\,(aS+bT)^*\boldsymbol{y}\rangle &= \langle(aS+bT)\boldsymbol{x},\,\boldsymbol{y}\rangle = a\langle S\boldsymbol{x},\boldsymbol{y}\rangle+b\langle T\boldsymbol{x},\boldsymbol{y}\rangle\\ &= a\langle\boldsymbol{x},S^*\boldsymbol{y}\rangle+b\langle\boldsymbol{x},T^*\boldsymbol{y}\rangle\\ &= \langle\boldsymbol{x},\bar{a}S^*\boldsymbol{y}\rangle+\langle\boldsymbol{x},\bar{b}T^*\boldsymbol{y}\rangle\\ &= \langle\boldsymbol{x},\,(\bar{a}S^*+\bar{b}T^*)\boldsymbol{y}\rangle\end{aligned}$$

であるから，

$$(aS+bT)^*\boldsymbol{y}=(\bar{a}S^*+\bar{b}T^*)\boldsymbol{y},\quad \boldsymbol{y}\in\boldsymbol{L}',$$
$$(aS+bT)^*=\bar{a}S^*+\bar{b}T^*.$$

(3)　$\boldsymbol{x}\in\boldsymbol{L}$, $\boldsymbol{y}\in\boldsymbol{L}''$ に対して，

$$\langle ST\boldsymbol{x},\boldsymbol{y}\rangle=\langle T\boldsymbol{x},S^*\boldsymbol{y}\rangle=\langle\boldsymbol{x},T^*S^*\boldsymbol{y}\rangle,$$
$$\langle ST\boldsymbol{x},\boldsymbol{y}\rangle=\langle\boldsymbol{x},\,(ST)^*\boldsymbol{y}\rangle$$

であるから，$(ST)^*\boldsymbol{y}=T^*S^*\boldsymbol{y}$. よって，$(ST)^*=T^*S^*$. ∎

例題 7.28　$T:\boldsymbol{L}\to\boldsymbol{L}'$ が同型写像であるとき

$$(T^{-1})^*=(T^*)^{-1}.$$

［解］　$T^{-1}T=I$（$\boldsymbol{L}$ の恒等写像），$TT^{-1}=I$（$\boldsymbol{L}'$ の恒等写像）であるから

$$I=(T^{-1}T)^*=T^*(T^{-1})^*,$$
$$I=(TT^{-1})^*=(T^{-1})^*T^*$$

よって，$(T^{-1})^*=(T^*)^{-1}$. ∎

例題 7.29

$T:\boldsymbol{L}\to\boldsymbol{L}'$ がユニタリ同型写像

$\Longleftrightarrow T^*T=I$（$\boldsymbol{L}$ の恒等写像），　$TT^*=I$（$\boldsymbol{L}'$ の恒等写像）

$\Longleftrightarrow T^*=T^{-1}$.

［解］　T をユニタリ同型とすると，

$$\begin{aligned}&\langle T\boldsymbol{x},T\boldsymbol{y}\rangle=\langle\boldsymbol{x},\boldsymbol{y}\rangle,\quad \boldsymbol{x},\boldsymbol{y}\in\boldsymbol{L}\\ &\Longrightarrow\langle\boldsymbol{x},T^*T\boldsymbol{y}\rangle=\langle\boldsymbol{x},\boldsymbol{y}\rangle\\ &\Longrightarrow T^*T\boldsymbol{y}=\boldsymbol{y}\\ &\Longrightarrow T^*T=I.\end{aligned}$$

T がユニタリ同型であるとき，T^{-1} もユニタリ同型であるから，

$$\begin{aligned}&(T^{-1})^*T^{-1}=I\\ &\Longrightarrow (T^*)^{-1}T^{-1}=I \qquad (\text{例題 } 7.28)\\ &\Longrightarrow (TT^*)^{-1}=I\\ &\Longrightarrow TT^*=I\,.\end{aligned}$$

逆に，$T^*T=I$，$TT^*=I$ が成り立つとき，T は同型写像であり，$\langle T\boldsymbol{x},T\boldsymbol{y}\rangle=\langle \boldsymbol{x},\boldsymbol{y}\rangle$，$\boldsymbol{x},\boldsymbol{y}\in\boldsymbol{L}$ を満たすから T はユニタリ同型である． ∎

例題 7.30　$A\in M(m,n;\mathbb{F})$ に対して定まる線形写像 $T_A\colon\mathbb{F}^n\to\mathbb{F}^m$ について

$$(T_A)^*=T_{A^*}$$

が成り立つ．

［解］

$$\begin{aligned}\langle \boldsymbol{x},\,(T_A)^*\boldsymbol{y}\rangle&=\langle T_A\boldsymbol{x},\boldsymbol{y}\rangle=\langle A\boldsymbol{x},\boldsymbol{y}\rangle\\ &=\langle \boldsymbol{x},A^*\boldsymbol{y}\rangle=\langle \boldsymbol{x},T_{A^*}\boldsymbol{y}\rangle\end{aligned}$$

より，$(T_A)^*=T_{A^*}$ が導かれる． ∎

随伴写像の行列表示を考えよう．$E=\langle \boldsymbol{e}_1,\boldsymbol{e}_2,\cdots,\boldsymbol{e}_n\rangle$，$F=\langle \boldsymbol{f}_1,\boldsymbol{f}_2,\cdots,\boldsymbol{f}_m\rangle$ をそれぞれ $\boldsymbol{L},\boldsymbol{L}'$ の正規直交基底とする．$A=(a_{ij})$ をこれらの基底に対する T の行列表現としよう：

$$T_A=\varphi_F T\varphi_E^{-1}\,.$$

両辺の随伴写像を考えて，

$$(\varphi_E^{-1})^*=\varphi_E,\quad (\varphi_F)^*=\varphi_F^{-1}$$

を適用すれば(例題 7.28)，

$$\begin{aligned}T_{A^*}=(T_A)^*&=(\varphi_E^{-1})^*T^*(\varphi_F)^*\\ &=\varphi_E T^*\varphi_F^{-1}\,.\end{aligned}$$

したがって，A^* は，T^* の基底 F,E に対する行列表示となる．

(b)　正規変換

どのような条件の下に，線形変換がある正規直交基底に対して対角行列に

よる行列表示をもつかを考えよう．行列の言葉で言えば，正方行列 A について，$UAU^{-1}\,(=UAU^*)$ が対角行列になるようなユニタリ行列 U をもつための条件を求めることに対応する．

定義 7.31　$T\colon \boldsymbol{L}\to\boldsymbol{L}$ を線形変換とする．

（1）　$T^*T=TT^*$ が成り立つとき，T を**正規変換**(normal transformation)という．

（2）　$T^*=T$ が成り立つとき，T を**エルミート変換**(Hermitian transformation)という．

（3）　$T^*=-T$ が成り立つとき，T を**歪エルミート変換**(skew-Hermitian transformation)という．

$\boldsymbol{L}$ が実ユニタリ空間の場合は，(歪)エルミート変換を**(歪)対称変換**とよぶ．

定義から，T が正規変換であれば，T^* も正規変換である．さらに，T がエルミート変換であるための条件は

$$\langle T\boldsymbol{x},\boldsymbol{y}\rangle=\langle\boldsymbol{x},T\boldsymbol{y}\rangle,\quad \boldsymbol{x},\boldsymbol{y}\in\boldsymbol{L}$$

である．　□

問 9　(歪)エルミート変換，ユニタリ変換は正規変換であることを示せ．

問 10　任意の線形写像 $T\colon \boldsymbol{L}\to\boldsymbol{L}'$ に対し，$T^*T,\,TT^*$ はそれぞれ $\boldsymbol{L},\boldsymbol{L}'$ のエルミート変換であることを示せ．

例題 7.32

（1）　T が正規変換であるための条件は，(任意の)正規直交基底に関する T の行列表示 A が正規行列 $(A^*A=AA^*)$ となることである．

（2）　T が(歪)エルミート変換であるための条件は，(任意の)正規直交基底に関する T の行列表示 A が(歪)エルミート行列となることである．

（3）　T がユニタリ変換であるための条件は，(任意の)正規直交基底に関する T の行列表示 A がユニタリ行列となることである．

［解］　例題 7.30 とその後の説明を参照．　▮

定理 7.33　$\boldsymbol{L}$ のある正規直交基底 E に対して，T の行列表示 A が対角行列になるとき，T は正規変換である．

［証明］　対角行列 A に対しては，A は正規行列，T_A は正規変換であるから，T は正規変換である．　∎

次節で，この定理の逆，すなわち，T が正規変換であれば，$\boldsymbol{L}$ のある正規直交基底 E に対して，T の行列表示が対角行列になることを示す．

補題 7.34　$T\colon \boldsymbol{L}\to\boldsymbol{L}$ を線形変換，$\boldsymbol{M}\subset\boldsymbol{L}$ を T の不変部分空間($T(\boldsymbol{M})\subset\boldsymbol{M}$)とする．

（1）　$\boldsymbol{M}^\perp$ は T^* の不変部分空間である．

（2）　T を(歪)エルミート変換，またはユニタリ変換とすると，$\boldsymbol{M}^\perp$ は T の不変部分空間である．

［証明］

(1)　$\boldsymbol{x}\in\boldsymbol{M}$，$\boldsymbol{y}\in\boldsymbol{M}^\perp$ とすると

$$\langle T^*\boldsymbol{y},\boldsymbol{x}\rangle=\langle\boldsymbol{y},T\boldsymbol{x}\rangle=0\,.$$

よって，$T^*\boldsymbol{y}\in\boldsymbol{M}^\perp$.

(2)　(1)を使えば，(歪)エルミート変換の場合は自明．T をユニタリ変換とすると，$T^{-1}=T^*$ であるから，(1)により $T^{-1}(\boldsymbol{M}^\perp)\subset\boldsymbol{M}^\perp$．$\dim T^{-1}(\boldsymbol{M}^\perp)=\dim\boldsymbol{M}^\perp$ であるから $T^{-1}(\boldsymbol{M}^\perp)=\boldsymbol{M}^\perp$．この両辺に T をほどこせば，$\boldsymbol{M}^\perp=T(\boldsymbol{M}^\perp)$ を得る．　∎

補題 7.35　エルミート変換 T がすべての $\boldsymbol{x}\in\boldsymbol{L}$ に対して $\langle T\boldsymbol{x},\boldsymbol{x}\rangle=0$ を満たしていれば，$T=O$ である．

［証明］　$\boldsymbol{x},\boldsymbol{y}\in\boldsymbol{L}$ に対して，

$$\begin{aligned}0&=\langle T(\boldsymbol{x}+\boldsymbol{y}),\boldsymbol{x}+\boldsymbol{y}\rangle\\&=\langle T\boldsymbol{x},\boldsymbol{x}\rangle+\langle T\boldsymbol{x},\boldsymbol{y}\rangle+\langle T\boldsymbol{y},\boldsymbol{x}\rangle+\langle T\boldsymbol{y},\boldsymbol{y}\rangle\\&=\langle T\boldsymbol{x},\boldsymbol{y}\rangle+\langle T\boldsymbol{y},\boldsymbol{x}\rangle,\end{aligned}$$

($\mathbb{F}=\mathbb{R}$ の場合はこれから，$\langle T\boldsymbol{x},\boldsymbol{y}\rangle=0$，よって $T=O$.)

$$\begin{aligned}0&=\langle T(\boldsymbol{x}+i\boldsymbol{y}),\boldsymbol{x}+i\boldsymbol{y}\rangle\\&=\langle T\boldsymbol{x},\boldsymbol{x}\rangle-i\langle T\boldsymbol{x},\boldsymbol{y}\rangle+i\langle T\boldsymbol{y},\boldsymbol{x}\rangle+\langle T\boldsymbol{y},\boldsymbol{y}\rangle\\&=i(-\langle T\boldsymbol{x},\boldsymbol{y}\rangle+\langle T\boldsymbol{y},\boldsymbol{x}\rangle)\,.\end{aligned}$$

よって,

$$\langle T\boldsymbol{x},\boldsymbol{y}\rangle+\langle T\boldsymbol{y},\boldsymbol{x}\rangle=0,\quad -\langle T\boldsymbol{x},\boldsymbol{y}\rangle+\langle T\boldsymbol{y},\boldsymbol{x}\rangle=0$$

となって, $\langle T\boldsymbol{x},\boldsymbol{y}\rangle=0$ を得る. これは $T=O$ を意味する. ∎

補題 7.36　線形変換 T が正規変換であるためには, 任意のベクトル $\boldsymbol{x}$ に対して $\|T^*\boldsymbol{x}\|=\|T\boldsymbol{x}\|$ となることが必要十分条件である.

[証明]

$$\begin{aligned}\|T^*\boldsymbol{x}\|=\|T\boldsymbol{x}\| &\iff \|T^*\boldsymbol{x}\|^2=\|T\boldsymbol{x}\|^2\\ &\iff \langle T^*\boldsymbol{x},T^*\boldsymbol{x}\rangle=\langle T\boldsymbol{x},T\boldsymbol{x}\rangle\\ &\iff \langle TT^*\boldsymbol{x},\boldsymbol{x}\rangle=\langle T^*T\boldsymbol{x},\boldsymbol{x}\rangle\\ &\iff \langle (TT^*-T^*T)\boldsymbol{x},\boldsymbol{x}\rangle=0\,.\end{aligned}$$

TT^*-T^*T はエルミート変換であるから, 上の補題により, これは $TT^*=T^*T$ と同値である. ∎

(c)　直交射影作用素

$\boldsymbol{L}$ をユニタリ空間, $\boldsymbol{M}$ をその部分空間とする. 直交分解 $\boldsymbol{L}=\boldsymbol{M}\oplus\boldsymbol{M}^{\perp}$ に対する $\boldsymbol{M}$ の上への射影作用素 $P\colon \boldsymbol{L}\to\boldsymbol{L}$, $\mathrm{Image}\,P=\boldsymbol{M}$ を考えよう. 任意の $\boldsymbol{x},\boldsymbol{y}\in\boldsymbol{L}$ に対して $P\boldsymbol{x}\in\boldsymbol{M}$, $(I-P)\boldsymbol{y}\in\boldsymbol{M}^{\perp}$ であるから

$$\langle P\boldsymbol{x},(I-P)\boldsymbol{y}\rangle=0\,.$$

同様に,

$$\langle (I-P)\boldsymbol{x},P\boldsymbol{y}\rangle=0\,.$$

よって

$$\begin{aligned}\langle P\boldsymbol{x},\boldsymbol{y}\rangle&=\langle P\boldsymbol{x},\ P\boldsymbol{y}+(I-P)\boldsymbol{y}\rangle=\langle P\boldsymbol{x},P\boldsymbol{y}\rangle\\ &=\langle P\boldsymbol{x}+(I-P)\boldsymbol{x},\ P\boldsymbol{y}\rangle\\ &=\langle \boldsymbol{x},P\boldsymbol{y}\rangle\,.\end{aligned}$$

すなわち, P はエルミート変換である. 逆に, 次の補題が成り立つ.

補題 7.37　射影作用素 P がエルミート変換であれば

$$\boldsymbol{L}=\mathrm{Image}\,P\oplus\mathrm{Ker}\,P$$

は直交分解である.

[証明]　$\mathrm{Image}\,P$ と $\mathrm{Ker}\,P$ が直交することを示せばよい.

$\boldsymbol{x}\in \mathrm{Image}\,P$, $\boldsymbol{y}\in \mathrm{Ker}\,P$ とすると，$\boldsymbol{x}=P\boldsymbol{x}$, $P\boldsymbol{y}=\boldsymbol{0}$ であるから

$$\langle \boldsymbol{x},\boldsymbol{y}\rangle = \langle P\boldsymbol{x},\boldsymbol{y}\rangle = \langle \boldsymbol{x},P\boldsymbol{y}\rangle = 0\,. \qquad \blacksquare$$

エルミート変換であるような射影作用素 P を，**直交射影作用素**(orthogonal projection)という．すなわち，

$$P^2 = P,\ P^* = P \Longleftrightarrow P \text{ は直交射影作用素}.$$

上の補題を使えば，$\boldsymbol{L}$ の直交分解

$$\boldsymbol{L} = \boldsymbol{M}_1 \oplus \boldsymbol{M}_2 \oplus \cdots \oplus \boldsymbol{M}_k$$

を与えることと，$\boldsymbol{L}$ の直交射影作用素 $P_1, P_2, \cdots, P_k$ で

$$P_1 + P_2 + \cdots + P_k = I, \quad P_iP_j = O \quad (i \neq j),$$
$$\mathrm{Image}\,P_i = \boldsymbol{M}_i$$

を満たすものを与えることは同値であることがわかる．

§7.3　正規変換の固有値問題

(a)　固有値と固有ベクトル

正規変換の固有値の研究は，一般の線形変換の固有値の研究に比較して容易である．以下，$\mathbb{F}=\mathbb{C}$ とする．

補題 7.38　T を正規変換とする．$\boldsymbol{x}$ が T の固有値 λ に対する T の固有ベクトルであれば，$\overline{\lambda}$ は T^* の固有値であり，$\boldsymbol{x}$ は $\overline{\lambda}$ に対する T^* の固有ベクトルである．

［証明］ $T-\lambda I$ は正規変換であることに注意．補題 7.36 により

$$\begin{aligned}\|T^*\boldsymbol{x}-\overline{\lambda}\boldsymbol{x}\| &= \|(T-\lambda I)^*\boldsymbol{x}\| = \|(T-\lambda I)\boldsymbol{x}\| \\ &= \|T\boldsymbol{x}-\lambda\boldsymbol{x}\| = 0\end{aligned}$$

であるから，

$$T^*\boldsymbol{x} = \overline{\lambda}\boldsymbol{x}\,. \qquad \blacksquare$$

補題 7.39　正規変換 T の相異なる固有値に対する固有ベクトルは互いに直交する．

［証明］ $\lambda_1 \neq \lambda_2$ を T の 2 つの固有値とし，

$$T\boldsymbol{x} = \lambda_1\boldsymbol{x}, \quad \boldsymbol{x} \neq \boldsymbol{0},$$

$$Ty = \lambda_2 y, \quad y \neq 0$$

とする．上の補題 7.38 により

$$T^* y = \overline{\lambda}_2 y,$$
$$\langle Tx, y\rangle = \langle \lambda_1 x, y\rangle = \lambda_1\langle x, y\rangle,$$
$$\langle Tx, y\rangle = \langle x, T^* y\rangle = \langle x, \overline{\lambda}_2 y\rangle = \lambda_2\langle x, y\rangle$$

であるから，

$$\lambda_1\langle x, y\rangle = \lambda_2\langle x, y\rangle,$$
$$(\lambda_1 - \lambda_2)\langle x, y\rangle = 0.$$

よって，$\langle x, y\rangle = 0$． ∎

$\lambda_1, \lambda_2, \cdots, \lambda_m$ を T の固有値(特性根)の全体とする．補題 7.39 で見たように，$E(\lambda_1), E(\lambda_2), \cdots, E(\lambda_m)$ ($E(\lambda) = \mathrm{Ker}(T - \lambda I)$) は互いに直交する．$M = E(\lambda_1) + E(\lambda_2) + \cdots + E(\lambda_m)$ とおくと，$T(M^\perp) \subset M^\perp$ である．これをみるには，$x \in M^\perp$，$y \in E(\lambda_i)$ $(i = 1, 2, \cdots, m)$ に対して，

$$\langle Tx, y\rangle = 0$$

を示せばよい．実際，補題 7.38 を再び使えば，

$$\langle Tx, y\rangle = \langle x, T^* y\rangle = \langle x, \overline{\lambda}_i y\rangle = \lambda_i\langle x, y\rangle = 0.$$

$M^\perp \neq \{0\}$ であれば，$T \,|\, M^\perp$ が固有値と固有ベクトルをもち，それは T の固有値と固有ベクトルであるから，$\lambda_1, \lambda_2, \cdots, \lambda_m$ と異なる固有値をもつことになって矛盾．よって

$$L = E(\lambda_1) \oplus E(\lambda_2) \oplus \cdots \oplus E(\lambda_m)$$

となり，T は対角化可能になる．さらに，各 $E(\lambda_i)$ の正規直交基底をとり，それらを合わせた L の基底 $\langle e_1, e_2, \cdots, e_n\rangle$ を考えると，$E(\lambda_1), E(\lambda_2), \cdots, E(\lambda_m)$ が互いに直交することから，$\langle e_1, e_2, \cdots, e_n\rangle$ は L の正規直交基底となる．このことから，T の固有ベクトルからなる正規直交基底が存在する．まとめると，

定理 7.40　正規変換は，対角化可能であり，しかも，ある正規直交基底 E が存在して，E に対する行列表示が対角行列になる． □

系 7.41 (**スペクトル分解定理**)　正規変換 T に対して，次の性質を満たす直交射影作用素 $P_1, P_2, \cdots, P_m$ と相異なる複素数 $\lambda_1, \lambda_2, \cdots, \lambda_m$ が存在する．

（1）　$P_1+P_2+\cdots+P_m=I$

（2）　$P_iP_j=O \quad (i\neq j)$

（3）　$T=\lambda_1P_1+\lambda_2P_2+\cdots+\lambda_mP_m$

これを T の**スペクトル分解**という．

［証明］ $\lambda_1, \lambda_2, \cdots, \lambda_m$ を T の固有値とし，P_i を固有空間 $\boldsymbol{E}(\lambda_i)$ への直交射影作用素とすればよい． ■

注意 7.42　上のスペクトル分解は一意的である(第6章定理 6.15)．

系 7.43　正規行列 $A\in M_n(\mathbb{C})$ に対して，$UAU^{-1}\,(=UAU^*)$ が対角行列になるようなユニタリ行列 U が存在する． □

例題 7.44　エルミート変換の固有値(特性根)はすべて実数である．歪エルミート変換の固有値(特性根)はすべて純虚数である．

［解］ T をエルミート変換とするとき，

$$T\boldsymbol{x}=\lambda\boldsymbol{x}, \quad \boldsymbol{x}\neq\boldsymbol{0}$$

であれば，

$$\lambda\langle\boldsymbol{x},\boldsymbol{x}\rangle=\langle T\boldsymbol{x},\boldsymbol{x}\rangle=\langle\boldsymbol{x},T\boldsymbol{x}\rangle=\overline{\lambda}\langle\boldsymbol{x},\boldsymbol{x}\rangle$$

から，$\lambda=\overline{\lambda}$. 歪エルミート変換については，$\langle T\boldsymbol{x},\boldsymbol{x}\rangle=-\langle\boldsymbol{x},T\boldsymbol{x}\rangle$ を使えばよい． ■

例題 7.45　エルミート行列 $A\in M_n(\mathbb{C})$ に対して，

$$PAP^*=Q^*AQ=\mathrm{diag}(1,\cdots,1,-1,\cdots,-1,0,\cdots,0)$$

となるような可逆行列 P,Q が存在する．

［証明］ $PAP^*=\mathrm{diag}(1,\cdots,1,-1,\cdots,-1,0,\cdots,0)$ となるような P の存在を言えば十分($Q=P^*$ とすればよい)．まず

$$UAU^*=\mathrm{diag}(\alpha_1,\alpha_2,\cdots,\alpha_n), \quad \alpha_i\in\mathbb{R}$$

となる U を取る(系 7.43)．$\alpha_1,\cdots,\alpha_s$ は正，$\alpha_{s+1},\cdots,\alpha_{s+t}$ は負，$\alpha_{s+t+1}=\cdots=\alpha_n=0$ と仮定してよい．

$$V=\mathrm{diag}\bigl(\alpha_1^{-1/2},\cdots,\alpha_s^{-1/2},(-\alpha_{s+1})^{-1/2},\cdots,(-\alpha_{s+t})^{-1/2},1,\cdots,1\bigr)$$

とおくと，

$$V\cdot\mathrm{diag}(\alpha_1,\alpha_2,\cdots,\alpha_n)\cdot V^* = \mathrm{diag}(1,\cdots,1,-1,\cdots,-1,0,\cdots,0)$$

であるから，

$$(VU)A(VU)^* = V(UAU^*)V^* = \mathrm{diag}(1,\cdots,1,-1,\cdots,-1,0,\cdots,0)\,.$$

よって，$P=VU$ とおけばよい．　∎

例題 7.46　ユニタリ変換の固有値は，絶対値 1 の複素数である．

［解］　T をユニタリ変換として

$$T\boldsymbol{x}=\lambda\boldsymbol{x},\quad \boldsymbol{x}\neq\boldsymbol{0}$$

とするとき

$$|\lambda|^2\langle\boldsymbol{x},\boldsymbol{x}\rangle=\langle T\boldsymbol{x},T\boldsymbol{x}\rangle=\langle T^*T\boldsymbol{x},\boldsymbol{x}\rangle=\langle\boldsymbol{x},\boldsymbol{x}\rangle$$

であるから，$|\lambda|^2=1$．　∎

問 11　T が正規変換であるとき，

（1）　T の固有値がすべて実数(純虚数) $\Longrightarrow$ T はエルミート変換(歪エルミート変換)

（2）　T の固有値がすべて絶対値 1 の複素数 $\Longrightarrow$ T はユニタリ変換

であることを示せ．(ヒント：スペクトル分解の一意性を使う．)

(b)　対称変換の固有値問題

$\mathbb{F}=\mathbb{R}$ とする．一般に正規変換の特性根は実数とは限らないので，実ユニタリ空間の正規変換は $\mathbb{R}$ 上対角化可能とは限らない．ここでは，実ユニタリ空間のエルミート変換(対称変換)が対角化可能であることを示そう．

例 7.47　$A=\begin{pmatrix}0&1\\-1&0\end{pmatrix}$ は直交行列だから，$\mathbb{R}^2$ の正規変換を定義するが，特性解は $\pm i$ であり，A の($\mathbb{R}$ 上の)固有値ではない．　□

定理 7.48　実ユニタリ空間の線形変換 T が，ある正規直交基底により対角行列で表示されるためには，T は対称変換であることが必要十分である．

［証明］　$A\in M_n(\mathbb{R})$ を正規直交基底に対する T の行列表示とする．A が対角行列であれば，A は対称行列であるから，T は対称変換．逆に T を対称

変換とすると，A は対称行列．A を複素行列と思うことにすると，A はエルミート行列であるから，その特性根 $\lambda_1, \lambda_2, \cdots, \lambda_m$ はすべて実数(例題 7.44)．それらは T の特性根でもあり，よって T の $\mathbb{R}$ 上の固有値である．残りの証明は定理 7.40 とまったく同様である． ▮

(c)　歪対称変換の行列表示

T を歪対称変換としよう．$\boldsymbol{M}=(\mathrm{Ker}\, T)^{\perp}$ とおくと，$\boldsymbol{M}$ は T の不変部分空間であり(補題 7.34)，$T=(T\,|\,\boldsymbol{M})\oplus O$．しかも，$T\,|\,\boldsymbol{M}$ は $\boldsymbol{M}$ の歪対称変換であり，しかも全単射である．$A\in M_n(\mathbb{R})$ を $\boldsymbol{M}$ の正規直交基底に対する $T\,|\,\boldsymbol{M}$ の行列表示とすると A は可逆な交代行列 (${}^tA=-A$)．$\det A=\det {}^tA=(-1)^n\det A$ だから，$(-1)^n=1$，すなわち，n は偶数．$n=2m$ とおこう．

A を複素行列と思えば，A は歪エルミート行列であるから，その特性根はすべて零でない純虚数(例題 7.44)．しかも，A の特性方程式が実数係数であることから，λ が特性根であれば，$\overline{\lambda}$ も特性根である．さらに，$\boldsymbol{x}\in\mathbb{C}^n$ が λ に対する固有ベクトルであれば，$\overline{\boldsymbol{x}}$ は $\overline{\lambda}$ の固有ベクトルである．よって，$\mathbb{C}^n$ に属する A の固有ベクトルからなる正規直交系の基底 $\langle \boldsymbol{e}_1, \boldsymbol{e}_2, \cdots, \boldsymbol{e}_m, \overline{\boldsymbol{e}}_1, \overline{\boldsymbol{e}}_2, \cdots, \overline{\boldsymbol{e}}_m\rangle$ で

$$A\boldsymbol{e}_k = i\alpha_k\boldsymbol{e}_k, \quad \overline{A}\overline{\boldsymbol{e}}_k = -i\alpha_k\overline{\boldsymbol{e}}_k,$$
$$\alpha_k\in\mathbb{R},\ \alpha_k\neq 0 \qquad (k=1,2,\cdots,m)$$

となるものが存在する．$\sqrt{2}\,\boldsymbol{e}_k=\boldsymbol{x}_k+i\boldsymbol{y}_k$，$\boldsymbol{x}_k, \boldsymbol{y}_k\in\mathbb{R}^{2m}$ とおくと，$\langle \boldsymbol{x}_1, \boldsymbol{x}_2, \cdots, \boldsymbol{x}_m, \boldsymbol{y}_1, \boldsymbol{y}_2, \cdots, \boldsymbol{y}_m\rangle$ は $\mathbb{R}^{2m}$ の正規直交基底であり，

$$A\boldsymbol{x}_k + iA\boldsymbol{y}_k = i\alpha_k\boldsymbol{x}_k - \alpha_k\boldsymbol{y}_k \qquad (k=1,2,\cdots,m)$$

となるから，両辺の実部と虚部を見ることにより

$$A\boldsymbol{x}_k = -\alpha_k\boldsymbol{y}_k,$$
$$A\boldsymbol{y}_k = \alpha_k\boldsymbol{x}_k$$

を得る．よって，基底 $\langle \boldsymbol{x}_1, \boldsymbol{y}_1, \boldsymbol{x}_2, \boldsymbol{y}_2, \cdots, \boldsymbol{x}_m, \boldsymbol{y}_m\rangle$ に対する $T_A\colon \mathbb{R}^{2m}\to\mathbb{R}^{2m}$ の行列表示は

$$B=\begin{pmatrix} 0 & \alpha_1 \\ -\alpha_1 & 0 \end{pmatrix}\oplus\cdots\oplus\begin{pmatrix} 0 & \alpha_m \\ -\alpha_m & 0 \end{pmatrix}$$

となる．こうして，$\boldsymbol{L}$ のある正規直交基底による T の行列表示として，B と零行列の直和を得る．

注意 7.49 基底 $\langle \boldsymbol{x}_1, \boldsymbol{x}_2, \cdots, \boldsymbol{x}_m, \boldsymbol{y}_1, \boldsymbol{y}_2, \cdots, \boldsymbol{y}_m \rangle$ による，T_A の行列表示は

$$\begin{pmatrix} 0 & \cdots & 0 & \alpha_1 & \cdots & 0 \\ & \ddots & & & \ddots & \\ 0 & \cdots & 0 & 0 & \cdots & \alpha_m \\ & & & \ddots & & \\ -\alpha_1 & \cdots & 0 & 0 & \cdots & 0 \\ & \ddots & & & \ddots & \\ 0 & \cdots & -\alpha_m & 0 & \cdots & 0 \end{pmatrix}$$

により与えられる．

問 12 直交変換 T は，ある正規直交基底により

$$\begin{pmatrix} \cos\theta_1 & \sin\theta_1 & & & & & & \\ -\sin\theta_1 & \cos\theta_1 & & & & & & \\ & & \ddots & & & & & \\ & & & \cos\theta_k & \sin\theta_k & & & \\ & & & -\sin\theta_k & \cos\theta_k & & & \\ & & & & & \ddots & & \\ & & & & & & \pm 1 & \\ & & & & & & & \ddots \\ & & & & & & & & \pm 1 \end{pmatrix}$$

と行列表示されることを示せ．ここで，$e^{i\theta_1}, e^{i\theta_2}, \cdots, e^{i\theta_k}$ は T の ± 1 と異なる特性根である．（ヒント：$\boldsymbol{E}(1) + \boldsymbol{E}(-1)$ の直交補空間に T を制限して，上と同様の証明を行う．）

§7.4 2次形式

(a) (歪)エルミート2次形式

$\boldsymbol{L}$ を $\mathbb{F}\,(=\mathbb{R}, \mathbb{C})$ 上の n 次元線形空間とする．内積の一般化として，2次形式の概念を定義しよう．

$\boldsymbol{L} \times \boldsymbol{L}$ の元 $(\boldsymbol{x}, \boldsymbol{y})$ に $\mathbb{F}$ の元 $[\boldsymbol{x}, \boldsymbol{y}]$ が対応し，次の性質を満たすとき，$[\ ,\ ]$ を $\boldsymbol{L}$ 上の**エルミート形式**(Hermitian form)（あるいは**エルミート2次形式**）という．

（1）　$[\boldsymbol{y}, \boldsymbol{x}] = \overline{[\boldsymbol{x}, \boldsymbol{y}]}$

（2）　$[\boldsymbol{x}+\boldsymbol{y}, \boldsymbol{z}] = [\boldsymbol{x}, \boldsymbol{z}] + [\boldsymbol{y}, \boldsymbol{z}]$

（3）　$[a\boldsymbol{x}, \boldsymbol{y}] = a[\boldsymbol{x}, \boldsymbol{y}]$

さらに，性質

（4）　$\boldsymbol{x} \in \boldsymbol{L}$ について，すべての $\boldsymbol{y}$ に対して $[\boldsymbol{x}, \boldsymbol{y}] = 0$ が成り立つならば，$\boldsymbol{x} = \boldsymbol{0}$ を満たすとき，[,] を**非退化**なエルミート形式という.

(1)の代わりに，$[\boldsymbol{y}, \boldsymbol{x}] = -\overline{[\boldsymbol{x}, \boldsymbol{y}]}$ が成り立つとき，[,] を**歪エルミート形式**という.

$\mathbb{F} = \mathbb{R}$ の場合は，エルミート形式を，**対称形式**(あるいは**2次形式**)といい，歪エルミート2次形式を**交代形式**という.

例 7.50　$A = (a_{ij}) \in M_n(\mathbb{F})$ を(歪)エルミート行列，$\langle\ ,\ \rangle$ を $\mathbb{F}^n$ の自然な内積とするとき，

$$[\boldsymbol{x}, \boldsymbol{y}] = \langle A\boldsymbol{x}, \boldsymbol{y}\rangle, \quad \boldsymbol{x}, \boldsymbol{y} \in \mathbb{F}^n$$

とおくと，[,] は $\mathbb{F}^n$ の(歪)エルミート形式である. [,] が非退化であることと，A が可逆であることは同値である(実際，任意の $\boldsymbol{y}$ に対して，$\langle A\boldsymbol{x}, \boldsymbol{y}\rangle = 0$ であることと，$A\boldsymbol{x} = \boldsymbol{0}$ であることとは同値である)から，

$$[\ ,\ ] \text{ が非退化} \iff \operatorname{Ker} T_A = \{\boldsymbol{0}\} \iff A \text{ が可逆}.$$

$$\boldsymbol{x} = \begin{pmatrix} x_1 \\ x_2 \\ \vdots \\ x_n \end{pmatrix}, \quad \boldsymbol{y} = \begin{pmatrix} y_1 \\ y_2 \\ \vdots \\ y_n \end{pmatrix}$$

とすると，

$$[\boldsymbol{x}, \boldsymbol{y}] = \sum_{i,j=1}^{n} a_{ij} x_j \overline{y}_i .$$

とくに $\mathbb{F} = \mathbb{R}$ の場合は

$$[\boldsymbol{x}, \boldsymbol{y}] = \sum_{i,j=1}^{n} a_{ij} x_j y_i = \sum_{i,j=1}^{n} a_{ij} x_i y_j .$$

例 7.51　$\boldsymbol{L} = \mathbb{R}^4$ の対称形式

$$[\boldsymbol{x},\boldsymbol{y}]=x_1y_1+x_2y_2+x_3y_3-x_4y_4,$$

$$\boldsymbol{x}=\begin{pmatrix}x_1\\x_2\\x_3\\x_4\end{pmatrix},\quad \boldsymbol{y}=\begin{pmatrix}y_1\\y_2\\y_3\\y_4\end{pmatrix}$$

は非退化である. □

明らかに，内積は非退化なエルミート形式である(上の最初の3つの性質は内積のそれと同じ).

一般の(歪)エルミート形式に対して，

$$\boldsymbol{M}_0=\{\boldsymbol{x}\in\boldsymbol{L}\mid \text{すべての}\ \boldsymbol{y}\in\boldsymbol{L}\ \text{に対して}\ [\boldsymbol{x},\boldsymbol{y}]=0\}$$

とおくと，$\boldsymbol{M}_0$ は明らかに $\boldsymbol{L}$ の部分空間である．$\boldsymbol{M}_0$ を2次形式 $[\ ,\ ]$ の**零化空間**という.

$$\boldsymbol{M}_0=\{\boldsymbol{0}\}\Longleftrightarrow [\ ,\ ]\ \text{が非退化}.$$

$\boldsymbol{L}$ の部分空間 $\boldsymbol{M}$ に，$[\ ,\ ]$ を制限すれば，$\boldsymbol{M}$ の(歪)エルミート2次形式が得られる．これを $[\ ,\ ]|_M$ で表す.

$$[\boldsymbol{x},\boldsymbol{y}]\,|_M=[\boldsymbol{x},\boldsymbol{y}],\quad \boldsymbol{x},\boldsymbol{y}\in\boldsymbol{M}.$$

以下，エルミート形式を扱おう．歪エルミート形式についても同じような性質が成り立つ.

内積に対して，正規直交基底が存在したように，一般のエルミート形式に対しても類似の基底が存在する.

定理 7.52　エルミート2次形式 $[\ ,\ ]$ に対して，整数 $s,t\geqq 0\ (s+t\leqq n)$ と，$\boldsymbol{L}$ の基底 $\langle \boldsymbol{e}_1,\boldsymbol{e}_2,\cdots,\boldsymbol{e}_n\rangle$ で

$$\begin{aligned}
&[\boldsymbol{e}_i,\boldsymbol{e}_j]=0 && (i\neq j)\\
&[\boldsymbol{e}_i,\boldsymbol{e}_i]=1 && (1\leqq i\leqq s)\\
&[\boldsymbol{e}_i,\boldsymbol{e}_i]=-1 && (s+1\leqq i\leqq s+t)\\
&[\boldsymbol{e}_i,\boldsymbol{e}_i]=0 && (s+t+1\leqq i\leqq n)
\end{aligned}$$

を満たすものが存在する．このような基底に対して，

$$\boldsymbol{M}_0=\langle\!\langle \boldsymbol{e}_{s+t+1},\cdots,\boldsymbol{e}_n\rangle\!\rangle.$$

さらに，s, t は $[\ ,\ ]$ のみによって一意的に決まる．

とくに，$\boldsymbol{x}=x_1\boldsymbol{e}_1+x_2\boldsymbol{e}_2+\cdots+x_n\boldsymbol{e}_n$，$\boldsymbol{y}=y_1\boldsymbol{e}_1+y_2\boldsymbol{e}_2+\cdots+y_n\boldsymbol{e}_n$ とおくと，

$$[\boldsymbol{x}, \boldsymbol{y}] = x_1\overline{y}_1+x_2\overline{y}_2+\cdots+x_s\overline{y}_s-x_{s+1}\overline{y}_{s+1}-\cdots-x_{s+t}\overline{y}_{s+t}$$

である．右辺の形の $\mathbb{F}^n$ 上のエルミート形式を**標準形**という．

［証明］ $F=\langle \boldsymbol{f}_1, \boldsymbol{f}_2, \cdots, \boldsymbol{f}_n\rangle$ を $\boldsymbol{L}$ の任意の基底としよう．

$$a_{ij} = [\boldsymbol{f}_j, \boldsymbol{f}_i] \qquad \text{(添字の付け方に注意)}$$

とおくと

$$a_{ji} = [\boldsymbol{f}_i, \boldsymbol{f}_j] = \overline{[\boldsymbol{f}_j, \boldsymbol{f}_i]} = \overline{a}_{ij}$$

であるから，n 次の正方行列 $A=(a_{ij})$ はエルミート行列である．n 次の可逆行列 P で

$$P^*AP = \mathrm{diag}(\overbrace{1, \cdots, 1}^{s}, \overbrace{-1, \cdots, -1}^{t}, 0, \cdots, 0)$$

となるものが存在するから(例題 7.45)，$P=(p_{ij})$ として

$$\boldsymbol{e}_i = \sum_{h=1}^{n} p_{hi}\boldsymbol{f}_h$$

とおけば，$E=\langle \boldsymbol{e}_1, \boldsymbol{e}_2, \cdots, \boldsymbol{e}_n\rangle$ は $\boldsymbol{L}$ の基底であり(P は E から F への変換行列になっている)，

$$\begin{aligned}[\boldsymbol{e}_j, \boldsymbol{e}_i] &= \sum_{h,k=1}^{n} p_{hj}[\boldsymbol{f}_h, \boldsymbol{f}_k]\overline{p}_{ki} \\ &= \sum_{h,k=1}^{n} p_{hj}a_{kh}\overline{p}_{ki} \\ &= \sum_{h,k=1}^{n} \overline{p}_{ki}a_{kh}p_{hj}\,.\end{aligned}$$

この最後の項は，P^*AP の (i, j) 成分であるから，$\langle \boldsymbol{e}_1, \boldsymbol{e}_2, \cdots, \boldsymbol{e}_n\rangle$ が求める基底である．$\boldsymbol{M}_0=\langle\langle \boldsymbol{e}_{s+t+1}, \cdots, \boldsymbol{e}_n\rangle\rangle$ であることは明らか．

$s+t=n-\dim \boldsymbol{M}_0$ であることから，(s, t) がエルミート形式のみで決まることを言うには，s がエルミート形式のみで決まることを言えば十分．このため次の補題を示す． ∎

特殊相対性理論

$\mathbb{R}$ 上の 4 次元線形空間 $\boldsymbol{L}$ の非退化対称形式で，その符号が $(3,1)$ であるものをミンコフスキーの内積(あるいは，ローレンツの内積)といい，ミンコフスキーの内積をもつ 4 次元線形空間を**ミンコフスキー空間**という．ミンコフスキー空間は，アインシュタインの特殊相対性理論の数学的モデルとして，ミンコフスキー(Hermann Minkowski，1864–1909)によって導入された．定理 7.52 により，ミンコフスキーの内積は例 7.51 で述べた $\mathbb{R}^4$ の対称形式と本質的に同じである．一般に，$(n-1,1)$ を符号にもつ非退化対称形式をもつ線形空間 $\boldsymbol{L}$ を**ローレンツ空間**といい，同型写像 $T\colon \boldsymbol{L}\to\boldsymbol{L}$ で，$[T\boldsymbol{x},T\boldsymbol{y}]=[\boldsymbol{x},\boldsymbol{y}]$，$\boldsymbol{x},\boldsymbol{y}\in\boldsymbol{L}$ を満たすものを**ローレンツ変換**という．

なお，特殊相対性理論は，

「光速度不変の原理=真空中の光の速度が，その光源の運動にかかわらず，すべての慣性座標系に対して一定の値をもつ」

「相対性原理=力学の法則は，すべての慣性座標系に対して同一の形をもつ」

の 2 つの原理をもとにして構成された理論である．

ちなみに，アインシュタインは，スイスの工科大学でミンコフスキーから数学を学んだが，難解(下手くそな?)講義のために数学の勉学を放棄したという．特殊相対性理論を普及するのに，ミンコフスキーの果たした役割が大きいことを考えると，これは科学史上のエピソードとしてもおもしろい．

ミンコフスキーは，整数論を幾何学的な立場から研究し(数の幾何学)，さらに微分幾何学にも貢献している．

補題 7.53 $[\ ,\ ]|_M$ が $\boldsymbol{M}$ の内積であるような $\boldsymbol{L}$ の部分空間 $\boldsymbol{M}$ をすべて考えたとき，s はその最大次元に等しい．とくに，s は 2 次形式 $[\ ,\ ]$ のみで決まる．

[証明] 最大次元を u とする．

$$\boldsymbol{M}_+ = \langle\!\langle \boldsymbol{e}_1, \cdots, \boldsymbol{e}_s \rangle\!\rangle, \quad \boldsymbol{M}_- = \langle\!\langle \boldsymbol{e}_{s+1}, \cdots, \boldsymbol{e}_{s+t} \rangle\!\rangle$$

とおくと，$\boldsymbol{M}_0=\langle\!\langle \boldsymbol{e}_{s+t+1}, \cdots, \boldsymbol{e}_n \rangle\!\rangle$ であるから，

$$\begin{aligned} &\boldsymbol{L} = \boldsymbol{M}_+ \oplus \boldsymbol{M}_- \oplus \boldsymbol{M}_0, \\ &\dim \boldsymbol{M}_+ = s, \quad \dim \boldsymbol{M}_- = t. \end{aligned} \tag{7.2}$$

明らかに，$[\ ,\ ]|_{M+}$ は $\boldsymbol{M}_+$ の内積であるから，$s \leqq u$.

$P: \boldsymbol{L} \to \boldsymbol{L}$ を，直和(7.2)から定まる $\boldsymbol{M}_+$ への射影作用素とする．$\boldsymbol{M}$ を $[\ ,\ ]|_M$ が $\boldsymbol{M}$ の内積(すなわち，正値)であるような $\boldsymbol{L}$ の部分空間とするとき，$P(\boldsymbol{M}) \subset \boldsymbol{M}_+$ であるから，制限 $P\,|\,\boldsymbol{M}$ が単射であることを示せばよい(実際，$\dim \boldsymbol{M} = \dim P(\boldsymbol{M}) \leqq \dim \boldsymbol{M}_+ = s$ となって，$u \leqq s$ を得る)．$P\boldsymbol{x} = \boldsymbol{0}$, $\boldsymbol{x} \in \boldsymbol{M}$ とする．このとき $\boldsymbol{x}$ は $\boldsymbol{x} = \boldsymbol{x}_- + \boldsymbol{x}_0$, $\boldsymbol{x}_- \in \boldsymbol{M}_-$, $\boldsymbol{x}_0 \in \boldsymbol{M}_0$ と表されるから，

$$\begin{aligned} 0 \leqq [\boldsymbol{x}, \boldsymbol{x}] &= [\boldsymbol{x}_- + \boldsymbol{x}_0,\ \boldsymbol{x}_- + \boldsymbol{x}_0] \\ &= [\boldsymbol{x}_-, \boldsymbol{x}_-] + [\boldsymbol{x}_-, \boldsymbol{x}_0] + [\boldsymbol{x}_0, \boldsymbol{x}_-] + [\boldsymbol{x}_0, \boldsymbol{x}_0] \\ &= [\boldsymbol{x}_-, \boldsymbol{x}_-] \leqq 0. \end{aligned}$$

よって，$[\boldsymbol{x}, \boldsymbol{x}] = 0$．$[\ ,\ ]|_M$ が $\boldsymbol{M}$ の内積であることから，$\boldsymbol{x} = \boldsymbol{0}$. ∎

s, t の組 (s, t) をエルミート形式 $[\ ,\ ]$ の**符号**(signature)という．

$\boldsymbol{L}$ を内積 $\langle\ ,\ \rangle$ をもつユニタリ空間とし，$[\ ,\ ]$ を $\boldsymbol{L}$ のエルミート形式とする．

定理 7.54　$\boldsymbol{L}$ の正規直交基底 $\langle \boldsymbol{e}_1, \boldsymbol{e}_2, \cdots, \boldsymbol{e}_n \rangle$ と実数 $\lambda_1, \lambda_2, \cdots, \lambda_n$ で

$$\begin{aligned} &[\boldsymbol{e}_i, \boldsymbol{e}_j] = 0 \qquad (i \neq j), \\ &[\boldsymbol{e}_i, \boldsymbol{e}_i] = \lambda_i \qquad (1 \leqq i \leqq n) \end{aligned}$$

を満たすものが存在する．ここで，正の λ_i の個数を s，負の λ_i の個数を t とすると，(s, t) は $[\ ,\ ]$ の符号である．

［証明］　定理 7.52 の証明において，$\langle \boldsymbol{f}_1, \boldsymbol{f}_2, \cdots, \boldsymbol{f}_n \rangle$ を $\boldsymbol{L}$ の正規直交基底とし，P を適当なユニタリ行列を取ることにより，

$$P^* A P = \mathrm{diag}(\lambda_1, \lambda_2, \cdots, \lambda_n)$$

とすることができる(定理 7.40 の系 7.43)．これから，定理の主張は直ちに導かれる． ∎

系 7.55　n 変数 $x_1, x_2, \cdots, x_n$ の 2 次関数 $f(x_1, x_2, \cdots, x_n) = \sum_{i,j}^{n} a_{ij} x_i x_j$ $(a_{ij} = a_{ji} \in \mathbb{R})$ に対して，ある変数変換

$$x_i = \sum_{j=1}^{n} u_{ij} y_j \qquad (i = 1, 2, \cdots, n,\ u_{ij} \in \mathbb{R})$$

を選び，これを $f(x_1, x_2, \cdots, x_n)$ に代入することにより

$$ {y_1}^2 + {y_2}^2 + \cdots + {y_s}^2 - {y_{s+1}}^2 - \cdots - {y_{s+t}}^2 $$

の形にできる．さらに，$U=(u_{ij})$ が直交行列となるような変数変換が存在して，$f(x_1, x_2, \cdots, x_n)$ を

$$\lambda_1 {y_1}^2 + \lambda_2 {y_2}^2 + \cdots + \lambda_s {y_s}^2 + \lambda_{s+1} {y_{s+1}}^2 + \cdots + \lambda_{s+t} {y_{s+t}}^2$$

の形(標準形)にできる．ただし，$\lambda_1, \lambda_2, \cdots, \lambda_{s+t}$ は対称行列 $A=(a_{ij})$ の零でない固有値であり，$\lambda_1, \lambda_2, \cdots, \lambda_s$ は正，$\lambda_{s+1}, \cdots, \lambda_{s+t}$ は負とする． □

実際，後半の変数変換は

$$U^{-1}AU (= U^* AU) = \mathrm{diag}(\lambda_1, \lambda_2, \cdots, \lambda_{s+t}, 0, \cdots, 0)$$

となる直交行列 U により与えられる．

例 7.56　$f(x,y,z) = x^2+y^2+z^2+2a(xy+yz+zx)$ $(a \in \mathbb{R},\ a \neq 0)$ を，直交変換により標準形にしてみよう．対応する対称行列は

$$A = \begin{pmatrix} 1 & a & a \\ a & 1 & a \\ a & a & 1 \end{pmatrix}$$

であり，固有値は $2a+1$，$1-a$ (重複度 2) である．よって，標準形は

$$(2a+1){x_1}^2 + (1-a){x_2}^2 + (1-a){x_3}^2$$

であるが，変数変換を具体的に求めるために，

$$\begin{aligned} A\boldsymbol{x}_1 &= (2a+1)\boldsymbol{x}_1, \\ A\boldsymbol{x}_i &= (1-a)\boldsymbol{x}_i \qquad (i=2,3) \end{aligned}$$

を解いて，(例えば) $\boldsymbol{x}_1 = {}^t(1,1,1)$，$\boldsymbol{x}_2 = {}^t(1,-1,0)$，$\boldsymbol{x}_3 = {}^t(1,1,-2)$．$\boldsymbol{x}_1, \boldsymbol{x}_2, \boldsymbol{x}_3$ は互いに直交するが，これを正規化して

$$\begin{aligned} &\boldsymbol{e}_1 = {}^t(1/\sqrt{3}, 1/\sqrt{3}, 1/\sqrt{3}), \quad \boldsymbol{e}_2 = {}^t(1/\sqrt{2}, -1/\sqrt{2}, 0), \\ &\boldsymbol{e}_3 = {}^t(1/\sqrt{6}, 1/\sqrt{6}, -2/\sqrt{6}). \end{aligned}$$

よって，

$$U=\begin{pmatrix} 1/\sqrt{3} & 1/\sqrt{2} & 1/\sqrt{6} \\ 1/\sqrt{3} & -1/\sqrt{2} & 1/\sqrt{6} \\ 1/\sqrt{3} & 0 & -2/\sqrt{6} \end{pmatrix}$$

とおくと，

$$U^{-1}AU=\begin{pmatrix} 2a+1 & 0 & 0 \\ 0 & 1-a & 0 \\ 0 & 0 & 1-a \end{pmatrix}$$

すなわち，

$$\begin{aligned} x &= (1/\sqrt{3})x_1 + (1/\sqrt{2})x_2 + (1/\sqrt{6})x_3 \\ y &= (1/\sqrt{3})x_1 - (1/\sqrt{2})x_2 + (1/\sqrt{6})x_3 \\ z &= (1/\sqrt{3})x_1 \qquad\qquad\quad - (2/\sqrt{6})x_3 \end{aligned}$$

が求める変数変換である．　□

問13　上の2次式が複素数を係数とする1次式の積に分解するように，a の値を定めよ．（ヒント：1次式の積に分解するとき，2次形式は退化する．）

《まとめ》

$\mathbb{F}=\mathbb{R}$ または $\mathbb{C}$ とする．

7.1　$\mathbb{F}$ 上の線形空間 $\boldsymbol{L}$ の内積は，

$$\begin{aligned} &\langle \boldsymbol{x}, \boldsymbol{y}\rangle = \overline{\langle \boldsymbol{y}, \boldsymbol{x}\rangle}, \\ &\langle \boldsymbol{x}+\boldsymbol{y}, \boldsymbol{z}\rangle = \langle \boldsymbol{x}, \boldsymbol{z}\rangle + \langle \boldsymbol{y}, \boldsymbol{z}\rangle, \\ &\langle a\boldsymbol{x}, \boldsymbol{y}\rangle = a\langle \boldsymbol{x}, \boldsymbol{y}\rangle, \\ &\langle \boldsymbol{x}, \boldsymbol{x}\rangle \geqq 0, \\ &\langle \boldsymbol{x}, \boldsymbol{x}\rangle = 0 \iff \boldsymbol{x} = \boldsymbol{0} \end{aligned}$$

を満たす写像 $\boldsymbol{L}\times\boldsymbol{L}\to\mathbb{F}$ のことである．内積をもつ線形空間をユニタリ空間という．

7.2　ユニタリ空間 $\boldsymbol{L}$ の正規直交系は

$$\langle \boldsymbol{e}_i, \boldsymbol{e}_j \rangle = \delta_{ij} \qquad (i, j = 1, 2, \cdots, n)$$

を満たす基底 $\langle \boldsymbol{e}_1, \boldsymbol{e}_2, \cdots, \boldsymbol{e}_n \rangle (n = \dim \boldsymbol{L})$ のことである．有限次元ユニタリ空間は，常に正規直交基底をもつ．

7.3 $\boldsymbol{M}_1, \boldsymbol{M}_2 \subset \boldsymbol{L}$ に対して，$\langle \boldsymbol{x}, \boldsymbol{y} \rangle = 0$, $\boldsymbol{x} \in \boldsymbol{M}_1$，$\boldsymbol{y} \in \boldsymbol{M}_2$ が成り立つとき，$\boldsymbol{M}_1, \boldsymbol{M}_2$ は直交するという．

7.4 有限次元ユニタリ空間 $\boldsymbol{L}$ の線形変換 T に対して，

$$\langle T\boldsymbol{x}, \boldsymbol{y} \rangle = \langle \boldsymbol{x}, T^* \boldsymbol{y} \rangle, \quad \boldsymbol{x}, \boldsymbol{y} \in \boldsymbol{L}$$

を満たす線形変換 T^* が存在する．T^* を T の随伴変換という．

7.5 $T^*T = TT^*$ を満たす変換を正規変換という．$\mathbb{F} = \mathbb{C}$ のとき，正規変換は対角化可能であり，固有空間は互いに直交する．とくにエルミート変換 $(T^* = T)$ は対角化可能であり，固有値はすべて実数である．

7.6 内積の定義において，正値性の条件を除いたものをエルミート形式という．エルミート形式 [,] は，適当な基底 $\langle \boldsymbol{e}_1, \boldsymbol{e}_2, \cdots, \boldsymbol{e}_n \rangle$ を選ぶことにより，

$$[\boldsymbol{x}, \boldsymbol{y}] = x_1 \overline{y}_1 + x_2 \overline{y}_2 + \cdots + x_s \overline{y}_s - x_{s+1} \overline{y}_{s+1} - \cdots - x_{s+t} \overline{y}_{s+t}$$

と書くことができる．ここで，

$$\boldsymbol{x} = x_1 \boldsymbol{e}_1 + x_2 \boldsymbol{e}_2 + \cdots + x_n \boldsymbol{e}_n,$$
$$\boldsymbol{y} = y_1 \boldsymbol{e}_1 + y_2 \boldsymbol{e}_2 + \cdots + y_n \boldsymbol{e}_n$$

とする．

演習問題

7.1 n 次以下の実数係数多項式を区間 $[-1, 1]$ に制限することにより，$\mathbb{R}[x]_n$ を $C^0([-1, 1])$ の部分空間と考え，$\mathbb{R}[x]_n$ の内積として，$C^0([-1, 1])$ の内積を制限したものを考える．このとき，$\mathbb{R}[x]_n$ の基底 $\langle 1, x, x^2, \cdots, x^n \rangle$ について，シュミットの直交化法により得られる正規直交基底は(符号を除いて)

$$\langle f_0, f_1, \cdots, f_n \rangle,$$

$$f_k(x) = \sqrt{\frac{2k+1}{2}} \frac{1}{2^k k!} \frac{d^k}{dx^k} (x^2 - 1)^k \qquad (k = 0, 1, \cdots, n)$$

となることを示せ．

7.2 ユニタリ空間 $\boldsymbol{L}$ の変換 T が内積を保存($\langle T\boldsymbol{x}, T\boldsymbol{y} \rangle = \langle \boldsymbol{x}, \boldsymbol{y} \rangle$, $\boldsymbol{x}, \boldsymbol{y} \in \boldsymbol{L}$)するならば，$T$ は線形変換であることを示せ．

7.3　$\boldsymbol{e}$ を $\boldsymbol{L}$ の単位ベクトルとし，$T\colon \boldsymbol{L}\to\boldsymbol{L}$ を

$$T(\boldsymbol{x}) = \boldsymbol{x} - 2\langle \boldsymbol{x}, \boldsymbol{e}\rangle \boldsymbol{e}$$

により定める．このとき，次のことを証明せよ．

(1) T はユニタリ変換であり，$T^2 = I$ が成り立つ．

(2) $\mathrm{Ker}(T+I) = \mathbb{R}\boldsymbol{e}$ $(=\{a\boldsymbol{e} \mid a\in\mathbb{R}\})$．$\mathrm{Ker}(T-I)$ は $\mathbb{R}\boldsymbol{e}$ の直交補空間である．

7.4　$\boldsymbol{e}_1, \boldsymbol{e}_2, \cdots, \boldsymbol{e}_k$ をユニタリ空間 $\boldsymbol{L}$ の単位ベクトルとし，任意のベクトル $\boldsymbol{x}$ に対して

$$|\langle \boldsymbol{x}, \boldsymbol{e}_1\rangle|^2 + |\langle \boldsymbol{x}, \boldsymbol{e}_2\rangle|^2 + \cdots + |\langle \boldsymbol{x}, \boldsymbol{e}_k\rangle|^2 = \|\boldsymbol{x}\|^2$$

が成り立つと仮定する．このとき，$\boldsymbol{e}_1, \boldsymbol{e}_2, \cdots, \boldsymbol{e}_k$ は $\boldsymbol{L}$ の正規直交基底であることを示せ．逆が成り立つことも示せ．

7.5　定理 7.26 は，一般に無限次元では成り立たないことを，反例を挙げて示せ．

7.6　線形写像 $T\colon \boldsymbol{L}\to\boldsymbol{L}'$ に対して，

$$\mathrm{Image}\, T = (\mathrm{Ker}\, T^*)^{\perp}, \quad \mathrm{Ker}\, T = (\mathrm{Image}\, T^*)^{\perp}$$

となることを示せ．

7.7　$\mathbb{F} = \mathbb{C}$ とする．

(1) 任意の線形変換 $T\colon \boldsymbol{L}\to\boldsymbol{L}$ に対して，$T = A + iB$ となるエルミート変換 A, B が存在することを示せ．しかも，このような表示は一意的であることも示せ．

(2) T が正規変換であるためには，$AB = BA$ を満たすエルミート変換 A, B により $T = A + iB$ と表されることが必要十分条件であることを示せ．

7.8　エルミート変換 $T\colon \boldsymbol{L}\to\boldsymbol{L}$ が，すべての $\boldsymbol{x}\in\boldsymbol{L}$ に対して，$\langle T\boldsymbol{x}, \boldsymbol{x}\rangle \geqq 0$ を満たしているとき，T の固有値はすべて 0 または正であることを示せ．

7.9　エルミート変換 $T\colon \boldsymbol{L}\to\boldsymbol{L}$ が，すべての $\boldsymbol{x}\in\boldsymbol{L}$ に対して，$\langle T\boldsymbol{x}, \boldsymbol{x}\rangle \geqq 0$ を満たしているとき，

$$T = S^2, \quad \langle S\boldsymbol{x}, \boldsymbol{x}\rangle \geqq 0, \quad \boldsymbol{x}\in\boldsymbol{L}$$

を満たすエルミート変換 $S\colon \boldsymbol{L}\to\boldsymbol{L}$ がただ 1 つ存在することを示せ．

7.10　エルミート変換 T の最大の固有値を α，最小の固有値を β とするとき，

$$\alpha = \sup_{\|\boldsymbol{x}\|=1} \langle T\boldsymbol{x}, \boldsymbol{x}\rangle, \quad \beta = \inf_{\|\boldsymbol{x}\|=1} \langle T\boldsymbol{x}, \boldsymbol{x}\rangle$$

であることを示せ．

7.11 $\mathbb{F}$ 上の線形空間 $\boldsymbol{L}$ のノルム $\| \ \|$ が

$$\|\boldsymbol{x}+\boldsymbol{y}\|^2+\|\boldsymbol{x}-\boldsymbol{y}\|^2=2(\|\boldsymbol{x}\|^2+\|\boldsymbol{y}\|^2)$$

を満たしているとする．このとき，次の事柄を証明せよ．

(1) $\mathbb{F}=\mathbb{R}$ のとき，

$$\langle\boldsymbol{x},\boldsymbol{y}\rangle=(1/4)(\|\boldsymbol{x}+\boldsymbol{y}\|^2-\|\boldsymbol{x}-\boldsymbol{y}\|^2)$$

とおけば，$\langle\ ,\ \rangle$ は $\boldsymbol{L}$ の内積であり，$\langle\boldsymbol{x},\boldsymbol{x}\rangle=\|\boldsymbol{x}\|^2$ を満たす．

(2) $\mathbb{F}=\mathbb{C}$ のとき，

$$\langle\boldsymbol{x},\boldsymbol{y}\rangle=(1/4)(\|\boldsymbol{x}+\boldsymbol{y}\|^2-\|\boldsymbol{x}-\boldsymbol{y}\|^2)+(1/4)i(\|\boldsymbol{x}+i\boldsymbol{y}\|^2-\|\boldsymbol{x}-i\boldsymbol{y}\|^2)$$

とおけば，$\langle\ ,\ \rangle$ は $\boldsymbol{L}$ の内積である．

7.12 $[\ ,\ ]$ を $\boldsymbol{L}$ 上の(歪)エルミート形式とする．このときに，各 $\boldsymbol{y}\in\boldsymbol{L}$ に対して $T_{\boldsymbol{y}}(\boldsymbol{x})=[\boldsymbol{x},\boldsymbol{y}]$ とおくと，$T_{\boldsymbol{y}}$ は $\mathrm{Hom}(\boldsymbol{L},\mathbb{F})$ に属し，逆に，$[\ ,\ ]$ が非退化であれば，任意の $T\in\mathrm{Hom}(\boldsymbol{L},\mathbb{F})$ に対して，$T=T_{\boldsymbol{y}}$ となる $\boldsymbol{y}$ が一意的に定まることを示せ．

7.13 $[\ ,\ ]$ を $\mathbb{R}$ 上の n 次元線形空間 $\boldsymbol{L}$ における非退化な交代形式とする．

(1) $\boldsymbol{L}$ は偶数次元であることを示せ．

(2) $n=2k$ とする．$\boldsymbol{L}$ の基底 $\langle\boldsymbol{e}_1,\boldsymbol{e}_2,\cdots,\boldsymbol{e}_k,\boldsymbol{f}_1,\boldsymbol{f}_2,\cdots,\boldsymbol{f}_k\rangle$ で

$$\begin{aligned}
&[\boldsymbol{e}_i,\boldsymbol{f}_i]=1 &&(i=1,2,\cdots,k)\\
&[\boldsymbol{e}_i,\boldsymbol{f}_j]=0 &&(i\neq j)\\
&[\boldsymbol{e}_i,\boldsymbol{e}_j]=0 &&(1\leqq i,j\leqq k)\\
&[\boldsymbol{f}_i,\boldsymbol{f}_j]=0 &&(1\leqq i,j\leqq k)
\end{aligned}$$

すなわち，

$$\begin{aligned}
\boldsymbol{x}&=x_1\boldsymbol{e}_1+x_2\boldsymbol{e}_2+\cdots+x_k\boldsymbol{e}_k+\xi_1\boldsymbol{f}_1+\xi_2\boldsymbol{f}_2+\cdots+\xi_k\boldsymbol{f}_k,\\
\boldsymbol{y}&=y_1\boldsymbol{e}_1+y_2\boldsymbol{e}_2+\cdots+y_k\boldsymbol{e}_k+\eta_1\boldsymbol{f}_1+\eta_2\boldsymbol{f}_2+\cdots+\eta_k\boldsymbol{f}_k
\end{aligned}$$

とおくと

$$[\boldsymbol{x},\boldsymbol{y}]=x_1\eta_1+x_2\eta_2+\cdots+x_k\eta_k-y_1\xi_1-y_2\xi_2-\cdots-y_k\xi_k$$

となる基底 $\langle\boldsymbol{e}_1,\boldsymbol{e}_2,\cdots,\boldsymbol{e}_k,\boldsymbol{f}_1,\boldsymbol{f}_2,\cdots,\boldsymbol{f}_k\rangle$ が存在することを示せ．

7.14 エルミート変換 $T\colon\boldsymbol{L}\to\boldsymbol{L}$ が，すべての $\boldsymbol{x}\in\boldsymbol{L}$ に対して，$\langle T\boldsymbol{x},\boldsymbol{x}\rangle\geqq 0$ を満たしているとき，

$$|\langle T\boldsymbol{x},\boldsymbol{y}\rangle|^2\leqq\langle T\boldsymbol{x},\boldsymbol{x}\rangle\langle T\boldsymbol{y},\boldsymbol{y}\rangle,\quad \boldsymbol{x},\boldsymbol{y}\in\boldsymbol{L}$$

が成り立つことを示せ．

7.15 $\boldsymbol{x}$ を単位ベクトルとし，エルミート変換 T に対して $\langle T\rangle=\langle T\boldsymbol{x},\boldsymbol{x}\rangle$，$\Delta T$

$=T-\langle T\rangle I$ とおく．このとき，次のことを示せ．

(1) $\langle(\Delta T)^2\rangle=\langle T^2\rangle-\langle T\rangle^2$

(2) $\langle(\Delta T_1)^2\rangle\langle(\Delta T_2)^2\rangle\geqq(1/4)\,|\langle[T_1,T_2]\rangle|^2$．ただし，$[T_1,T_2]=T_1T_2-T_2T_1$ とする．

7.16　$\boldsymbol{L}$ を有限次元線形空間とし，$T\colon\boldsymbol{L}\to\boldsymbol{L}$ を $T^k=I\ (k\geqq 1)$ を満たす線形変換とする．T がユニタリ変換となるような $\boldsymbol{L}$ 上の内積が存在することを示せ．

7.17　有限次元ユニタリ空間の任意の線形変換は，ある正規直交基底に関して，上三角行列表示をもつことを示せ(ただし $\mathbb{F}=\mathbb{C}$ とする)．

8 行列の解析学

実数を変数とする関数 $f(x)$ に，複素数を代入することは一般にはできない．しかし，関数 $f(x)$ が x の絶対収束ベキ級数

$$f(x) = a_0 + a_1x + \cdots + a_nx^n + \cdots, \quad |x| < R$$

で表されているときは，x の代わりに絶対値が R より小さい複素数 z を代入することには意味がある．実際，このようにして，多くの初等関数(指数関数 e^z，対数関数 $\log z$，三角関数 $\sin z$, $\cos z$ など)は，複素数変数の関数に拡張されるのである(本シリーズ『複素関数入門』参照)．

この章では，関数 $f(x)$ に正方行列 A を代入することを考える．そして，複素変数の代入と同様に，$f(x)$ が収束ベキ級数であれば，行列の代入の操作が正当化されることを見る．すなわち，A の各成分が小さければ，形式的に A を代入して得られる行列の級数

$$a_0I + a_1A + \cdots + a_nA^n + \cdots$$

は「収束」するのである．すでに，f が多項式のときは第6章で扱ったが，それは有限ベキ級数の場合に当たる．

行列の理論は，このような行列の関数を考え，その微分積分学を展開することによって，より豊かなものになる．とくに，行列の指数関数

$$\exp A = I + A + \frac{1}{2!}A^2 + \frac{1}{3!}A^3 + \cdots$$

の導入は，リー群論や微分幾何学などの重要な分野への出発点になる．

§8.1　行列の関数

(a)　行列のノルム

実数変数(あるいは複素数変数)の関数の理論では，絶対値についての次の性質が基本的であった．

（1）　$|z| \geqq 0$．$|z|=0$ であれば，$z=0$．

（2）　$|z+w| \leqq |z|+|w|$

（3）　$|zw|=|z||w|$

（4）（$\mathbb{R}, \mathbb{C}$ の完備性）　列 $\{z_k\}_{k=1}^{\infty}$ が，条件

$$\lim_{h,k\to\infty} |z_h - z_k| = 0$$

を満たせば，$\{z_k\}_{k=1}^{\infty}$ は収束する．もっと正確にいえば，

「任意の正数 ε に対し，$h,k \geqq N$ であるとき $|z_h - z_k| < \varepsilon$ を満たすような(ε に依存する)自然数 N が存在するならば，$\lim_{k\to\infty} |z_k - z|$ となる z が存在する．」

絶対値と類似の性質をもつものが，行列に対しても定義されれば，行列の解析学を論じることができるはずである．そこで，次のような概念を導入する．

本章を通して $\mathbb{F}=\mathbb{R}$ または $\mathbb{C}$ とする．(m,n) 型行列 $A=(a_{ij}) \in M(m,n;\mathbb{F})$ に対して，A の**作用素ノルム** $\|A\|$ を次のように定義する．

$$\|A\| = \sup_{\substack{\|\boldsymbol{x}\|=1 \\ \boldsymbol{x}\in\mathbb{F}^n}} \|A\boldsymbol{x}\| = \sup_{\substack{\boldsymbol{x}\in\mathbb{F}^n \\ \boldsymbol{x}\neq\boldsymbol{0}}} \frac{\|A\boldsymbol{x}\|}{\|\boldsymbol{x}\|}.$$

ただし，$\|\boldsymbol{x}\|^2 = |x_1|^2+|x_2|^2+\cdots+|x_n|^2$ $(\boldsymbol{x}=(x_i))$ とする．

補題 8.1　$A=(a_{ij})$ に対して，

$$\|A\|_0 = \max\{|a_{ij}| \mid i=1,2,\cdots,m;\ j=1,2,\cdots,n\}$$

とおくと，$\|A\|_0 \leqq \|A\| \leqq \sqrt{mn}\,\|A\|_0$ が成り立つ．

［証明］　$\boldsymbol{e}_1, \boldsymbol{e}_2, \cdots, \boldsymbol{e}_n$ を $\mathbb{F}^n$ の基本ベクトルとする．$\|A\|_0 = |a_{ij}|$ となる i,j

に対して，

$$\|A\boldsymbol{e}_j\|^2=|a_{1j}|^2+|a_{2j}|^2+\cdots+|a_{mj}|^2\geqq|a_{ij}|^2$$

であるから，

$$\|A\|\geqq\|A\boldsymbol{e}_i\|\geqq|a_{ij}|=\|A\|_0.$$

一方，$\boldsymbol{x}=x_1\boldsymbol{e}_1+x_2\boldsymbol{e}_2+\cdots+x_n\boldsymbol{e}_n$ に対して

$$\|A\boldsymbol{x}\|^2=\sum_{i=1}^{m}\left|\sum_{j=1}^{n}a_{ij}x_j\right|^2\leqq\sum_{i=1}^{m}\left(\sum_{j=1}^{n}|a_{ij}|^2\right)\left(\sum_{j=1}^{n}|x_j|^2\right)\leqq mn\|A\|_0{}^2\|\boldsymbol{x}\|^2$$

(シュヴァルツの不等式を利用した)．したがって

$$\|A\|\leqq\sqrt{mn}\|A\|_0.$$

∎

定理 8.2　作用素ノルムは次の性質を満たす．

（1）　$\|A\|\geqq0$．$\|A\|=0$ であれば，$A=O$．

（2）　A,B が同じ型の行列であれば，$\|A+B\|\leqq\|A\|+\|B\|$

（3）　$\|aA\|=|a|\|A\|$

（4）　積 AB が定義されるとき，$\|AB\|\leqq\|A\|\|B\|$

（5）　(m,n) 型の行列の列 $\{A_k\}_{k=1}^{\infty}$ についての条件

$$\lim_{h,k\to\infty}\|A_h-A_k\|=0$$

を満たしているとき，ある (m,n) 型の行列 A が存在して，

$$\lim_{k\to\infty}\|A-A_k\|=0$$

となる．

［証明］　(1),(2),(3)は，定義より明らか．

$$\|AB\boldsymbol{x}\|\leqq\|A\|\|B\boldsymbol{x}\|\leqq\|A\|\|B\|\|\boldsymbol{x}\|$$

から，(4)が得られる．(5)については

$$A_k=(a_{ij}{}^{(k)})\qquad(k=1,2,\cdots)$$

とおくと，仮定からと補題 8.1 から，各 i,j について

$$\lim_{h,k\to\infty}|a_{ij}{}^{(h)}-a_{ij}{}^{(k)}|=0.$$

よって

$$\lim_{k\to\infty}|a_{ij}-a_{ij}{}^{(k)}|=0$$

となる a_{ij} が存在する．$A=(a_{ij})$ とおけば，再び補題 8.1 を使って，

$$\lim_{k\to\infty}\|A-A_k\|=0$$

となる. ∎

注意 8.3　上で述べた性質をもつ「ノルム」は，作用素ノルム以外にも存在する(演習問題 8.1). しかし，無限次元のユニタリ空間(ヒルベルト空間)の研究では，作用素ノルムが最も重要な役割を果たす.

(m,n) 型の行列の列 $\{A_k\}_{k=1}^{\infty}$ について，

$$\lim_{k\to\infty}\|A-A_k\|=0$$

となるとき，$\lim_{k\to\infty}A_k=A$ と表し，A を $\{A_k\}$ の**極限**，または $\{A_k\}$ は A に**収束**するという.

行列の列 $\{A_k\}_{k=1}^{\infty}$ $(A_i\in M(m,n;\mathbb{F}))$ について，極限

$$A=\lim_{k\to\infty}(A_1+A_2+\cdots+A_k)$$

が存在するとき，級数 $A_1+A_2+\cdots$ は，A に収束するといい，

$$A=A_1+A_2+\cdots$$

と表すことにする. $\|A_1\|+\|A_2\|+\cdots$ が収束するとき，級数 $A_1+A_2+\cdots$ は**絶対収束**するという. 絶対収束する級数が収束することは，

$$\|A_h+A_{h+1}+\cdots+A_k\|\leqq\|A_h\|+\|A_{h+1}\|+\cdots+\|A_k\|$$

により明らか(定理 8.2 の(2)).

(b)　行列値関数の微分

絶対値の類似が行列に対して定義されたから，行列値関数の解析学を展開できる.

$[a,b]$ を実数直線上の区間とし，(m,n) 型行列に値をもつ行列値関数 $A(t)=(a_{ij}(t))\in M(m,n;\mathbb{F})$ を考える. $t_0\in[a,b]$ に対して，

$$\lim_{t\to t_0}\|A-A(t)\|=0$$

を満たすとき，$\lim_{t\to t_0}A(t)=A$ と表し，$\{A(t)\}$ は $t\to t_0$ であるとき A に**収束**するという.

補題 8.1 により

$$「行列の収束」\Longleftrightarrow 行列の各成分の収束.$$

$A(t)=(a_{ij}(t))$ において，各 $a_{ij}(t)$ が，t の関数として $t=t_0$ で連続である

とき，言い換えれば，

$$\lim_{t \to t_0} A(t) = A(t_0)$$

が成り立つとき，$A(t)$ は t_0 で連続であるという．$A(t)$ が区間 I の各点で連続であるとき，$[a,b]$ 上連続であるという．

$[a,b]$ 上で定義された行列値関数の列 $\{A_k(t)\}_{k=1}^{\infty}$ と $A(t)$ を考える．任意の正数 ε に対して，(t に無関係な)自然数 N が存在して

$$k \geqq N \Longrightarrow \|A_k(t) - A(t)\| < \varepsilon$$

が成り立つとき，$\{A_k(t)\}_{k=1}^{\infty}$ は $A(t)$ に**一様収束**するという．

次の問は，通常の関数に対する性質を，行列値関数の場合に言い換えたものであり，成分の関数に着目すれば，証明は容易である．

問1

(1)　$A(t)$ が区間 $[a,b]$ 上で連続であるとき，$A(t)$ は次の意味で一様連続であることを示せ:

任意の正数 ε に対し，$|t-s| < \delta \Rightarrow \|A(t) - A(s)\| < \varepsilon$ が成り立つような正数 δ が存在する．

(2)　$A(t)$ が区間 $[a,b]$ 上で連続であるとき，$\|A(t)\|$ は上に有界であることを示せ．

(3)　連続な行列値関数の列 $\{A_k(t)\}_{k=1}^{\infty}$ が $A(t)$ に一様収束していれば，$A(t)$ も連続であることを示せ．

極限

$$\lim_{t \to t_0} \frac{1}{t - t_0}(A(t) - A(t_0))$$

が存在するとき，すなわち，各 $a_{ij}(t)$ が $t = t_0$ で微分可能であるとき，$A(t)$ は $t = t_0$ で**微分可能**であるといい，この値を $A(t)$ の t_0 における**微分係数**という．微分係数を表すのに，記号 $A'(t_0)$ または $\dfrac{dA}{dt}(t_0)$ を用いる．$A'(t_0)$ の成分は $a'_{ij}(t)$ である．$A(t)$ が区間 I の各点で微分可能なとき，$A(t)$ は $[a,b]$ で微分可能であるといい，I 上の関数 $A'(t)$ を $A(t)$ の**導関数**という．通常の微分に関することがらから，行列の微分について次の性質を得る．

補題 8.4

（1）　$A(t), B(t)$ がともに I 上で定義された (m,n) 型の微分可能な行列値関数であるとき，$A(t)+B(t)$ も微分可能であり

$$(A(t)+B(t))' = A'(t)+B'(t).$$

さらに，$c(t)$ が実数値（複素数値）の微分可能な関数ならば

$$(c(t)A(t))' = c'(t)A(t)+c(t)A'(t).$$

（2）　$A(t)$ が (l,m) 型，$B(t)$ が (m,n) 型の微分可能な行列値関数ならば，積 $A(t)B(t)$ も微分可能で

$$(A(t)B(t))' = A'(t)B(t)+A(t)B'(t).$$

（3）　$A(t)$ が各 $t\in I$ について可逆な n 次正方行列で，微分可能であれば，$A(t)^{-1}$ も微分可能で

$$(A(t)^{-1})' = -A(t)^{-1}A'(t)A(t)^{-1}.$$

［証明］（1）は明らか．（2）を示そう．$A(t)=(a_{ij}(t))$，$B(t)=(b_{jk}(t))$ とおくと，積の場合，$(A(t)B(t))'$ の (i,k) 成分は

$$\left(\sum_j a_{ij}(t)b_{jk}(t)\right)' = \sum_j (a'_{ij}(t)b_{jk}(t)+a_{ij}(t)b'_{jk}(t))$$
$$= \sum_j a'_{ij}(t)b_{jk}(t)+\sum_j a_{ij}(t)b'_{jk}(t)$$

に等しく，これは $A'(t)B(t)+A(t)B'(t)$ の (i,k) 成分にほかならない．

（3）を示すのに，まず $\det A(t)$ は $a_{ij}(t)$ の多項式であるから，$\det A(t)$ が微分可能，よって，$(\det A(t))^{-1}$ も微分可能である．さらに $A(t)$ の余因子行列 $\widetilde{A}(t)$ も同様に微分可能．したがって，

$$A(t)^{-1} = (\det A(t))^{-1}\widetilde{A}(t)$$

も微分可能である．$A(t)A(t)^{-1}=I$ の両辺を微分すれば，（2）を使って，

$$A'(t)A(t)^{-1}+A(t)(A(t)^{-1})' = O,$$
$$A(t)(A(t)^{-1})' = -A'(t)A(t)^{-1},$$
$$(A(t)^{-1})' = -A(t)^{-1}A'(t)A(t)^{-1}.$$

∎

(c) 行列値関数の積分

区間 $[a,b]$ 上で定義された連続な行列値関数 $A(t)$ の積分

$$B=\int_a^b A(t)dt$$

は，各成分を積分することにより定義する．すなわち B の成分 b_{ij} は

$$b_{ij}=\int_a^b a_{ij}(t)dt$$

により与えられる．定数行列 C について(積が意味のあるとき)

$$CB=\int_a^b CA(t)dt, \quad BC=\int_a^b A(t)Cdt$$

であることは簡単に確かめられる．

不等式 $\big|\|A(t)\|-\|A(s)\|\big| \leqq \|A(t)-A(s)\|$ により，t の実数値関数 $\|A(t)\|$ は連続であることに注意しよう．

例題 8.5

$$\left\|\int_a^b A(t)dt\right\| \leqq \int_a^b \|A(t)\|dt\,.$$

［解］ 積分の定義にもどる．区間 $[a,b]$ の分割

$$\Delta:\ t_0<t_1<t_2<\cdots<t_s, \quad t_0=a,\ t_s=b$$

$$|\Delta|=\max\{(t_i-t_{i-1}) \mid i=1,2,\cdots,s\}$$

を考えたとき，

$$\int_a^b A(t)dt=\lim_{|\Delta|\to 0}\sum_{i=1}^{s} A(t_i)(t_i-t_{i-1})$$

となるが，この両辺の作用素ノルムをとり，定理 8.2 の(2)を適用すれば主張を得る． ∎

問 2 $[a,b]$ 上，連続な行列値関数の列 $\{A_k(t)\}_{k=1}^{\infty}$ が $A(t)$ に一様収束していれば，

$$\lim_{k\to\infty}\int_a^b A_k(t)dt=\int_a^b A(t)dt$$

が成り立つことを示せ.

(d)　線形微分方程式

次のような方程式を,（$\mathbb{F}$ に値をもつ）未知関数系 $x_1(t), x_2(t), \cdots, x_n(t)$ に関する，**1 階線形微分方程式系**という.

$$
\begin{aligned}
x_1'(t) &= a_{11}(t)x_1(t)+a_{12}(t)x_2(t)+\cdots+a_{1n}(t)x_n(t)\\
x_2'(t) &= a_{21}(t)x_1(t)+a_{22}(t)x_2(t)+\cdots+a_{2n}(t)x_n(t)\\
&\cdots\cdots\cdots\\
x_n'(t) &= a_{n1}(t)x_1(t)+a_{n2}(t)x_2(t)+\cdots+a_{nn}(t)x_n(t)
\end{aligned}
$$

ここで,

$$
A(t) = (a_{ij}(t)) \qquad (\in M_n(\mathbb{F}))
$$

$$
\boldsymbol{x}(t) = \begin{pmatrix} x_1(t) \\ x_2(t) \\ \vdots \\ x_n(t) \end{pmatrix}
$$

とおくと，上の微分方程式は

$$
\boldsymbol{x}'(t) = A(t)\boldsymbol{x}(t) \tag{8.1}
$$

と表すことができる.

次の定理は，常微分方程式の基本定理の 1 つである.

定理 8.6（**解の存在と一意性**）　$A(t)$ が区間 $[a,b]$ 上で連続と仮定する．このとき，$t_0 \in [a,b]$ と $\boldsymbol{x}_0 \in \mathbb{F}^n$ に対して，初期条件 $\boldsymbol{x}(t_0)=\boldsymbol{x}_0$ を満たす微分方程式(8.1)の解 $\boldsymbol{x}(t)$ がただ 1 つ存在する.

［証明］　ベクトル値関数の列 $\{\boldsymbol{x}_k(t)\}_{k=0}^{\infty}$ を次のように帰納的に定義する:

$$
\boldsymbol{x}_0(t) \equiv \boldsymbol{x}_0 \qquad (\in \mathbb{F}^n)
$$

$$
\boldsymbol{x}_{k+1}(t) = \boldsymbol{x}_0 + \int_{t_0}^{t} A(\tau)\boldsymbol{x}_k(\tau)d\tau .
$$

$\{\boldsymbol{x}_k(t)\}$ が一様収束することを示そう．$K = \sup_{\tau \in I} \|A(\tau)\|$ とおく.

$$\boldsymbol{x}_{k+1}(t)-\boldsymbol{x}_k(t)=\int_{t_0}^{t}A(\tau)(\boldsymbol{x}_k(\tau)-\boldsymbol{x}_{k-1}(\tau))d\tau\,.$$

例題8.5の不等式により

$$\begin{aligned}\|\boldsymbol{x}_{k+1}(t)-\boldsymbol{x}_k(t)\| &\leqq \left|\int_{t_0}^{t}\|A(\tau)(\boldsymbol{x}_k(\tau)-\boldsymbol{x}_{k-1}(\tau))\|d\tau\right| \\ &\leqq \left|\int_{t_0}^{t}\|A(\tau)\|\,\|\boldsymbol{x}_k(\tau)-\boldsymbol{x}_{k-1}(\tau)\|d\tau\right| \\ &\leqq K\left|\int_{t_0}^{t}\|\boldsymbol{x}_k(\tau)-\boldsymbol{x}_{k-1}(\tau)\|d\tau\right|.\end{aligned}$$

この不等式を使って,

$$\|\boldsymbol{x}_{k+1}(t)-\boldsymbol{x}_k(t)\| \leqq \frac{1}{(k+1)!}\|\boldsymbol{x}_0\|(K|t-t_0|)^{k+1}$$

を示すことができる．実際，$k=0$ のときは

$$\|\boldsymbol{x}_1(t)-\boldsymbol{x}_0(t)\| \leqq K\left|\int_{t_0}^{t}\|\boldsymbol{x}_0\|d\tau\right| = K\|\boldsymbol{x}_0\|\,|t-t_0|\,.$$

$k-1$ のとき正しいと仮定すると,

$$\begin{aligned}\|\boldsymbol{x}_{k+1}(t)-\boldsymbol{x}_k(t)\| &\leqq K\left|\int_{t_0}^{t}\frac{\|\boldsymbol{x}_0\|}{k!}K|\tau-t_0|^k d\tau\right| \\ &= \frac{1}{(k+1)!}\|\boldsymbol{x}_0\|(K|t-t_0|)^{k+1}\,.\end{aligned}$$

よって，k に対しても正しい.

$k>h$ であるとき

$$\begin{aligned}\|\boldsymbol{x}_k(t)-\boldsymbol{x}_h(t)\| &\leqq \sum_{i=h}^{k-1}\|\boldsymbol{x}_{i+1}(t)-\boldsymbol{x}_i(t)\| \\ &\leqq \|\boldsymbol{x}_0\|\sum_{i=h}^{k-1}\frac{1}{i!}(K|t-t_0|)^i\,. \qquad (8.2)\end{aligned}$$

指数関数 $e^x\ (=\exp x)$ のベキ級数展開

$$\sum_{k=0}^{\infty}\frac{1}{k!}x^k = 1+x+\frac{1}{2!}x^2+\frac{1}{3!}x^3+\cdots$$

は，$|x|<\infty$ で絶対収束しているから(本シリーズ『微分と積分1』)

$$\lim_{h,k\to\infty}\|\boldsymbol{x}_k(t)-\boldsymbol{x}_h(t)\|=0\,.$$

こうして，各 t について $\{\boldsymbol{x}_k(t)\}$ は収束する．$\boldsymbol{x}(t)=\lim_{k\to\infty}\boldsymbol{x}_k(t)$ とおくと，

$$\begin{aligned}\|\boldsymbol{x}(t)-\boldsymbol{x}_h(t)\| &= \lim_{k\to\infty}\|\boldsymbol{x}_k(t)-\boldsymbol{x}_h(t)\| \\ &\leqq \|\boldsymbol{x}_0\|\sum_{i=h}^{\infty}\frac{1}{i!}(K|t-t_0|)^i\end{aligned}$$

を得るが，これは，$\{\boldsymbol{x}_k(t)\}$ が t_0 を含む有限区間上で一様収束することを意味している．よって，$\boldsymbol{x}(t)$ は連続であり，一様収束のもとでの，積分と極限の交換を使うと，

$$\begin{aligned}\boldsymbol{x}(t) &= \lim_{k\to\infty}\boldsymbol{x}_{k+1}(t)=\boldsymbol{x}_0+\lim_{k\to\infty}\int_{t_0}^{t}A(\tau)\boldsymbol{x}_k(\tau)d\tau \\ &= \boldsymbol{x}_0+\int_{t_0}^{t}A(\tau)\boldsymbol{x}(\tau)d\tau\,.\end{aligned}$$

この等式から，$\boldsymbol{x}(t)$ は微分可能であり，

$$\boldsymbol{x}'(t)=A(t)\boldsymbol{x}(t),\quad \boldsymbol{x}(t_0)=\boldsymbol{x}_0$$

を満たすことがわかる．

最後に，一意性を証明しよう．$\boldsymbol{y}(t)$ が，$\boldsymbol{y}(t_0)=\boldsymbol{x}_0$ を満たすもう1つの解とすると，

$$\boldsymbol{x}(t)-\boldsymbol{y}(t)=\int_{t_0}^{t}A(\tau)(\boldsymbol{x}(\tau)-\boldsymbol{y}(\tau))d\tau$$

$$\|\boldsymbol{x}(t)-\boldsymbol{y}(t)\|\leqq K\left|\int_{t_0}^{t}\|\boldsymbol{x}(\tau)-\boldsymbol{y}(\tau)\|d\tau\right|$$

が成り立つ．前と同様の議論により

$$\|\boldsymbol{x}(t)-\boldsymbol{y}(t)\|\leqq\frac{1}{k!}(K|t-t_0|)^k$$

がすべての自然数 k について成立するから，$k\to\infty$ とすれば

$$\|\boldsymbol{x}(t)-\boldsymbol{y}(t)\|=0,$$

すなわち，$\boldsymbol{x}(t)\equiv\boldsymbol{y}(t)$ である．∎

微分方程式 $\boldsymbol{x}'(t)=A(t)\boldsymbol{x}(t)$ の2つの解 $\boldsymbol{x}_1=\boldsymbol{x}_1(t)$, $\boldsymbol{x}_2=\boldsymbol{x}_2(t)$ に対して，

$$(a_1\boldsymbol{x}_1+a_2\boldsymbol{x}_2)(t)=a_1\boldsymbol{x}_1(t)+a_2\boldsymbol{x}_2(t) \qquad (a_1, a_2 \in \mathbb{F})$$

により定義される関数 $a_1\boldsymbol{x}_1+a_2\boldsymbol{x}_2$ も解である．これは，解全体のなす集合 $\boldsymbol{L}$ が $\mathbb{F}$ 上の線形空間の構造を持っていることを意味する．

写像 $T\colon \boldsymbol{L}\to\mathbb{F}^n$ を $T(\boldsymbol{x})=\boldsymbol{x}(t_0)$ により定義すると，T は線形である．さらに，解の存在と，与えられた初期条件の下での解の一意性により，T は同型写像であり，とくに $\boldsymbol{L}$ は n 次元である．

行列値関数 $X(t)\,(\in M_n(\mathbb{F}))$ に関する微分方程式

$$X'(t)=A(t)X(t) \tag{8.3}$$

を考えよう．$X(t)=(\boldsymbol{x}_1(t), \boldsymbol{x}_2(t), \cdots, \boldsymbol{x}_n(t))$ とおくことにより，

$$(\boldsymbol{x}_1'(t), \boldsymbol{x}_2'(t), \cdots, \boldsymbol{x}_n'(t))=(A(t)\boldsymbol{x}_1(t), A(t)\boldsymbol{x}_2(t), \cdots, A(t)\boldsymbol{x}_n(t))$$

と書けるから，(8.3)は n 個のベクトル値関数に関する微分方程式

$$\boldsymbol{x}_i'(t)=A(t)\boldsymbol{x}_i(t) \qquad (i=1,2,\cdots,n)$$

と同値である．よって，(8.3)も，初期条件 $X(t_0)=X_0$ を任意に与えたとき，一意的な解をもつ．とくに初期条件 $X(t_0)=I_n$ をもつ解 $X(t)$ を，微分方程式(8.3)の**基本解**(fundamental solution)という．

$X(t)$ を基本解とすれば，$\boldsymbol{x}(t)=X(t)\boldsymbol{x}_0$ が，$\boldsymbol{x}'(t)=A(t)\boldsymbol{x}(t)$, $\boldsymbol{x}(t_0)=\boldsymbol{x}_0$ の解となっていることがわかる．

例題 8.7　関数 $z=z(t)$ に関する単独の n 階常微分方程式

$$z^{(n)}+a_1(t)z^{(n-1)}+\cdots+a_{n-1}(t)z^{(1)}+a_n(t)z=0 \tag{8.4}$$

は($z^{(k)}$ は z の k 階の導関数)，初期条件

$$z(t_0)=z_0, \quad z^{(1)}(t_0)=z_1, \quad \cdots, \quad z^{(n-1)}(t_0)=z_{n-1}$$

の下で一意的に決まる解をもつ．ただし，係数の関数 $a_i(t)\,(i=1,2,\cdots,n)$ は $[a,b]$ において連続とする．

［解］　未知関数の変換

$$x_1(t)=z(t), \quad x_2(t)=z^{(1)}(t), \quad \cdots, \quad x_n(t)=z^{(n-1)}(t)$$

により，(8.4)は，

$$
\begin{aligned}
x_1'(t) &= \qquad\qquad\qquad x_2(t) \\
x_2'(t) &= \qquad\qquad\qquad\qquad x_3(t) \\
&\cdots\cdots\cdots \\
x_n'(t) &= -a_n(t)x_1(t)-a_{n-1}(t)\,x_2(t)-\cdots\cdots-a_1(t)x_n(t)
\end{aligned}
$$

に変換される．これは，

$$
A(t)=\begin{pmatrix}
0 & 1 & 0 & \cdots & 0 \\
0 & 0 & 1 & \cdots & 0 \\
 & & & \ddots & \\
0 & 0 & 0 & \cdots & 1 \\
-a_n(t) & -a_{n-1}(t) & -a_{n-2}(t) & \cdots & -a_1(t)
\end{pmatrix}
$$

とおくことにより，(8.1)の形の微分方程式になる．定理8.6を適用すれば，例題の主張を得る．∎

§8.2　行列の指数関数

(a)　定数係数の線形微分方程式と指数関数

微分方程式(8.3)において，$A(t)$ が定数行列 A のときを考えよう：

$$
X'(t)=AX(t),\quad X(0)=I. \tag{8.5}
$$

定理8.6の証明(解の存在)を見直すと，

$$
X_{k+1}(t)=I+\int_0^t AX_k(\tau)d\tau,\quad X_0(t)\equiv I
$$

により $\{X_k(t)\}$ を定義すれば，$X(t)=\lim_{k\to\infty}X_k(t)$ が(8.5)の解になる．$X_k(t)$ を順次計算すると

$$
\begin{aligned}
X_0(t) &\equiv I \\
X_1(t) &= I+\int_0^t AId\tau = I+tA \\
X_2(t) &= I+\int_0^t A(I+\tau A)d\tau = I+tA+\frac{1}{2!}t^2A^2 \\
&\cdots\cdots\cdots \\
X_k(t) &= I+tA+\frac{1}{2!}t^2A^2+\cdots+\frac{1}{k!}t^kA^k
\end{aligned}
$$

となるから，

$$X(t) = \lim_{k\to\infty}\left(I + tA + \frac{1}{2!}t^2A^2 + \cdots + \frac{1}{k!}t^kA^k\right)$$

を得る．

定義 8.8　$X(1)$ を $\exp A$ により表して，行列 A の**指数関数**(exponential function)という：

$$\exp A = I + A + \frac{1}{2!}A^2 + \cdots + \frac{1}{k!}A^k + \cdots.$$

□

定義から，明らかに，

$$X(t) = \exp tA, \quad \exp O = I, \quad {}^t(\exp A) = \exp {}^tA$$
$$\exp(A_1 \oplus A_2) = (\exp A_1) \oplus (\exp A_2)$$
$$\|\exp A\| \leqq \exp \|A\|$$
$$P(\exp A)P^{-1} = \exp PAP^{-1}$$

(最後の等式では，$(PAP^{-1})^k = PA^kP^{-1}$ を使う．）さらに，$BA = AB$ とすると，$B(\exp tA) = (\exp tA)B$ が成り立つ．

例 8.9　上三角行列

$$A = \begin{pmatrix} \lambda_1 & & & \\ 0 & \lambda_2 & & * \\ & & \ddots & \\ 0 & 0 & \cdots & \lambda_n \end{pmatrix}$$

に対して，

$$\exp A = \begin{pmatrix} e^{\lambda_1} & & & \\ 0 & e^{\lambda_2} & & * \\ & & \ddots & \\ 0 & 0 & \cdots & e^{\lambda_n} \end{pmatrix}.$$

□

補題 8.10　$AB = BA$ であるとき，

$$\exp(A+B) = \exp A \cdot \exp B.$$

［証明］ $Y(t)=\exp tA\cdot\exp tB$ とおくと，

$$\begin{aligned}(\exp tA\cdot\exp tB)' &= (\exp tA)'(\exp tB)+(\exp tA)(\exp tB)' \\ &= A(\exp tA)(\exp tB)+(\exp tA)B(\exp tB) \\ &= (A+B)(\exp tA\cdot\exp tB)\end{aligned}$$

であるから，$Y'(t)=(A+B)Y(t)$，$Y(0)=I$．よって，解の一意性により

$$Y(t)=\exp t(A+B).$$

∎

系 8.11 $\exp A$ は可逆であり，$(\exp A)^{-1}=\exp(-A)$． □

例題 8.12

$$\det(\exp A)=\exp(\operatorname{tr} A).$$

［解］ PAP^{-1} が上の例に述べた上三角行列になるように P をとれば，

$$\begin{aligned}\det(\exp A) &= \det(P(\exp A)P^{-1})=\det(\exp(PAP^{-1})) \\ &= e^{\lambda_1+\lambda_2+\cdots+\lambda_n}=\exp(\operatorname{tr} PAP^{-1}) \\ &= \exp(\operatorname{tr} A).\end{aligned}$$

∎

例題 8.13 A が交代行列ならば，$\exp A$ は直交行列であり，逆にすべての t について $\exp tA$ が直交行列ならば，A は交代行列である．

［解］ ${}^tA=-A$ とすると，

$${}^t(\exp A)=\exp {}^tA=\exp(-A)=(\exp A)^{-1}.$$

よって $\exp A$ は直交行列．逆に，$\exp tA$ が直交行列であれば，

$${}^t(\exp tA)(\exp tA)=I.$$

両辺を微分すれば，${}^tA+A=O$ を得る． ∎

行列のジョルダン標準形とその指数関数を使って，定数係数常微分方程式

$$\boldsymbol{x}'(t)=A\boldsymbol{x}(t)$$

を具体的に解くことができる．$PAP^{-1}=J$ がジョルダン標準形であるとき，$\boldsymbol{y}(t)=P\boldsymbol{x}(t)$ とおけば，$\boldsymbol{y}(t)$ は

$$\boldsymbol{y}'(t)=J\boldsymbol{y}(t),\quad \boldsymbol{y}(t)=\exp(tJ)\boldsymbol{y}(0)$$

を満たす．よって $\exp(tJ)$ を求めればよい．逆に，

$$\boldsymbol{x}(t)=P^{-1}\exp(tJ)P\boldsymbol{x}(0)$$

とおいて，もとの方程式の解を得る．

J をジョルダン細胞の直和 $J_1 \oplus J_2 \oplus \cdots \oplus J_s$ で表すと，

$$\exp(tJ) = \exp(tJ_1) \oplus \exp(tJ_2) \oplus \cdots \oplus \exp(tJ_s)$$

である．J が最初からジョルダン細胞として $\exp(tJ)$ を求めよう．n 次の標準的ベキ零行列 $N(n)$ (p. 247) を用いると

$$J = \alpha I + N(n), \quad (\alpha I)N(n) = N(n)(\alpha I)$$

となるから，補題 8.10 により

$$\exp(tJ) = \exp(t\alpha I)\exp(tN(n)) = e^{\alpha t}\exp(tN(n))$$

を得る．

$$N(n)^k = \begin{pmatrix} 0 & \cdots & \overset{k+1}{1} & 0 & \cdots & 0 \\ 0 & \cdots & 0 & 1 & \cdots & 0 \\ & & & & \ddots & \\ 0 & \cdots & 0 & 0 & \cdots & 1 \\ & & \cdots\cdots\cdots & & & \\ 0 & \cdots & 0 & 0 & \cdots & 0 \end{pmatrix} k+1$$

であるから

$$\exp(tJ) = \begin{pmatrix} e^{\alpha t} & te^{\alpha t} & t^2 e^{\alpha t}/2! & \cdots & t^{n-1}e^{\alpha t}/(n-1)! \\ 0 & e^{\alpha t} & te^{\alpha t} & \cdots & t^{n-2}e^{\alpha t}/(n-2)! \\ & & & \cdots\cdots\cdots & \\ & & & & te^{\alpha t} \\ 0 & 0 & 0 & \cdots & e^{\alpha t} \end{pmatrix}$$

となる．

例 8.14 連立方程式

$$\begin{cases} x_1' = 3x_1 + x_2 + x_3 \\ x_2' = -4x_1 - 2x_2 + 6x_3 \\ x_3' = -x_1 - x_2 + 3x_3 \end{cases}$$

を解いてみよう．A は

$$\begin{pmatrix} 3 & 1 & 1 \\ -4 & -2 & 6 \\ -1 & -1 & 3 \end{pmatrix}.$$

指数関数の普遍性

指数関数のそもそもの成り立ちの背景には，指数法則 $a^m a^n = a^{m+n}$ $(a > 0)$ がある．アルキメデスが漠然とながら認識していたこの指数法則は，16 世紀になって，対数の性質という形でネーピア(J. Napier, 1550–1617)により発見された．元来，航海術の進歩とともに，天体観測のデータをまとめるのに大量の乗法演算を必要とする時代になって，乗法を加法に変換する操作として考えられたのである．

指数法則は，a^m を実数 t の関数 a^t に拡張しても成り立ち $(a^s a^t = a^{s+t})$，とくに，a として自然対数の底 e をとると，$f(t) = e^t$ は，微分方程式 $f' = f$, $f(0) = 1$ を満たす．さらに，指数関数は，そのテイラー展開を考えることにより，複素数変数に拡張され，とくにオイラーの公式とよばれる

$$e^{it} = \cos t + i \sin t$$

を得るが，これはまったく独立な出所をもつ指数関数と三角関数が出会う場面でもある．また，ここで $t = \pi$ (円周率)とすれば，$e^{i\pi} = -1$ となって，基本的な定数 e と π の驚異的な関係式を得る．

指数法則は，行列の指数関数 $A(t) = \exp tA$ に対して成り立つことを学んだ $((A(s)A(t) = A(s+t))$．このような指数法則の一般化は，もっと広い枠組みの中で考えることが可能であり(例えばリー群論)，「指数関数」は一種の普遍性をもつのである．

$$P = \begin{pmatrix} 1/2 & 1/2 & -1/2 \\ 3/2 & 1/2 & -3/2 \\ 1 & 1 & -3 \end{pmatrix}$$

とおくと，

$$J = PAP^{-1} = \begin{pmatrix} 0 & 0 & 0 \\ 0 & 2 & 1 \\ 0 & 0 & 2 \end{pmatrix}.$$

よって，

$$\exp(tJ)=\begin{pmatrix}1&0&0\\0&e^{2t}&te^{2t}\\0&0&e^{2t}\end{pmatrix}$$

となるから，$\boldsymbol{x}(t)=P^{-1}\exp(tJ)P\boldsymbol{x}(0)$ を計算すれば

$$\begin{aligned}x_1(t)&=c_1e^{2t}+(c_1+c_2-3c_3)te^{2t}\\x_2(t)&=(3/2)(c_1+c_2-c_3)-(1/2)(3c_1+c_2-3c_3)e^{2t}-(1/2)(c_1+c_2-3c_3)te^{2t}\\x_3(t)&=(1/2)(c_1+c_2-c_3)-(1/2)(c_1+c_2-3c_3)e^{2t}\end{aligned}$$

を得る．ただし，ここで $c_1=x_1(0)$, $c_2=x_2(0)$, $c_3=x_3(0)$ とおいた． □

(b) 行列のベキ級数

行列の指数関数 $\exp A$ は，形式的には通常の指数関数 e^x のベキ級数展開

$$\sum_{k=0}^{\infty}\frac{1}{k!}x^k=1+x+\frac{1}{2!}x^2+\frac{1}{3!}x^3+\cdots$$

に A を代入したものになっている．この代入の操作を，もっと一般のベキ級数に対して考えてみよう．

$\mathbb{F}$ の元 x を変数とするベキ級数 $f(x)=a_0+a_1x+\cdots+a_kx^k+\cdots$ $(a_i\in\mathbb{F})$ に対して，n 次の正方行列 A のベキ級数

$$a_0I+a_1A+\cdots+a_kA^k+\cdots$$

が収束するとき，これを $f(A)$ で表す．$|x|<R$ を満たす x に対して，ベキ級数 $f(x)$ が絶対収束するとき，$\|A\|<R$ を満たす $A\in M_n(\mathbb{F})$ に対し，行列のベキ級数 $f(A)$ は絶対収束する．実際，

$$\begin{aligned}\|a_0I+a_1A+\cdots+a_kA^k\|&\leqq|a_0|+|a_1|\|A\|+\cdots+|a_k|\|A^k\|\\&\leqq|a_0|+|a_1|\|A\|+\cdots+|a_k|\|A\|^k\end{aligned}$$

であることに注意すればよい．

例題 8.15　ベキ級数 $f(A)$ が収束すれば，$f(PAP^{-1})$ も収束し，

$$f(PAP^{-1})=Pf(A)P^{-1}$$

である.

［証明］

$$a_0 I + a_1 PAP^{-1} + \cdots + a_k (PAP^{-1})^k = P(a_0 I + a_1 A + \cdots + a_k A^k) P^{-1}$$

から直ちに導かれる. ∎

$f(x), g(x)$ を $|x| < R$ で絶対収束するベキ級数とするとき，ベキ級数の和 $(f+g)(x) = f(x) + g(x)$ と積 $(fg)(x) = f(x)g(x)$ も $|x| < R$ で絶対収束する. このとき

$$(f+g)(A) = f(A) + g(A),$$
$$(fg)(A) = f(A)g(A) = g(A)f(A)$$

となることは簡単に確かめられる.

例 8.16　$f(x) = 1 + x + x^2 + \cdots$ は，$|x| < 1$ で絶対収束する. $\|A\| < 1$ とすると

$$f(A) = I + A + A^2 + \cdots + A^k + \cdots$$

は絶対収束するが，$(1-x)f(x) = 1$ であるから

$$(I - A)f(A) = I,$$
$$(I - A)^{-1} = I + A + A^2 + \cdots + A^k + \cdots.$$

□

例 8.17

$$f(x) = \sum_{k=1}^{\infty} \frac{(-1)^{k-1}}{k} x^k$$

は $|x| < 1$ で絶対収束する. これは $\log(1+x)$ の級数展開にほかならない. $\|A\| < 1$ を満たす A に対して，$f(A) = \log(I + A)$ と表す. □

《まとめ》

8.1　行列のノルム $\|A\|$ を

$$\sup_{\substack{\boldsymbol{x} \in \mathbb{F}^n \\ \boldsymbol{x} \neq \boldsymbol{0}}} \frac{\|A\boldsymbol{x}\|}{\|\boldsymbol{x}\|}$$

により定義すると，

$$\|A+B\| \leqq \|A\|+\|B\|, \quad \|cA\| = |c|\|A\|$$
$$\|AB\| \leqq \|A\|\|B\|$$

を満たす．

8.2 線形微分方程式系 $\boldsymbol{x}'(t) = A(t)\boldsymbol{x}(t)$ は，初期条件 $\boldsymbol{x}(t_0) = \boldsymbol{x}_0$ のもとでただ1つの解をもつ．

8.3 行列の指数関数 $X(t) = \exp tA$ は，定数係数の線形微分方程式 $X'(t) = AX(t)$, $X(0) = I$ の解．

8.4 指数関数のベキ級数表示：

$$\exp A = I + A + \frac{1}{2!}A^2 + \frac{1}{3!}A^3 + \cdots$$

演習問題

8.1 $A = (a_{ij}) \in M(m, n; \mathbb{F})$ に対して

$$\|A\|_1 = \sum_{i,j} |a_{ij}|, \quad \|A\|_2 = \left(\sum_{i,j} |a_{ij}|^2\right)^{1/2} (= (\mathrm{tr}\, A^*A)^{1/2})$$

とおくと，$\|\ \|_1$, $\|\ \|_2$ は定理 8.2 に述べた性質を満たすことを示せ．

8.2 $A(t) = (\boldsymbol{a}_1(t), \boldsymbol{a}_2(t), \cdots, \boldsymbol{a}_n(t))$ $(\boldsymbol{a}_i(t) \in \mathbb{F}^n)$ が微分可能であるとき，

$$\begin{aligned}(\det A(t))' &= \det(\boldsymbol{a}_1'(t), \boldsymbol{a}_2(t), \cdots, \boldsymbol{a}_n(t)) \\ &\quad + \det(\boldsymbol{a}_1(t), \boldsymbol{a}_2'(t), \cdots, \boldsymbol{a}_n(t)) \\ &\quad \cdots\cdots\cdots \\ &\quad + \det(\boldsymbol{a}_1(t), \boldsymbol{a}_2(t), \cdots, \boldsymbol{a}_n'(t))\end{aligned}$$

であることを示せ．

8.3 $A(t) \in M_n(\mathbb{F})$ が微分可能であり，$A(t)$ が $t_0 \in I$ で可逆であれば，

$$(\det A(t))' |_{t=t_0} = \det A(t_0)\, \mathrm{tr}(A'(t_0)A(t_0)^{-1})$$

であることを示せ．

8.4

(1) $\det(I - tA) = \exp\left(-\sum_{k=1}^{\infty} \frac{t^k}{k} \mathrm{tr}\, A^k\right)$ を示せ．ただし，$|t|$ は十分小さい複素数とする．

(2) A の特性多項式の係数は，$\mathrm{tr}\,A, \mathrm{tr}\,A^2, \cdots, \mathrm{tr}\,A^n$ の多項式により表されることを示せ．ただし，n は A の次数とする．

8.5　A, B を n 次の正方行列とするとき，AB, BA の特性多項式は一致することを示せ．

8.6　A をエルミート行列とするとき，$\exp(iA)$ は，ユニタリ行列であることを示せ．

8.7　次式を示せ．

$$\lim_{k\to\infty}\left(I+\frac{1}{k}A\right)^k=\exp A$$

8.8　行列値関数 $L(t), M(t)\in M_n(\mathbb{R})$ について，次のことを証明せよ．

(1) $L'=[M,L]$ を満たすとき，$\mathrm{tr}\,L^k\ (k=0,1,2,\cdots)$ は定数である ($[M,L]=ML-LM$)．

(2) M が交代行列であるとき，

$$U'=MU,\quad U(0)=I$$

の解 $U=U(t)$ は直交行列である．

(3) (2)で述べた U に対して，$L(t)=U(t)L(0)\,{}^tU(t)$ は，$L'=[M,L]$ を満たす．

8.9　次の方程式を解け．

(1) $\begin{cases} x_1'=3x_1+x_3 \\ x_2'=-2x_1+x_2-x_3 \\ x_3'=-2x_1-x_2+x_3 \end{cases}$　　(2) $z^{(3)}-3z^{(2)}-6z^{(1)}+8z=0$

8.10　可逆な行列 $A\in M_n(\mathbb{R})$ のすべての特性根の絶対値が 1 と異なると仮定する．このとき，$\mathbb{R}^n$ の直和分解 $\boldsymbol{M}_1\oplus\boldsymbol{M}_2$ と 2 つの定数 $c>0,\ 0<\lambda<1$ が存在して，

$$\|A^k\boldsymbol{x}_1\|\leqq c\lambda^k\|\boldsymbol{x}_1\|,\quad \boldsymbol{x}_1\in\boldsymbol{M}_1$$
$$\|A^{-k}\boldsymbol{x}_2\|\leqq c\lambda^k\|\boldsymbol{x}_2\|,\quad \boldsymbol{x}_2\in\boldsymbol{M}_2$$

となることを示せ．

8.11　$A\in M_n(\mathbb{R})$ のすべての特性根の実部が 0 と異なると仮定する．このとき，$\mathbb{R}^n$ の直和分解 $\boldsymbol{N}_1\oplus\boldsymbol{N}_2$ と 2 つの定数 $c>0,\ \mu>0$ が存在して，

$$\|(\exp tA)\boldsymbol{x}_1\|\leqq c\cdot\exp(-\mu t)\|\boldsymbol{x}_1\|,\quad \boldsymbol{x}_1\in\boldsymbol{N}_1$$
$$\|(\exp(-tA))\boldsymbol{x}_2\|\leqq c\cdot\exp(-\mu t)\|\boldsymbol{x}_2\|,\quad \boldsymbol{x}_2\in\boldsymbol{N}_2$$

となることを示せ．(ヒント：この場合の $\boldsymbol{N}_1, \boldsymbol{N}_2$ は，上の問題における A を $\exp A$ としたときの $\boldsymbol{M}_1, \boldsymbol{M}_2$ である．)

現代数学への展望

線形代数は，群論，表現論，環と加群の理論，関数解析など，数多くの分野に連接している．ここではその一端を述べよう．

群と作用

第3章§3.2で，文字$1,2,\cdots,n$の順列の集合S_nがその積(合成)という演算に関して著しい性質を持つことを使って，順列の性質を調べた．S_nの積演算の満たす性質を書き出すと，基本的なものは

$$(\sigma\mu)\nu=\sigma(\mu\nu),\quad \sigma I=I\sigma=\sigma,\quad \sigma\sigma^{-1}=\sigma^{-1}\sigma=I$$

の3つにまとめられる．また，n次の可逆行列の全体についても，積演算が，

$$(AB)C=A(BC),\quad AI=IA=A,\quad AA^{-1}=A^{-1}A=I$$

を満たすことを学んだ．これらの性質は，順列や可逆行列が，それぞれ集合$\{1,2,\cdots,n\}$と$\mathbb{F}^n$の全単射と考えられることに由来している．

順列や可逆行列の演算に共通する性質を，1つの数学的構造と捉えたものが**群**の概念である．ここでは，群とその作用についての基本的内容を説明し，本書で述べられた群論的事柄を，統一的観点から見直してみよう．

一般に，集合$\boldsymbol{G}$と$\boldsymbol{G}$の特別な元e，および2つの演算$(g,h)\to gh$，$g\to g^{-1}$が与えられ，次の性質を満たしているとき，$\boldsymbol{G}$を**群**(group)という．

(1) $(gh)k=g(hk)$　(結合律)

(2) $ge=eg=g$　(単位元の性質)

(3) $gg^{-1}=g^{-1}g=e$　(逆元の性質)

と書ける．ghをgとhの**積**，eを**単位元**，g^{-1}をgの**逆元**という．(1),(2)(3)を**群の公理**という．

群の乗法について，さらに交換律

$$ab = ba, \quad a, b \in \boldsymbol{G}$$

を満たすとき，$\boldsymbol{G}$ は**可換群**(commutative group)といわれる．可換群は，加法群あるいはアーベル群とよばれることもある．とくに加法群とよぶときは，積を $+$，単位元を 0(零元)，a の逆元を $-a$ を使って表す．

注意 1 一般に，集合 A が与えられたときに，直積 $A\times A$ から A への写像 $A\times A\to A$ のことを A の2項演算という．一般の2項演算においても，$(a,b)\in A\times A$ の像を ab あるいは $a\cdot b$, $a\circ b$ などと書いて積とよぶことが多い．

数の掛け算や，置換の合成など，これまでに出会った2項演算についての経験から，結合律を当たり前のことと思っている読者には，群の公理(1)の重要性をすぐには認識できないかもしれない．しかし，もし結合律を満たしていない2項演算を考えると，3つ以上の元 $a, b, \cdots, c$ の積を演算の順序を指定しないで単に $ab\cdots c$ と書くことはできないのである．例えば，a, b, c, d の積については

$$(a(bc))d, \quad (ab)(cd), \quad ((ab)c)d, \quad a((bc)d), \quad a(b(cd))$$

などが考えられるが，一般にはそれらは異なる．しかし，結合律が満たされていれば，これらはすべて等しい(確かめよ)．

群の例をいくつかあげよう．

例 2 X を任意の集合とし，$S(X)$ により，X からそれ自身への全単射の全体からなる集合とする．合成を積，単位元を X の恒等写像，逆元を逆写像とすることにより，$S(X)$ は群になる．$X=\{1,2,\cdots,n\}$ の場合が S_n である．$S(X)$ を集合 X の置換群(あるいは対称群)という． □

例 3 整数全体の集合 $\mathbb{Z}$ は，加法に関して可換群になる．単位元は零，$n\in\mathbb{Z}$ の逆元が $-n$ である． □

例 4 ベクトルの加法により，線形空間は可換群である． □

例 5 $\mathbb{F}$ を体とするとき，零でない $\mathbb{F}$ の元全体 $\mathbb{F}^*$ は，乗法に関して可換群になる．単位元は 1，$a\in\mathbb{F}^*$ の逆元は $1/a\,(=a^{-1})$ である． □

例 6 $\{\pm 1\}(=\{1,-1\})$ は掛け算により 1 を単位元とする可換群になる． □

例 7　$\mathbb{F}$ の元を成分とする可逆な n 次の正方行列全体からなる集合は，行列の積，単位行列，逆行列により群となる．これを $GL_n(\mathbb{F})$ と書いて，n 次の**一般線形群**(general linear group)という． □

$\boldsymbol{G}_1, \boldsymbol{G}_2$ を群とするとき，直積 $\boldsymbol{G}_1 \times \boldsymbol{G}_2$ に次のように群の構造を入れることができる．$(g_1, g_2), (h_1, h_2) \in \boldsymbol{G}_1 \times \boldsymbol{G}_2$ に対して，積を

$$(g_1, g_2)(h_1, h_2) = (g_1 h_1, g_2 h_2)$$

により定義するのである．e_1, e_2 をそれぞれ $\boldsymbol{G}_1, \boldsymbol{G}_2$ の単位元とすると，$\boldsymbol{G}_1 \times \boldsymbol{G}_2$ の単位元は (e_1, e_2) であり，(g_1, g_2) の逆元は (g_1^{-1}, g_2^{-1}) である．同様に，n 個の群 $\boldsymbol{G}_1, \boldsymbol{G}_2, \cdots, \boldsymbol{G}_n$ の直積 $\boldsymbol{G}_1 \times \boldsymbol{G}_2 \times \cdots \times \boldsymbol{G}_n$ にも群の構造を入れることができる．

$\boldsymbol{G}, \boldsymbol{G}'$ を群とする．写像 $\varphi\colon \boldsymbol{G} \to \boldsymbol{G}'$ が

$$\varphi(gh) = \varphi(g)\varphi(h), \quad g, h \in \boldsymbol{G}$$

を満たすとき，φ を $\boldsymbol{G}$ から $\boldsymbol{G}'$ への**準同型写像**(homomorphism)という．

例 8　$\sigma \in S_n$ にその符号 $\mathrm{sgn}(\sigma)$ を対応させる写像は，S_n から $\{\pm 1\}$ への準同型である(第 3 章 § 3.2(c))． □

例 9　$A \in GL_n(\mathbb{F})$ に $\det A$ を対応させる写像は $GL_n(\mathbb{F})$ から $\mathbb{F}^*$ への準同型である(第 3 章例題 3.28)． □

例 10　$\boldsymbol{e}_1, \boldsymbol{e}_2, \cdots, \boldsymbol{e}_n$ を $\mathbb{F}^n$ の基本ベクトルとして，$\sigma \in S_n$ に対して $S_n(\sigma) = (\boldsymbol{e}_{\sigma(1)}, \boldsymbol{e}_{\sigma(2)}, \cdots, \boldsymbol{e}_{\sigma(n)})$ とおくと，対応 $\sigma \mapsto S_n(\sigma)$ は S_n から $GL_n(\mathbb{F})$ への準同型である(第 4 章例題 4.3)． □

例 11　線形空間をベクトルの加法により群と見なしたとき，線形空間の間の線形写像は準同型である． □

$\boldsymbol{G}$ を群，X を集合とする．写像 $T\colon \boldsymbol{G} \times X \to X$ が次の条件を満たすとき，T は $\boldsymbol{G}$ の X の上への**作用**(action)を定義するという．

$$T(e, x) = x,$$
$$T(g, T(h, x)) = T(gh, x).$$

$T(g, x) = gx$ と書くことにすると，これらの性質は次のように言い表される：

（1）　$ex=x$

（2）　$g(hx)=(gh)x$.

各 $g\in \boldsymbol{G}$ に対して，写像 $T_g\colon X\to X$ を $T_g(x)=T(g,x)=gx$ により定義すると

$$T_e = I \qquad (X \text{の恒等写像})$$

$$T_g\circ T_h = T_{gh}.$$

とくに $T_{g^{-1}}\circ T_g=T_g\circ T_{g^{-1}}=T_e$ であるから，T_g は X の置換，すなわち $T_g\in S(X)$ である．対応 $g\mapsto T_g$ は $\boldsymbol{G}$ から $S(X)$ への準同型である．

例 12　一般線形群 $GL_n(\mathbb{F})$ は $\mathbb{F}^n$ に $T(A,\boldsymbol{x})=A\boldsymbol{x}$ により作用する．　□

例 13　$GL_n(\mathbb{F})$ は $M_n(\mathbb{F})$ に

$$T(P,A)=PAP^{-1},\quad P\in GL_n(\mathbb{F}),\ A\in M_n(\mathbb{F})$$

により作用する．　□

例 14　$GL_m(\mathbb{F})\times GL_n(\mathbb{F})$ は $M(m,n;\mathbb{F})$ とするとき，

$$T((P,Q),A)=PAQ^{-1},\qquad (P,Q)\in GL_m(\mathbb{F})\times GL_n(\mathbb{F}),$$
$$A\in M(m,n;\mathbb{F})$$

により作用する．　□

例 15　第 3 章 § 3.4(p. 121)で $f\in\mathbb{F}[x_1,\cdots,x_n]$ と，置換 $\sigma\in S_n$ に対して，$\sigma f\in\mathbb{F}[x_1,\cdots,x_n]$ を

$$(\sigma f)(x_1,\cdots,x_n)=f(x_{\sigma(1)},\cdots,x_{\sigma(n)})$$

により定義した．これは置換群 S_n の $\mathbb{F}[x_1,\cdots,x_n]$ への作用である．　□

群 $\boldsymbol{G}$ の部分集合 $\boldsymbol{H}$ は次の性質を満たすとき，$\boldsymbol{G}$ の**部分群**(subgroup)とよばれる：

（1）　$e\in\boldsymbol{H}$

（2）　$a\in\boldsymbol{H}\Longrightarrow a^{-1}\in\boldsymbol{H}$

（3）　$a,b\in\boldsymbol{H}\Longrightarrow ab\in\boldsymbol{H}$.

例 16　$\{A\in M_n(\mathbb{F})\mid {}^tA\,A=I_n\}$ は $GL_n(\mathbb{F})$ の部分群である．これを n 次**直交群**(orthogonal group)といい，$O(n,\mathbb{F})$ で表す．　□

例 17　n 次ユニタリ行列全体 $\{A \in M_n(\mathbb{C}) \mid A^*A = I_n\}$ は行列の積に関して群になる．これを n 次**ユニタリ群**(unitary group)といい，$U(n)$ で表す．□

$\varphi\colon \boldsymbol{G} \to \boldsymbol{G}'$ を準同型とするとき，$\{g \in \boldsymbol{G};\ \varphi(g) = e'\}$ は $\boldsymbol{G}$ の部分群であることが容易に確かめられる．これを $\operatorname{Ker}\varphi$ とおいて，φ の**核**という．

例 18　$\operatorname{sgn}\colon S_n \to \{\pm 1\}$ の核 $\{\sigma \in S_n \mid \operatorname{sgn}(\sigma) = 1\}$ は，S_n の部分群である．これを A_n と書いて，**交代群**(alternating group)という．A_n は偶置換からなる集合と一致する．□

例 19　$\det\colon GL_n(\mathbb{F}) \to \mathbb{F}^*$ の核 $\{A \in GL_n(\mathbb{F}) \mid \det A = 1\}$ は，$GL_n(\mathbb{F})$ の部分群である．これを $SL_n(\mathbb{F})$ と書いて，**特殊線形群**(special linear group)という．□

例 20　$SO(n, \mathbb{F}) = \{A \in O(n, \mathbb{F}) \mid \det A = 1\}$ は，$O(n, \mathbb{F})$ (よって $GL_n(\mathbb{F})$) の部分群である．これを**回転群**(rotation group)という．また，$U(n)$ の部分群である $SU(n) = \{A \in U(n) \mid \det A = 1\}$ は，**特殊ユニタリ群**(special unitary group)とよばれる．□

上の例からもわかるように，一般線形群 $GL_n(\mathbb{F})$ は多くの部分群を含む．さらに，上の例では，性質

(∗)　$\{A_k\}$ が $\boldsymbol{G}$ に含まれる収束列で，$\lim_{k \to \infty} A_k = A$ とすると，A も $\boldsymbol{G}$ に属する(ただし，$\mathbb{F} = \mathbb{R}$ または $\mathbb{C}$ とする)

を満たしていることを，容易に示すことができる．

$GL_n(\mathbb{F})$ の部分群 G で性質(∗)を満足するものを，**線形群**(linear group)という．線形群は，**リー群**とよばれるもっと一般の類の群の重要な例を供給する．

環と加群

体 $\mathbb{F}$ 上の線形空間においては，ベクトルの加法に関して可換群であり，さらに体の元とベクトル乗法(スカラー倍)が定義されていた．そして，体は，加減乗除(ただし，除法は 0 でない元のみに意味がある)が定められている集

合であった．この体の概念から除法を除き，加減乗の演算が定義されている集合(たとえば整数の集合 $\mathbb{Z}$ や多項式の集合 $\mathbb{F}[x]$)で置き換えたときに得られる概念が環上の加群である．これについて説明しよう．

集合 R が2つの演算——加法 $a+b$ と乗法 ab——をもち，それらが次の4条件を満たすとき，R を**環**(ring)という．

（1） R は加法について可換群になる．

（2） 乗法は結合律 $(ab)c=a(bc)$ を満たす．

（3） 加法と乗法について，分配律

$$(a+b)c = ac+bc, \quad a(b+c) = ab+ac$$

を満たす．

（4） $1a=a1=a$ を満たす元 $1\in R$ が存在する．

さらに，次の性質を満たすとき，R を**可換環**という．

（5） 乗法について交換律 $ab=ba$ が成り立つ．

例21 $\mathbb{Z}, \mathbb{F}[x]$ は可換環であり，それぞれ整数環，多項式環といわれる． □

例22 n 次の正方行列の全体 $M_n(\mathbb{F})$ は，行列の加法と乗法により，環である．これは可換環ではない． □

可換群 W が環 R 上の **R–加群**とは，R の任意の元 a と，W の任意の元 w に対してその積 aw が定義されて

（1） $a(w_1+w_2)=aw_1+aw_2, \quad a\in R,\ w_1, w_2\in W$

（2） $a(bw)=(ab)w, \quad a, b\in R,\ w\in W$

（3） $1a=a$.

例23 体 $\mathbb{F}$ 上の線形空間は，$\mathbb{F}$–加群である． □

例24 可換群 W は，次のようにして $\mathbb{Z}$–加群と見なされる：

$$nw = w+w+\cdots+w \qquad (n \text{ は自然数で}, w \text{ の } n \text{ 個の和})$$

$$0w = 0, \quad (-n)w = -(nw).$$ □

例25 体 $\mathbb{F}$ 上の線形空間 $\boldsymbol{L}$ と，線形変換 $T\colon \boldsymbol{L}\to\boldsymbol{L}$ が与えられたとき，$\boldsymbol{L}$ は次のような積により $\mathbb{F}[x]$–加群になる：

$$fx = f(T)x, \quad x \in L,\ f \in \mathbb{F}[x]. \qquad \square$$

第6章§6.3において行われた議論は，実はこの特別な R–加群としての観点から見直すことができる．

R–加群は，線形空間の理論とほぼ類似の方法で研究できる．ただし，除法を持たないので，線形代数の諸結果はそのままでは成り立たない．

無限次元線形空間

本書では主に有限次元の線形空間を扱ってきた．実は線形構造の面白さは無限次元の線形空間において，もっとはっきりとしたものになる．ここでは1つの代表的な例を述べよう．

例26　D を $\mathbb{R}^2$ の有界領域とし，その境界は滑らかとする．境界を ∂D により表そう．D の上で定義された実数値関数 $f=f(x,y)$ についての次のような偏微分方程式を考える．

$$\begin{aligned} &\frac{\partial^2 f}{\partial x^2} + \frac{\partial^2 f}{\partial y^2} = \lambda f \\ &f(x,y) = 0, \quad (x,y) \in \partial D \end{aligned} \tag{1}$$

この方程式は，D の境界を固定して，D を太鼓の面と思って振動させたときにでてくる，固有振動の方程式である．$\boldsymbol{L}$ を $\{f=f(x,y)\,|\,D$ 上で2回微分可能，$f(x,y)=0, (x,y)\in\partial D\}$ とすると，$\boldsymbol{L}$ は線形空間になり，

$$T(f) = \frac{\partial^2 f}{\partial x^2} + \frac{\partial^2 f}{\partial y^2}$$

により定義される線形写像 T を考えると，(1)は固有値を求める方程式 $T(f)=\lambda f$ になる．しかも，内積を

$$\langle f,g\rangle = \int_D f(x,y)g(x,y)dxdy$$

により定義すると，$\langle Tf,g\rangle=\langle f,Tg\rangle$ を満たすことがわかる．　$\square$

固有値問題は，無限次元線形空間にも拡張され，それを適用すると，T の

固有値は無限個あり，$-\infty$ に発散する列

$$0 > \lambda_1 \geqq \lambda_2 \geqq \cdots \geqq \lambda_k \geqq \cdots$$

になることが証明される．これらの固有値の性質を調べることは，現在でも重要な問題である．

このような問題を扱うのに適した線形空間として，**ヒルベルト空間**の概念がある．これは，**完備性**

「$\displaystyle\lim_{h,k\to\infty} \|\boldsymbol{x}_k - \boldsymbol{x}_h\| = 0$ を満たすベクトルの列 $\{\boldsymbol{x}_n\}_{n=1}^{\infty}$ に対して，

$$\lim_{n\to\infty} \|\boldsymbol{x} - \boldsymbol{x}_n\| = 0$$

となるベクトル $\boldsymbol{x}$ が存在する」

を満足する無限次元ユニタリ空間である．

ヒルベルト空間における線形変換の固有値問題は，現代物理学(量子力学)などに重要な応用をもつ．ヒルベルト空間の理論に立ち入るには，位相，とくに距離空間の知識が必須である(本シリーズ『曲面の幾何』参照)．

線形代数の考え方は，直接または間接に，現代数学の様々な分野に浸透しており，その知識は常識化しているといってもよい．この「展望」で紹介したことが，読者の将来の学習の方向づけに役立てば幸いである．

参考書

線形代数の邦文の代表的著書として

1. 佐武一郎，線型代数学，裳華房，1974.
2. 齋藤正彦，線型代数入門，東京大学出版会，1966.

の2つをあげておこう．この他にも，個性をもったテキストが数多く出版されているが，ここでは，比較的最近出版された次の4つをあげるに留める．

3. 永田雅宜(代表著者)，理系のための線型代数の基礎，紀伊國屋書店，1986.
4. 内田伏一・高木斉・剱持勝衛・浦川肇，線形代数入門，裳華房，1988.
5. 志賀浩二，線形代数30講(数学30講シリーズ2)，朝倉書店，1988.
6. 志賀浩二，固有値問題30講(数学30講シリーズ10)，朝倉書店，1991.

英文では，行列の理論に重点をおいた

7. Howard Eves, *Elementary Matrix Theory*, Dover, 1966.

が読みやすい．

本書の内容に関連する代数的背景を知るために，本シリーズの『代数入門』とともに，

8. Serge Lang, *Algebra*, Addison-Wesley, 1965.

を通読することを勧める．

現代数学への展望でのべた線形群については

9. 山内恭彦・杉浦光夫，連続群論入門，培風館，1960.

が具体的で分かりやすい．

10. 堀田良之，代数入門——群と加群，裳華房，1987.

は，環と加群について知るのに最適といえる．

物理学，とくに量子力学では無限次元空間の線形変換の固有値問題が扱われるが，これについては

11. 黒田成俊，関数解析，共立出版，1980.
12. 河原林研，量子力学(岩波講座「現代の物理学3」)，岩波書店，1993.

を参照してほしい．

読者のさらなる健闘を期待する．

演習問題解答

第 1 章

1.1 答えは単位行列.

1.2 答えは零行列.

1.3 ハミルトン–ケイリーの定理から, $A^2+A+I=O$. $A^3-I=(A-I)(A^2+A+I)=O$ となるから

$$A^5 = A^3A^2 = IA^2 = -A-I = \frac{1}{2}\begin{pmatrix} -1 & -\sqrt{3} \\ \sqrt{3} & -1 \end{pmatrix}$$

1.4 $B=I-A \Longrightarrow BA=(I-A)A=A-A^2=A(I-A)=AB=O$.
$I^2=(A+B)^2=A^2+2AB+B^2=A^2+B^2$.
$I^3=(A+B)^3=A^3+3(A+B)AB+B^3=A^3+B^3$
$\Longrightarrow A^5+B^5=(A^3+B^3)(A^2+B^2)-(AB)^2(A+B)=I\cdot I=I$.

1.5 $A=\begin{pmatrix} a & b \\ c & d \end{pmatrix}$ とすると, ${}^tAJA=\begin{pmatrix} 0 & ad-bc \\ -ad+bc & 0 \end{pmatrix}$.

1.6 $A=\begin{pmatrix} a & b \\ c & d \end{pmatrix}$ とすると, ${}^tAHA=\begin{pmatrix} a^2-c^2 & ab-cd \\ ab-cd & b^2-d^2 \end{pmatrix}$. よって, $a^2-c^2=1$, $ab-cd=0$. さらに, $-1=\det H=\det {}^tAHA=-(\det A)^2$ により, $ad-bc=\det A=\pm 1$. $a^2-c^2=1$ から,

$$a = \pm\cosh t, \quad c = \sinh t$$

となる t が存在する. b と d については, $ab-cd=0$, $ad-bc=\pm 1$ を解けばよい.

1.7 x, y についての方程式

$$a_1x+b_1y = -c_1z$$
$$a_2x+b_2y = -c_2z$$

を解けば

$$x = z\cdot\begin{vmatrix} a_1 & b_1 \\ a_2 & b_2 \end{vmatrix}^{-1}\cdot\begin{vmatrix} b_1 & c_1 \\ b_2 & c_2 \end{vmatrix}, \quad y = z\cdot\begin{vmatrix} a_1 & b_1 \\ a_2 & b_2 \end{vmatrix}^{-1}\cdot\begin{vmatrix} c_1 & a_1 \\ c_2 & a_2 \end{vmatrix}.$$

1.8

(1) $\Delta=\det(M+2I)$ とおく.

$$M+2I = \begin{pmatrix} a+2 & 1 \\ a & a+2 \end{pmatrix}$$

であるから，$\Delta=(a+2)^2-1\cdot a=\left(a+\frac{3}{2}\right)^2+\frac{7}{4}>0$．よって，$M+2I$ は逆行列をもつ．$A=(M+2I)(M+I)$ と書けるから，

$$(M+2I)(M+I)=(M+2I)B$$

の両辺に $(M+2I)^{-1}$ を左から掛けて，$M+I=B$．したがって，

$$B=\begin{pmatrix} a+1 & 1 \\ a & a+1 \end{pmatrix}$$

(2) $\det B=(a+1)^2-1\cdot a=\left(a+\frac{1}{2}\right)^2+\frac{3}{4}>0$ であるから，$B=M+I$ は逆行列をもつ．$A=(M+2I)(M+I)$ であるから，A も逆行列をもち

$$\begin{aligned} A^{-1} &= (M+I)^{-1}(M+2I)^{-1} \\ &= \frac{1}{(a^2+a+1)(a^2+3a+4)}\begin{pmatrix} a+1 & -1 \\ -a & a+1 \end{pmatrix}\begin{pmatrix} a+2 & -1 \\ -a & a+2 \end{pmatrix} \\ &= \frac{1}{(a^2+a+1)(a^2+3a+4)}\begin{pmatrix} a^2+4a+2 & -(2a+3) \\ -a(2a+3) & a^2+4a+2 \end{pmatrix} \end{aligned}$$

(3) 条件から $-(2a+3)=0$，$-a(2a+3)=0$．よって $a=-3/2$ であり

$$p=q=\frac{a^2+4a+2}{(a^2+a+1)(a^2+3a+4)}=-4/7$$

1.9 $S_n=\begin{pmatrix} n & n(n+1)/2 \\ 0 & n \end{pmatrix}$

1.10 e^t, e^{-t}

1.11 $P=\begin{pmatrix} 3 & 5 \\ 1 & 2 \end{pmatrix}$, $\begin{pmatrix} 1 & 1 \\ 3 & -1 \end{pmatrix}$

1.12

(1) 固有値は 2, 3 であり，対応する固有ベクトルはそれぞれ $\begin{pmatrix} 2 \\ 1 \end{pmatrix}$, $\begin{pmatrix} 1 \\ 1 \end{pmatrix}$

(2) 固有値は 1, 2 であり，対応する固有ベクトルは，$\begin{pmatrix} 1 \\ 2 \end{pmatrix}$, $\begin{pmatrix} 1 \\ 1 \end{pmatrix}$

1.13 A が標準形のとき確かめればよい．または，ハミルトン–ケイリーの定理から

$$A^2-(\operatorname{tr} A)A+(\det A)I=O$$

の両辺の跡をとればよい．

1.14 条件から

$$|a|^2-|c|^2=1,\quad |b|^2-|d|^2=-1,\quad a\bar{b}-c\bar{d}=0,\quad ad-bc=1$$

最後の 2 式を未知数 a, c の連立方程式とみて解くと，最初の 2 式を使えば容易に，$a=\bar{d}$，$c=\bar{b}$ を得るから，主張が成り立つ．

1.15 行列式の定義から明らか．

1.16 答えは単位行列.

1.17 $x_n=\dfrac{1}{3}\{5^n+2(-1)^n\}$, $y_n=\dfrac{2}{3}\{5^n-(-1)^n\}$

第2章

2.1 $PAP^{-1}=\begin{pmatrix}1&0&0\\0&2&0\\0&0&2\end{pmatrix}$,

$$A^n=P^{-1}\begin{pmatrix}1&0&0\\0&2^n&0\\0&0&2^n\end{pmatrix}P=\begin{pmatrix}1&-2+2^{n+1}&-1+2^n\\1-2^n&-2+3\cdot 2^n&-1+2^n\\-2+2^{n+1}&4-2^{n+2}&2-2^n\end{pmatrix}$$

2.2 (a)から(d)までは明らか. (e)を示すために, $A=(a_{ij})$, $B=(b_{jk})$ とおくと

$$j-i\geqq k_1,\ k-j\geqq k_2\Longrightarrow k-i=(j-i)+(k-j)\geqq k_1+k_2$$

対偶をとれば

$$k-i<k_1+k_2\Longrightarrow j-i<k_1\quad \text{または}\quad k-j<k_2$$

よって, $k-i<k_1+k_2$ であるとき, AB の (i,k) 成分は

$$\sum_{j=1}^{n}a_{ij}b_{jk}=0$$

となって, $AB\in M_n[k_1+k_2]$. (f)を示すには, $A^k\in M_n[k]$ となることから, (c)を使う.

2.3 $T_{(A,\boldsymbol{b})}(T_{(B,\boldsymbol{c})}\boldsymbol{x})=A(B\boldsymbol{x}+\boldsymbol{c})+\boldsymbol{b}=AB\boldsymbol{x}+A\boldsymbol{c}+\boldsymbol{b}$. $T_{(A,\boldsymbol{b})}T_{(B,\boldsymbol{c})}=I$ とすれば, $AB\boldsymbol{x}+A\boldsymbol{c}+\boldsymbol{b}=\boldsymbol{x}$, $\boldsymbol{x}\in\mathbb{F}^n\Longrightarrow AB=I$, $A\boldsymbol{c}+\boldsymbol{b}=\boldsymbol{0}\Longrightarrow B=A^{-1}$, $\boldsymbol{c}=-A^{-1}\boldsymbol{b}$.

2.4 両辺の跡を考えればよい.

2.5

(1) $[A+B,C]=(A+B)C-C(A+B)=AC+BC-CA-CB$
$=AC-CA+BC-CB=[A,C]+[B,C]$

$[A,B+C]$ についても同様((3)を用いてもよい).

(2) $a[A,B]=a(AB-BA)=(aA)B-B(aA)=[aA,B]$
$a[A,B]=a(AB-BA)=A(aB)-(aB)A=[A,aB]$

(3) $[A,B]=AB-BA=-(BA-AB)=-[B,A]$

(4) $[A,[B,C]]+[B,[C,A]]+[C,[A,B]]$
$=A[B,C]-[B,C]A+B[C,A]-[C,A]B+C[A,B]-[A,B]C$
$=A(BC-CB)-(BC-CB)A+B(CA-AC)-(CA-AC)B$

$$+C(AB-BA)-(AB-BA)C$$
$$=ABC-ACB-BCA+CBA+BCA-BAC-CAB+ACB+CAB$$
$$-CBA-ABC+BAC$$
$$=0$$

2.6 n についての帰納法で証明する．$n=1$ のときは明らかに正しい．n について正しいと仮定する．

$$\begin{aligned}[A^{n+1},B] &= A^{n+1}B-BA^{n+1} = A(A^nB-BA^n)+ABA^n-BA^{n+1}\\ &= A[A^n,B]+[A,B]A^n = nA[A,B]A^{n-1}+[A,B]A^n\\ &= n[A,B]AA^{n-1}+[A,B]A^n\\ &= (n+1)[A,B]A^n\end{aligned}$$

よって，$n+1$ のときも正しい．

2.7 ${}^t[A,B]={}^t(AB-BA)={}^tB\,{}^tA-{}^tA\,{}^tB=BA-AB=-[A,B]$.

2.8 （前半）E_{ij} を (i,j) 成分が 1 で他はすべて 0 である n 次の行列として，$T(E_{ij})=c_{ji}$ とおき，$C=(c_{ij})$ とすればよい．$A=(a_{ij})$ であるとき，$A=\sum\limits_{i,j}a_{ij}E_{ij}$ と表されることを使う．

（後半）$C=I_n$ を示す．仮定から $\mathrm{tr}\,(CAB)=\mathrm{tr}\,(CBA)$ であるから，$\mathrm{tr}\,(C[A,B])=0$．とくに，$A=E_{ij}$，$B=E_{hk}$ とおく．

$$E_{ij}E_{hk} = \delta_{jh}E_{ik}$$

であるから，$\mathrm{tr}\,(C[E_{ij},E_{hk}])=c_{ki}\delta_{jh}-c_{jh}\delta_{ki}$．このことから，$c_{jh}=0\ (j\neq h)$，$c_{kk}=c_{jj}$．よって $C=cI_n$ と書ける．仮定から，$c=1$ である．

2.9 (4)を示そう．

$$\begin{aligned}4A*(B*A^2) &= A(BA^2+A^2B)+(BA^2+A^2B)A\\ &= ABA^2+A^3B+BA^3+A^2BA\\ &= ABA^2+BA^3+A^3B+A^2BA\\ &= (AB+BA)A^2+A^2(AB+BA)\\ &= 4(A*B)*A^2\end{aligned}$$

2.10 $U^*=U^{-1}$ であるから $(U^{-1})^*=(U^*)^*=U$.

$$(U^{-1})^*U^{-1} = UU^{-1} = I$$
$$U^{-1}(U^{-1})^* = U^{-1}U = I$$

よって U^{-1} はユニタリ行列である．U^* については，$U^*=U^{-1}$ に注意．U_1,U_2 が

ユニタリ行列であるとき，

$$(U_1U_2)^*U_1U_2 = U_2{}^*U_1{}^*U_1U_2 = U_2{}^*U_2 = I$$
$$U_1U_2(U_1U_2)^* = U_1U_2U_2{}^*U_1{}^* = U_1U_1{}^* = I$$

よって，U_1U_2 もユニタリ行列である.

2.11 $A+iB$ がユニタリ行列

$$\iff (A+iB)^*(A+iB) = I,\ (A+iB)(A+iB)^* = I$$
$$\iff {}^tA\,A + {}^tB\,B + i({}^tA\,B - {}^tB\,A) = I,\ A\,{}^tA + B\,{}^tB + i(B\,{}^tA - A\,{}^tB) = I$$
$$\iff {}^tA\,A + {}^tB\,B = A\,{}^tA + B\,{}^tB = I,\ {}^tA\,B - {}^tB\,A = B\,{}^tA - A\,{}^tB = O$$
$$\iff {}^t\begin{pmatrix} A & -B \\ B & A \end{pmatrix}\begin{pmatrix} A & -B \\ B & A \end{pmatrix} = \begin{pmatrix} I & O \\ O & I \end{pmatrix}$$
$$\begin{pmatrix} A & -B \\ B & A \end{pmatrix}{}^t\begin{pmatrix} A & -B \\ B & A \end{pmatrix} = \begin{pmatrix} I & O \\ O & I \end{pmatrix}$$

$\iff \begin{pmatrix} A & -B \\ B & A \end{pmatrix}$ が直交行列.

2.12 簡単な計算.

2.13

$$\left(\begin{array}{cc|cc} a & b & c & d \\ -b & a & -d & c \\ \hline -c & d & a & -b \\ -d & -c & b & a \end{array}\right) = \begin{pmatrix} A_{11} & A_{12} \\ A_{21} & A_{22} \end{pmatrix}$$

のように区分けすると

$$\begin{aligned} A\,{}^tA &= \begin{pmatrix} A_{11} & A_{12} \\ A_{21} & A_{22} \end{pmatrix}\begin{pmatrix} {}^tA_{11} & {}^tA_{21} \\ {}^tA_{12} & {}^tA_{22} \end{pmatrix} \\ &= \begin{pmatrix} A_{11}{}^tA_{11} + A_{12}{}^tA_{12} & A_{11}{}^tA_{21} + A_{12}{}^tA_{22} \\ A_{21}{}^tA_{11} + A_{22}{}^tA_{12} & A_{21}{}^tA_{21} + A_{22}{}^tA_{22} \end{pmatrix} \\ &= (a^2+b^2+c^2+d^2)I_4 \end{aligned}$$

第3章

3.1 σ_k の定義から明らか.

3.2 φ の条件から，まず $\varphi(I)=1$ となることがわかる($\varphi(I)=\varphi(I\cdot I)=\varphi(I)\varphi(I)$). また，偶置換 μ に対して $\varphi(\mu)=1$ であることも明らか. 条件を満

たす σ は奇置換でなければならないが，他の任意の奇置換 τ に対して，$\tau\sigma$ は偶置換であるから $\varphi(\tau\sigma)=1$. よって $\varphi(\tau)=-1$. これから，$\varphi=\mathrm{sgn}$ が従う.

3.3 $A=(a_{ij})$ とすると，

$$\det(\boldsymbol{e}_1,\boldsymbol{e}_2,\cdots,\boldsymbol{a}_i,\cdots,\boldsymbol{e}_n)=a_{ii}\qquad(i=1,2,\cdots,n)$$

3.4 $|A|$ を求めたい行列式とする.

(1) 第 i 行 $(i\geqq 2)$ から第 1 行を引いた行列式を考えて

$$|A|=\begin{vmatrix} 1 & 1 & \cdots & 1 & 1 \\ 0 & 1 & \cdots & 0 & 0 \\ & & \cdots\cdots\cdots & & \\ 0 & 0 & \cdots & n-2 & 0 \\ 0 & 0 & \cdots & 0 & n-1 \end{vmatrix}=(n-1)!$$

(2) 第 i 行 $(i\leqq n-1)$ から第 n 行を引いた行列式を考えて

$$|A|=\begin{vmatrix} a & 1 & \cdots & 1 & 1 \\ 1 & a & \cdots & 1 & 1 \\ & & \cdots\cdots\cdots & & \\ 1 & 1 & \cdots & a & 1 \\ 1 & 1 & \cdots & 1 & a \end{vmatrix}=\begin{vmatrix} a-1 & 0 & \cdots & 0 & 1-a \\ 0 & a-1 & \cdots & 0 & 1-a \\ & & \cdots\cdots\cdots\cdots\cdots & & \\ 0 & 0 & \cdots & a-1 & 1-a \\ 1 & 1 & \cdots & 1 & a \end{vmatrix}$$

$$=(a-1)^{n-1}\begin{vmatrix} 1 & 0 & \cdots & 0 & -1 \\ 0 & 1 & \cdots & 0 & -1 \\ & & \cdots\cdots\cdots & & \\ 0 & 0 & \cdots & 1 & -1 \\ 1 & 1 & \cdots & 1 & a \end{vmatrix}$$

$$=(a-1)^{n-1}\begin{vmatrix} 1 & 0 & \cdots & 0 & 0 \\ 0 & 1 & \cdots & 0 & 0 \\ & & \cdots\cdots\cdots & & \\ 0 & 0 & \cdots & 1 & 0 \\ 1 & 1 & \cdots & 1 & a+n-1 \end{vmatrix}$$

(第 n 列に第 i 列 $(i=1,2,\cdots,n-1)$ を足して)

$$=(a-1)^{n-1}(a+n-1)$$

(3)

$$|A|=\begin{vmatrix} 1 & 2 & 3 & \cdots & n \\ 2 & 3 & 4 & \cdots & 1 \\ 3 & 4 & 5 & \cdots & 2 \\ & & \cdots\cdots\cdots & & \\ n & 1 & 2 & \cdots & n-1 \end{vmatrix}=\begin{vmatrix} 1 & 1 & 2 & \cdots & n-2 & n-1 \\ 1 & 0 & 0 & \cdots & 0 & -n \\ 1 & 0 & 0 & \cdots & -n & 0 \\ & & & \cdots\cdots\cdots\cdots\cdots & & \\ 1 & -n & 0 & \cdots & 0 & 0 \end{vmatrix}$$

(第 n 行から第 $n-1$ 行を引き，第 $n-1$ 行から第 $n-2$ 行を引き，これを続けて，第 2 行から第 1 行を引く. さらに，第 1 列を他の列から引く)

$$|A| = \begin{vmatrix} 1 & 1 & 2 & \cdots & n-2 & n-1 \\ 1 & 0 & 0 & \cdots & 0 & -n \\ 1 & 0 & 0 & \cdots & -n & 0 \\ & & \cdots\cdots & & & \\ 1 & -n & 0 & \cdots & 0 & 0 \end{vmatrix} = (1/n)\begin{vmatrix} n & 1 & 2 & \cdots & n-2 & n-1 \\ n & 0 & 0 & \cdots & 0 & -n \\ n & 0 & 0 & \cdots & -n & 0 \\ & & \cdots\cdots & & & \\ n & -n & 0 & \cdots & 0 & 0 \end{vmatrix}$$

$$= (1/n)\begin{vmatrix} n+n(n-1)/2 & 1 & 2 & \cdots & n-2 & n-1 \\ 0 & 0 & 0 & \cdots & 0 & -n \\ 0 & 0 & 0 & \cdots & -n & 0 \\ & & \cdots\cdots & & & \\ 0 & -n & 0 & \cdots & 0 & 0 \end{vmatrix}$$

$$= \frac{1}{n}\left(n+\frac{n(n-1)}{2}\right)\underbrace{\begin{vmatrix} 0 & 0 & \cdots & 0 & -n \\ 0 & 0 & \cdots & -n & 0 \\ & & \cdots\cdots & & \\ -n & 0 & \cdots & 0 & 0 \end{vmatrix}}_{n-1}$$

（第1列に，他の列をすべて足す）．よって

$$\begin{aligned} |A| &= (-1)^{(n-1)(n-2)/2}(-n)^{n-1}(n+1)/2 \\ &= (-1)^{n(n-1)/2}n^{n-1}(n+1)/2 \end{aligned}$$

（4）

$$|A| = \begin{vmatrix} a & 0 & \cdots & 0 & b \\ 0 & a & \cdots & b & 0 \\ & & \cdots\cdots & & \\ 0 & b & \cdots & a & 0 \\ b & 0 & \cdots & 0 & a \end{vmatrix} = (a^2-b^2)^k$$

を示す．$a=0$ のときは，$(-1)^{2k(2k-1)/2}b^{2k}=(-1)^k b^{2k}$ となって，正しい．$a\neq 0$ のとき，$x=b/a$ とおけば，$a=1$, $b=x$ のとき示せばよいことがわかる．k についての帰納法で証明しよう．$k=1$ のときは明らかに成り立つ．$k-1$ のとき成り立つと仮定すれば

$$|A| = \begin{vmatrix} 1 & 0 & \cdots & 0 & x \\ 0 & 1 & \cdots & x & 0 \\ & & \cdots\cdots & & \\ 0 & x & \cdots & 1 & 0 \\ x & 0 & \cdots & 0 & 1 \end{vmatrix} = \begin{vmatrix} 1 & 0 & \cdots & 0 & x \\ 0 & 1 & \cdots & x & 0 \\ & & \cdots\cdots & & \\ 0 & x & \cdots & 1 & 0 \\ 0 & 0 & \cdots & 0 & 1-x^2 \end{vmatrix}$$

（最後の行から第1行の x 倍を引く）

$$= (1-x^2)\begin{vmatrix} 1 & 0 & \cdots & 0 & x \\ 0 & 1 & \cdots & x & 0 \\ & & \cdots\cdots\cdots & & \\ 0 & x & \cdots & 1 & 0 \\ x & 0 & \cdots & 0 & 1 \end{vmatrix} \qquad (2(k-1)\text{ 次})$$

$$= (1-x^2)(1-x^2)^{k-1} = (1-x^2)^k$$

よって，k のときも正しい.

3.5 ${}^tA = -A$ であるから，$\det A = \det {}^tA = (-1)^n \det A$. よって，$(-1)^n = 1 \Longrightarrow n$ は偶数. n が奇数のときは，$\det A = -\det A$ であるから，$\det A = 0$.

3.6 （2）$\det U^*$ は $\det U$ の複素共役であることを使う.

3.7

$$\det\begin{pmatrix} A & B \\ B & A \end{pmatrix} = \det\begin{pmatrix} A+B & B+A \\ B & A \end{pmatrix} = \det\begin{pmatrix} A+B & O \\ B & A-B \end{pmatrix}$$

$$= \det(A+B)\cdot\det(A-B)$$

3.8 まず第 $n+1$ 列に関して展開すると，x_i の係数は第 i 行と第 $n+1$ 列を除いたものに $(-1)^{i+n+1}$ を掛けたものであり，この係数の行列式をこんどは第 n 行に関して展開すると，y_j の係数は $|A|$ から第 i 行と第 j 列を除いたものに $(-1)^{n-1+j-1}$ を掛けたものである.

$$(-1)^{i+n+1}(-1)^{n-1+j-1} = -(-1)^{i+j}$$

に注意すれば，x_iy_j の係数は，A の第 (i,j) 余因子に (-1) を掛けたものであることがわかる.

3.9 $\boldsymbol{a}$ を成分がすべて 1 からなる列ベクトルとし，$A = (\boldsymbol{a}_1, \cdots, \boldsymbol{a}_n)$ とおくと，求める行列式は

$$\det(\boldsymbol{a}_1 + x\boldsymbol{a}, \cdots, \boldsymbol{a}_n + x\boldsymbol{a})$$

これを x の整式として書き表すと，x^k $(1 \leqq k \leqq n)$ の係数は $\det(\boldsymbol{a}_1, \cdots, \boldsymbol{a}_n)$ の中の k 個の列ベクトルを $\boldsymbol{a}$ で置き換えたものの和であるから，2 次以上の項は 0 となる. 定数項が $\det A$ であることは明らか. x の係数は

$$\det(\boldsymbol{a}, \boldsymbol{a}_2, \cdots, \boldsymbol{a}_n) + \det(\boldsymbol{a}_1, \boldsymbol{a}, \boldsymbol{a}_3, \cdots, \boldsymbol{a}_n)$$

$$+ \cdots + \det(\boldsymbol{a}_1, \cdots, \boldsymbol{a}_{n-1}, \boldsymbol{a})$$

この第 j 項の行列式を第 j 列に関して展開すると，それは

$$\sum_{i=1}^{n} \tilde{a}_{ij}$$

に等しい．よって x の係数は $\sum_{j=1}^{n}\sum_{i=1}^{n}\tilde{a}_{ij}$ により与えられる．

3.10

$$\det(I-xC_n)=\underbrace{\begin{vmatrix} 1 & -x & \cdots & 0 & 0 \\ 0 & 1 & \cdots & 0 & 0 \\ & & \cdots\cdots\cdots & & \\ 0 & 0 & \cdots & 1 & -x \\ -x & 0 & \cdots & 0 & 1 \end{vmatrix}}_{n}=\begin{vmatrix} 1 & -x & \cdots & 0 & 0 \\ 0 & 1 & \cdots & 0 & 0 \\ & & \cdots\cdots\cdots & & \\ 0 & 0 & \cdots & 1 & -x \\ 0 & -x^2 & \cdots & 0 & 1 \end{vmatrix}$$

$$=\underbrace{\begin{vmatrix} 1 & -x & \cdots & 0 & 0 \\ 0 & 1 & \cdots & 0 & 0 \\ & & \cdots\cdots\cdots & & \\ 0 & 0 & \cdots & 1 & -x \\ -x^2 & 0 & \cdots & 0 & 1 \end{vmatrix}}_{n-1}=\cdots=\begin{vmatrix} 1 & -x \\ -x^{n-1} & 1 \end{vmatrix}=1-x^n$$

(2 番目の等号では，最後の行から第 1 行の x 倍を足す．以下同様の操作を行い，行列式の次数を下げる．)

3.11 (2)は(1)から直ちに出る(行列式の積)．求める行列の積の (i,j) 成分は

$$x_1^{i-1}x_1^{j-1}+\cdots+x_n^{i-1}x_n^{j-1}=t_{i+j-2}.$$

3.12 最後の列に関する展開を行えばよい．

3.13 最後の列に関する展開を行えばよい．

3.14 (1) $\tilde{A}A=(\det A)\cdot I_n$ の両辺の行列式を考える．(2) $\tilde{\tilde{A}}\tilde{A}=\det\tilde{A}\cdot I_n$ を使う．

3.15 定理 3.29 の証明を参照．

第 4 章

4.1

(1) $x=t,\ y=11t+16,\ z=19t+26$

(2) $x=1-5t,\ y=-1-3s-t,\ z=s,\ w=t$

(3) $x=y=z=w=0$

(4) $x=-1/4,\ y=z=w=1/4$

4.2

(1) $\begin{pmatrix} 1 & 1 & 0 & -2 \\ -2 & -2 & 1 & 3 \\ 1 & 2 & -1 & -2 \\ 0 & -3 & 1 & 3 \end{pmatrix}$

(2) $x \neq \pm 1/2$ のとき，可逆であり，逆行列は

$$(1-4x^2)^{-1}\begin{pmatrix} 1-2x^2 & -x & 2x^2 & -x \\ -x & 1-2x^2 & -x & 2x^2 \\ 2x^2 & -x & 1-2x^2 & -x \\ -x & 2x^2 & -x & 1-2x^2 \end{pmatrix}$$

4.3

(1) 3

(2) $a \neq 1, -3$ のとき，階数は 4，$a=-3$ のとき，階数は 3，$a=1$ のとき，階数は 1.

(3) $x=1$ のとき，階数は 1，$x=-1/3$ のときは，階数は 3，それ以外のとき，階数は 4.

4.4 定理 4.4 の記号を使えば，B を $\tilde{B}$ から最後の列を除いた行列としたとき，$\mathrm{rank}(A)=\mathrm{rank}(B)$，$\mathrm{rank}(\tilde{A})=\mathrm{rank}(\tilde{B})$．よって，解を持つことと，$\mathrm{rank}(B)=\mathrm{rank}(\tilde{B})$ とが同値であることを示せばよい．

$v_{s+1}, v_{s+2}, \cdots, v_m$ がすべて 0 であれば，最後の列から第 j 列 $(j=1,2,\cdots,s)$ の v_j 倍を引くことにより，最後の列を 0 にすることができるから，$\mathrm{rank}(B)=\mathrm{rank}(\tilde{B})$．

逆に，$v_{s+1}, v_{s+2}, \cdots, v_m$ のなかに 0 でないものがあれば，$\tilde{B}$ の行と列の交換により，それを $(s+1, s+1)$ 成分に移すことにより，あとは基本変形によって，標準形 $D(m, n+1; s+1)$ にすることができるから，$\mathrm{rank}(B) \neq \mathrm{rank}(\tilde{B})$．

4.5

(1) $\mathrm{rank}(A)=r$ とすると，

$$PAQ = \begin{pmatrix} I_r & O \\ O & O \end{pmatrix} \quad (= D(r))$$

となる可逆行列 P, Q が存在する．このとき，

$$P(AB) = D(r)(Q^{-1}B)$$

$$Q^{-1}B = \begin{pmatrix} B_{11} & B_{12} \\ B_{21} & B_{22} \end{pmatrix}, \quad B_{11} \in M_r(\mathbb{F})$$

と区分けすると，

$$P(AB) = \begin{pmatrix} B_{11} & B_{12} \\ O & O \end{pmatrix}$$

となるから，$P(AB)$ の階数は r 以下である．よって

$$\mathrm{rank}(AB) = \mathrm{rank}(P(AB)) \leqq \mathrm{rank}(A)\,.$$

同様な考え方で，$\operatorname{rank}(AB) \leqq \operatorname{rank}(B)$ も証明される．

(2) まず，$\operatorname{rank}(A, B) \geqq \operatorname{rank}(A)$ であることを見よう．$PAQ = D(r)$, $r = \operatorname{rank}(A)$ となる可逆行列 P, Q が存在するが，このとき

$$P(A, B)\begin{pmatrix} Q & O \\ O & I \end{pmatrix} = (PAQ, PB) = (D(r), PB) \qquad ①$$

となるから，$\operatorname{rank}(A, B) \geqq \operatorname{rank}(A)$.

$AX = B$ となる X が存在するとする．このとき，

$$(A, B) = (A, AX) = A(I, X)\,.$$

よって，(1)の結果を使って，$\operatorname{rank}(A, B) \leqq \operatorname{rank}(A)$ となるから，等号が成立する．

逆に，$\operatorname{rank}(A, B) = \operatorname{rank}(A)$ とすると，① において，

$$PB = \begin{pmatrix} C \\ O_{n-r,n} \end{pmatrix}, \quad C \in M(r, n)$$

が成り立つ．

$$X = Q\begin{pmatrix} C \\ O_{n-r,n} \end{pmatrix}$$

とおくと，

$$AX = P^{-1}PAQQ^{-1}X = P^{-1}\begin{pmatrix} I_r & O \\ O & O \end{pmatrix}\begin{pmatrix} C \\ O_{n-r,n} \end{pmatrix} = P^{-1}\begin{pmatrix} C \\ O_{n-r,n} \end{pmatrix} = B\,.$$

4.6

(1) A, B を (m, n) 型とする．

$$(A, B)\begin{pmatrix} I_n & O_{n,m} \\ I_n & O_{n,m} \end{pmatrix} = (A+B, O_m) \qquad (O_m = O_{m,m})$$

$$\begin{aligned} \operatorname{rank}(A+B) &= \operatorname{rank}(A+B, O_m) \leqq \operatorname{rank}(A, B) \\ &\leqq \operatorname{rank}(A) + \operatorname{rank}(B)\,. \end{aligned}$$

(2) $\operatorname{rank}(A) = r$ とおこう．

$$PAQ = \begin{pmatrix} I_r & O \\ O & O \end{pmatrix}$$

となる可逆行列 P, Q をとって，

$$C = P^{-1}\begin{pmatrix} O & O \\ O & I_{n-r} \end{pmatrix}Q^{-1}$$

とおく．$A+C$ は可逆である．実際

$$A+C = P^{-1}\left(\begin{pmatrix} I_r & O \\ O & O \end{pmatrix} + \begin{pmatrix} O & O \\ O & I_{n-r} \end{pmatrix}\right)Q^{-1} = P^{-1}Q^{-1}.$$

$C \approx \begin{pmatrix} O & O \\ O & I_{n-r} \end{pmatrix}$ であるから，$\mathrm{rank}(C)=n-r$. よって

$$\begin{aligned}\mathrm{rank}(B) &= \mathrm{rank}((A+C)B) \leqq \mathrm{rank}(AB)+\mathrm{rank}(CB) \\ &\leqq \mathrm{rank}(AB)+\mathrm{rank}(C) = \mathrm{rank}(AB)+n-r.\end{aligned}$$

(3) $B=I-A$ とおいて，(1), (2)を適用($A^2=A \Longleftrightarrow AB=O$).

4.7

$$PAQ = \begin{pmatrix} I_r & O \\ O & O \end{pmatrix}$$

とする.

$$\begin{pmatrix} I_r & O \\ O & O \end{pmatrix} = (\boldsymbol{e}_1, \boldsymbol{e}_2, \cdots, \boldsymbol{e}_r, \boldsymbol{0}, \cdots, \boldsymbol{0})$$

と表したとき，

$$\begin{gathered} P^{-1}(\boldsymbol{e}_1, \boldsymbol{0}, \boldsymbol{0}, \cdots, \boldsymbol{0}, \boldsymbol{0}, \cdots, \boldsymbol{0})Q^{-1} = A_1 \\ P^{-1}(\boldsymbol{0}, \boldsymbol{e}_2, \boldsymbol{0}, \cdots, \boldsymbol{0}, \boldsymbol{0}, \cdots, \boldsymbol{0})Q^{-1} = A_2 \\ \cdots\cdots\cdots \\ P^{-1}(\boldsymbol{0}, \boldsymbol{0}, \boldsymbol{0}, \cdots, \boldsymbol{e}_r, \boldsymbol{0}, \cdots, \boldsymbol{0})Q^{-1} = A_r \end{gathered}$$

とおけばよい.

第5章

5.1 ヒント参照.

5.2 十分条件であることは明らか. $\boldsymbol{M}_1 \cup \boldsymbol{M}_2$ が部分空間とすると，任意の $\boldsymbol{x} \in \boldsymbol{M}_1$，$\boldsymbol{y} \in \boldsymbol{M}_2$ について，$\boldsymbol{x}+\boldsymbol{y} \in \boldsymbol{M}_1 \cup \boldsymbol{M}_2$，すなわち $\boldsymbol{x}+\boldsymbol{y} \in \boldsymbol{M}_1$ または $\boldsymbol{x}+\boldsymbol{y} \in \boldsymbol{M}_2$ となる. 第1の場合は，$\boldsymbol{y} \in \boldsymbol{M}_1$ となり，第2の場合は $\boldsymbol{x} \in \boldsymbol{M}_2$ である. よって，もし，$\boldsymbol{y} \in \boldsymbol{M}_2$，$\boldsymbol{y} \notin \boldsymbol{M}_1$ となる $\boldsymbol{y}$ が存在すれば，任意の $\boldsymbol{x} \in \boldsymbol{M}_1$ は $\boldsymbol{M}_2$ に属するから，$\boldsymbol{M}_1 \subset \boldsymbol{M}_2$. もし，任意の $\boldsymbol{y} \in \boldsymbol{M}_2$ が $\boldsymbol{M}_1$ に属せば，$\boldsymbol{M}_2 \subset \boldsymbol{M}_1$ である.

5.3

(1) $f(x_1\boldsymbol{e}_1+x_2\boldsymbol{e}_2+\cdots+x_n\boldsymbol{e}_n) = x_1a_1+x_2a_2+\cdots+x_na_n$ により $\boldsymbol{f}$ を定義すればよい.

(2) $\boldsymbol{L}^*$ は n 次元であるから，$\boldsymbol{f}_1, \boldsymbol{f}_2, \cdots, \boldsymbol{f}_n$ が線形独立であることを示せばよい.

$$a_1\boldsymbol{f}_1+a_2\boldsymbol{f}_2+\cdots+a_n\boldsymbol{f}_n=\mathbf{0}$$

とすると，$0=(a_1\boldsymbol{f}_1+a_2\boldsymbol{f}_2+\cdots+a_n\boldsymbol{f}_n)(\boldsymbol{e}_i)=a_i$.

(3) 線形性は明らかである．$T(\boldsymbol{x})=\mathbf{0}$ とすると，任意の $\boldsymbol{f}\in\boldsymbol{L}^*$ に対して，$f(\boldsymbol{x})=0$. よって $\boldsymbol{x}=\mathbf{0}$ となり，T は単射となり，$\dim\boldsymbol{L}=\dim\boldsymbol{L}^*$ であるから，T は同型写像.

5.4 (1), (2) ともに線形従属.

5.5 $a_1(\boldsymbol{x}_1-\boldsymbol{x}_2)+a_2(\boldsymbol{x}_2-\boldsymbol{x}_3)+\cdots+a_{n-1}(\boldsymbol{x}_{n-1}-\boldsymbol{x}_n)+a_n\boldsymbol{x}_n=\mathbf{0}$ とする．これを書き直すと

$$a_1\boldsymbol{x}_1+(a_2-a_1)\boldsymbol{x}_2+\cdots+(a_{n-1}-a_{n-2})\boldsymbol{x}_{n-1}+(a_n-a_{n-1})\boldsymbol{x}_n=\mathbf{0}$$

となるから，$a_1=a_2-a_1=\cdots=a_{n-1}-a_{n-2}=a_n-a_{n-1}=0$. このことから，$a_1=a_2=\cdots=a_n=0$ を示すことは容易.

5.6 $\sum_{j=1}^{n}c_j\boldsymbol{y}_j=\sum_{i=1}^{n}\left(\sum_{j=1}^{n}a_{ij}c_j\right)\boldsymbol{x}_i$. よって，$\boldsymbol{y}_1,\boldsymbol{y}_2,\cdots,\boldsymbol{y}_n$ が自明な線形関係のみをもつためには，

$$\sum_{j=1}^{n}a_{ij}c_j=0\Longrightarrow c_1=c_2=\cdots=c_n=0$$

が成り立つことが条件になる．これは A が可逆ということにほかならない.

5.7 $\boldsymbol{M}_1\cap\boldsymbol{M}_2$, $\boldsymbol{M}_1$, $\boldsymbol{M}_2$ の次元を，それぞれ $s, s+t, s+u$ とする．$\boldsymbol{M}_1\cap\boldsymbol{M}_2$ の基底 $\langle\boldsymbol{e}_1,\boldsymbol{e}_2,\cdots,\boldsymbol{e}_s\rangle$ を拡大して，$\boldsymbol{M}_1$ の基底 $\langle\boldsymbol{e}_1,\boldsymbol{e}_2,\cdots,\boldsymbol{e}_s,\boldsymbol{f}_1,\boldsymbol{f}_2,\cdots,\boldsymbol{f}_t\rangle$ と $\boldsymbol{M}_2$ の基底 $\langle\boldsymbol{e}_1,\boldsymbol{e}_2,\cdots,\boldsymbol{e}_s,\boldsymbol{g}_1,\boldsymbol{g}_2,\cdots,\boldsymbol{g}_u\rangle$ をとる．$\langle\boldsymbol{e}_1,\boldsymbol{e}_2,\cdots,\boldsymbol{e}_s,\boldsymbol{f}_1,\boldsymbol{f}_2,\cdots,\boldsymbol{f}_t,\boldsymbol{g}_1,\boldsymbol{g}_2,\cdots,\boldsymbol{g}_u\rangle$ が $\boldsymbol{M}_1+\boldsymbol{M}_2$ の基底となることがいえれば，$\dim(\boldsymbol{M}_1+\boldsymbol{M}_2)=s+t+u=\dim\boldsymbol{M}_1+\dim\boldsymbol{M}_2-\dim(\boldsymbol{M}_1\cap\boldsymbol{M}_2)$.

$$\boldsymbol{M}_1+\boldsymbol{M}_2=\langle\!\langle\{\boldsymbol{e}_1,\boldsymbol{e}_2,\cdots,\boldsymbol{e}_s,\boldsymbol{f}_1,\boldsymbol{f}_2,\cdots,\boldsymbol{f}_t,\boldsymbol{g}_1,\boldsymbol{g}_2,\cdots,\boldsymbol{g}_u\}\rangle\!\rangle$$

であることは明白．線形独立性をいうため

$$\sum_{i=1}^{s}a_i\boldsymbol{e}_i+\sum_{j=1}^{t}b_j\boldsymbol{f}_j+\sum_{k=1}^{u}c_k\boldsymbol{g}_k=\mathbf{0}$$

とする.

$$\sum_{i=1}^{s}a_i\boldsymbol{e}_i+\sum_{j=1}^{t}b_j\boldsymbol{f}_j=-\sum_{k=1}^{u}c_k\boldsymbol{g}_k$$

と書き直すと，左辺は $\boldsymbol{M}_1$ の元，右辺は $\boldsymbol{M}_2$ の元であるから，両辺は $\boldsymbol{M}_1\cap\boldsymbol{M}_2$ に属する．よって

$$-\sum_{k=1}^{u} c_k \boldsymbol{g}_k = \sum_{i=1}^{s} d_i \boldsymbol{e}_i$$

と書けるが，$\boldsymbol{e}_1, \boldsymbol{e}_2, \cdots, \boldsymbol{e}_s, \boldsymbol{g}_1, \boldsymbol{g}_2, \cdots, \boldsymbol{g}_u$ の独立性により，$c_1 = c_2 = \cdots = c_u = 0$, $d_1 = d_2 = \cdots = d_s = 0$. こうして，

$$\sum_{i=1}^{s} a_i \boldsymbol{e}_i + \sum_{j=1}^{t} b_j \boldsymbol{f}_j = \boldsymbol{0}\,.$$

今度は，$\boldsymbol{e}_1, \boldsymbol{e}_2, \cdots, \boldsymbol{e}_s, \boldsymbol{f}_1, \boldsymbol{f}_2, \cdots, \boldsymbol{f}_t$ の独立性から，$a_1 = a_2 = \cdots = a_s = 0, b_1 = b_2 = \cdots = b_t = 0$ となり，$\boldsymbol{e}_1, \boldsymbol{e}_2, \cdots, \boldsymbol{e}_s, \boldsymbol{f}_1, \boldsymbol{f}_2, \cdots, \boldsymbol{f}_t, \boldsymbol{g}_1, \boldsymbol{g}_2, \cdots, \boldsymbol{g}_u$ の線形独立性がいえた.

5.8 $T^{-1}(\boldsymbol{M}')$ を $\boldsymbol{L}''$ で表すとき，T を $\boldsymbol{L}''$ に制限して得られる写像 T'' は，$\boldsymbol{L}''$ から $\boldsymbol{L}'$ への線形写像である. $\mathrm{Ker}\, T'' = \mathrm{Ker}\, T$, $\mathrm{Image}\, T'' = \mathrm{Image}\, T \cap \boldsymbol{M}'$ であるから，

$$\dim(\boldsymbol{L}'') = \dim(\mathrm{Ker}\, T'') + \dim(\mathrm{Image}\, T'')$$

を使えばよい.

5.9 制限 $T \mid \boldsymbol{M}$ を考えて，上の問題と同様の考察.

5.10 問題 5.8, 5.9 の結果を使う.

5.11 $T^k = 0\,(k \geqq 2)$ とするとき，$(I-T)(I+T+T^2+\cdots+T^{k-1}) = I$.

5.12 $T(x^k) = kx^{k-1}\,(k = 0, 1, 2, \cdots, n)$ であるから

$$\begin{pmatrix} 0 & 1 & 0 & \cdots & 0 \\ 0 & 0 & 2 & \cdots & 0 \\ & & & \ddots & \\ & & & & n \\ 0 & 0 & 0 & \cdots & 0 \end{pmatrix}.$$

5.13 テーラー展開

$$f(x+a) = f(x) + \frac{a}{1!}\frac{df}{dx} + \frac{a^2}{2!}\frac{d^2 f}{dx^2} + \cdots + \frac{a^n}{n!}\frac{d^n f}{dx^n}$$

から明らか.

第6章

6.1 T の最小多項式は x^2+1 の約数. 固有値は $\pm i$.

6.2 割り算を下から順に見ていけば，r_k は f, g の公約多項式であることがわかる. 一方，h が f, g の公約多項式であれば，割り算を上から見ていって，h が r_k を割り切ることがわかる.

6.3 k に関する帰納法による．$k=2$ のときは，$f_2-f_1=g_1p_1-g_2p_2$ となる $g_1, g_2\in\mathbb{F}[x]$ をとれば，$f=f_1+g_1p_1=f_2+g_2p_2$ が条件を満たす．$k-1$ のとき正しいと仮定して，

$$f_0-f_2\in\mathfrak{a}(p_2),\ \cdots,\ f_0-f_k\in\mathfrak{a}(p_k)$$

となる f_0 をとり，次に f として $f-f_0\in\mathfrak{a}(p_2p_3\cdots p_k)$, $f-f_1\in\mathfrak{a}(p_1)$ となるものを選べば，f は条件を満たす．

6.4

(1) Φ_T は既約である(定理 6.38)．$\deg\Phi_T=k$ とおく．$\boldsymbol{x}\in\boldsymbol{L}$, $\boldsymbol{x}\neq\boldsymbol{0}$ に対して，$\boldsymbol{x}, T\boldsymbol{x}, \cdots, T^{k-1}\boldsymbol{x}$ は線形独立である．実際，線形従属とすると

$$f(T)\boldsymbol{x}=\boldsymbol{0},\quad f\in\mathbb{F}[x],\ f\neq 0,\ \deg f\leqq k-1$$

となる f が存在．T の単純性から，$f(T)=O$ でなければならないが，これは Φ_T の次数の最小性に反する．$\langle\langle\boldsymbol{x}, T\boldsymbol{x}, \cdots, T^{k-1}\boldsymbol{x}\rangle\rangle=\boldsymbol{L}$ となることは，T の単純性により

$$\boldsymbol{L}=\{g(T)x\mid g\in\mathbb{F}[x]\}$$

となること，$g=\Phi_T\cdot q+r\ (\deg r<k)$ とおいて $g(T)=r(T)$ となることからわかる．

(2) 基底 $\langle\boldsymbol{x}, T\boldsymbol{x}, \cdots, T^{k-1}\boldsymbol{x}\rangle$ に関する行列表示を求めればよい．

6.5 $1=u\cdot\Phi_S+v\cdot\Phi_T$ とすれば，$I=v(S)\Phi_T(S)$, $I=u(T)\Phi_S(T)$．

6.6 T の最小多項式 $\Phi(x)=x^k+a_1x^{k-1}+\cdots+a_0$ の定数項 a_0 は 0 ではない．$T^{-1}=-a_0^{-1}(T^{k-1}+a_1T^{k-2}+\cdots+a_1I)$．

6.7 注意 6.41 参照(和の代わりに積を考える)．

6.8 (存在) $T=S+N$ を半単純成分 S とベキ零成分 N への分解とする．S は全単射であるから，$U=I+S^{-1}N$ とおくと，U, S は条件を満足する．U, S は T の多項式で表されることに注意(定理 6.42 と問題 6.6 参照)．

(一意性) U_1, S_1 が条件を満足するとき，これらは，U, S と可換である．よって，$U_1U^{-1}=S_1^{-1}S$ となり，U_1U^{-1} はベキ単，$S_1^{-1}S$ は半単純(問題 6.7)であるから，$S_1^{-1}S=I$．すなわち $S_1=S$, $U_1=U$．

6.9 $S_A, T_A\colon M_n(\mathbb{F})\to M_n(\mathbb{F})$ を $S_A(B)=AB$, $T_A(B)=BA$ により定義すると，$S_AT_A=T_AS_A$ であり，$\mathrm{ad}(A)=S_A-T_A$．さらに，$f\in\mathbb{F}[x]$ に対して

$$f(S_A)=S_{f(A)},\quad f(T_A)=T_{f(A)} \qquad (*)$$

が成り立つ．よって，A がベキ零ならば，S_A, T_A ともにベキ零であるから，$\mathrm{ad}(A)=S_A-T_A$ もベキ零である．

さらに(*)から，A の最小多項式は，S_A, T_A の最小多項式で割り切れる．したがって，A が半単純であるとき，S_A, T_A の最小多項式の素因数分解は重複因子を持たないから，S_A, T_A はともに半単純である．よって，$\mathrm{ad}(A)$ は半単純．

6.10 $\chi_J(x)=(x-\alpha)^k$．$\Phi_J(x)=(x-\alpha)^h\ (h\leqq k)$．$\langle \boldsymbol{e}_1, \boldsymbol{e}_2, \cdots, \boldsymbol{e}_k\rangle$ を $\mathbb{F}^k$ の基本ベクトルからなる基底とすると，

$$(J-\alpha I)(\boldsymbol{e}_i)=\boldsymbol{e}_{i-1} \qquad (i=2,3,\cdots,k)$$
$$(J-\alpha I)(\boldsymbol{e}_1)=\boldsymbol{0}$$

であるから，$(J-\alpha I)^{k-1}\neq O$．よって，$h=k$．

6.11

$$A:\begin{pmatrix} -1 & 0 & 0 & 0 \\ 0 & -1 & 0 & 0 \\ 0 & 0 & 1 & 1 \\ 0 & 0 & 0 & 1 \end{pmatrix},\quad B:\begin{pmatrix} 2 & 0 & 0 & 0 & 0 \\ 0 & 2 & 0 & 0 & 0 \\ 0 & 0 & 2 & 0 & 0 \\ 0 & 0 & 0 & -1 & 0 \\ 0 & 0 & 0 & 0 & -1 \end{pmatrix}$$

A の特性多項式は $(x+1)^2(x-1)^2$，最小多項式は $(x+1)(x-1)^2$．B の特性多項式は $(x-2)^3(x+1)^2$，最小多項式は $(x-2)(x+1)$．

6.12 $f(PAP^{-1})=Pf(A)P^{-1}\ (f\in\mathbb{F}[x])$ により，A, PAP^{-1} の最小多項式は一致する．逆が成り立たないことは，次のような反例が存在することからわかる．

$$A=\begin{pmatrix} 0 & 0 & 0 & 1 \\ 0 & 0 & 0 & 0 \\ 0 & 0 & 0 & 0 \\ 0 & 0 & 0 & 0 \end{pmatrix},\quad B=\begin{pmatrix} 0 & 1 & 0 & 0 \\ 0 & 0 & 0 & 0 \\ 0 & 0 & 0 & 1 \\ 0 & 0 & 0 & 0 \end{pmatrix}$$

の最小多項式はともに x^2 であるが，$\mathrm{rank}\,A=1$, $\mathrm{rank}\,B=2$ となることから A と B は相似ではない．

第7章

7.1 $g_k(x)=\dfrac{d^k}{dx^k}(x^2-1)^k$ とおく．g_k は k 次多項式であることに注意．$g(x)=(x^2-1)^k$ とおくと，$g_k(x)=g^{(k)}(x)$ (k 階導関数)．$i<k$ であるとき，$g^{(i)}(-1)=g^{(i)}(1)=0$．$l<k$ とするとき，部分積分法により

$$\begin{aligned}\langle g_k, g_l\rangle &= \int_{-1}^{1} g_k(x)g_l(x)dx = g^{(k-1)}(x)g_l(x)\,\Big|_{-1}^{1} - \int_{-1}^{1} g^{(k-1)}(x)g_l'(x)dx \\ &= -\int_{-1}^{1} g^{(k-1)}(x)g_l'(x)dx = \cdots = (-1)^l\int_{-1}^{1} g^{(k-l)}(x)g_l^{(l)}(x)dx\end{aligned}$$

$$= (-1)^l (2l)!\, g(x)^{(k-l-1)} = 0\,.$$

同様に，

$$\langle g_k, g_k\rangle = (-1)^k \int_{-1}^{1} g(x) g_k^{(k)}(x) dx = (-1)^k (2k)! \int_{-1}^{1} (x^2-1)^k dx\,.$$

部分積分法を再び使って，

$$\langle g_k, g_k\rangle = (-1)^k (2k)! \left\{ (-1)^k \frac{(k!)^2}{(2k)!} \frac{2^{2k+1}}{2k+1} \right\} = \frac{2^{2k+1}(k!)^2}{2k+1}\,.$$

よって，$\langle f_0, f_1, \cdots, f_n\rangle$ は正規直交基底である．

$\langle f_0, f_1, \cdots, f_{k-1}\rangle, \langle 1, x, x^2, \cdots, x^{k-1}\rangle$ は $\mathbb{R}[x]_n$ の部分空間である $\mathbb{R}[x]_{k-1}$ の基底であり，f_k は $\mathbb{R}[x]_{k-1} = \langle\!\langle f_0, f_1, \cdots, f_{k-1}\rangle\!\rangle$ のすべての元と直交する．よって，f_k は $1, x, x^2, \cdots, x^k$ の線形結合であり，$1, x, x^2, \cdots, x^{k-1}$ と直交する．定理 7.17 の後の注意から，$\langle f_0, f_1, \cdots, f_n\rangle$ が，$\langle 1, x, x^2, \cdots, x^n\rangle$ からシュミットの直交化によって得られる基底であることがわかる．

7.2

$$\begin{aligned}
&\|T(\boldsymbol{x}+\boldsymbol{y}) - T\boldsymbol{x} - T\boldsymbol{y}\|^2 \\
&= \langle T(\boldsymbol{x}+\boldsymbol{y}), T(\boldsymbol{x}+\boldsymbol{y})\rangle - \langle T(\boldsymbol{x}+\boldsymbol{y}), T\boldsymbol{x}\rangle - \langle T(\boldsymbol{x}+\boldsymbol{y}), T\boldsymbol{y}\rangle \\
&\quad - \langle T\boldsymbol{x}, T(\boldsymbol{x}+\boldsymbol{y})\rangle - \langle T\boldsymbol{y}, T(\boldsymbol{x}+\boldsymbol{y})\rangle + \langle T\boldsymbol{x}, T\boldsymbol{x}\rangle + \langle T\boldsymbol{x}, T\boldsymbol{y}\rangle \\
&\quad + \langle T\boldsymbol{y}, T\boldsymbol{x}\rangle + \langle T\boldsymbol{y}, T\boldsymbol{y}\rangle \\
&= \langle \boldsymbol{x}+\boldsymbol{y}, \boldsymbol{x}+\boldsymbol{y}\rangle - \langle \boldsymbol{x}+\boldsymbol{y}, \boldsymbol{x}\rangle - \langle \boldsymbol{x}+\boldsymbol{y}, \boldsymbol{y}\rangle \\
&\quad - \langle \boldsymbol{x}, \boldsymbol{x}+\boldsymbol{y}\rangle - \langle \boldsymbol{y}, \boldsymbol{x}+\boldsymbol{y}\rangle + \langle \boldsymbol{x}, \boldsymbol{x}\rangle + \langle \boldsymbol{x}, \boldsymbol{y}\rangle + \langle \boldsymbol{y}, \boldsymbol{x}\rangle + \langle \boldsymbol{y}, \boldsymbol{y}\rangle \\
&= 0\,.
\end{aligned}$$

同様にして，$T(a\boldsymbol{x}) = aT(\boldsymbol{x})$.

7.3

(1)
$$\begin{aligned}
\langle T\boldsymbol{x}, T\boldsymbol{y}\rangle &= \langle \boldsymbol{x} - 2\langle \boldsymbol{x}, \boldsymbol{e}\rangle \boldsymbol{e}, \boldsymbol{y} - 2\langle \boldsymbol{y}, \boldsymbol{e}\rangle \boldsymbol{e}\rangle \\
&= \langle \boldsymbol{x}, \boldsymbol{y}\rangle - 2\langle \boldsymbol{x}, \boldsymbol{e}\rangle\langle \boldsymbol{e}, \boldsymbol{y}\rangle - 2\overline{\langle \boldsymbol{y}, \boldsymbol{e}\rangle}\langle \boldsymbol{x}, \boldsymbol{e}\rangle + 4\langle \boldsymbol{x}, \boldsymbol{e}\rangle\overline{\langle \boldsymbol{y}, \boldsymbol{e}\rangle} \\
&= \langle \boldsymbol{x}, \boldsymbol{y}\rangle\,.
\end{aligned}$$

$T^2 = I$ も容易に示される．

(2) $T\boldsymbol{x} = -\boldsymbol{x}$ であるとき，$-\boldsymbol{x} = \boldsymbol{x} - 2\langle \boldsymbol{x}, \boldsymbol{e}\rangle \boldsymbol{e}$, $\boldsymbol{x} = \langle \boldsymbol{x}, \boldsymbol{e}\rangle \boldsymbol{e} \in \mathbb{R}\boldsymbol{e}$. $T(a\boldsymbol{e}) = a\boldsymbol{e} - 2\langle a\boldsymbol{e}, \boldsymbol{e}\rangle \boldsymbol{e} = -a\boldsymbol{e}$.

$T\boldsymbol{x} = \boldsymbol{x}$ であるとき，$\boldsymbol{x} = \boldsymbol{x} - 2\langle \boldsymbol{x}, \boldsymbol{e}\rangle \boldsymbol{e} \Rightarrow \langle \boldsymbol{x}, \boldsymbol{e}\rangle = 0$. よって，$\boldsymbol{x} \in (\mathbb{R}\boldsymbol{e})^\perp$. 逆に，$\langle \boldsymbol{x}, \boldsymbol{e}\rangle = 0$ であるとき，明らかに $T\boldsymbol{x} = \boldsymbol{x}$.

7.4 逆の部分は，例題 7.13 による．仮定の式に，$\boldsymbol{x}=\boldsymbol{e}_i\ (i=1,2,\cdots,k)$ を代入すると，

$$|\langle \boldsymbol{e}_i, \boldsymbol{e}_1\rangle|^2+|\langle \boldsymbol{e}_i, \boldsymbol{e}_2\rangle|^2+\cdots+|\langle \boldsymbol{e}_i, \boldsymbol{e}_i\rangle|^2+\cdots+|\langle \boldsymbol{e}_i, \boldsymbol{e}_k\rangle|^2=\|\boldsymbol{e}_i\|^2$$

となるが，$|\langle \boldsymbol{e}_i, \boldsymbol{e}_i\rangle|^2=\|\boldsymbol{e}_i\|^2=1$ であるから

$$|\langle \boldsymbol{e}_i, \boldsymbol{e}_1\rangle|^2+|\langle \boldsymbol{e}_i, \boldsymbol{e}_2\rangle|^2+\cdots+|\langle \boldsymbol{e}_i, \boldsymbol{e}_{i-1}\rangle|^2+|\langle \boldsymbol{e}_i, \boldsymbol{e}_{i+1}\rangle|^2+\cdots+|\langle \boldsymbol{e}_i, \boldsymbol{e}_k\rangle|^2=0\,.$$

こうして

$$|\langle \boldsymbol{e}_i, \boldsymbol{e}_j\rangle|^2=0 \qquad (i\neq j)$$
$$\langle \boldsymbol{e}_i, \boldsymbol{e}_j\rangle=0 \qquad (i\neq j)$$

となるから，$\boldsymbol{e}_1,\boldsymbol{e}_2,\cdots,\boldsymbol{e}_k$ は正規直交系である．例題 7.13 の結果から $\boldsymbol{L}$ の任意の元は $\boldsymbol{e}_1,\boldsymbol{e}_2,\cdots,\boldsymbol{e}_k$ の線形結合で表されるから，$\boldsymbol{e}_1,\boldsymbol{e}_2,\cdots,\boldsymbol{e}_k$ は $\boldsymbol{L}$ の基底になる．

7.5 $T\boldsymbol{x}=\langle \boldsymbol{x},\boldsymbol{y}\rangle$ となる $\boldsymbol{y}$ が存在すれば，シュヴァルツの不等式により $|T\boldsymbol{x}|\leqq\|\boldsymbol{x}\|\|\boldsymbol{y}\|$ が成り立つ必要がある．よって，どんな正定数 C に対しても，不等式 $|T\boldsymbol{x}|\leqq C\|\boldsymbol{x}\|$ がすべての $\boldsymbol{x}\in\boldsymbol{L}$ については成り立たないような T を構成すればよい．

$\boldsymbol{L}=C_0(\mathbb{N},\mathbb{R})\ (\mathbb{N}=\{1,2,\cdots\})$ として，

$$T(f)=\sum_{k=1}^{\infty}kf(k), \quad f\in C_0(\mathbb{N},\mathbb{R})$$

とおく．T は明らかに $\boldsymbol{L}$ から $\mathbb{R}$ への($\mathbb{R}$ 上の)線形写像である．f_k を，$f_k(i)=1$ $(i=k)$，$f_k(i)=0\ (i\neq k)$ により定義された関数とすると，$T(f_k)=k$，$\|f_k\|=1$ であるから，T が反例を与える．

7.6 $\boldsymbol{x}\in\operatorname{Ker}T^*$, $\boldsymbol{y}\in\boldsymbol{L}$ に対して，$\langle T\boldsymbol{y},\boldsymbol{x}\rangle=\langle \boldsymbol{y},T^*\boldsymbol{x}\rangle=0$ であるから $\operatorname{Image}T\subset(\operatorname{Ker}T^*)^\perp$．同様に，$\operatorname{Image}T^*\subset(\operatorname{Ker}T)^\perp$ $(\Rightarrow \operatorname{Ker}T\subset(\operatorname{Image}T^*)^\perp)$．よって，

$$\begin{aligned}\dim\boldsymbol{L}&=\dim(\operatorname{Image}T)+\dim(\operatorname{Ker}T)\\&\leqq\dim(\operatorname{Ker}T^*)^\perp+\dim(\operatorname{Image}T^*)^\perp\\&=\dim\boldsymbol{L}'-\dim(\operatorname{Ker}T^*)+\dim\boldsymbol{L}-\dim(\operatorname{Image}T^*)\\&=\dim\boldsymbol{L}'+\dim\boldsymbol{L}-\dim\boldsymbol{L}'=\dim\boldsymbol{L}\,.\end{aligned}$$

こうして，

$$\dim(\operatorname{Image}T)=\dim(\operatorname{Ker}T^*)^\perp, \quad \dim(\operatorname{Ker}T)=\dim(\operatorname{Image}T^*)^\perp$$

となるから，主張を得る．

7.7

(1) $A=\dfrac{1}{2}(T+T^*)$，$B=\dfrac{1}{2i}(T-T^*)$ とおくと，A,B はエルミート変換であり，$T=A+iB$ である．$T=A+iB=A_1+iB_1$ となる，エルミート変換

A, B, A_1, B_1 があれば $A-A_1=i(B_1-B)$ であり，両辺の随伴変換を考えれば $A-A_1=-i(B_1-B)$．よって，$A-A_1=O$，$B-B_1=O$．

(2) T が正規変換であるとき，$A=\dfrac{1}{2}(T+T^*)$，$B=\dfrac{1}{2i}(T-T^*)$ は $AB=BA$ を満たす．逆に，$AB=BA$ を満たすエルミート変換 A, B により $T=A+iB$ と表されれば，

$$T^*T=(A+iB)^*(A+iB)=A^*A-iB^*A+iA^*B+B^*B$$
$$=A^2+B^2=(A+iB)(A+iB)^*=TT^*.$$

7.8 $T\boldsymbol{x}=\lambda\boldsymbol{x}$，$\boldsymbol{x}\neq\boldsymbol{0}$ とするとき

$$0\leqq\langle T\boldsymbol{x},\boldsymbol{x}\rangle=\lambda\langle\boldsymbol{x},\boldsymbol{x}\rangle\Longrightarrow\lambda\geqq 0.$$

7.9 T のスペクトル分解を

$$T=\lambda_1P_1+\lambda_2P_2+\cdots+\lambda_mP_m$$

とするとき，T に対する仮定から，$\lambda_i\geqq 0$．

$$S=\sqrt{\lambda_1}P_1+\sqrt{\lambda_2}P_2+\cdots+\sqrt{\lambda_m}P_m$$

とおけば，$S^2=T$．S の一意性はスペクトル分解の一意性から明らか．

7.10 T の固有値を(重複度も込めて) $\alpha_1,\alpha_2,\cdots,\alpha_n$ とし，$\boldsymbol{e}_1,\boldsymbol{e}_2,\cdots,\boldsymbol{e}_n$ を対応する固有ベクトルからなる正規直交基底とする．

$$\boldsymbol{x}=\sum_{i=1}^{n}x_i\boldsymbol{e}_i,\quad \|\boldsymbol{x}\|^2=\sum_{i=1}^{n}|x_i|^2=1$$

に対して，

$$\langle T\boldsymbol{x},\boldsymbol{x}\rangle=\sum_{i=1}^{n}\alpha_i|x_i|^2\leqq\sum_{i=1}^{n}\alpha|x_i|^2\leqq\alpha$$

であるから

$$\sup_{\|\boldsymbol{x}\|=1}\langle T\boldsymbol{x},\boldsymbol{x}\rangle\leqq\alpha.$$

一方，$\alpha_i=\alpha$ とすれば，$\langle T\boldsymbol{e}_i,\boldsymbol{e}_i\rangle=\alpha_i=\alpha$ であるから，主張を得る．最小の固有値についても同様．

7.11

(1) $\langle\boldsymbol{x},\boldsymbol{y}\rangle=\langle\boldsymbol{y},\boldsymbol{x}\rangle$，$\langle\boldsymbol{x},\boldsymbol{0}\rangle=0$，$\langle\boldsymbol{x},\boldsymbol{x}\rangle=\|\boldsymbol{x}\|^2$ は定義より明らか．

$$\langle\boldsymbol{x},\boldsymbol{z}\rangle+\langle\boldsymbol{y},\boldsymbol{z}\rangle=(1/4)(\|\boldsymbol{x}+\boldsymbol{z}\|^2-\|\boldsymbol{x}-\boldsymbol{z}\|^2+\|\boldsymbol{y}+\boldsymbol{z}\|^2-\|\boldsymbol{y}-\boldsymbol{z}\|^2)$$
$$=\frac{1}{2}\left(\left\|\frac{\boldsymbol{x}+\boldsymbol{y}}{2}+\boldsymbol{z}\right\|^2-\left\|\frac{\boldsymbol{x}+\boldsymbol{y}}{2}-\boldsymbol{z}\right\|^2\right)$$
$$=2\langle(\boldsymbol{x}+\boldsymbol{y})/2,\boldsymbol{z}\rangle.$$

ここで $\boldsymbol{y}=\boldsymbol{0}$ とおけば，$\langle \boldsymbol{x}, \boldsymbol{z}\rangle = 2\langle \boldsymbol{x}/2, \boldsymbol{z}\rangle$ だから，$\langle \boldsymbol{x}, \boldsymbol{z}\rangle + \langle \boldsymbol{y}, \boldsymbol{z}\rangle = \langle \boldsymbol{x}+\boldsymbol{y}, \boldsymbol{z}\rangle$ を得る．これから，すべての有理数 a について，$\langle a\boldsymbol{x}, \boldsymbol{y}\rangle = a\langle \boldsymbol{x}, \boldsymbol{y}\rangle$ が成り立つことがわかる．これがすべての実数 a について成り立つことをみるには，関数 $f(a)=\langle a\boldsymbol{x}, \boldsymbol{y}\rangle$ が a の連続関数であること，すなわち $\|a\boldsymbol{x}+\boldsymbol{y}\|, \|a\boldsymbol{x}-\boldsymbol{y}\|$ が a の連続関数であることを示せばよいが，

$$|\|a\boldsymbol{x}\pm\boldsymbol{y}\|-\|b\boldsymbol{x}\pm\boldsymbol{y}\|| \leqq \|(a-b)\boldsymbol{x}\| = |a-b|\|\boldsymbol{x}\|$$

により明らかである(ノルムの性質(2), (3)を使った).

(2) (1)と同様.

7.12 定理 7.26 の証明参照.

7.13 $F=\langle \boldsymbol{f}_1, \boldsymbol{f}_2, \cdots, \boldsymbol{f}_n\rangle$ を $\boldsymbol{L}$ の任意の基底としよう．$a_{ij}=[\boldsymbol{f}_j, \boldsymbol{f}_i]$ とおくと，$a_{ji}=[\boldsymbol{f}_i, \boldsymbol{f}_j]=[\boldsymbol{f}_j, \boldsymbol{f}_i]=-a_{ij}$ であるから，n 次の正方行列 $A=(a_{ij})$ は交代行列である．仮定から，A は可逆になるから，n は偶数．$n=2k$ と書くと，n 次の可逆行列 P で

$$P^*AP = \begin{pmatrix} 0 & I_k \\ -I_k & 0 \end{pmatrix}$$

となるものが存在する(注意 7.49 と例題 7.45 の証明を参照)．$P=(p_{ij})$ として

$$\boldsymbol{e}_i = \sum_{h=1}^{n} p_{hi}\boldsymbol{f}_h$$

とおけば，$E=\langle \boldsymbol{e}_1, \boldsymbol{e}_2, \cdots, \boldsymbol{e}_n\rangle$ は $\boldsymbol{L}$ の基底であり

$$\begin{aligned}[\boldsymbol{e}_j, \boldsymbol{e}_i] &= \sum_{h,k=1}^{n} p_{hj}[\boldsymbol{f}_h, \boldsymbol{f}_k]p_{ki} = \sum_{h,k=1}^{n} p_{hj}a_{kh}p_{ki} \\ &= \sum_{h,k=1}^{n} p_{ki}a_{kh}p_{hj}\end{aligned}$$

である．この最後の項は，P^*AP の (i, j) 成分であるから，$\langle \boldsymbol{e}_1, \boldsymbol{e}_2, \cdots, \boldsymbol{e}_n\rangle$ が求める基底である.

7.14 シュヴァルツの不等式の証明参照.

7.15

(1) は簡単な計算.

(2) $\boldsymbol{x}_1=(\varDelta T_1)\boldsymbol{x}$, $\boldsymbol{x}_2=(\varDelta T_2)\boldsymbol{x}$ とおく．シュヴァルツの不等式によって，$|\langle \boldsymbol{x}_1, \boldsymbol{x}_2\rangle|^2 \leqq \|\boldsymbol{x}_1\|^2\|\boldsymbol{x}_2\|^2$．$\varDelta T_1, \varDelta T_2$ がエルミートであることを使ってこれを書き直すと，$|\langle \varDelta T_1\cdot\varDelta T_2\rangle|^2 \leqq \langle(\varDelta T_1)^2\rangle\cdot\langle(\varDelta T_2)^2\rangle$ を得る.

$$\langle \varDelta T_1\cdot\varDelta T_2\rangle = (1/2)\langle[\varDelta T_1, \varDelta T_2]\rangle + (1/2)\langle\{\varDelta T_1, \varDelta T_2\}\rangle$$

$(\{S,T\}=ST+TS$ とおいた)において，第1項は純虚数，第2項は実数であることが容易に確かめられるから，

$$|\langle \Delta T_1\cdot \Delta T_2\rangle|^2 \geqq (1/4)\langle[\Delta T_1, \Delta T_2]\rangle^2 .$$

7.16 $\langle\ ,\ \rangle$ を $\boldsymbol{L}$ の任意の内積とする(例えば，$\boldsymbol{L}$ と $\mathbb{F}^n$ の間の同型を使って，$\mathbb{F}^n$ の自然な内積を $\boldsymbol{L}$ に誘導しておく)．新しい内積 $\langle\ ,\ \rangle_0$ を

$$\langle \boldsymbol{x},\boldsymbol{y}\rangle_0=\langle \boldsymbol{x},\boldsymbol{y}\rangle+\langle T\boldsymbol{x},T\boldsymbol{y}\rangle+\cdots+\langle T^{k-1}\boldsymbol{x},T^{k-1}\boldsymbol{y}\rangle$$

により定義すれば，$\langle T\boldsymbol{x},T\boldsymbol{y}\rangle_0=\langle \boldsymbol{x},\boldsymbol{y}\rangle_0$ である．

7.17 次元 n に関する帰納法による．$n=1$ のときは正しい．$n-1$ のとき正しいと仮定する．T の固有ベクトルでしかも単位ベクトルになるものが必ず存在するから，それを $\boldsymbol{e}_1$ として，$\mathbb{C}\boldsymbol{e}_1$ の直交補空間を $\boldsymbol{M}$，$P\colon \boldsymbol{L}\to\boldsymbol{L}$ を $\boldsymbol{M}$ への直交射影作用素とする．制限 $PT\,|\,\boldsymbol{M}$ は $\boldsymbol{M}$ の線形変換と考えられるから，帰納法の仮定により，$\boldsymbol{M}$ の正規直交基底 $\langle \boldsymbol{e}_2,\cdots,\boldsymbol{e}_n\rangle$ で

$$PT(\boldsymbol{e}_k)=a_{2k}\boldsymbol{e}_2+\cdots+a_{kk}\boldsymbol{e}_k \qquad (k=2,3,\cdots,n)$$

となるものが存在．$\langle \boldsymbol{e}_1,\boldsymbol{e}_2,\cdots,\boldsymbol{e}_n\rangle$ が求める基底になる．

第8章

8.1 定理 8.2 の(1),(2),(3)は，定義より明らかである($\|\ \|_2$ に対する(2)の不等式は，$M(m,n;\mathbb{F})$ の内積 $\langle A,B\rangle=\mathrm{tr}\,B^*A$ に対する三角不等式(§7.1 の例題 7.8)から導かれる)．

$$\begin{aligned}\|AB\|_1&=\sum_{i,k}\Big|\sum_j a_{ij}b_{jk}\Big|\leqq\sum_j\Big(\sum_i|a_{ij}|\Big)\Big(\sum_k|b_{jk}|\Big)\\&\leqq\Big(\sum_{i,j}|a_{ij}|\Big)\Big(\sum_{j,k}|b_{jk}|\Big)=\|A\|_1\|B\|_1 .\end{aligned}$$

シュヴァルツの不等式を使って，

$$\begin{aligned}\|AB\|_2{}^2&=\sum_{i,k}\Big|\sum_j a_{ij}b_{jk}\Big|^2\leqq\sum_{i,k}\Big(\sum_j|a_{ij}|^2\Big)\Big(\sum_j|b_{jk}|^2\Big)\\&\leqq\Big(\sum_{i,j}|a_{ij}|^2\Big)\Big(\sum_{j,k}|b_{jk}|^2\Big)=\|A\|_2{}^2\|B\|_2{}^2 .\end{aligned}$$

よって，(4)が成り立つ．不等式

$$(mn)^{-1}\|A\|_1\leqq\|A\|\leqq\|A\|_2\leqq\|A\|_1$$

に注意．$(mn)^{-1}\|A\|_1\leqq\|A\|$，$\|A\|_2\leqq\|A\|_1$ は明らか．$\|A\|\leqq\|A\|_2$ は補題 8.1 の

証明の中で示してある．(5)は，この不等式から直ちに示される．

8.2 行列式の定義から明らか．

8.3 $A(t_0)$ が可逆であるとき，

$$B(t) = A(t)A(t_0)^{-1}$$

とおけば，$B(t_0)=I$．$B(t)=(\boldsymbol{b}_1(t), \boldsymbol{b}_2(t), \cdots, \boldsymbol{b}_n(t))$，$f(t)=\det B(t)$ とおくと

$$\begin{aligned} f'(t_0) &= \det(\boldsymbol{b}'_1(t_0), \boldsymbol{e}_2, \cdots, \boldsymbol{e}_n) \\ &\quad + \det(\boldsymbol{e}_1, \boldsymbol{b}'_2(t_0), \boldsymbol{e}_3, \cdots, \boldsymbol{e}_n) \\ &\quad \cdots\cdots\cdots \\ &\quad + \det(\boldsymbol{e}_1, \boldsymbol{e}_2, \cdots, \boldsymbol{e}_{n-1}, \boldsymbol{b}'_n(t_0)) \\ &= \operatorname{tr}(B'(t_0)). \end{aligned}$$

($\langle \boldsymbol{e}_1, \boldsymbol{e}_2, \cdots, \boldsymbol{e}_n \rangle$ は $\mathbb{F}^n$ の正規直交基底)．一方，

$$f'(t_0) = (\det A(t))' \det A(t_0)^{-1}.$$

よって，

$$\begin{aligned} (\det A(t))' \big|_{t=t_0} &= \det A(t_0) \operatorname{tr}(B'(t_0)) \\ &= \det A(t_0) \operatorname{tr}(A'(t_0)A(t_0)^{-1}). \end{aligned}$$

8.4

(1) PAP^{-1} が上三角行列になるように P を取る．

$$\det(I-tA) = \det(I-tPAP^{-1}), \quad \operatorname{tr} A^k = \operatorname{tr}(PAP^{-1})^k.$$

さらに，よく知られた等式

$$(I-t\lambda) = \exp\left(-\sum_{k=1}^{\infty} \frac{t^k}{k} \lambda^k\right)$$

を利用すればよい．

(2) $\det(I-tA)=t^n\chi_A(t^{-1})$ に注意して，(1)の等式の両辺を n 回まで微分して $t=0$ とする．

8.5 問題 8.4 の結論を使う．$\operatorname{tr}(AB)^k=\operatorname{tr}(BA)^k$ に注意．

8.6 $(\exp(iA))^*=\exp(-iA^*)=\exp(-iA)$．

8.7 $\displaystyle\lim_{k\to\infty}\left(1+\frac{x}{k}\right)^k=e^x$ の類似であり，証明も同様．

8.8

(1) $(L^k)'=\sum_{i=0}^{k-1} L^iL'L^{k-1-i}$ だから，

$$(\operatorname{tr} L^k)' = \sum_{i=0}^{k-1} \operatorname{tr} L^i(ML-LM)L^{k-1-i} = \sum_{i=0}^{k-1} (\operatorname{tr} L^iML^{k-i} - \operatorname{tr} L^{i+1}ML^{k-1-i})$$

$$= \sum_{i=0}^{k-1} (\mathrm{tr}\, L^k M - \mathrm{tr}\, L^k M) = 0\,.$$

(2) $({}^tUU)' = {}^tU'\,U + {}^tU\,U' = {}^tU\,{}^tM\,U + {}^tU\,MU = {}^tU({}^tM + M)U = O\,.$

(3) $({}^tULU)' = {}^tU'LU + {}^tU\,L'U + {}^tU\,LU' = {}^tU\,{}^tM\,LU + {}^tU\,L'U + {}^tU\,LMU$

$$= {}^tU(-ML + L' + LM)U = {}^tU(L' - [M, L])U\,.$$

8.9

(1) $x_1 = -(c_1+c_2)e^t + (2c_1+c_2)e^{2t} + (c_3-c_2)te^{2t}$

$x_2 = 2(c_1+c_2)e^t - (2c_1+c_2)e^{2t} - (c_3-c_2)te^{2t}$

$x_3 = 2(c_1+c_2)e^t + (c_3-2c_1-2c_2)e^{2t} - (c_3-c_2)te^{2t}$

$(c_1 = x_1(0),\ c_2 = x_2(0),\ c_3 = x_3(0))$.

(2) 一般解は $z(t) = c_1e^{-2t} + c_2e^t + c_3e^{-4t}$.

8.10 まず，T_A が半単純のときに示そう．T_A の標準的直和分解を考えることにより，A の最小多項式 p が既約の場合に帰着できる．このとき，$\boldsymbol{M}_1 = \mathbb{R}^n$ または $\boldsymbol{M}_2 = \mathbb{R}^n$ となっていることを示す．$\mathbb{F} = \mathbb{R}$ の場合の既約多項式は 1 次($p(x) = x - a$)または 2 次($p(x) = x^2 + ax + b$)である．1 次の場合は，$|a| \neq 1$ であり，$A^k = a^kI$ となるから $|a| < 1$, $|a| > 1$ に応じて $\boldsymbol{M}_1 = \mathbb{R}^n$ または $\boldsymbol{M}_2 = \mathbb{R}^n$ である．2 次の場合は，$\alpha, \overline{\alpha}$ を $p(x) = 0$ の根として，x^k を $x^2 + ax + b$ で割った余りを $a_kx + b_k$ とすると

$$a_k = (\alpha^k - \overline{\alpha}^k)/(\alpha - \overline{\alpha}), \quad b_k = (\alpha\overline{\alpha}^k - \overline{\alpha}\alpha^k)/(\alpha - \overline{\alpha}),$$
$$|a_k| \leqq k|\alpha|^k, \quad |b_k| \leqq (k-1)|\alpha|^{k+1}\,.$$

$|\alpha| < 1$ としよう．$A^k = a_kA + b_kI$ であるから，$|\alpha| < \lambda < 1$ となる λ をとれば，$\|A^k\| \leqq |a_k|\|A\| + |b_k| \leqq C\lambda^k$ が十分大きな k に対して成り立つ．よって，$\boldsymbol{M}_1 = \mathbb{R}^n$．$|\alpha| > 1$ の場合は，A^{-1} を考えればよい．

一般の場合は，$A = S + N$(S は半単純，N はベキ零; $SN = NS$)とする．S の最小多項式は A の最小多項式の約数であるから，S の特性根は A と同じ条件を満たすことに注意(注意 6.44 参照)．$N^{h+1} = 0$ とする．

$(S+N)^k = \sum_{i=0}^{h} {}_n\mathrm{C}_i S^{k-i}N^i$, ${}_n\mathrm{C}_i \leqq n^h\ (i \leqq h)$ であるから，$\|N^i\| \leqq C_1\ (i \leqq h)$ として，

$$\|A^k\boldsymbol{x}\| \leqq n^hC_1 \sum_{i=0}^{h} \|S^{k-i}\boldsymbol{x}\|$$

を得る．S に対する $\boldsymbol{M}_1, \boldsymbol{M}_2$ を考えれば，この不等式から直ちに主張を得る．

8.11　$\exp tA = (\exp A)^n \exp(t-n)A$　$(n \leqq t < n+1)$ に注意すれば，上の問題に帰着する．

索　引

サ　行

タ 行

ワ 行

砂田利一
1948年生まれ
1972年東京工業大学理学部数学科卒業
現在　東北大学名誉教授，明治大学名誉教授
専攻　大域解析学

現代数学への入門 新装版
行列と行列式

2003年10月10日　第1刷発行
2007年12月25日　第3刷発行
2024年10月17日　新装版第1刷発行

著　者　砂田利一（すなだ としかず）

発行者　坂本政謙

発行所　株式会社 岩波書店
〒101-8002 東京都千代田区一ツ橋2-5-5
電話案内 03-5210-4000
https://www.iwanami.co.jp/

印刷製本・法令印刷

ISBN978-4-00-029931-2　　Printed in Japan